“十三五”职业教育系列教材

电工电子技术及应用

第2版

主　编　章喜才　赵　丹
参　编　李丽娜　戚　龙
主　审　贾景贵

机械工业出版社

本书是依据教育部制定的“高职高专教育电工电子技术课程教学基本要求”以及当前高职高专制造大类专业对电工电子技术知识的需要而编写的。

本书分10章，内容包括直流电路、交流电路、输配电及安全用电、磁路与变压器、电动机及其控制电路、半导体二极管及其应用、半导体晶体管及其应用、集成运算放大器及其应用、数字电路基础、数字逻辑电路。本书在内容选择上注重知识的实用性，侧重于岗位技能的培养。

本书可作为高职高专院校工科类专业电工与电子技术课程教材，也可供有关工程技术人员参考和自学使用。

为便于教学，本书配套有多媒体课件，选择本书作为教材的教师可来电（010－88379195）索取，或者登录 www.cmpedu.com 网站，注册、免费下载。

图书在版编目（CIP）数据

电工电子技术及应用/章喜才，赵丹主编. —2版. —北京：机械工业出版社，2016.9（2025.2重印）
“十三五”职业教育系列教材
ISBN 978-7-111-54125-7

Ⅰ.①电…　Ⅱ.①章…②赵…　Ⅲ.①电工技术－高等职业教育－教材②电子技术－高等职业教育－教材　Ⅳ.①TM②TN

中国版本图书馆CIP数据核字（2016）第174018号

机械工业出版社（北京市百万庄大街22号　邮政编码100037）
策划编辑：郑振刚　责任编辑：郑振刚
责任校对：张　薇　封面设计：张　静
责任印制：常天培
固安县铭成印刷有限公司印刷
2025年2月第2版第6次印刷
184mm×260mm・15.75印张・382千字
标准书号：ISBN 978-7-111-54125-7
定价：34.90元

电话服务　　网络服务
客服电话：010－88361066　机　工　官　网：www.cmpbook.com
　　　　　010－88379833　机　工　官　博：weibo.com/cmp1952
　　　　　010－68326294　金　　书　　网：www.golden－book.com
封底无防伪标均为盗版　　机工教育服务网：www.cmpedu.com

前　言

本书是依据教育部制定的“高职高专教育电工电子技术课程教学基本要求”以及当前高职高专制造大类专业对电工电子技术知识的需要而编写的。

本书分10章，内容包括直流电路、交流电路、输配电及安全用电、磁路与变压器、电动机及其控制电路、半导体二极管及其应用、半导体晶体管及其应用、集成运算放大器及其应用、数字电路基础、数字逻辑电路。

“电工电子技术”作为高等职业院校工科类专业的一门技术基础课程，对学生后续专业课程学习和专业技能培养有着非常重要的作用，因此在编写本书时，在保证基本概念清晰、基本知识全面、基本分析方法讲解到位的基础上，更加注重职业素质教育和实践技能的培养。

本书的主要特点如下：

1. 在保证课程体系完整的前提下，理论知识以“实用、够用”为度，突出实践与应用，避免繁琐的理论、公式推导。

2. 强调培养学生分析电路及正确应用电子元器件和设备的能力，对计算过程进行了弱化。

3. 内容全面，理论与实践相结合，概念清楚、语言简洁、图文并茂，教学中可根据不同专业特点对书中内容进行删减。

本书由吉林化工学院章喜才、赵丹担任主编。吉林化工学院李丽娜、戚龙参编，其中第1、2、3章由章喜才编写，第4、5章由李丽娜编写，第6、7、8章由赵丹编写，第9、10章由戚龙编写。全书由章喜才统稿。

本书由北华大学贾景贵教授担任主审，他对整篇书稿进行了全面审阅并提出了宝贵的修改建议，在此对他表示衷心的感谢！

在编写过程中参考了大量相关文献，在此一并对参考文献的作者表示感谢！

由于编者水平有限，书中不妥之处在所难免，恳请读者批评指正。

编　者

目 录

前言
第 1 章　直流电路 …… 1
1.1　电路的基本概念 …… 1
1.1.1　电路及电路模型 …… 1
1.1.2　电路的基本物理量 …… 3
1.1.3　电压源和电流源 …… 8
1.2　电路的基本定律 …… 11
1.2.1　欧姆定律 …… 11
1.2.2　基尔霍夫定律 …… 12
1.2.3　叠加定理 …… 14
1.2.4　戴维南定理 …… 15
1.3　电路的工作状态 …… 16
1.3.1　电路的三种状态 …… 16
1.3.2　电气设备的额定值 …… 17
本章小结 …… 18
第 2 章　交流电路 …… 19
2.1　正弦交流电的基本概念 …… 19
2.1.1　正弦交流电的三要素 …… 19
2.1.2　正弦交流电的表示法 …… 22
2.2　单一元件的交流电路 …… 23
2.2.1　纯电阻电路 …… 23
2.2.2　纯电感电路 …… 26
2.2.3　纯电容电路 …… 30
2.3　*RLC* 串并联电路 …… 33
2.3.1　*RLC* 串联电路 …… 33
2.3.2　*RLC* 并联电路 …… 37
2.3.3　功率因数的提高 …… 38
2.4　三相交流电路 …… 39
2.4.1　三相交流电源 …… 40
2.4.2　三相负载的连接 …… 42
2.4.3　三相电路的功率 …… 45
本章小结 …… 46
第 3 章　输配电及安全用电 …… 48
3.1　电力供电与节约用电 …… 49
3.1.1　发电、输电和配电 …… 49
3.1.2　节约用电 …… 53
3.2　安全用电 …… 54
3.2.1　触电及急救常识 …… 54
3.2.2　电气安全常识 …… 56
本章小结 …… 59
第 4 章　磁路与变压器 …… 60
4.1　电磁学基础知识 …… 60
4.1.1　磁场的基本物理量 …… 60
4.1.2　铁磁材料及特性 …… 64
4.1.3　磁路和磁路欧姆定律 …… 66
4.1.4　电磁感应 …… 67
*4.1.5　自感与互感 …… 70
4.2　变压器 …… 72
4.2.1　变压器的分类、结构 …… 72
4.2.2　变压器的工作原理 …… 74
4.2.3　变压器的运行特性 …… 75
4.2.4　特殊变压器 …… 76
本章小结 …… 83
第 5 章　电动机及其控制电路 …… 85
5.1　三相异步电动机 …… 85
5.1.1　三相异步电动机的结构与工作原理 …… 86
5.1.2　三相异步电动机的运行特性 …… 90
5.1.3　三相异步电动机的铭牌和技术参数 …… 91
5.2　常用低压电器 …… 93
5.2.1　开关电器 …… 93
5.2.2　主令电器 …… 95
5.2.3　熔断器 …… 96
5.2.4　交流接触器 …… 98
5.2.5　继电器 …… 99
5.3　三相异步电动机的控制电路 …… 102
5.3.1　三相异步电动机的起动 …… 102
5.3.2　三相异步电动机的反转 …… 104
5.3.3　三相异步电动机的调速 …… 104
5.3.4　三相异步电动机的制动 …… 105
5.4　单相异步电动机 …… 106
5.5　直流电机 …… 108
*5.6　控制电机 …… 112

本章小结 …… 115
第 6 章 半导体二极管及其应用 …… 117
6.1 半导体二极管 …… 117
6.1.1 半导体基本知识 …… 117
6.1.2 二极管的结构与特性 …… 117
6.1.3 二极管的主要参数 …… 120
6.1.4 二极管的检测 …… 120
6.2 整流电路 …… 121
6.2.1 单相半波整流电路 …… 121
6.2.2 单相桥式整流电路 …… 122
6.2.3 三相桥式整流电路 …… 124
6.3 滤波电路 …… 126
6.3.1 电容滤波电路 …… 126
6.3.2 电感滤波电路 …… 127
6.3.3 复式滤波电路 …… 127
6.4 稳压电路 …… 128
6.4.1 稳压二极管 …… 128
6.4.2 稳压管稳压电路 …… 129
6.4.3 集成稳压电路 …… 130
*6.5 特殊二极管 …… 132
6.5.1 发光二极管 …… 132
6.5.2 光敏二极管 …… 133
6.5.3 变容二极管 …… 133
6.5.4 SMT 与微型二极管 …… 134
本章小结 …… 135
第 7 章 半导体晶体管及其应用 …… 136
7.1 半导体晶体管 …… 136
7.1.1 晶体管的结构 …… 136
7.1.2 晶体管的电流放大作用 …… 137
7.1.3 晶体管的特性曲线 …… 139
7.1.4 晶体管的主要参数 …… 140
7.1.5 晶体管的识别与检测 …… 141
7.2 共射极基本放大电路 …… 142
7.2.1 放大电路的组成 …… 142
7.2.2 放大电路的静态分析 …… 144
7.2.3 放大电路的动态分析 …… 145
7.2.4 静态工作点的稳定 …… 150
7.3 射极输出器 …… 152
7.3.1 电路结构和特点 …… 152
7.3.2 静态分析 …… 152
7.3.3 动态分析 …… 153
7.3.4 射极输出器的应用 …… 154
7.4 多级放大电路 …… 154
7.4.1 多级放大电路的耦合方式 …… 154
7.4.2 多级放大电路的分析 …… 156
7.5 功率放大电路 …… 158
本章小结 …… 162
第 8 章 集成运算放大器及其应用 …… 163
8.1 集成运算放大器 …… 163
8.1.1 集成运算放大器的结构 …… 163
8.1.2 集成运算放大器的主要性能指标 …… 166
8.1.3 集成运算放大器中的负反馈 …… 166
8.1.4 理想集成运算放大器的特点 …… 171
8.2 集成运算放大器的线性应用 …… 172
8.2.1 比例运算电路 …… 173
8.2.2 加法与减法运算电路 …… 174
8.2.3 积分与微分运算电路 …… 175
*8.3 振荡电路 …… 176
8.3.1 正弦波振荡电路的基本原理 …… 176
8.3.2 典型振荡电路 …… 177
本章小结 …… 179
第 9 章 数字电路基础 …… 180
9.1 数字电路概述 …… 180
9.1.1 数字信号及其特点 …… 181
9.1.2 数制与码制 …… 182
9.2 基本逻辑门电路 …… 186
9.2.1 与门电路 …… 186
9.2.2 或门电路 …… 187
9.2.3 非门电路 …… 189
9.3 复合逻辑门电路 …… 190
9.3.1 与非门 …… 190
9.3.2 或非门 …… 190
9.3.3 与或非门 …… 191
9.3.4 异或门 …… 191
9.3.5 同或门 …… 192
*9.4 集成逻辑门电路 …… 193
9.4.1 TTL 门电路 …… 193
9.4.2 CMOS 门电路 …… 195
本章小结 …… 197
第 10 章 数字逻辑电路 …… 199
10.1 组合逻辑电路 …… 199
10.1.1 组合逻辑电路的分析与设计 …… 200
10.1.2 加法器 …… 204
10.1.3 数据选择器 …… 207

10.1.4　数值比较器 …… 210
10.1.5　编码器 …… 212
10.1.6　译码器 …… 217
10.2　时序逻辑电路 …… 223
10.2.1　*RS* 触发器 …… 223
10.2.2　*JK* 触发器 …… 227
10.2.3　*D* 触发器 …… 229
10.2.4　寄存器 …… 229
10.2.5　计数器 …… 232
*10.3　数字电路的应用 …… 240
10.3.1　555 定时器及其应用 …… 240
10.3.2　A-D 与 D-A 转换器简介 …… 242
本章小结 …… 243
参考文献 …… 245

第1章　直流电路

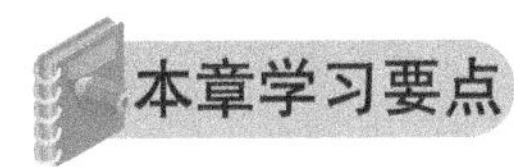

本章学习要点

◇ 了解电路的基本组成及电路工作状态。
◇ 了解电路中电流、电压、电位、电动势、电功、电功率等常用物理量。
◇ 掌握电压源和电流源的电路模型及其相互转换。
◇ 掌握欧姆定律、基尔霍夫定律、叠加定理以及戴维南定理等电路基本定律的含义。
◇ 会查阅电工手册，识读基本的电气符号和简单电路图。

案例导入

将电池、开关和小灯泡用导线按图1-1连接起来，闭合开关，小灯泡发光；断开开关，小灯泡熄灭。日常生活中常见的手电筒就是利用这个原理工作的。

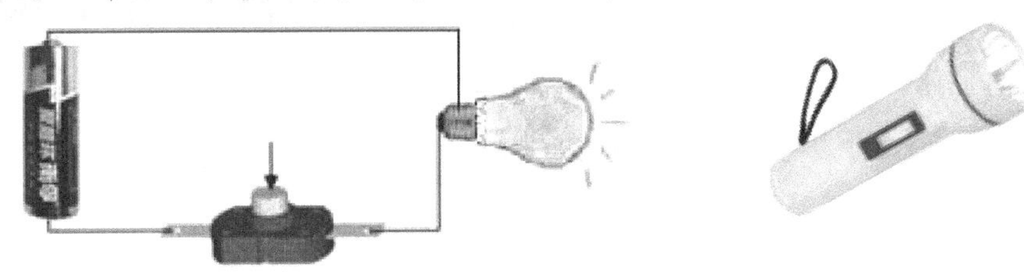

图1-1　电路模型及手电筒

1.1　电路的基本概念

1.1.1　电路及电路模型

电流所通过的路径称为电路。图1-1所示的电路就是一个简单的直流电路，将实物电路图改画成示意图，如图1-2所示，电流经过导线从干电池正极出发经过小电珠，再经过开关回到干电池的负极，在干电池内部电流从负极流向正极，形成电流的回路，即电路。

一、电路组成

电路一般由电源、负载、开关和连接导线四部分组成。电源内部的电路叫内电路，电源外部的电路叫外电路。各部分的作用如下：

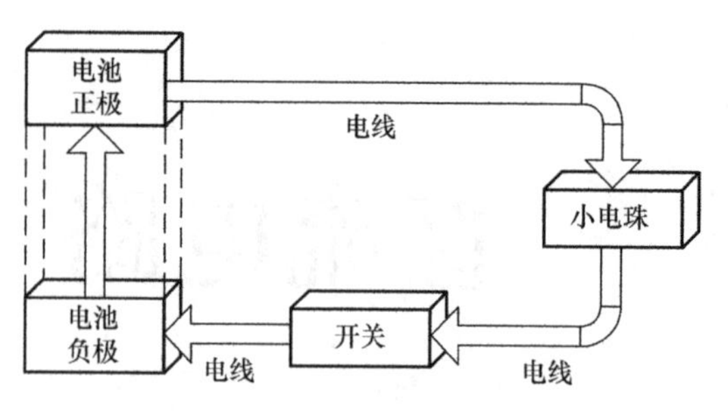

图1-2　电路示意图

➢ 电源：把其他形式的能量转换成电能的装置，如干电池、蓄电池、发电机等。

➢ 负载：使用电能做功的装置，把电能转换成其他形式的能量，如灯泡、电动机、电炉等。

➢ 开关：控制电路的接通和断开。

➢ 导线：将电源、开关、负载等连接起来，输送电能，常用的导线是铜线和铝线。

小知识

常用电池

➢ 干电池

干电池学名原电池，它可以把电以化学能的形式储存起来，使用时再将化学能转变为电能。常用干电池如图1-3所示。

a) 干电池

b) 纽扣电池

c) 锂电池

图1-3　常用干电池

➢ 蓄电池

干电池内部的化学物质随着使用也逐渐被消耗，最终被用尽。蓄电池或充电电池是通过外部的直流电源使电流反方向流入电池，注入新的电能，使其再次恢复电池能力的电池，如图1-4所示。

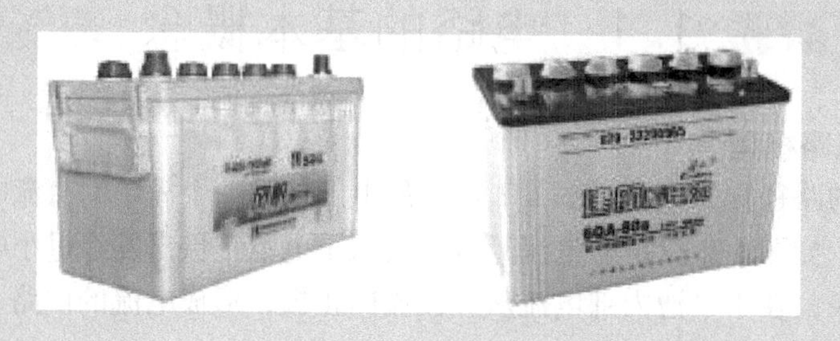
图1-4　蓄电池

二、电气符号

由理想元器件构成的电路叫作电路图，也叫电路模型。电路往往是由电特性相当复杂的元器件组成，为了便于使用数学方法对电路进行分析，用统一规定的符号来代替实物，以此表示电路的各个组成部分，而对它的实际结构、形状、材料等非电磁特性不予考虑。部分元器件常用符号见表1-1。

表1-1 部分元器件常用符号

名称	实物图	电气图形符号	名称	实物图	电气图形符号
电池			电阻		
白炽灯			电容		
开关			电感		
电压表			熔断器		
电流表			电位器		

1.1.2 电路的基本物理量

在这部分，我们要认识电路中的电流、电压、电位、电动势以及电功、电功率等基本物理量。

一、电流

我们可以通过日常生活中的小实验证明电的存在，例如丝绸摩擦过的玻璃棒所带的电荷为正电荷，毛皮摩擦过的橡胶棒所带的电荷为负电荷，电荷具有同性相斥、异性相吸的性质。

电荷在电场力的作用下定向移动形成电流。习惯上规定正电荷移动的方向为电流的实际方向。电流用字母 I 表示，其大小为单位时间内通过导体横截面的电荷量，即

$$I=\frac{Q}{t} \tag{1-1}$$

式中　I——电流，单位为A；

Q——电荷量，单位为C；

t——时间，单位为s。

➢ 电流的单位：常用的电流单位还有毫安（mA）、微安（μA）。电流单位换算关系为

$$1\text{A}=10^3\text{mA}=10^6\mu\text{A}$$

➢ 电流的方向：在进行电路分析计算时，电流的实际方向有时难以确定，为此可以预先假定一个电流方向，称为参考方向（也称正方向），并在电路中用箭头标出。

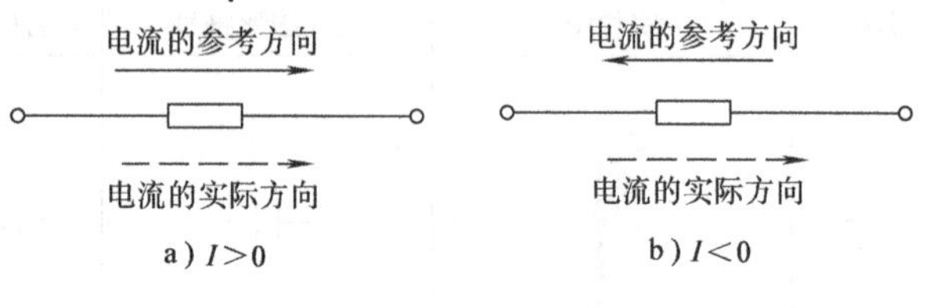

图1-5　电流参考方向

所选的电流参考方向并不一定与电流的实际方向一致。当电流的实际方向与参考方向一致时，电流为正值，如图1-5a所示。反之，电流为负值，如图1-5b所示。因此，只有在参考方向选定之后，电流值才有正负之分。

【例1-1】　在5min内，通过导体横截面的电荷量为3.6C，求电流是多少？

解：根据电流的定义式

$$I=\frac{Q}{t}=\frac{3.6}{5\times60}\text{A}=0.012\text{A}=12\text{mA}$$

※ 解题要点：注意带入数值的单位必须是国际标准单位；注意电流强度单位安培（A）、毫安（mA）、微安（μA）之间的换算关系。

电流的大小和方向均不随时间变化的电流称为恒定电流，简称直流电流，如图1-6a所示。电流的大小随时间变化，但方向不随时间变化的电流称为脉动电流，如图1-6b所示。如果电流的大小和方向都随时间变化，这样的电流称为交流电流，如图1-6c所示。

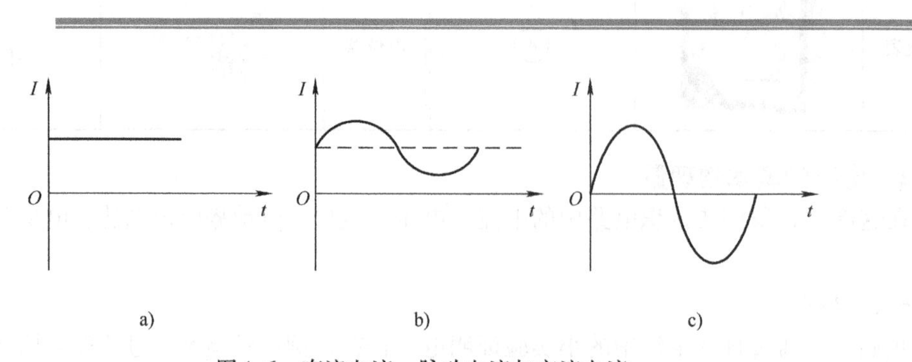

图1-6　直流电流、脉动电流与交流电流

二、电压

要维持某段电路中的电流，就必须在它的两端保持电压。以水流的示意图来类比电流的流动，由于地球引力的作用，水总是从高处往低处流动，如图1-7所示。带电体a和带电体

b之间存在电位差（类似水位差），只要用导线连接两物体，就会有电流流动。电压就是带正电体a和带负电体b之间的电位差。

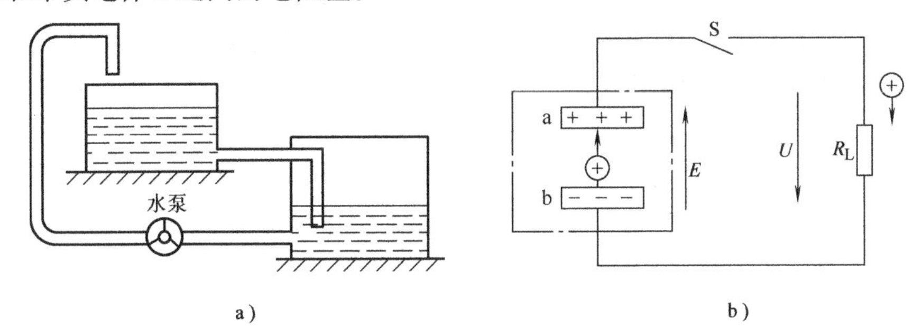

图1-7 水流和电流的形成

电压是衡量电场力做功大小的物理量，用U表示。在电路中电场力把单位正电荷从a点移到b点所做的功，定义为a、b两点间的电压U_{ab}。若a点为高电位，b点为低电位，则U_{ab}为正值。反之，U_{ab}为负值。电压的方向规定为高电位（正极“+”）指向低电位（负极“-”），即电位下降的方向。

➢ 电压的单位：电压的国际单位为伏特（V），常用的单位还有毫伏（mV）、微伏（μV）、千伏（kV）等，它们的换算关系为

$$1\text{kV}=10^3\text{V}\quad 1\text{V}=10^3\text{mV}\quad 1\text{mV}=10^3\mu\text{V}$$

➢ 电压的方向：电压的参考方向同电流一样，在分析计算电路以前，也要任意选定其参考方向，用箭头在图上表示，由起点指向终点，如图1-8a所示，或用双下标表示，前一个下标代表起点，后一个下标代表终点 。电压的方向也可以用在起点标正号（+），终点标负号（-）来表示，如图1-8b所示。

图1-8 电压参考方向

在分析与计算电路时，按照所选定的参考方向分析电路，得出的电压为正值（$U>0$），表明电压的实际方向与参考方向一致。反之，若得出的电压为负值（$U<0$），则表明电压的实际方向与参考方向相反。

【例1-2】 如图1-9所示的两端元件，已知电压U的参考方向如图所示，试求下列两种情况下电压的实际方向：（1）$U=5\text{V}$（2）$U=-5\text{V}$。

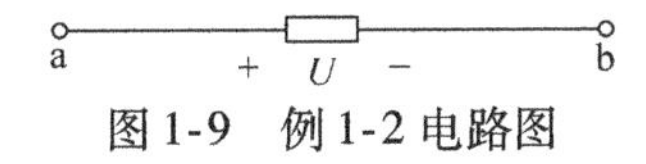

图1-9 例1-2电路图

解：（1）$U=5\text{V}$时，因U为正，则电压的实际方向与参考方向相同，即a点为高电位。

（2）$U=-5\text{V}$时，因U为负，则电压的实际方向与参考方向相反，即b点为高电位。

※ 解题要点：注意参考方向与实际方向的关系。

三、电位

在电路中任选一个参考点，某一点到参考点的电压就叫做该点的电位。在电路中计算电位时，必须先任意选定电路中的某一点 O 作为参考点，并规定该点的电位为零（参考点就是零电位点，即 $V_o=0$），电路图中参考点用符号“⊥”表示。在电路中若某点的电位比参考点高，则该点的电位为正值，反之则为负值。

电位特指电场力把单位正电荷从电场中的一点移到参考点所作的功，为了区别于电压，电学中用带单字母下标注释的“V”表示电位，单位也是伏特（V），例如电路中某点 a 的电位记作 V_a。

电压和电位的关系为：

$$U_{ab}=V_a-V_b \tag{1-2}$$

提示

电压是绝对的量，电路中任意两点间的电压大小，仅取决于这两点电位的差值，与参考点无关；电位是相对的量，电位的高低与参考点的选择有关，参考点变，电位就变。

【例 1-3】 已知 $V_a=20V$，$V_b=10V$，求 U_{ab}、U_{ba}各为多少伏？

解：根据式（1-2），可直接求得

$$U_{ab}=V_a-V_b=20V-10V=10V$$
$$U_{ba}=V_b-V_a=10\ V-20V=-10V$$

电压 $U_{ab}=-U_{ba}$，数值相等方向相反。

※ 解题要点：注意电压方向的表示方法；注意电压与电位的关系。

四、电动势

为了衡量电源内部非电场力做功的能力，引入电动势的概念：在电源内部，电源力将单位正电荷从负极移动到正极所做的功叫做电源的电动势，用 E 表示，电动势的单位为 V。

➢ 电动势的方向：电动势的方向规定为在电源内部从负极指向正极，即电位升高的方向。在电路中也用带箭头的细实线表示电动势的方向。对于一个电源来说，在外部不接负载时，电源两端的电压的大小等于电源电动势的大小，但方向相反。在图 1-10 所示方向下，有 $U=E$。

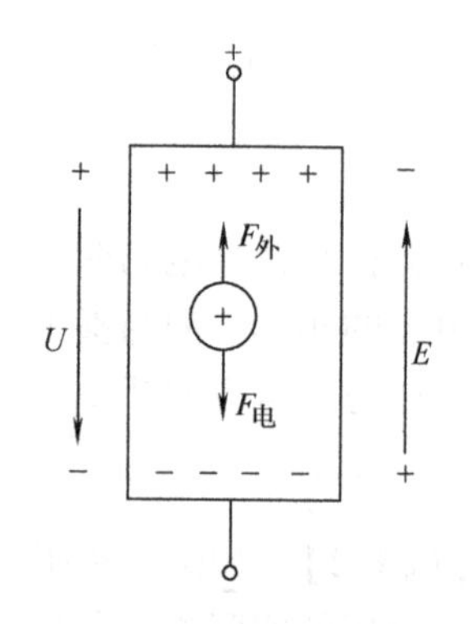

图 1-10　电源开路时电动势与端电压的方向

提示

从物理意义上讲，电动势是表示非电场力做功的本领，电压则表示电场力做功的本领；电动势的方向从低电位指向高电位，即电位上升的方向，电压的方向从高电位指向低电位，即电位下降的方向；电动势仅存在于电源内部，而电压在电源内部、外部都存在。

五、电功

电流流过负载时，电流要做功，将电能转化为其他形式的能（如热、光、机械能等）。我们把电能转化成其他形式的能，叫做电流做功，简称电功，用字母 W 表示。

$$W = UIt \tag{1-3}$$

电功的单位是焦耳，简称焦，用字母 J 表示。在实际应用中常以千瓦时（kW·h）（俗称度电）作为电能的单位。1kW·h 表示功率为 1kW 的用电器工作 1h 所消耗的电能。

$$1\text{kW}\cdot\text{h} = 1000\text{W} \times 3600\text{s} = 3.6 \times 10^6\text{W}\cdot\text{s} = 3.6 \times 10^6\text{J}$$

【例 1-4】 一台 150W 的电视机每年使用 300 天，每天收看 4h，按供电公司规定每度电（1kW·h）电费为 0.5 元，问每年的电费是多少？

解：

电费 = 千瓦数 × 用电小时数 × 用电天数 × 每千瓦时费用 = $150 \times 10^{-3} \times 4 \times 300 \times 0.5$ 元 = 90 元

※ 解题要点：注意电功的常用单位“度电”的换算。

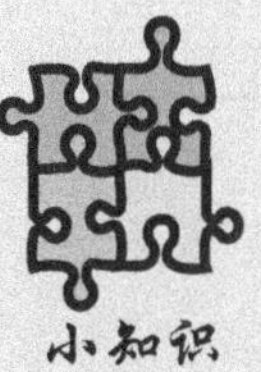

小知识

家用电能表的使用

电能的测量是利用电能表（俗称电度表），如图 1-11 所示，它是记录电路或用电设备消耗电能的仪表。

电能表上方计数器是用来记录电能多少的。计数器显示 5 个数字，最后一位是小数，其他分别是个位、十位、百位、千位。表面板上标有“2500r/kW·h”字样，表示用电设备每消耗 1kW·h（1 度电）电能时，电能表的转盘转过 2500 转。据此记录下转盘转数和时间，可粗略测出用电设备的功率。

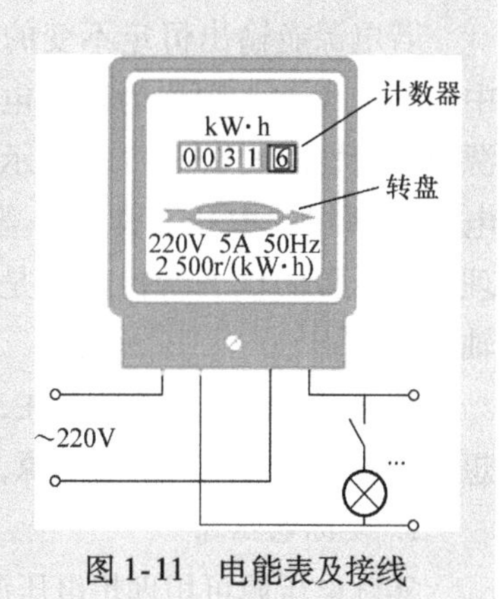

图 1-11　电能表及接线

六、电功率

电流在单位时间内所做的功称为电功率，用 P 表示。功率的单位是瓦特，简称瓦（W）。电功率是表示电流做功快慢的物理量。

$$P = \frac{W}{t} = IU = I^2R = \frac{U^2}{R} \tag{1-4}$$

在实际工作中，电功率的常用单位还有千瓦（kW）、毫瓦（mW）等。它们之间的换算关系为

$$1\text{kW} = 10^3\text{W} \quad 1\text{mW} = 10^{-3}\text{W}$$

【例1-5】 一只标有“220V，100W”的白炽灯，接在220V电源上。求：（1）通过白炽灯的电流；（2）白炽灯点燃时的灯丝电阻值；（3）如果把白炽灯接上200V的电压，它的实际功率是多少？（4）如果白炽灯接上110V的电压，此时它消耗的电功率又是多少？

解：电流　$I=\frac{P}{U}=\frac{100}{220}\text{A}\approx 0.454\text{A}$

电阻值　$R=\frac{U}{I}=\frac{220}{0.454}\Omega\approx 484\Omega$

接200V电压时的功率　$P=\frac{U^2}{R}=\frac{200^2}{484}\text{W}=82.6\text{W}$

接110V电压时的功率　$P'=\frac{U^2}{R}=\frac{110^2}{484}\text{W}=25\text{W}$

1.1.3　电压源和电流源

电源是一个二端元件，根据其外特性可分为电压源和电流源两种类型。

一、电压源

1. 理想电压源

若电源能输出恒定不变的电压并与通过其中的电流无关，则称为理想电压源。理想电压源及其特性曲线如图1-12所示。其中U_S为理想电压源两端的电压，其大小等于电源电动势。理想电压源的伏安特性曲线是一条平行于电流轴的直线。

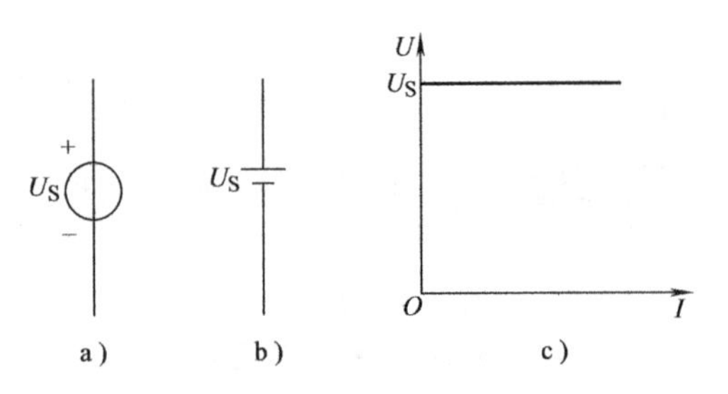

图1-12　理想电压源及其特性曲线

理想电压源实际并不存在，因为任何电源总是存在内阻。当内阻很小时，可近似看成理想电压源，如常用的稳压电源，性能良好的干电池和发电机等都可以看作是理想电压源。

2. 实际电压源

实际电压源可用理想电压源U_S和内阻R_0串联组合作为实际电压源的电路模型，如图1-13a所示。

将此电路模型接上负载时，电压和电流的参考方向如图1-13b所示，可得

$$I=\frac{U_S-U}{R_0}=\frac{U_S}{R_0}-\frac{U}{R_0} \qquad (1\text{-}5)$$

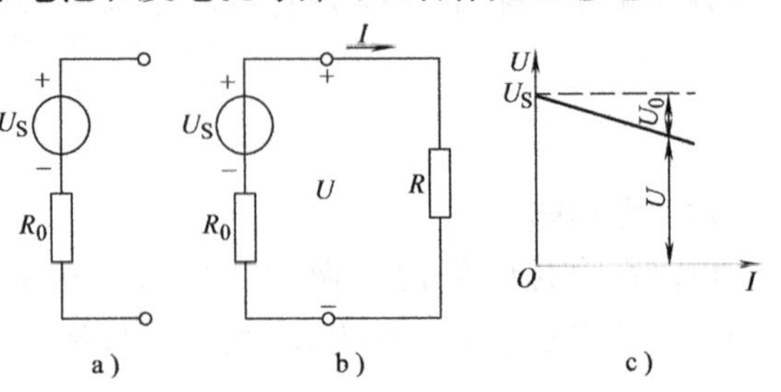

图1-13　实际电压源及其特性曲线

其伏安特性曲线如图1-13c所示，实际电压源的伏安特性曲线是一条下降的直线，其中U_0为内阻上的压降。

二、电流源

1. 理想电流源

若电源能输出恒定不变的电流，则称为理想电流源。理想电流源的表示符号如图1-14a所示。图中I_S为理想电流源的输出电流，箭头的方向则为该电流的参考方向。理想电流源的伏安特性曲线如图1-14b所示，是一条平行于电压轴的直线。

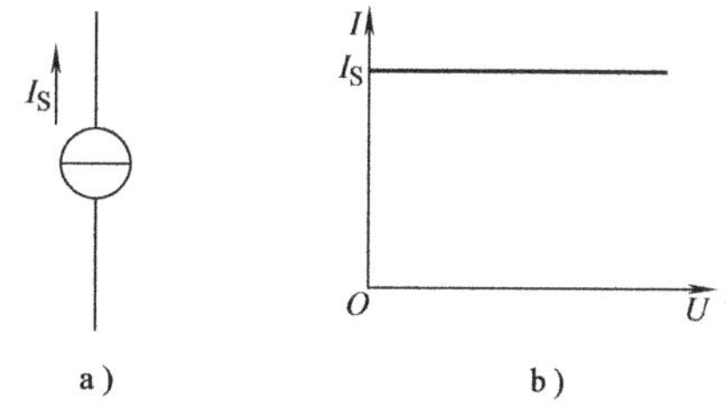

图1-14 理想电流源及其特性曲线

2. 实际电流源

实际电流源简称电流源，它可用理想电流源I_S与内阻R_0'的并联组合作为实际电流源的电路模型，如图1-15a所示。其伏安特性曲线如图1-15c所示，是一条下降的直线。

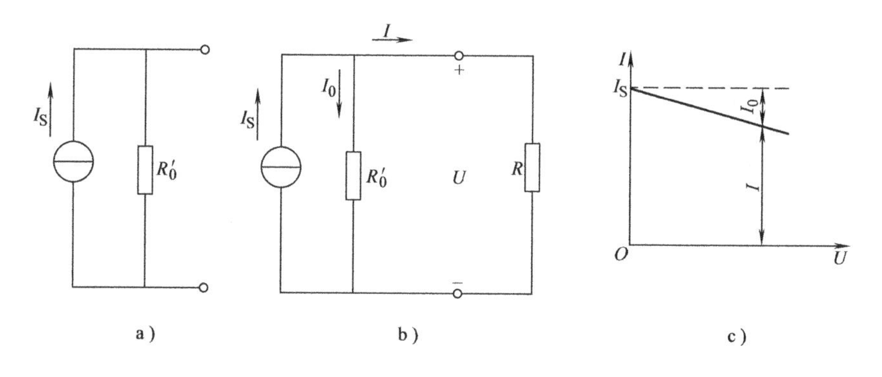

图1-15 实际电流源及其特性曲线

当实际电流源与外电路接通后，由图1-15b可知，实际电流源的输出电流为

$$I = I_S - I_0 = I_S - \frac{U}{R_0'} \tag{1-6}$$

式中，I_0为通过内阻的电流，其参考方向如图1-15b所示，当R_0'为∞时，即为理想电流源。

三、电压源与电流源的等效变换

电路分内电路和外电路。内电路是指电源内部的电路，其电流方向是由负极指向正极。外电路是指电源外部的电路，其电流方向是由正极指向负极。内电路和外电路总称全电路。

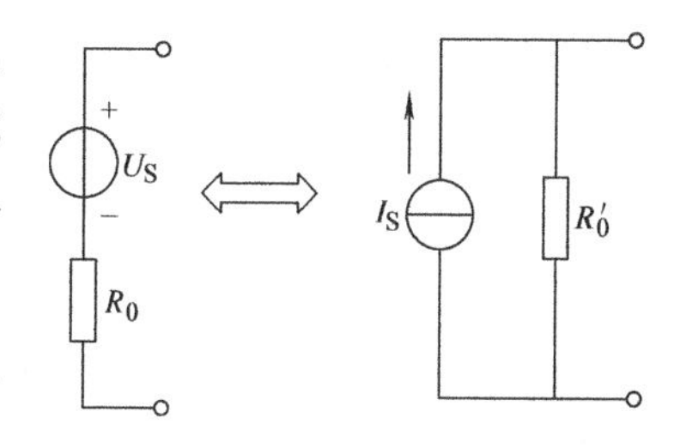

图1-16 电压源与电流源等效变换

对外电路而言，如果将同一负载分别接在电压源和电流源上，负载上得到相同的电流、电压，则两个电源对负载而言是等效的。在保持输出电压和输出电流不变的条件下，电压源和电流源相互之间可以进行等效变换，如图1-16所示。

将恒定电压为U_S，内阻为R_0的电压源变换为电流源，只需把电压源的短路电流作为恒定电流，内阻数值不变，由串联改为并联即可。

$$I_S = \frac{U_S}{R_0} \qquad R'_0 = R_0$$

将恒定电流为 I_S，内阻为 R'_0 的电流源变换为电压源，只需把电流源的开路电压作为恒定电压，内阻不变，由并联改为串联即可，即

$$U_S = R'_0 I_S \quad R_0 = R'_0$$

两种电源的等效变换如图1-16所示。在分析与计算电路时，也可以用这种等效变换的方法。但是，理想电压源和理想电流源不能等效变换。因为对理想电压源（$R_0=0$）来讲，其短路电流 I_S 为无穷大，对理想电流源（$R'_0=\infty$）来讲，其开路电压为无穷大，都不能得到有限的数值，故两者之间不存在等效变换的条件。

提示

等效转换时，电压源中电压 U_S 的正极性端与电流源 I_S 的流出端相对应。

【例1-6】 求图1-17所示电路的等效电源模型。

解：图1-17a为电压源模型，等效变换时，先求其短路电流。将a、b两端短路，可求得短路电流为 $I_S = \frac{U_S}{R_0} = \frac{6V}{2\Omega} = 3A$。

将 $I_S = 3A$ 与 R_0 并联，即为所求电流源模型。

※ 解题要点：作图时应注意，因电压的“+”极为a点，等效电流源的输出电流也应从a端流出，如图1-17b所示。

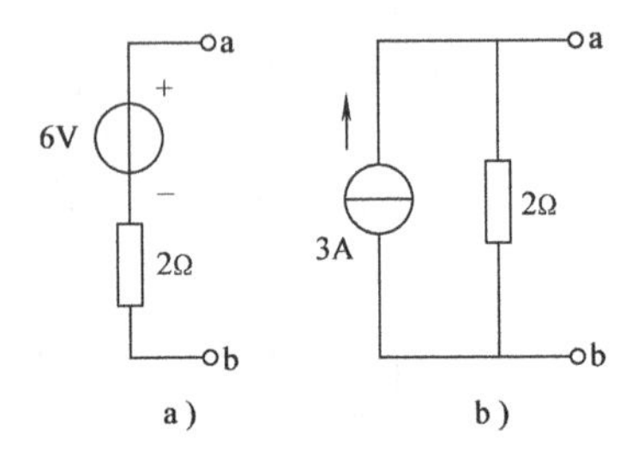

图1-17　例1-6图

【例1-7】 求图1-18a所示电路的等效电源模型。

解：图1-18a为电流源模型，等效变换时，先求开路电压。电流源开路时的开路电压即为输出电阻上的电压，即

$$U_{OC} = R_0 I_S = 2 \times 4V = 8V$$

将 $U_S = U_{OC} = 8V$ 和 $R_0 = 2\Omega$ 串联，即为所求电压源模型，如图1-18b所示。电压源模型中8V电压的“+”极位于b点。

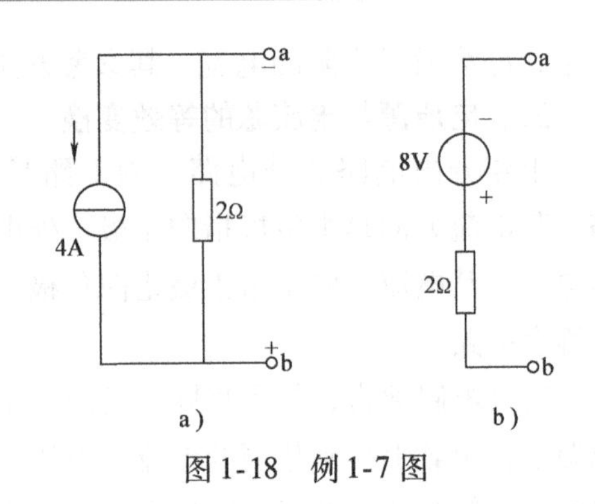

图1-18　例1-7图

1.2　电路的基本定律

1.2.1　欧姆定律

一、部分电路的欧姆定律

所谓一段电阻电路是指不包括电源在内的外电路，如图 1-19 所示。

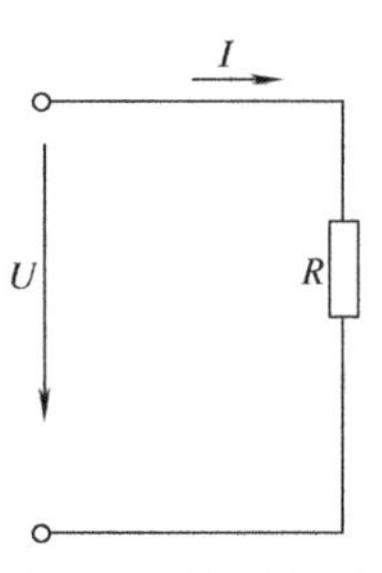

图 1-19　部分电路

实验证明，一段电阻电路（即部分电路）欧姆定律的内容是：流过导体的电流与这段导体两端的电压成正比，与这段导体的电阻成反比，其数学表达式为

$$I=\frac{U}{R} \tag{1-7}$$

【例 1-8】　在一个电热锅上标出的数值是：220V/4A，计算电热锅在额定工作状态下加热元件通电后的电阻值。

解：由式（1-7）得

$$R=\frac{U}{I}=\frac{220}{4}\Omega=5.5\Omega$$

二、全电路欧姆定律

全电路是一个由电源和负载组成的闭合电路，如图 1-20 所示。对全电路进行分析研究时，必须考虑电源的内阻。图中 R 为负载的电阻、U_S 为电源电动势、R_0 为电源的内阻。

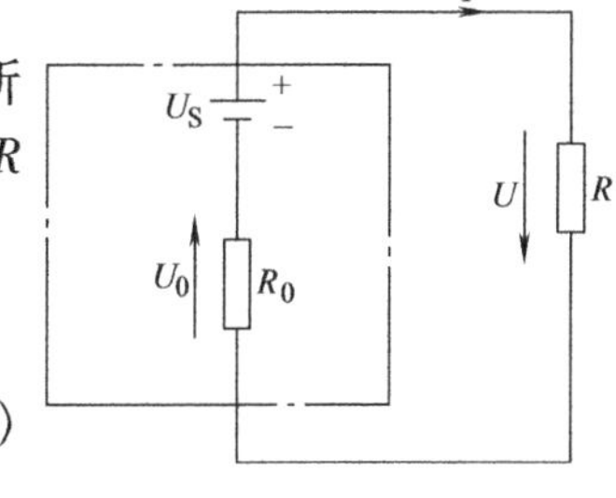

图 1-20　闭合电路

全电路欧姆定律可表示为

$$I=\frac{U_S}{R_0+R} \tag{1-8}$$

全电路欧姆定律说明：闭合电路中的电流与电源电动势成正比，与电路的总电阻（内电路电阻与外电路电阻之和）成反比。

【例 1-9】　如图 1-20 所示的电路中，电源电压 $U_S=24V$，电源内阻 $R_0=4\Omega$，负载电阻 $R=20\Omega$。求电路中的电流、电源的端电压、负载电压降和电源内阻电压降。

解：电路中电流

$$I=\frac{U_S}{R_0+R}=\frac{24}{4+20}A=1A$$

电源端电压

$$U=U_S-IR_0=(24-1\times4)V=20V$$

负载电压降和电源内阻电压降为

$$U=IR=20V,\ U_0=IR_0=4V$$

1.2.2　基尔霍夫定律

基尔霍夫定律是分析与计算电路的基本定律，它由两个定律组成，分别是基尔霍夫第一定律（电流定律）和基尔霍夫第二定律（电压定律）。在具体叙述定律之前，先介绍几个常用的术语。

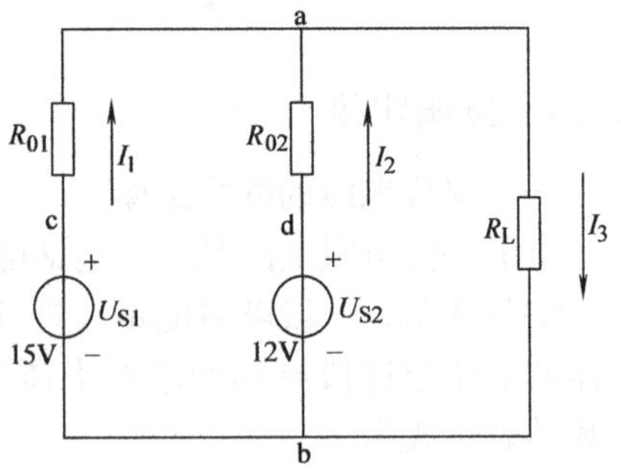

图1-21　电路示例图

支路：一段不分岔的电路称为支路，如图1-21所示，共有三条支路：acb、adb、ab。

节点：有三条或三条以上支路的连接点称为节点，在图1-21中有节点a和节点b。

回路：在电路中由支路组成的任意闭合路径称为回路。图1-21中有三个回路：adbca、a$R_L$bda、a$R_L$bca。

网孔：没有支路的回路称为网孔。网孔是一种特殊的回路，如adbca、a$R_L$bda。

一、基尔霍夫第一定律——电流定律

基尔霍夫第一定律反映了电路中各个支路电流之间的关系，又称节点电流定律，简称KCL。其内容为：在任一瞬时，对于电路中的任一节点，流入结点的电流总和等于流出节点的电流总和，即

$$\sum I_{入} = \sum I_{出} \tag{1-9}$$

图1-21所示电路中节点a的基尔霍夫第一定律表达式为

$$I_1 + I_2 = I_3$$

上式移项后可得

$$I_1 + I_2 - I_3 = 0$$

若假设流入节点电流为正，流出结点电流为负，那么，推广到一般情况可得

$$\sum I = 0 \tag{1-10}$$

式（1-10）表明，在任一瞬时，流入（或流出）任一节点的电流的代数和恒为零。

【例1-10】　如图1-22所示，已知$I_1=3\text{A}$，$I_2=2\text{A}$，$I_3=-4\text{A}$，求I_4。

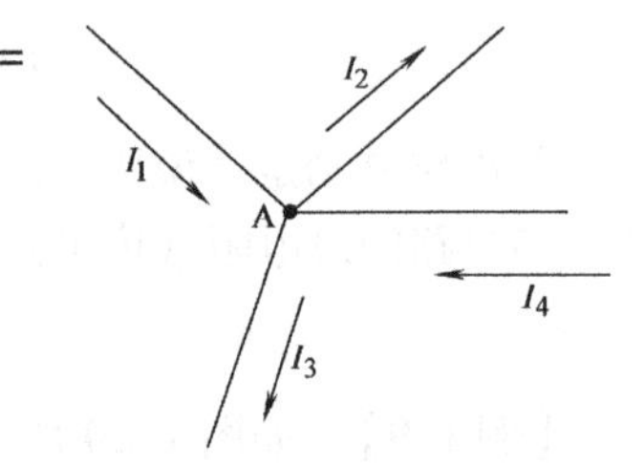

图1-22　例1-10图

解：根据式（1-10）可得

$$I_1 - I_2 - I_3 + I_4 = 0$$
$$3\text{A} - 2\text{A} - (-4\text{A}) + I_4 = 0$$
$$I_4 = -5\text{A}$$

根据计算结果，I_4为负值，表明其实际方向和参考方向相反，是流出节点的。

基尔霍夫电流定律不仅适用于电路中任一节点，而且可以推广到电路中任一设想的封闭面（称为广义节点）。如图1-23所示，只需设想R_1、R_2、R_3处在一个封闭面内，根据KCL可得

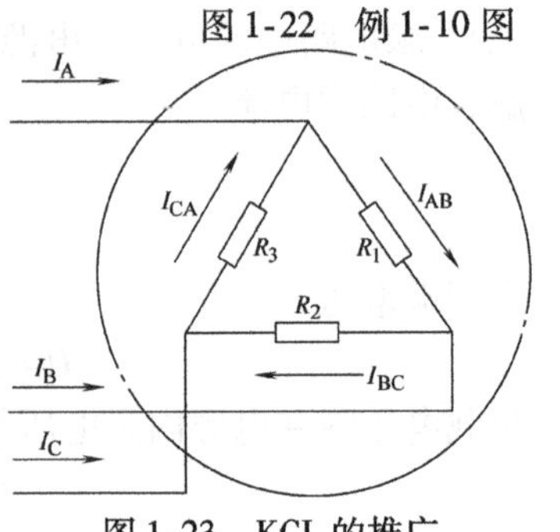

图1-23　KCL的推广

$$I_A + I_B + I_C = 0$$

如果已知$I_A=2\text{A}$，$I_B=3\text{A}$，则可得：$I_C=-5\text{A}$

二、基尔霍夫第二定律——电压定律

基尔霍夫第二定律反映了电路中各个元件电压之间的关系，简称 KVL。其内容为：任一瞬时沿回路绕行一周，各段电压的代数和恒等于零，即

$$\sum U = 0 \tag{1-11}$$

在应用 KVL 电压方程前，先要确定电动势和电阻电压降的正负。其方法是：

➢ 先选取回路的绕行方向，可按顺时针方向，也可按逆时针方向。

➢ 确定各段电压的参考方向，并规定凡电压的参考方向和回路绕行方向一致时，该电压取正值；反之，取负值。

图 1-24 给出某电路的一个回路，选定绕行方向如图所示，由 KVL 得

$$U_{AB} + U_{BC} - U_{DC} - U_{ED} - U_{FE} + U_{FA} = 0$$

如果将图 1-24 中具体参数代入上式有

$$R_1 I_1 + U_{S1} - R_2 I_2 - U_{S3} - R_3 I_3 + R_4 I_4 = 0$$

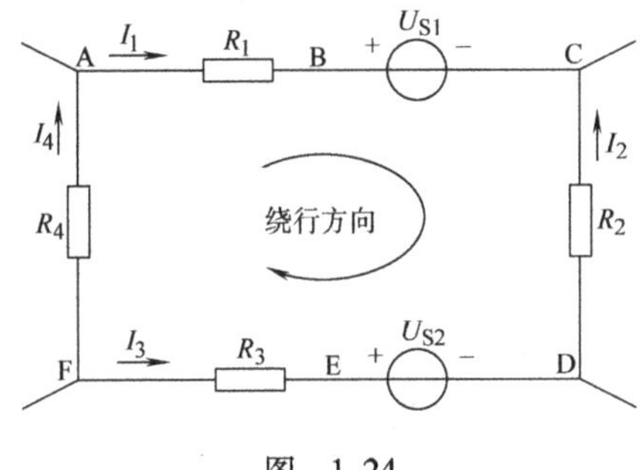

图　1-24

【例 1-11】　电路如图 1-25 所示，应用基尔霍夫电压定律计算未知电压 U。

解：按顺时针绕行方向，由 KVL 得

$$U + (1 \times 2)\text{V} - (3 \times 4)\text{V} - 5\text{V} + (6 \times 7)\text{V} + 8\text{V} = 0$$

即　　　　$U = -35\text{V}$

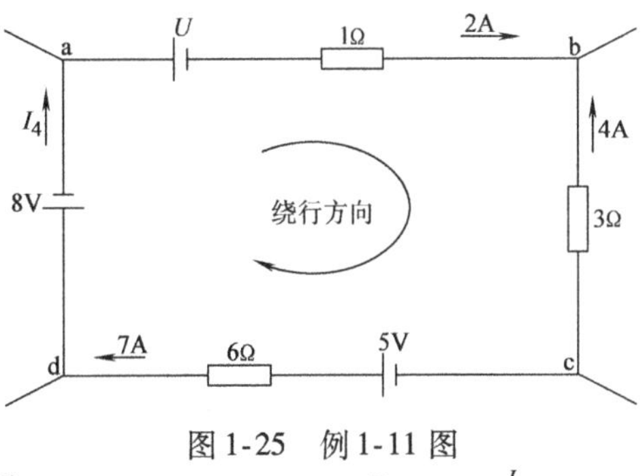

图 1-25　例 1-11 图

基尔霍夫电压定律不仅可以用于任一闭合回路，而且还可用于任一不闭合的开口电路。如图 1-26 所示的电路，其中 a、b 两点间无支路相连，但可设其间电压为 U_{ab}，这样就可以根据 KVL 顺时针列出回路电压方程：

$$U_{ab} + I_3 R_3 + I_1 R_1 - U_{S1} - I_2 R_2 + U_{S2} = 0$$

即

$$U_{ab} = -I_3 R_3 - I_1 R_1 + U_{S1} + I_2 R_2 - U_{S2}$$

所得方程中表明：电路中某 ab 两点之间的电压等于从 a 点到 b 点所经路径上全部电压的代数和。

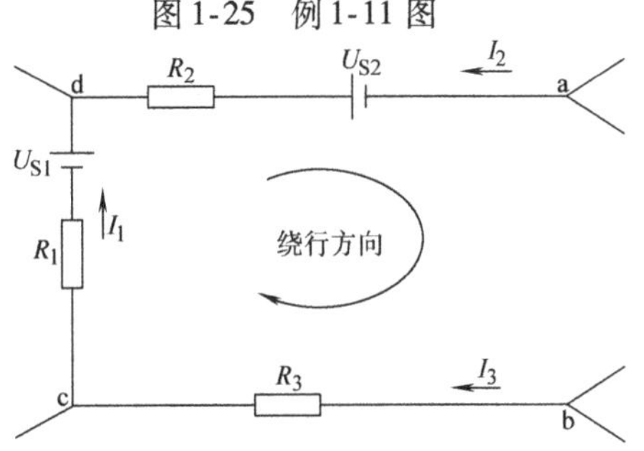

图 1-26　电路中的一段不闭合回路

【例 1-12】　电路如图 1-27 所示，已知 $I = 1\text{A}$，求电压 U。

解法一　设 1Ω 电阻两端电压 U_1 参考方向如图 1-27 所示，并设回路绕行方向为顺时针，则由 KVL 得

$$-2\text{V} + U_1 + U = 0$$

$U=2V-U_1=2V-I=2V-1\times 1V=1V$

解法二　设支路电流 I_1、I_2 参考方向如图 1-27 所示，并设流入节点电流为正，则对于节点 a 由 KCL 得

$$I-I_1-I_2=0$$

由电阻元件的欧姆定律得

$$U=2I_1,\ U=2I_2,\ I=1A$$

解得　　　　$U=1V$

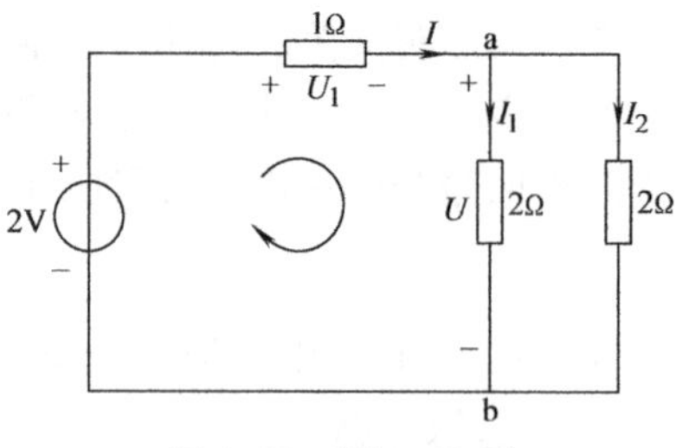

图 1-27　例 1-12 图

小技巧

应用 KVL 解题的注意事项

❖ 任意选定未知电流的参考方向。

❖ 任意选定回路的绕行方向。

❖ 任意确定电阻压降的符号。当选定的绕行方向与电流参考方向相同（电阻电压的参考方向从“+”极性到“-”极性），电阻压降取正值，反之取负值。

❖ 确定电源电动势的符号。当选定的绕行方向与电源电动势方向相反（从“+”极性到“-”极性），电动势取正值，反之取负值。

1.2.3　叠加定理

利用基尔霍夫定律计算电路参数时，必须解联立方程，往往使计算变得复杂化。如果应用叠加定理进行计算就很方便。

叠加定理又叫叠加原理，其内容为：在线性电路中，任何一条支路的电流（或电压），都是各个电源单独作用时在该支路中所产生的电流（或电压）的代数和。

在使用叠加定理分析计算电路时应注意以下几点：

➢ 叠加定理只能用于计算线性电路（即电路中的元件均为线性元件）的支路电流或电压（不能直接进行功率的叠加计算）。

➢ 应用叠加定理分析计算电路时，应保持电路的结构不变。当某一电源单独作用时，要将不作用的电源中的恒压源短接，恒流源开路。

➢ 最后进行叠加时，要注意各电流或电压分量的方向，与所有电源共同作用的支路电流或电压方向一致的电流分量或电压分量取正号，反之取负号。

【例 1-13】　如图 1-28a 所示电路，$R_1=3\Omega$，$R_2=6\Omega$，$U_S=6V$，$I_S=4A$，试用叠加定理求电流 I_1、I_2。

解：应用叠加定理，可将原图分解，如图 1-28b 所示。

$$I'_1=I'_2=\frac{U_S}{R_1+R_2}=\frac{6}{3+6}A=\frac{2}{3}A$$

$$I''_1=\frac{R_2}{R_1+R_2}I_S=\frac{6}{3+6}\times 4A=\frac{8}{3}A$$

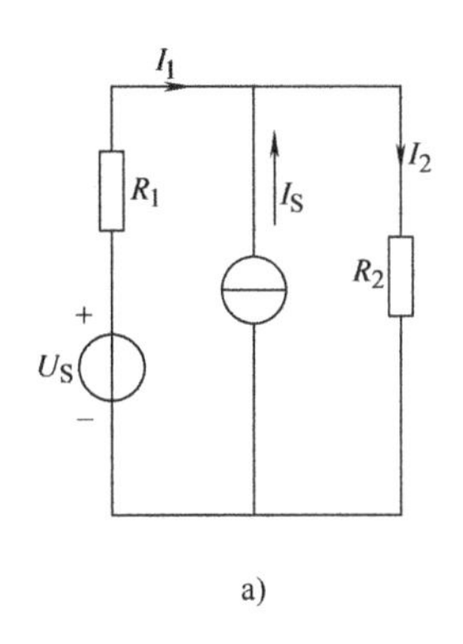

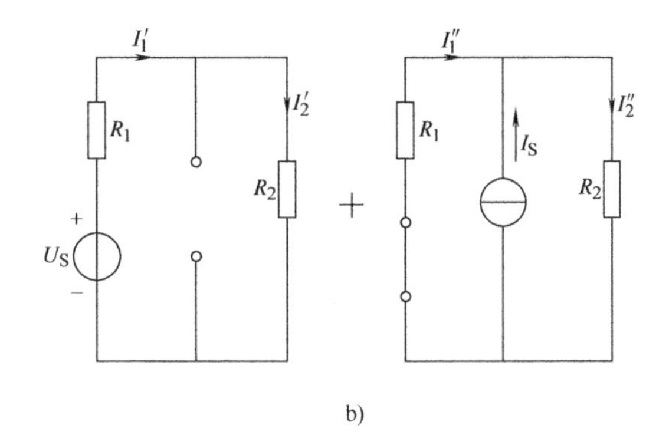

图1-28 例1-13图

$$I''_2 = \frac{R_1}{R_1 + R_2} I_S = \frac{3}{3+6} \times 4\text{A} = \frac{4}{3}\text{A}$$

$$I_1 = I'_1 + (-I''_1) = \frac{2}{3}\text{A} - \frac{8}{3}\text{A} = -2\text{A}(\text{因为 } I''_1 \text{ 的参考方向和 } I_1 \text{ 相反})$$

$$I_2 = I'_2 + I''_2 = \frac{2}{3}\text{A} + \frac{4}{3}\text{A} = 2\text{A}$$

1.2.4 戴维南定理

在含有多个电源的电路中，为求出某特定支路流过的电流，可以应用戴维南定理。

由线性电阻和电源组成的电路称为线性有源电路，或称线性有源网络。具有两个接线端的线性有源网络则称为线性有源二端网络，如图1-29a所示。没有电源的二端网络称为无源二端网络。

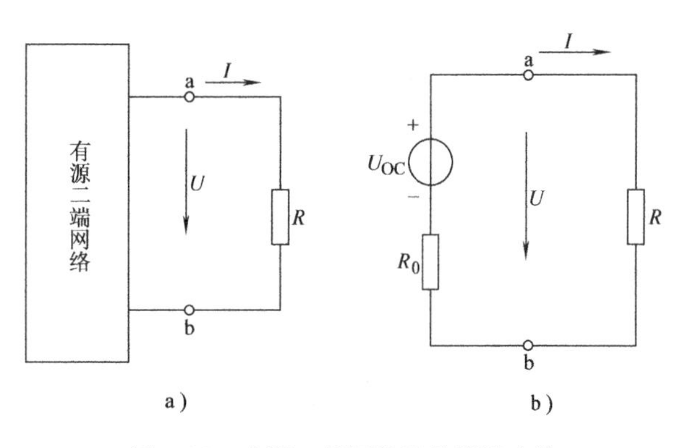

图1-29 有源二端网络及其等效电路

戴维南定理的内容为：对外电路来说，任何线性有源二端网络，都可以用一个理想电压源和一个电阻的串联组合代替，如图1-29b所示。理想电压源的电压等于原二端网络的开路电压，用 U_{OC} 表示；理想电压源的电阻则等于原二端网络除源后的等效电阻，用 R_0 表示。

解题步骤：

➢ 先断开待求支路，使电路形成开路状态。

➢ 根据剩余有源二端网络特性求解开路电压 U_{OC}。

➢ 将有源二端网络中理想电压源短路、理想电流源开路，求得该无源二端网络等效电阻 R_0。

➢ 用 U_{OC} 和 R_0 串联组成戴维南等效电路。

➢ 将待求支路还原，根据等效后的电路求解支路电流或电压。

【例1-14】 用戴维南定理计算如图1-30所示电路中的支路电流 I_3。已知：$U_{S1}=90\text{V}$，$U_{S2}=60\text{V}$，$R_1=6\Omega$，$R_2=12\Omega$，$R_3=36\Omega$。

图1-30　例1-14图

解：➢ 断开 R_3 所在支路，如图1-31a所示，计算有源二端网络开路电压 U_{OC}。在断开 R_3 后回路中只有电流 I，设其参考方向如图1-31a所示。

$$I=\frac{U_{S1}-U_{S2}}{R_1+R_2}=\frac{90-60}{6+12}\text{A}=1.67\text{A}$$

$$U_{OC}=U_{ab}=U_{S1}-IR_1=(90-1.67\times6)\text{V}=80\text{V}$$

或
$$U_{OC}=U_{S2}+IR_2=(60+1.67\times12)\text{V}=80\text{V}$$

➢ 将有源二端网络中的电压源短路，计算等效电阻 R_0，由图1-31b可见，电阻 R_1 和 R_2 并联。

$$R_0=\frac{R_1R_2}{R+R_2}=\frac{6\times12}{6+12}\Omega=4\Omega$$

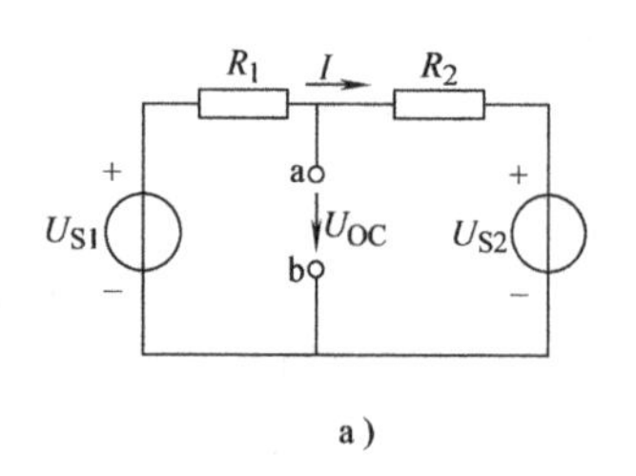

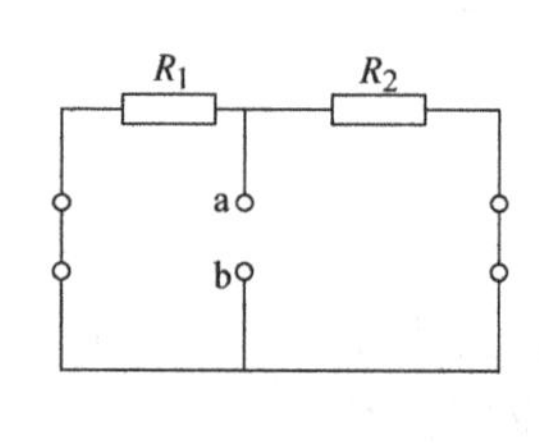

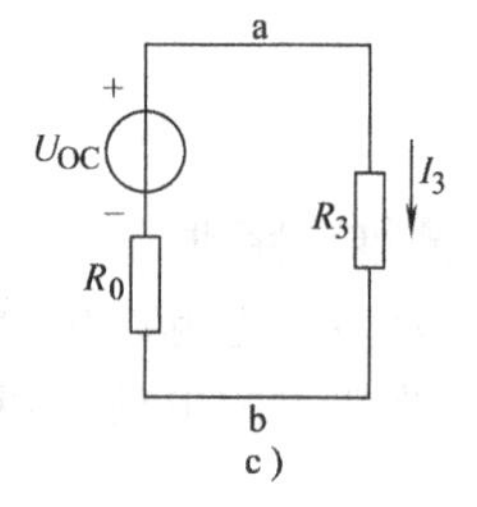

图1-31　例1-14图

➢ 将 R_3 支路还原，如图1-31c所示，则通过电阻 R_3 的电流可以利用全电路欧姆定律求得。

$$I_3=\frac{U_{OC}}{R_0+R_3}=\frac{80}{4+36}\text{A}=2\text{A}$$

1.3　电路的工作状态

1.3.1　电路的三种状态

电路通常有三种工作状态：通路、断路和短路，如图1-32所示。

➢ 通路状态：电路处处接通，构成闭合回路，电路中有电流通过。

➢ 断路状态：开关断开或电路中某处断开，没有形成通路，电路中无电流。

➢ 短路状态：电源或负载的两端被导线连接在一起。短路时往往形成过大的电流，会损坏供电电源、线路或负载，这是一种危险的故障状态，应避免出现。

下面利用全电路欧姆定律分析电路工作状态：

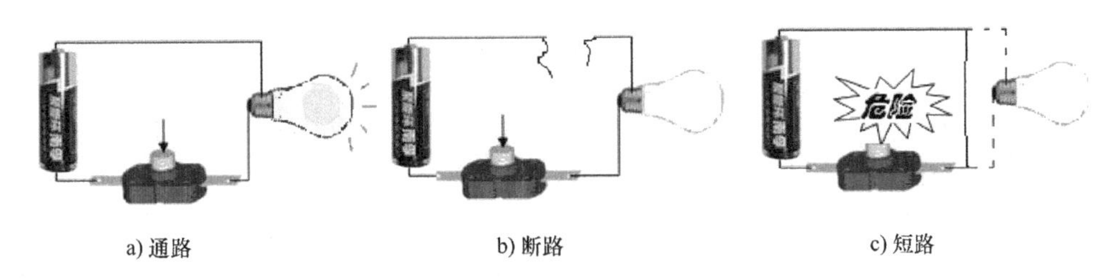

a) 通路　　b) 断路　　c) 短路

图1-32　电路的三种状态

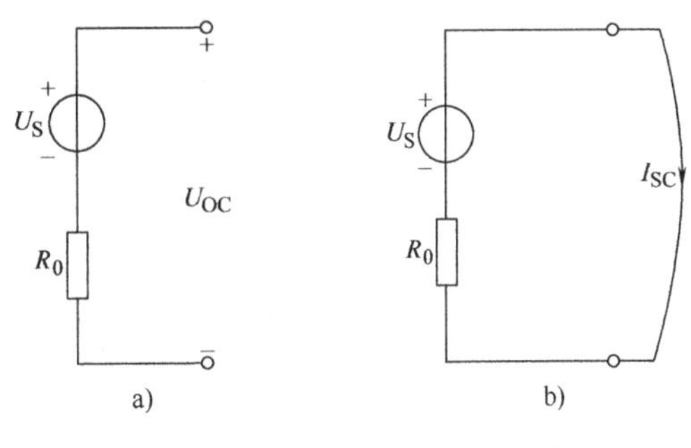

a)　　b)

图1-33　开路电压和短路电流

➢ 通路：如图1-20所示，由全电路欧姆定律可以得出电源两端电压为：$U=U_S-IR_0$，可知，随着电流的增大，外电路电压是下降的。电源内阻越大，外电路电压下降得越多。

➢ 开路：相当于外电路电阻趋于无穷大，如图1-33a所示。电源开路时的端电压叫开路电压，用U_{OC}表示，其中，$U_{OC}=U_S$，电流$I=0$。

➢ 短路：外电路电阻趋近于零，此时电路电流I_{SC}叫做短路电流，如图1-33b所示。由于电源内阻很小，所以短路电流很大，根据欧姆定律得：$I_{SC}=\dfrac{U_S}{R_0}$，短路时外电路电压为零，即$U=0$。

1.3.2　电气设备的额定值

一、额定工作状态

任何电气设备在使用时，若电流过大、温升过高就会导致绝缘的损坏，甚至烧坏设备或元器件。为了保证电气设备正常工作，制造商对产品的电流、电压和功率都规定了其使用限额，利用这些限额来表征电气设备的工作条件和工作能力，称为额定值。

电源设备的额定值通常包括额定电压U_N、额定电流I_N和额定容量S_N，其中U_N和I_N是指电源设备安全运行所规定的电压和电流限额；额定容量$S_N=U_N I_N$，表征电源最大允许的输出功率，但是电源设备工作时不一定总是输出最大允许电流和功率，还要取决于所连接的负载。

负载的额定值一般包括额定电压U_N、额定电流I_N和额定功率P_N。对于电阻性负载，由于这三者与电阻存在一定的关系，所以额定值不需要全部标出。

二、超载、满载和轻载

电气设备工作在额定值下的状态称为额定工作状态，即“满载”。这时电气设备的使用是最经济合理和安全可靠的，不仅能充分发挥设备的作用，而且能够保证设备的使用寿命。若电气设备超过其额定值工作，称为“过载”。由于温度升高需要一定的时间，因此短时过载不会使电气设备立即损坏，但过载时间过长，就会大大缩短电气设备的使用寿命，严重时造成设备损坏。若电气设备低于额定值工作，称为“轻载”或“欠载”。在严重欠载的情况下，电气设备不能正常工作或不能充分发挥其作用。过载和严重欠载在实际工作中都是需要避免的。

本章小结

1. 电路一般由电源、负载、开关和连接导线等四部分组成。电源内部的电路叫做内电路，电源外部的电路叫做外电路。

2. 要维持某段电路中的电流，就必须在它的两端保持电压，电压是衡量电场力做功大小的物理量。电压的方向规定为高电位（正极“+”）指向低电位（负极“-”），即电位降低的方向。在计算电路中的电流或电压之前，一定要先确定电流或电压的参考方向。

3. 电压是绝对的量，电路中任意两点间的电压大小，仅取决于这两点电位的差值，与参考点无关；而电位是相对的量，电位的高低与参考点的选择有关，参考点变，电位就变。

4. 电功率是表示电流做功快慢的物理量，电流在单位时间内所做的功称为电功率，用 P 表示，功率的单位是瓦特，简称瓦（W），用字母 P 表示，$P = UI = \frac{U^2}{R} = RI^2$。

5. 实际电流源简称电流源，它可用理想电流源 I_S 与内阻 R'_0 的并联组合作为实际电流源的电路模型。实际电压源简称电压源，它可用理想电压源 U_S 和内阻 R_0 串联组合作为实际电压源的电路模型。两者间等效转换时，电压源中电压 U_S 的正极性端与电流源 I_S 的流出端相对应。

6. 欧姆定律总结了电阻、电压、电流之间的关系，是电路计算最重要、最基本的定律之一。应用在一段电阻电路上为 $I = \frac{U}{R}$，应用在全电路上为 $I = \frac{E}{R_0 + R}$。

7. 基尔霍夫定律是计算复杂电路的基本定律。在任一瞬间，电流定律（KCL）对任何结点均有 $\sum I = 0$；电压定律（KVL）对任何一回路均存在 $\sum U = 0$。

8. 叠加定理：在线性电路中，任何一条支路的电流（或电压），都是各个电源单独作用时在该支路中所产生的电流（或电压）的代数和。

9. 戴维南定理：对于外电路而言，任何线性有源二端网络都可以用一个理想电压源和一个电阻的串联组合代替。理想电压源的电压等于原二端网络的开路电压，电阻则等于原二端网络除源后的等效电阻。在含有多个电源的电路中，应用该定理求出某特定支路流过的电流较为方便。

10. 电路分为通路、断路、短路三种状态，短路状态应尽量避免。

第2章 交流电路

本章学习要点

◇ 正弦交流电的基本物理量及正弦交流电的三要素，正弦交流电的表示法。
◇ 电阻、电感和电容元件的特性、应用以及这三种电路的电压、电流关系和功率计算。
◇ *RLC* 串、并联电路的阻抗概念以及电压三角形、阻抗三角形的应用。
◇ 交流电路的有功功率、无功功率和视在功率的概念和计算。
◇ 功率因数的意义和提高功率因数的方法。
◇ 三相负载的星形联结和三角形联结方式。

案例导入

交流电是指电流（电压、电动势）的大小和方向都随时间做周期性变化，且在一个周期内的平均值为零。图2-1模拟了交流发电机产生正弦交流电的过程。

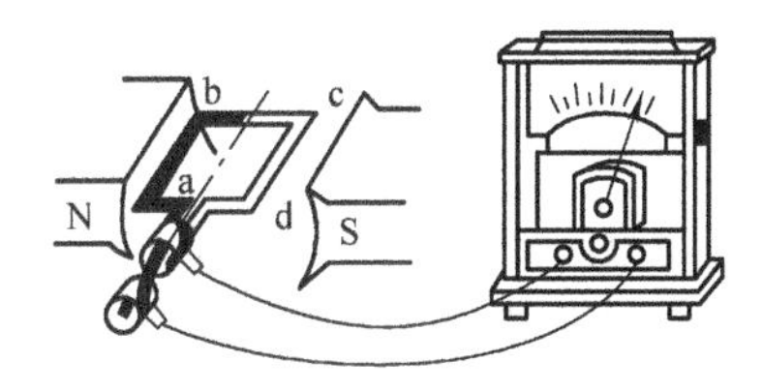

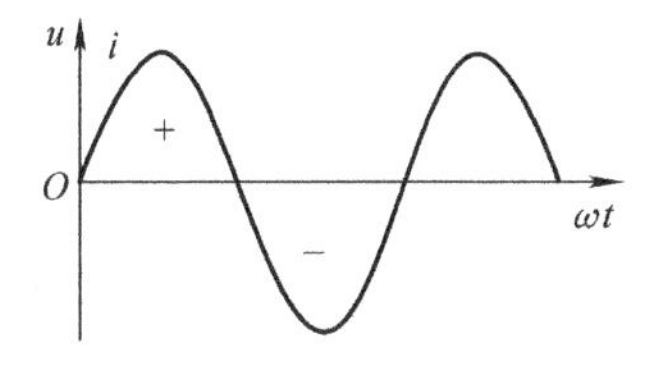

图2-1 交流电的产生

2.1 正弦交流电的基本概念

2.1.1 正弦交流电的三要素

一、正弦交流电的产生

如图2-1所示，线圈abcd在外力作用下，在匀强磁场中以角速度ω匀速转动时，线圈的ab边和cd边做切割磁感线运动，线圈产生感应电动势。如果外电路是闭合的，闭合回路将产生感应电流。

设在起始时刻，线圈平面与中性面的夹角为 φ_0，t 时刻线圈平面与中性面的夹角为 $\omega+\varphi_0$。分析得出，以速度 v 运动的cd边与磁感线方向的夹角也是 $\omega+\varphi_0$，设cd边长度为 L，磁场的磁感应强度为 B，则由于cd边做切割磁感线运动所产生的感应电动势为

$$e_{\mathrm{cd}}=BLv\sin(\omega t+\varphi_0)$$

同理，ab边产生的感应电动势为

$$e_{\mathrm{ab}}=BLv\sin(\omega t+\varphi_0)$$

由于这两个感应电动势是串联的，所以整个线圈产生的感应电动势为

$$e=e_{\mathrm{ab}}+e_{\mathrm{cd}}=2BLv\sin(\omega t+\varphi_0)=E_{\mathrm{m}}\sin(\omega t+\varphi_0) \tag{2-1}$$

式中，$E_{\mathrm{m}}=2BLv$ 是感应电动势的最大值。

可见，发电机产生的电动势是按正弦规律变化的，即发电机可以向外电路输送正弦交流电。

二、正弦交流电的三要素

电流（电压、电动势）的大小和方向随时间作周期性变化，这种电叫做交流电，正弦交流电是指按正弦规律变化的电流、电压和电动势。图2-2为正弦交流电波形，以其为例介绍正弦交流电的一些参数。

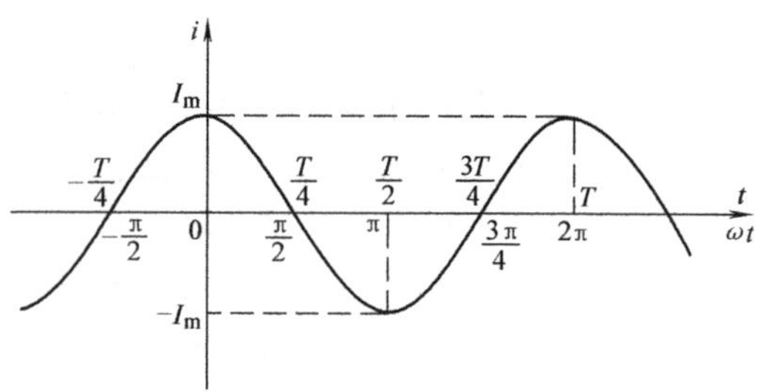

图2-2　正弦交流电波形

1. 瞬时值、最大值与有效值

➢ 瞬时值：交流电每一瞬时所对应的值。瞬时值用小写字母表示，如 e、i、u 等。

➢ 最大值：交流电在一个周期内数值最大的瞬时值称为最大值或幅值。最大值用大写字母加下标m表示，如 U_{Sm}、I_{m}、U_{m} 等。

➢ 有效值：让交流电和直流电通过同样阻值的电阻，若它们在同一时间内产生的热量相等，那么这一直流电的数值就称为交流电的有效值。有效值用大写字母表示，如 E、U、I 等。

提示

通常所说的交流电的电动势、电压、电流的大小都是指它的有效值，使用交流电的电气设备名牌上标的额定值以及测交流电的仪表所指示的数值也都是有效值。今后在谈到交流电的数值时，如无特殊注明，都是指有效值。

根据理论计算，可求得正弦交流电的有效值和最大值之间的关系为

$$E=\frac{E_{\mathrm{m}}}{\sqrt{2}}=0.707E_{\mathrm{m}} \tag{2-2}$$

$$U=\frac{U_{\mathrm{m}}}{\sqrt{2}}=0.707U_{\mathrm{m}} \tag{2-3}$$

$$I=\frac{I_{\mathrm{m}}}{\sqrt{2}}=0.707I_{\mathrm{m}} \tag{2-4}$$

【例2-1】　工厂里动力电源的电压为380V，照明电源的电压为220V，它们的最大值各

是多少？

解：根据式（2-3）可得动力电源电压的最大值为

$$U_{1m}=\sqrt{2}U=\sqrt{2}\times380\text{V}\approx536\text{V}$$

照明电源电压的最大值为

$$U_{2m}=\sqrt{2}\times220\text{V}\approx311\text{V}$$

2. 周期、频率与角频率

➢ 周期：交流电完成一次周期性变化所需的时间，用字母 T 表示，单位是秒（s），较小的单位有毫秒（ms）、微秒（μs）。它们之间的关系是 $1\text{s}=10^3\text{ms}=10^6\mu\text{s}$。

➢ 频率：交流电在 1s 内完成周期性变化的次数，用字母 f 表示，单位是赫兹（Hz）。当频率很高时，频率的单位用千赫（kHz）、兆赫（MHz）。它们之间的关系是 $1\text{MHz}=10^3\text{kHz}=10^6\text{Hz}$。

由周期和频率的定义可知，二者互为倒数关系，即

$$f=\frac{1}{T} \tag{2-5}$$

➢ 角频率：交流电单位时间内变化的角度，用字母 ω 表示，单位是弧度/秒（rad/s）。角频率与周期 T、频率 f 之间的关系为

$$\omega=\frac{2\pi}{T}=2\pi f \tag{2-6}$$

3. 相位、初相位与相位差

➢ 相位：交流电随时间做周期性的变化，在不同的时间 t，$(\omega t+\psi)$ 是随时间变化的角度，称为相位角，简称相位，单位是弧度（rad）。

➢ 初相位：$t=0$ 时刻的相位角 ψ_0，即为初相位角，简称初相。

➢ 相位差：两个同频率正弦交流电的相位之差，称为相位差，用字母 φ 表示，如图 2-3 所示。例如：设 i_1 的相位为 $\omega t+\psi_1$、i_2 的相位为 $\omega t+\psi_2$，则其相位差为

$$\varphi=(\omega t+\psi_1)-(\omega t+\psi_2)=\psi_1-\psi_2 \tag{2-7}$$

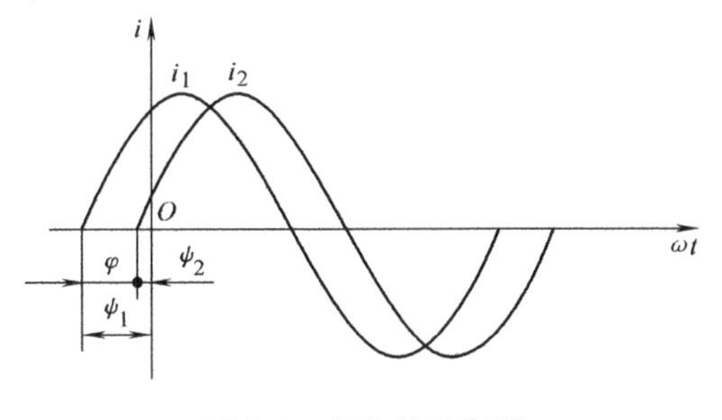

图 2-3 相位差示意图

提示

综上所述，一个交流电，其变化的快慢用频率表示；其变化的幅度，用最大值表示；其变化的起点，用初相表示。如果交流电的频率、最大值、初相确定后，就可以确定交流电随时间变化的情况。因此，**频率、最大值（有效值）和初相称为交流电的三要素**。

【例 2-2】 已知两正弦交流电电动势分别为 $e_1=150\sin\left(100\pi t+\frac{\pi}{3}\right)\text{V}$，$e_2=100\sin$

$\left(100\pi t-\frac{\pi}{6}\right)$V，试求：(1) 最大值；(2) 频率；(3) 周期；(4) 相位；(5) 初相位；(6) 相位差，并说明 e_1、e_2 的超前、滞后关系。

解：

(1) 最大值

$$E_{1m}=150\text{V}\quad E_{2m}=100\text{V}$$

(2) 频率

$$f=\frac{\omega}{2\pi}=\frac{100\pi}{2\pi}\text{Hz}=50\text{Hz}$$

(3) 周期

$$T=\frac{1}{f}=\frac{1}{50}\text{s}=0.02\text{s}$$

(4) 相位

$$\psi_1=100\pi t+\frac{\pi}{3}\quad \psi_2=100\pi t-\frac{\pi}{6}$$

(5) 初相位

$$\psi_{01}=\frac{\pi}{3}\quad \psi_{02}=-\frac{\pi}{6}$$

(6) 相位差

$$\varphi=\psi_{01}-\psi_{02}=\frac{\pi}{3}-\left(-\frac{\pi}{6}\right)=\frac{\pi}{2}$$

即 e_1 超前于 e_2，此时两正弦交流电正交。

2.1.2　正弦交流电的表示法

正弦交流电的三要素是频率、最大值和初相，这三个要素可以用几种不同的方法表示出来。

一、解析式表示法

用三角函数表示正弦交流电随时间的变化规律。如正弦交流电压的解析式为

$$u=U_m\sin(\omega t+\psi_0)\tag{2-8}$$

式中，$\omega t+\psi_0$为正弦交流电压的相位，ω 为角频率，ψ_0为初相角，U_m为最大值。

二、波形图表示法

利用三角函数式对应的正弦曲线来表示正弦交流电。如图 2-4 所示，波形图可以直观的表示出正弦交流电最大值 U_m，初相 ψ_0 和角频率 ω。

三、矢量表示法

用旋转矢量表示正弦交流电，如图 2-5 所示。图中矢量的长度表示正弦交流电的最大值（也可表示有效值）；矢量与横轴的夹角表示初相，$\psi_0>0$ 在横轴的上方，$\psi_0<0$ 在横轴的下方；矢量以角速度 ω 逆时针旋转。

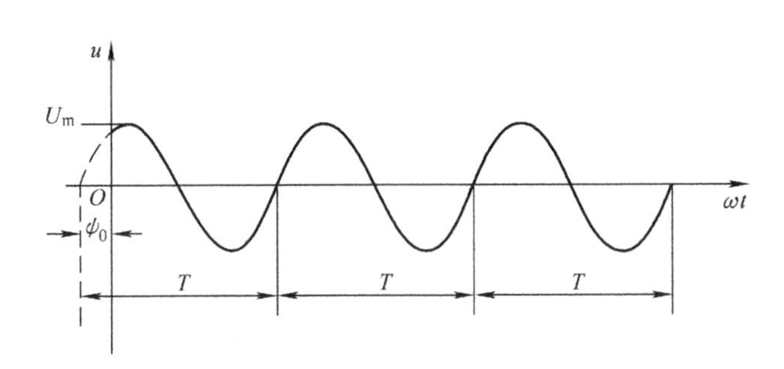

图2-4 正弦交流电的波形图表示法

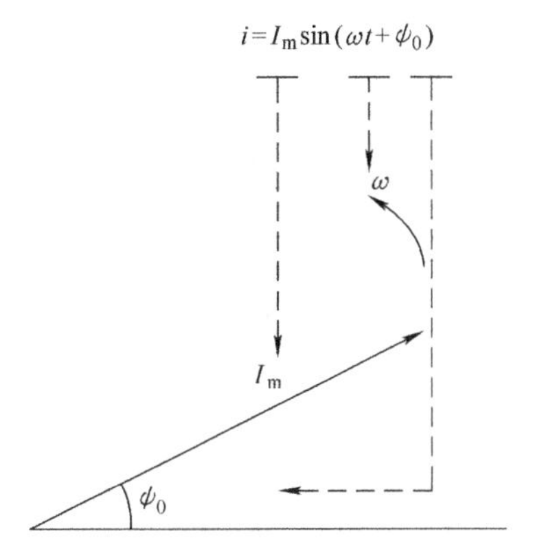

图2-5 正弦交流电的矢量表示

【例2-3】 某两个正弦交流电流，其最大值为$2\sqrt{2}$A和$3\sqrt{2}$A，初相角为$-\dfrac{\pi}{6}$和$\dfrac{\pi}{3}$，角频率均为ω，作出它们的相量图，写出其对应的解析式。

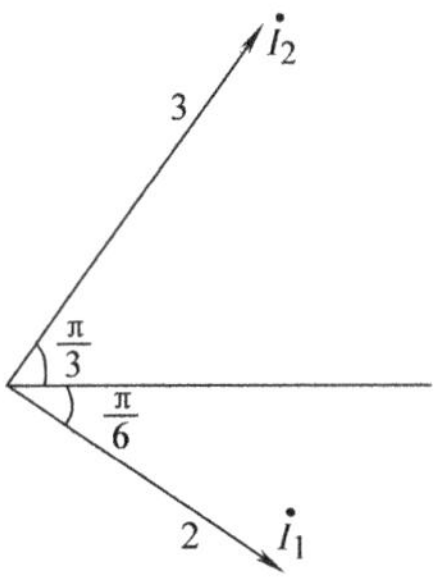

解：$I_1=2\text{A}$，$I_2=3\text{A}$，在横轴上方$\dfrac{\pi}{3}$和横轴下方$\dfrac{\pi}{6}$角度作相量图，如图2-6所示。

图2-6 例2-3图

它们的解析式为

$$i_1=2\sqrt{2}\sin\left(\omega t-\frac{\pi}{6}\right)\text{A}$$

$$i_2=3\sqrt{2}\sin\left(\omega t+\frac{\pi}{3}\right)\text{A}$$

由矢量图可见，i_2超前i_1 $\dfrac{\pi}{2}$，这与解析式的计算结果$\varphi=\left(\omega t+\dfrac{\pi}{3}\right)-\left(\omega t-\dfrac{\pi}{6}\right)=\dfrac{\pi}{2}$是一致的。

2.2 单一元件的交流电路

电阻元件、电感元件和电容元件都是组成电路模型的理想元件。所谓理想，就是突出元件的主要电磁性质，忽略其次要因素，本节在简要介绍电阻、电感和电容元件的特性和应用基础上，重点介绍这三种电路的电压、电流关系及功率计算问题。

2.2.1 纯电阻电路

一、电阻元件

电阻元件是各种电阻器、白炽灯等实际电器元件的理想化模型，电阻元件也简称电阻，是表示物体对电流阻碍作用的物理量，用字母R表示。电阻的单位是欧姆，用字母Ω表示。

常用的电阻单位有千欧（kΩ）、兆欧（MΩ），它们之间的关系是：$1k\Omega = 10^3\Omega$；$1M\Omega = 10^3 k\Omega = 10^6\Omega$。

在电工、电子技术中常见的电阻器的外形如图2-7所示。

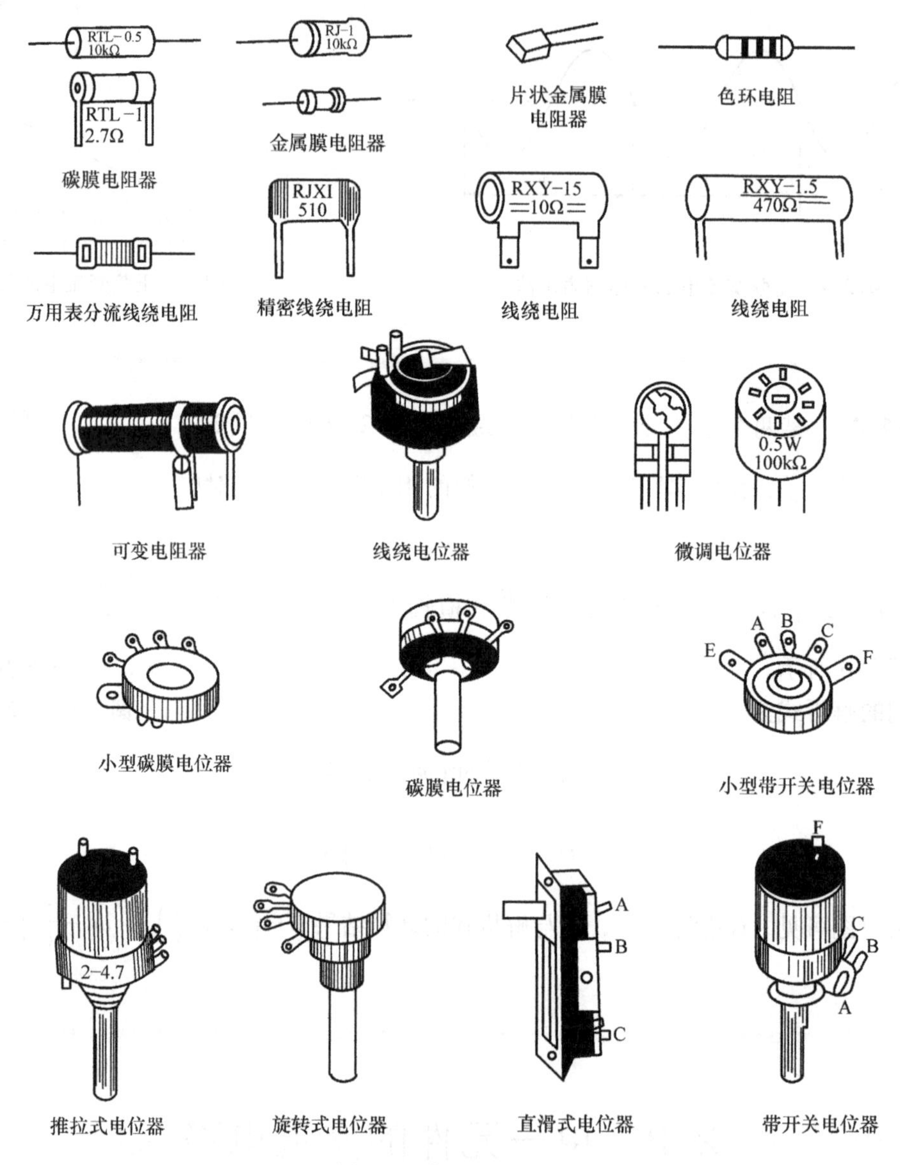

图2-7　常见的电阻器

实验证明，当温度一定时，导体电阻只与材料及导体的几何尺寸有关，即

$$R = \rho \frac{l}{S} \tag{2-9}$$

式中　l——导体的长度，单位是m；

S——导体的横截面积，单位是m^2；

ρ——导体的电阻率，不同金属导体其电阻率不同，单位是Ω·m。

电阻元件的主要参数有：标称阻值、允许偏差、额定功率、极限工作电压、电阻温度系

数、高频特性、非线性和噪声电动势等。

电阻元件最重要的参数是标称值，标称值在电阻器表面上有两种标注方式，一种是用数字直接标示，主要参数和技术性能的有效值用阿拉伯数字标出。如在电阻体上印有标志6.8kΩ ±5%，即表示其标称值为6.8kΩ，允许偏差为±5%。如印有6.8kΩ Ⅰ，则表示其标称值为6.8kΩ，允许偏差为Ⅰ级，偏差Ⅰ级即偏差为±5%。另一种是用色环标示，即用不同颜色的带或点在产品表面上标志出主要参数的方法，各种颜色所代表的具体意义可查阅相关手册。

二、纯电阻电路

日常生活和工作中常见的白炽灯、电阻炉、电烙铁等，都属于电阻性负载，将其与交流电源连接就组成了纯电阻电路，如图2-8所示。

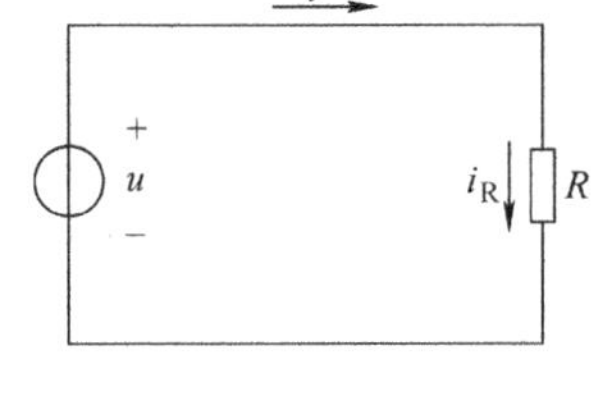

图2-8 纯电阻电路

1. 纯电阻电路的电流与电压关系

实践环节

如图2-9连接电路。接通开关S，改变信号发生器输出交流信号的频率和电压。注意观察电压表和电流表的数值变化。可以看到当电阻两端电压增加时，电流也线性增加，二者同时达到最大值和最小值，变化完全一致；同时，改变交流信号的频率，电压及电流均不发生变化。

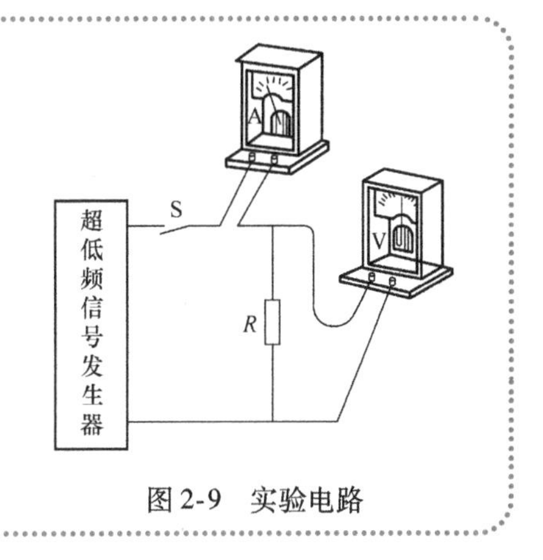

图2-9 实验电路

由实验可知，纯电阻电路在正弦交流电压 $u = U_m \sin\omega t$ 作用下，电路中的电流也是正弦形式，即

$$i = \frac{u}{R} = \frac{\sqrt{2}U\sin\omega t}{R} = \sqrt{2}I\sin\omega t$$

电流与电压之间的关系为：

➢ 电压 u 和电流 i 的频率相同。

➢ 电压 u 和电流 i 的相位相同，图2-10为纯电阻电路波形图和矢量图。

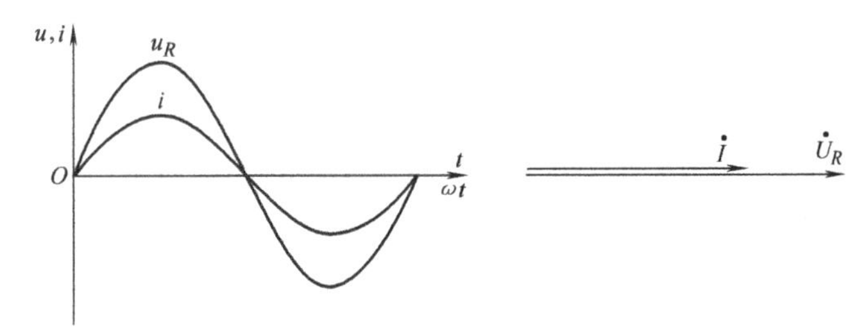

图2-10 纯电阻电路波形图和矢量图

➢ 最大值和有效值仍然满足欧姆定律：

$$I_{\mathrm{m}}=\frac{U_{\mathrm{m}}}{R} \tag{2-10}$$

$$I=\frac{U}{R} \tag{2-11}$$

2. 功率

➢ 瞬时功率：电路中每个瞬间电压与电流的乘积，用字母 p 表示。瞬时功率的变化曲线如图2-11所示。

$$p=ui=U_{\mathrm{m}}\sin\omega t I_{\mathrm{m}}\sin\omega t = =2UI\sin^2\omega t \tag{2-12}$$

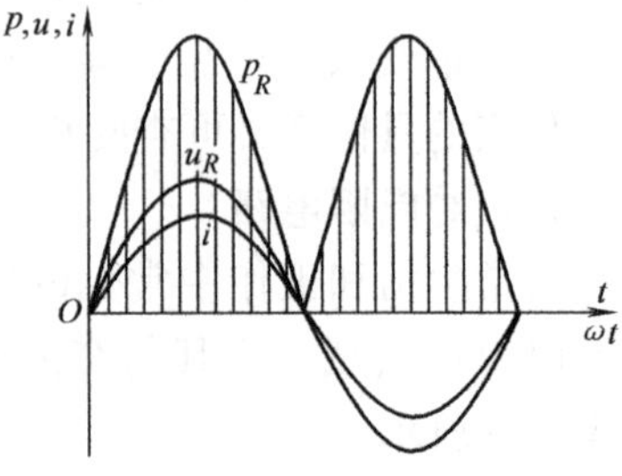

图2-11　纯电阻电路的功率曲线

提示

瞬时功率的大小随时间做周期性变化，但整个曲线都在横坐标上方，总为正值，即 $p_{\mathrm{R}}\geqslant 0$，说明电阻在每一瞬间都在消耗电能，是一种耗能元件。

➢ 有功功率：工程上常取瞬时功率在一个周期内的平均值来表示电路消耗的有功功率，也称平均功率，用大写字母 P 表示，单位是瓦（W）。其数学表达式为

$$P=\frac{U_{R\mathrm{m}}I_{\mathrm{m}}}{2} \tag{2-13}$$

或

$$P=U_RI=R^2I=\frac{{U_R}^2}{R} \tag{2-14}$$

可见，有功功率是电流和电压有效值的乘积，也是电流和电压最大值乘积的一半，是一个定值。

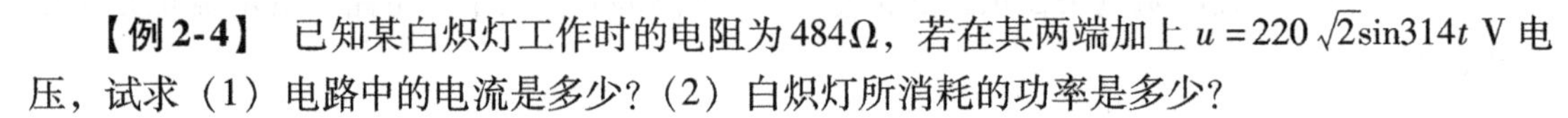

【例2-4】　已知某白炽灯工作时的电阻为484Ω，若在其两端加上 $u=220\sqrt{2}\sin314t$ V 电压，试求（1）电路中的电流是多少？（2）白炽灯所消耗的功率是多少？

解：由 $u=220\sqrt{2}\sin314t$ 中可知 $U_{\mathrm{m}}=220\sqrt{2}$V

$$U=\frac{U_{\mathrm{m}}}{\sqrt{2}}=\frac{220\sqrt{2}}{\sqrt{2}}\mathrm{V}=220\mathrm{V}$$

（1）通过白炽灯的电流 I 为

$$I=\frac{U}{R}=\frac{220}{484}\mathrm{A}\approx 0.45\mathrm{A}$$

（2）负载的有功功率为

$$P=UI=220\times 0.45\mathrm{W}=100\mathrm{W}=0.1\mathrm{kW}$$

2.2.2　纯电感电路

一、电感元件

凡是能产生电感作用的元件统称为电感元件，常用的电感元件有固定电感器，阻流圈，

电视机行线性线圈，行、帧振荡线圈，偏转线圈，录音机上的磁头，延迟线等。

1. 结构

在绝缘管上用导线绕上 N 匝，就构成一个电感线圈。导线彼此互相绝缘，而绝缘管可以是空心的，也可以包含铁心或磁粉心。实际的电感线圈的结构和外形如图 2-12 所示。

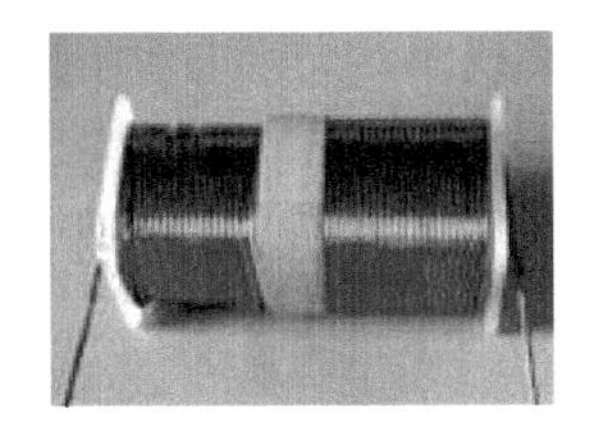
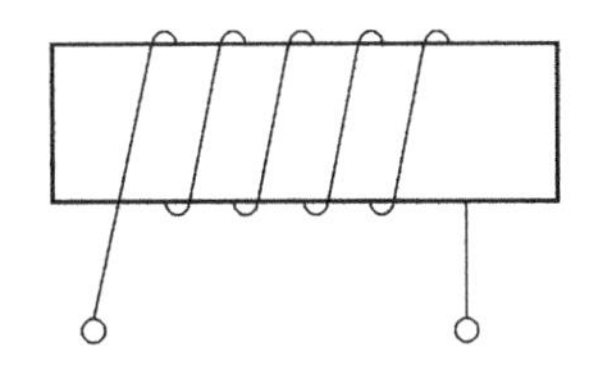

图 2-12　电感线圈结构示意图

2. 用途及分类

电感线圈的用途很广，例如发电机、电动机、变压器、电抗器和继电器等电气设备中的绕组就是各种各样的电感线圈；电子电路中常利用电感的阻流作用来进行分频或滤波；收音机中的天线线圈与电容器构成的调谐回路；照明电路中利用线圈和铁心组成的镇流器等。

电感线圈的种类很多。按电感形式可分为固定电感线圈和可变电感线圈；按导磁体性质可分为空心线圈、铁氧体线圈、铁心线圈和铜心线圈；按工作性质可分为天线线圈、振荡线圈、扼流线圈、陷波线圈和偏转线圈；按绕线结构可分为单层线圈、多层线圈和蜂房式线圈。常见的电感线圈如图 2-13 所示。

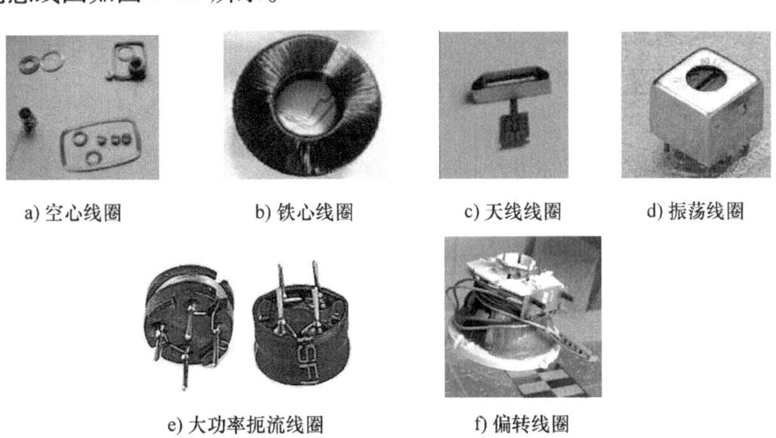

a) 空心线圈　b) 铁心线圈　c) 天线线圈　d) 振荡线圈

e) 大功率扼流线圈　f) 偏转线圈

图 2-13　常用电感线圈

3. 电感元件

实际电感线圈总有一定电阻，忽略实际电感线圈中的电阻的理想化模型称为纯电感或电感。电感元件是一个二端元件，它的图形符号如图 2-14 所示，文字符号用 L 表示。

L

图 2-14　电感符号

当电流通过线圈时，在线圈周围会产生磁场。如果电流是变化的，磁场也随之变化。

提示

电感元件的电压不取决于流过它的电流多少，而是与电流的变化率有关。

4. 电感的主要参数

➢ 标称电感量：电感元件上标注的电感量的大小。表示线圈本身固有特性，主要取决于线圈的圈数、结构及绕制方法等，与电流大小无关，反映电感线圈存储磁场能的能力。

➢ 允许误差：电感的实际电感量相对于标称值的最大允许偏差范围称为允许误差。

➢ 感抗 X_L：电感的电抗简称感抗，它表示电感线圈对交流电流阻碍作用的大小，文字符号用 X_L 表示，单位为Ω。

理论和实验证明，感抗的大小与电源频率和线圈电感量成正比，即

$$X_L = \omega L = 2\pi fL \tag{2-15}$$

式中　f——电压频率，单位是Hz。

L——线圈的电感，单位是亨［利］(H)。

提示

对于直流电而言，由于 $f=0$，则 $X_L=0$，电感相当于短路，因此，电感有“通直流，阻交流；通低频，阻高频”的特性。

二、纯电感电路

一个忽略了电阻和分布电容的空心线圈就是一个理想电感元件，它与交流电源连接组成的电路称为纯电感电路，如图2-15所示。

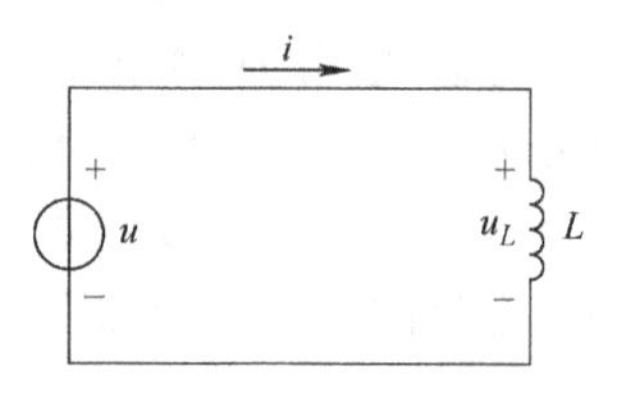

图2-15　纯电感电路

1. 纯电感电路的电流与电压关系

如图2-15所示，设流过电感的电流为 $i=\sqrt{2}I\sin\omega t$，则电感两端的电压为

$$\begin{aligned} u_L &= L\frac{\mathrm{d}i}{\mathrm{d}t} \\ &= \sqrt{2}I\omega L\cos\omega t = \sqrt{2}I\,X_L\sin(\omega t+90°) \\ &= \sqrt{2}U\sin(\omega t+90°) \end{aligned}$$

纯电感电路中电流与电压的关系为：

➢ 电压 u_L 和电流 i 的频率相同。

➢ 电压 u_L 比电流 i 的相位超前90°，图2-16为波形图和矢量图。

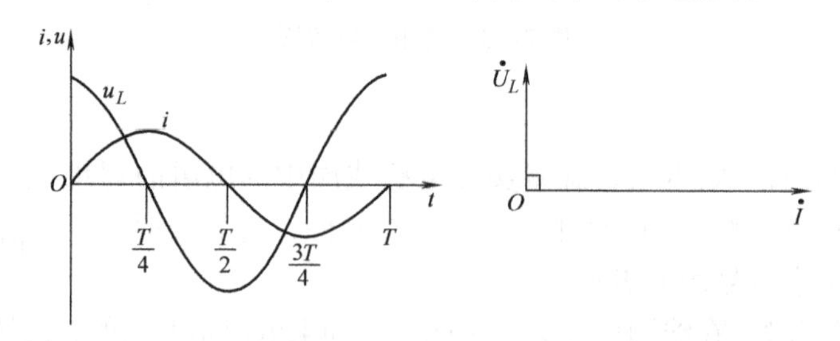

图2-16　波形图和矢量图

➢ 最大值、有效值之间的关系符合欧姆定律，即

$$I_m = \frac{U_{Lm}}{X_L} \tag{2-16}$$

$$U_L = U_P \tag{2-17}$$

2. 功率

➢ 瞬时功率：电感的瞬时功率为

$$\begin{aligned} p_L &= u_L i = U_{Lm}\sin\left(\omega t + \frac{\pi}{2}\right)I_m \sin\omega t \\ &= \sqrt{2}U_L \sin\left(\omega t + \frac{\pi}{2}\right) \times \sqrt{2}I\sin\omega t \\ &= 2U_L I \sin\omega t \cos\omega t \\ &= U_L I \sin 2\omega t \end{aligned} \tag{2-18}$$

瞬时功率曲线如图2-17所示。瞬时功率以电流或电压的2倍频率变化。当$p>0$时，电感从电源吸收电能转换成磁场能储存在电感中；当$p<0$时，电感中储存的磁场能换成电能送回电源。瞬时功率p的波形在横轴上、下的面积是相等的，所以电感不消耗能量，是储能元件。

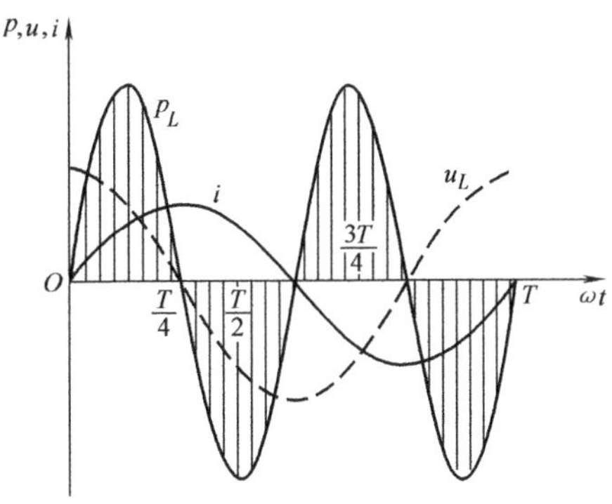

图2-17 纯电感电路瞬时功率波形图

➢ 有功功率：根据理论计算可得电感的有功功率

$$P = 0 \tag{2-19}$$

电感有功功率为零，说明它并不耗能，只是将能量不停地吸收和释放。

➢ 无功功率：纯电感元件在整个工作过程中没有消耗电源的任何能量，只是与电源进行能量交换。在交换的过程中，电感元件中瞬时功率所能达到的最大值称为无功功率，用Q_L表示，即

$$Q_L = U_L I = I^2 X_L = \frac{U_L^2}{X_L} \tag{2-20}$$

无功功率的单位为乏（尔），用符号var表示。工程上还用到kvar（千乏），它们之间的换算关系为：

$$1\text{kvar} = 10^3\text{var}$$

【例2-5】 有一电阻可以忽略的电感线圈，电感$L=300\text{mH}$。把它接到$u=220\sqrt{2}\sin\omega t$（V）的工频交流电源上，求电感线圈的电流有效值和无功功率。若把它改接到有效值为100V的另一交流电源上，测得其电流为0.4A，求该电源的频率是多少？

解：（1）电压$u=220\sqrt{2}\sin\omega t$的工频交流电压的有效值为220V，$f$为50Hz。

电感感抗为

$$X_L = 2\pi f L = 2\times 3.14\times 50\times 300\times 10^{-3}\Omega = 94.2\Omega$$

电感电流为

$$I=\frac{U}{X_L}=\frac{220}{94.2}\text{A}=2.34\text{A}$$

无功功率为

$$Q=UI=220\times2.34\text{var}=514.8\text{var}$$

（2）接有效值为100V交流电源时：

电感电抗为

$$X_L=\frac{U}{I}=\frac{100}{0.4}\Omega=250\Omega$$

电源频率为

$$f=\frac{X_L}{2\pi L}=\frac{250}{2\times3.14\times300\times10^{-3}}\text{Hz}=133\text{Hz}$$

2.2.3　纯电容电路

一、电容元件

1. 结构

取两块金属导体，中间用绝缘材料隔开，就组成了一个简单的电容器，导体称为电容器的极板。

2. 用途及分类

电容器在工程技术中的应用很广，在电子线路中，可以用来隔直、滤波、移相、选频、旁路和信号调谐等；在电力系统中，可以用来改善系统的功率因数；在机械加工工艺中，可用于电火花加工。

电容器的种类很多。按容量是否可调可分为固定电容、可调电容和半可调电容（微调电容）等。它们在电路中的符号参见表2-1。

表2-1　电容器在电路中的符号

名称	电容器	电解电容器	半可调电容器	可调电容器	双连可调电容器
图形符号		+ (有极性) (无极性)			

固定电容按所用介质不同，可分为纸介电容、云母电容、陶瓷电容、电解电容等，常见电容如图2-18所示。

3. 电容元件

实际电容器的介质不可能完全绝缘，总会有电流通过并产生损耗。电容元件是忽略损耗的实际电容器的理想化模型。

实验证明，电容器所储存的电荷量与两极板间电压的比值是一个常数，即

$$C=\frac{Q}{U}\tag{2-21}$$

式中 Q——一个极板上的电荷量，单位是库［仑］，符号为C；

U——两极板间的电压，单位是伏［特］，符号为V；

C——电容器的容量，简称电容，单位是法［拉］，符号为F。

实际电容器的容量都不大，常用微法（μF）和皮法（pF）作为单位，它们之间的关系为：$1\mu F = 10^{-6}F$；$1pF = 10^{-12}F$。

a) 纸介电容

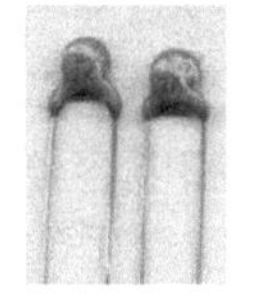
b) 云母电容

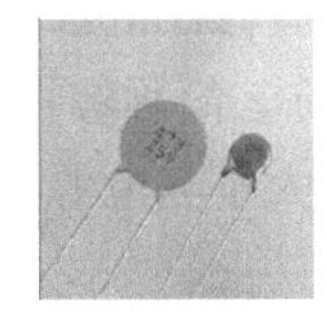
c) 陶瓷电容

d) 电解电容

e) 可变电容

f) 电力电容

图2-18 常见电容器

提示

电容是电容器的固有特性，它只与两极板正对面积、板间距离及板间的介质有关，与电容器是否带电、带电多少无关；任何两个导体之间都存在电容。

4. 电容器的主要参数

➢ 额定电压：指电容器在电路中长期工作而不被击穿所能承受的最大直流电压。一般无极电容的标称耐压值比较高，有63V、100V、160V、250V、400V、600V、1000V等。有极电容的耐压相对比较低，一般标称耐压值有：4V、6.3V、10V、16V、25V、35V、50V、63V、80V、100V、220V、400V等。

➢ 标称容量：电容器上所标明的电容量的值叫做标称容量。电容的标注方法分为：直标法、色标法和数标法。

例如，电容器上标有0.005，表示$0.005\mu F = 5nF$；203表示$20 \times 10^3 pF$。

➢ 容量误差：在批量生产中实际电容值与标称电容值之间总是有一定误差，这是不可避免的，国家对不同的电容器，规定了不同的误差范围，在此范围之内误差叫做允许误差。电容容量误差用符号F、G、J、K、L、M来表示，分别对应误差为±1%、±2%、±5%、±10%、±15%、±20%。

二、纯电容电路

一个忽略漏电阻及分布电感的电容器被称为理想电容元件，它与交流电源连接组成的电路称为纯电容电路，如图2-19所示。

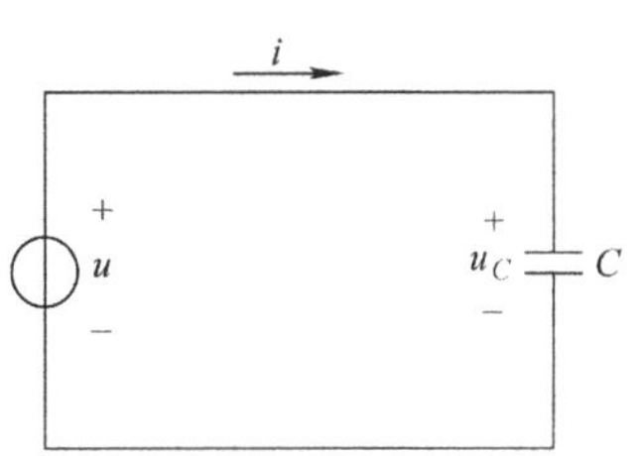

图2-19 纯电容电路

1. 纯电容电路的电流与电压关系

如图2-19所示，设电容两端的电压为$u_C = \sqrt{2}U\sin\omega t$，则

流过电容的电流为

$$\begin{aligned} i &= C\frac{\mathrm{d}u_C}{\mathrm{d}t} \\ &= \sqrt{2}\omega CU\cos\omega t = \sqrt{2}\frac{U}{X_C}\sin(\omega t+90^\circ) \\ &= \sqrt{2}I\sin(\omega t+90^\circ) \end{aligned}$$

上式中 X_C 称为电容的电抗，简称容抗，它表示电容器对交流电流的阻碍作用，单位为Ω。理论和实验证明，容抗的大小与电源频率和电容器的电容成反比，即

$$X_C = \frac{1}{\omega C} = \frac{1}{2\pi fC} \tag{2-22}$$

式中　f——电压频率，单位是Hz。

　C——电容器的电容，单位是F。

提示

对于直流电而言，由于 $f=0$，则 $X_C=\infty$，电容相当于断路，因此，电容有“通交流，隔直流；通高频，阻低频”的特性。

由上述分析可知，纯电容电路中电流与电压的关系为：

- 电压 u_C 和电流 i 的频率相同。
- 电流 i 比电压 u_C 的相位超前90°，图2-20为波形图和矢量图。

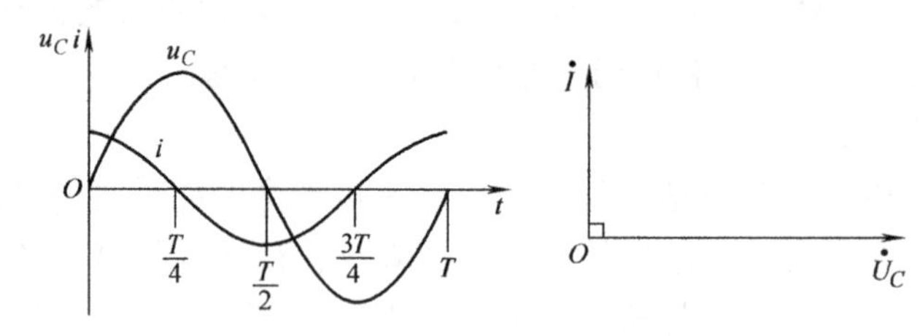

图2-20　波形图和矢量图

- 最大值、有效值之间的关系符合欧姆定律，即

$$I_m = \frac{U_{Cm}}{X_C} \tag{2-23}$$

$$I = \frac{U_C}{X_C} \tag{2-24}$$

2. 功率

- 瞬时功率：电容的瞬时功率为

$$\begin{aligned} p &= u_C i = U_{Cm}\sin\omega t I_m\sin\left(\omega t+\frac{\pi}{2}\right) \\ &= U_{Cm}I_m\sin\omega t\cos\omega t \\ p &= U_C I\sin2\omega t \end{aligned} \tag{2-25}$$

瞬时功率曲线如图2-21所示。与纯电感电路一样，瞬时功率以电流或电压的2倍频率变化。当 $p>0$ 时，电容从电源吸收电能转换成电场能储存在电容中；当 $p<0$ 时，电容中储

存的电场能换成电能送回电源。瞬时功率 p 的波形在横轴上、下的面积是相等的，所以电容也不消耗能量，是储能元件。

➢ 有功功率：根据理论计算可得，电容的有功功率与电感的有功功率一样都为零，即

$$P=0 \tag{2-26}$$

电容有功功率为零，说明它并不耗能，只是将能量不停地吸收和释放。

➢ 无功功率：电容元件中瞬时功率所能达到的最大值称为无功功率，用 Q_C 表示，即

$$Q_C=U_CI=I^2X_C=\frac{U_C^2}{X_C} \tag{2-27}$$

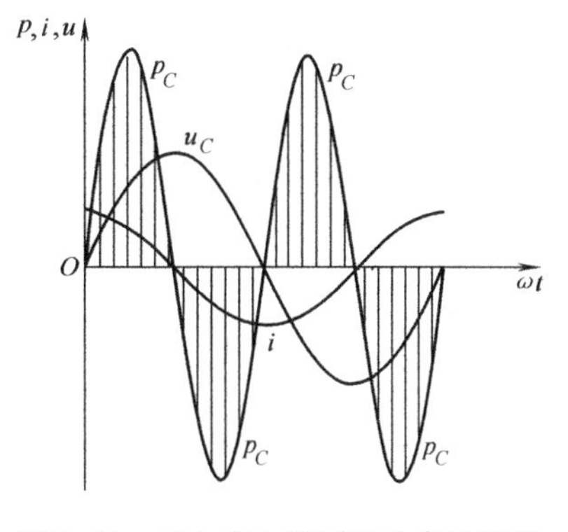

图 2-21　纯电容电路瞬时功率波形图

【例 2-6】　若把一个电容为 $C=40\mu F$ 的电容器接到电压为 $u=220\sqrt{2}\sin\left(314t+\frac{\pi}{3}\right)V$ 的电源上，试求：(1) 电容的容抗；(2) 写出电流瞬时值表达式；(3) 画出电流和电压相量图。

解：(1) 电容的容抗为

$$X_C=\frac{1}{\omega C}=\frac{1}{314\times40\times10^{-6}}\Omega\approx80\Omega$$

(2) 电流的有效值为

$$I=\frac{U_C}{X_C}=\frac{220}{80}A\approx2.75A$$

在纯电容电路中，电流超前电压 $\frac{\pi}{2}$，所以

$$\psi_i=\psi_u+\frac{\pi}{2}=\frac{\pi}{3}+\frac{\pi}{2}=\frac{5\pi}{6}$$

电流的瞬时值表达式为

$$i=2.75\sqrt{2}\sin\left(314t+\frac{5\pi}{6}\right)A$$

(3) 电流和电压的相量图如图 2-22 所示。

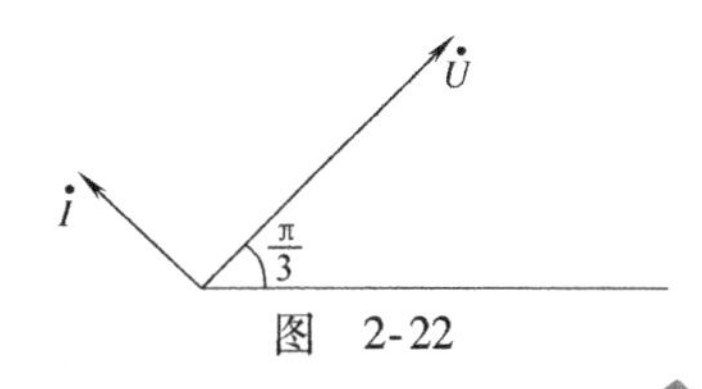

图　2-22

2.3　RLC 串并联电路

在工程技术应用中，实际电路往往同时具有两种或两种以上的元件，它们以各种方式连接在电路中。

2.3.1　*RLC* 串联电路

一、电压与电流的关系

典型的 *RLC* 串联电路如图 2-23 所示。

设流过电路的电流为

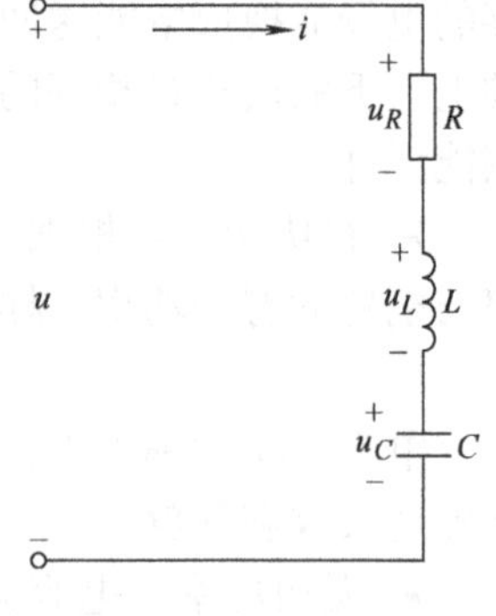

图2-23 RCL串联电路

$$i = I_m \sin\omega t = \sqrt{2} I \sin\omega t$$

电阻 R 两端的电压与电流同相位，即

$$u_R = U_{Rm}\sin\omega t = \sqrt{2}U_R\sin\omega t$$

电感 L 两端的电压超前电流 $\frac{\pi}{2}$，即

$$u_L = U_{Lm}\sin\left(\omega t + \frac{\pi}{2}\right) = \sqrt{2}U_L\sin\left(\omega t + \frac{\pi}{2}\right)$$

电容 C 两端的电压滞后电流 $\frac{\pi}{2}$，即

$$u_C = U_{Cm}\sin\left(\omega t - \frac{\pi}{2}\right) = \sqrt{2}U_C\sin\left(\omega t - \frac{\pi}{2}\right)$$

由基尔霍夫电压定律可知回路总电压为

$$u = u_R + u_L + u_C = \sqrt{2}U\sin(\omega t + \varphi)$$

与之对应的相量关系为

$$\dot{U} = \dot{U}_R + \dot{U}_L + \dot{U}_C \tag{2-28}$$

图2-24所示为各元件的电压与电流的相量关系，从图中可以看出，各部分电压关系为

$$U = \sqrt{U_R^2 + (U_L - U_C)^2} = \sqrt{U_R^2 + U_X^2} \tag{2-29}$$

$$U = I\sqrt{R^2 + (X_L - X_C)^2} = |Z|I \tag{2-30}$$

其中

$$|Z| = \sqrt{R^2 + (X_L - X_C)^2} = \sqrt{R^2 + X^2} \tag{2-31}$$

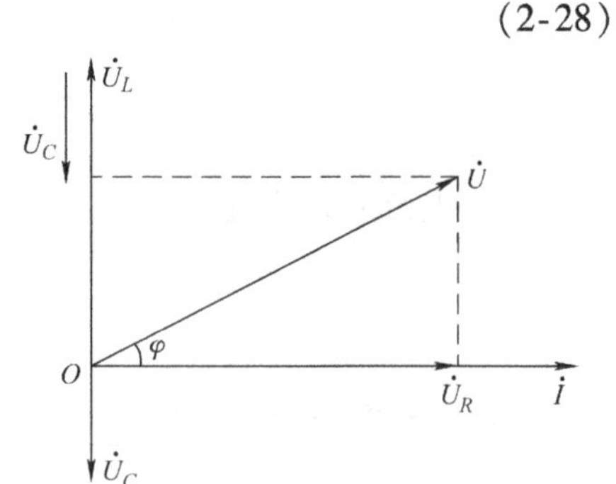

图2-24 相量图

$|Z|$体现了电路对电流的阻力，反映了总电压和电流的数值关系，称为串联电路的阻抗，单位是欧姆（Ω）。$X = X_L - X_C$是感抗与容抗之差，称为电抗，单位也是欧姆（Ω）。不难看出，三者也构成一个直角三角形，称为阻抗三角形，如图2-25所示。

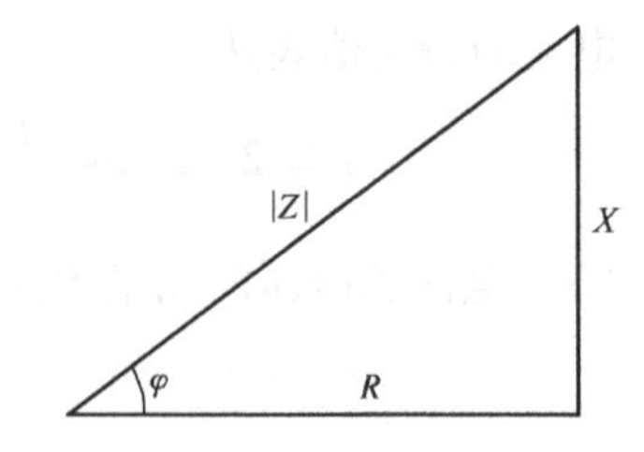

图2-25 RLC串联电路阻抗三角形

显然，电压三角形与阻抗三角形相似，φ 角称为阻抗角，其大小为

$$\varphi = \arctan\frac{U_L - U_C}{U_R} = \arctan\frac{X_L - X_C}{R} \tag{2-32}$$

由于 φ 角可以为正、为负或为零，因此，电路可以有以下几种情况：

➢ 当 $X = X_L - X_C > 0$ 时，$\varphi > 0$，电路呈感性，总电压 u 超前电流 i，如图2-26a所示。

➢ 当 $X = X_L - X_C < 0$ 时，$\varphi < 0$，电路呈容性，总电压 u 滞后电流 i，如图2-26b所示。

➢ 当 $X = X_L - X_C = 0$ 时，$\varphi = 0$，即 $X_L = X_C$，总电压 u 与电流 i 同相，电路呈纯电阻性，称为阻性电路，又称为谐振电路，如图2-26c所示。

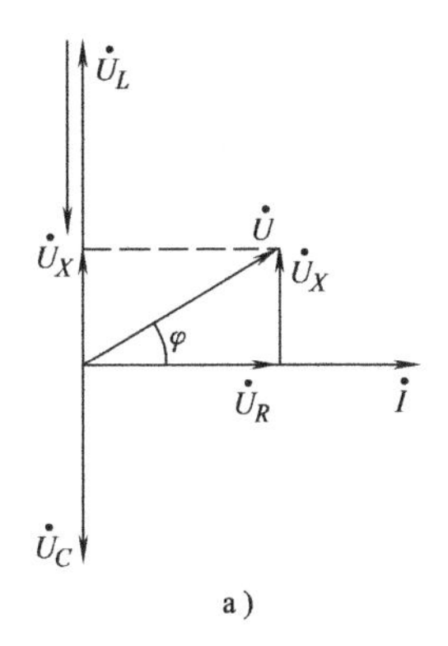

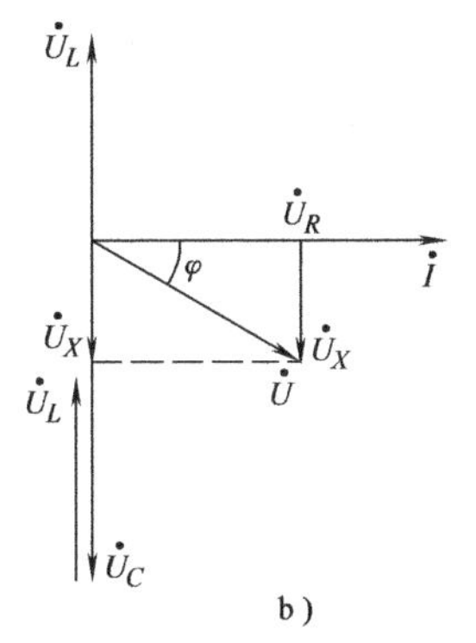

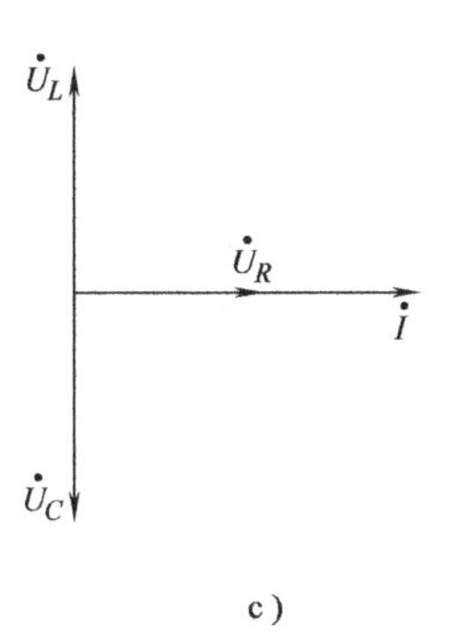

图2-26 *RLC*串联电路的三种情况

【例2-7】 在*RLC*串联电路中，已知$R=30\Omega$，$L=445\text{mH}$，$C=32\mu\text{F}$，电源电压为$u=220\sqrt{2}\sin\left(314t+\dfrac{\pi}{3}\right)\text{V}$，求：（1）电路中的电流；（2）电压与电流的相位差；（3）电阻、电感和电容的电压。

解：（1）电路的感抗、容抗、阻抗分别为

$$X_L=\omega L=314\times445\times10^{-3}\Omega\approx140\Omega$$

$$X_C=\frac{1}{\omega C}=\frac{1}{314\times32\times10^{-6}}\Omega\approx100\Omega$$

$$|Z|=\sqrt{R^2+(X_L-X_C)^2}=\sqrt{30^2+(140-100)^2}\ \Omega=50\Omega$$

电路中的电流为

$$I=\frac{U}{|Z|}=\frac{220}{50}\text{A}=4.4\text{A}$$

（2）电压与电流的相位角即电路的阻抗角为

$$\varphi=\arctan\frac{X_L-X_C}{R}=\arctan\frac{140\Omega-100\Omega}{30\Omega}=53.1°$$

（3）各元件上的电压为

$$U_R=RI=30\times4.4\text{V}=132\text{V}$$

$$U_L=X_LI=140\times4.4\text{V}=616\text{V}$$

$$U_C=X_CI=100\times4.4\text{V}=440\text{V}$$

二、串联谐振

1. 谐振条件和谐振频率

在*RLC*串联的电路中，当$X_L=X_C$时，电路中的电流和总电压同相位，这时电路就产生谐振现象。因此，$X_L=X_C$即为电路产生谐振的条件。根据$2\pi fL=1/2\pi fC$可得谐振时的频率为

$$f_0=\frac{1}{2\pi\sqrt{LC}}\tag{2-33}$$

由式（2-33）可知，谐振频率f_0仅由电路本身的参数L和C确定，因此又称为电路的

固有频率。当调节电源的频率，使它和电路的固有频率相等时，满足 $X_L = X_C$ 的条件，电路便发生谐振。反之，若电源频率为一定值，则改变电路的 L、C，即改变电路的固有频率，使二者达到相等，也能使电路发生谐振。

2. 串联谐振电路的特点

➢ 阻抗最小且为纯电阻，即

$$|Z| = R$$

➢ 电路中电流最大且与电压同相，用 I_0 表示，即

$$I_0 = \frac{U}{R}$$

➢ 电感与电容两端的电压相等，其大小为总电压的 Q 倍，即

$$U_L = X_L I_0 = X_L \frac{U}{R} = \frac{\omega_0 L}{R} U = QU$$

$$U_C = X_C I_0 = X_C \frac{U}{R} = QU$$

式中，Q 的称为串联谐振电路的品质因数，其大小为

$$Q = \frac{\omega_0 L}{R} = \frac{1}{\omega_0 CR} \tag{2-34}$$

Q 值一般在 50～200 之间，实际工作中可根据需要调整电路的 Q 值。当 $R \ll X_L$ 或 X_C 时，即谐振回路的品质因数很高时，电感、电容上的电压可以比总电压高很多倍。由于串联谐振会在电感、电容上引起高压，所以串联谐振又称为电压谐振。

工程应用

收音机调谐电路

在无线电技术中常应用串联谐振的选频特性来选择信号。收音机通过接收天线，接收到各种频率的电磁波，每一种频率的电磁波都要在天线回路中产生相应的微弱的感应电流。为了达到选择特定信号的目的，收音机通常采用如图 2-27 所示的调谐电路。

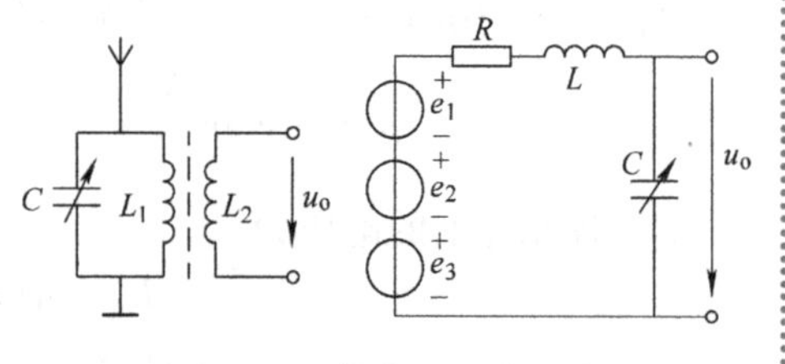

图 2-27　收音机调谐电路

当调节可变电容器的容量 C 时，使回路与某一信号频率（例如 f_1）发生谐振，那么电路中频率为 f_1 的电流达到最大值，同时在电容器 C 两端频率为 f_1 的电压也就最高。这样接收到频率为 f_1 的信号最强，其他各种频率的信号偏离了电路的固有频率，不能发生谐振，电流很小，被调谐回路抑制掉，这样就实现了选择电台的目的。收音机电路中利用串联谐振电路选择所要收听的电台信号，这个过程叫做调谐。

【例 2-8】　某收音机的输入调谐电路中，已知 $L = 260\mu\text{H}$，如果要收听到 990kHz 的电台

广播，可变电容 C 应调为多大？

解：若要收听广播，可调整 C 的大小，使电路中的固有频率 f_0 等于广播电台的发射频率，使电路发生谐振。

因为 $$f_0 = 990\text{kHz} \qquad 且 f_0 = \frac{1}{2\pi\sqrt{LC}}$$

所以

$$C = \frac{1}{(2\pi f_0)^2 L} = \frac{1}{(2\times 3.14\times 990\times 10^3)^2\times 260\times 10^{-6}}\text{F}$$

$$\approx \frac{1}{100.5\times 10^8}\text{F} \approx 99.5\text{pF}$$

2.3.2 *RLC* 并联电路

交流电路中的负载，大多数为既有电阻又有电感的感性负载。用户为了减少电源对其提供的无功功率，常用电容器与这类负载并联。因此，分析感性负载和电容并联的电路，具有很大的现实意义。

在图2-28所示的电路中，设电压瞬时值为 u、通过线圈的电流有效值为 $I_L = \frac{U}{Z} = \frac{U}{\sqrt{R^2 + x^2}}$

I_L 总比电压 u 滞后于 φ_1 角，即

$$\varphi_1 = \arctan\frac{X_L}{R} \qquad (2\text{-}35)$$

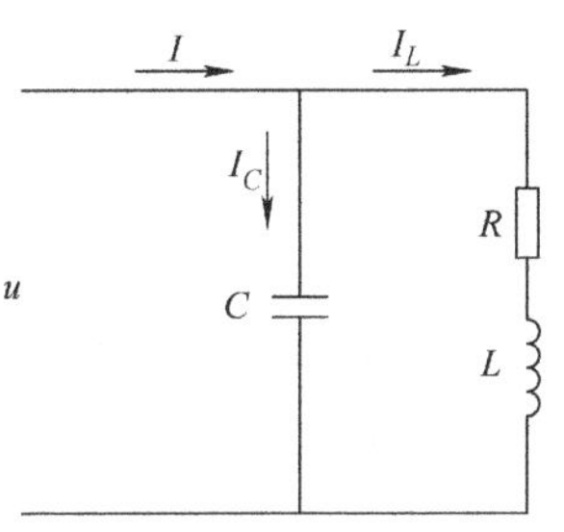

图2-28 *RCL* 并联电路图

通过电容的电流有效值为

$$I_C = \frac{U}{X_C} \qquad (2\text{-}36)$$

在并联电路中，一般选择电压为参考正弦量比较方便，然后绘出各电流的相量图，如图2-29所示。感性负载中的电流分解成两个分量：与电压同相的称为有功分量或简称有功电流。垂直于电压相量的电流分量称为无功分量或简称无功电流。它们的大小分别是

$$I_R = I_1\cos\varphi_1, I_L = I_1\sin\varphi_1$$

图2-29 相量图

从向量图求出总电流的有效值为

$$I = \sqrt{I_R^2 + (I_L - I_C)^2} \qquad (2\text{-}37)$$

总电流与电压的相位差为

$$\varphi = \arctan\frac{I_L - I_C}{I_R} \qquad (2\text{-}38)$$

从上式可以看出：

➢ 如果 $I_L > I_C$，电路的总电流滞后于电压，此时电路呈感性。

➢ 如果 $I_L < I_C$，电路的总电流超前于电压，此时电路呈容性。

➢ 如果$I_L=I_C$，电路的总电流与电压同相位，此时电路呈阻性。

2.3.3　功率因数的提高

本节以*RLC*串联电路为例分析电路的功率，其结论对一般的交流电路均适用。

一、有功功率

在*RLC*串联电路中，只有电阻是耗能元件，因此电阻元件消耗的功率就是该电路的有功功率，即

$$P=P_R=U_RI=RI^2=\frac{U_R^2}{R}$$

分析电压三角形可知$U_R=U\cos\varphi$，因此，*RLC*串联电路的有功功率为

$$P=UI\cos\varphi \tag{2-39}$$

二、无功功率

在*RLC*串联电路中，储能元件电感、电容与电源进行能量交换，称为无功功率，无功功率等于电抗电压与电流的乘积，用公式表示为

$$Q=U_xI$$

分析电压三角形可知$U_x=U\sin\varphi$，因此，*RLC*串联电路的无功功率为

$$Q=UI\sin\varphi \tag{2-40}$$

提示

“无功”的含义是交换，而不是消耗，更不能误解为无用。在实际生产中，无功功率占有很重要的地位。例如，具有电感的变压器、电动机等，都是靠电磁转换进行工作的，如果没有无功功率，这类设备是无法运行的。

三、视在功率

电源提供的总功率，常用来表示电气设备的总容量，称为视在功率。视在功率等于总电压和电流的乘积，用字母*S*表示，单位是伏安（V·A），实用单位还有千伏安（kV·A）。公式表示为

$$S=UI \tag{2-41}$$

将$P=UI\cos\varphi$和$Q=UI\sin\varphi$带入上式，可得

$$S=\sqrt{P^2+Q^2} \tag{2-42}$$

这样，有功功率*P*，无功功率*Q*和视在功率*S*三者组成一个直角三角形，称为功率三角形，如图2-30所示。功率三角形不是矢量三角形，它与电压三角形、阻抗三角形相似。

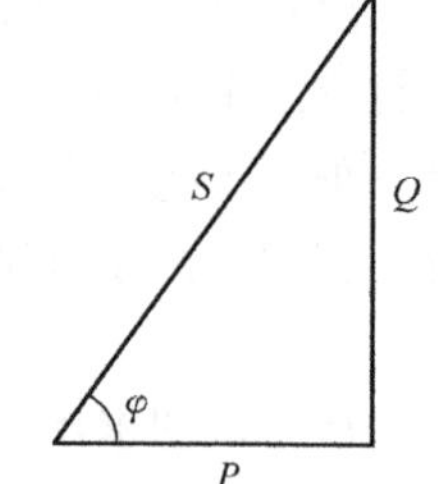

图2-30　功率三角形

四、功率因数cosφ

有功功率与视在功率之比称为功率因数，用λ表示，即

$$\lambda=\frac{P}{S}=\cos\varphi \tag{2-43}$$

式中　φ——电流与电压的相位差，称为功率因数角。

功率因数与电路的性质有关，其大小取决于电路参数*R*、*L*、*C*。功率因数大，说明电路中用电设备的有功功率占总功率的比率大，电源输出功率的利用率高。对于纯电阻电路$\lambda=\cos\varphi=1$；对于纯电感或纯电容$\lambda=\cos\varphi=0$，有功功率为零。

五、功率因数的提高

在电力系统中，功率因数是一个重要指标。生产和生活中使用的电气设备大多属于感性负载（如异步电动机、电力变压器等），这些感性负载满载时的功率因数约为0.7～0.85，轻载时更低。例如，变压器容量为1000kV·A、$\lambda=1$时能提供1000kW的有功功率，而在$\lambda=0.7$时只能提供700kW的有功功率，显然提高功率因数有很大的实际意义。

1. 提高供电设备的能量利用率

每个供电设备都有额定容量，即视在功率$S=UI$。在电路正常工作时是不允许超过额定值的，否则会损坏供电设备。由$P=\lambda S$可知，负载的功率因数越小，电源供给负载的有功功率就越小，要提高供电设备所提供的能量利用率，就必须提高功率因数。

2. 减小输电线路上的能量损失

功率因数低，会增加发电机绕组、变压器和线路的功率损失。当负载电压和有功功率一定时，电路中的电流与功率因数成反比，即

$$I=\frac{P}{U\cos\varphi}$$

功率因数越低，电路中的电流就越大，线路上的压降也就越大，电路的功率损失也就越大。这样，不仅使电能白白消耗在线路上，而且使得负载两端的电压降低，影响负载的正常工作。

因此，在实际工作中，为了使发电设备的容量得到充分利用，同时能节约大量电能，常采用以下方法提高功率因数。

1. 提高用电设备本身的功率因数

采用降低用电设备无功功率的措施，可以提高功率因数。例如，正确选用异步电动机和电力变压器的容量，由于它们轻载或空载时功率因数低，满载时功率因数较高，所以，选用变压器和电动机的容量不宜过大，并尽量减少轻载运行。

2. 在感性负载上并联电容器提高功率因数

提高感性负载功率因数的最简便的方法，是用适当容量的电容器与感性负载并联，利用电容器的无功功率和电感所需无功功率相互补偿，达到提高功率因数的目的，如图2-31所示。

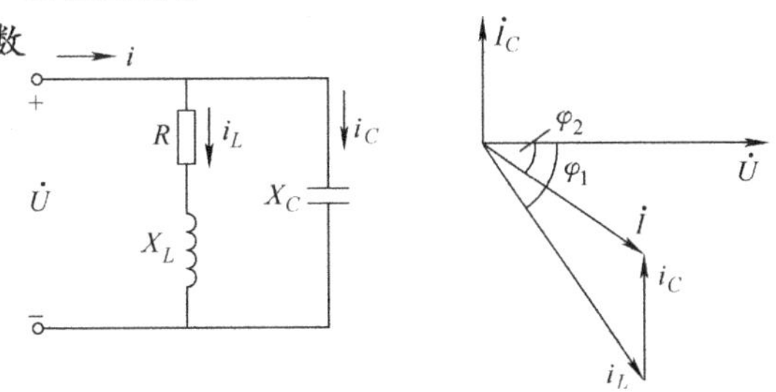

图2-31 提高功率因数的常用方法

借助相量图分析方法容易证明：对于额定电压为U、额定功率为P、工作频率为f的感性负载RL来说，将功率因数从$\lambda_1=\cos\varphi_1$提高到$\lambda_2=\cos\varphi_2$所需并联的电容为

$$C=\frac{P}{2\pi fU^2}(\tan\varphi_1-\tan\varphi_2) \tag{2-44}$$

其中$\varphi_1=\arccos\lambda_1$，$\varphi_2=\arccos\lambda_2$，由于$\varphi_1>\varphi_2$，因而$\lambda_1<\lambda_2$，电路的功率因数得到了提高。

2.4 三相交流电路

在工农业生产和日常生活中，广泛使用三相交流电。三相交流电是电能的一种输送形式，简称为三相电。

2.4.1　三相交流电源

三相交流电源是由三个频率相同、振幅相等、相位互差120°的交流电动势组成的电源。

一、三相交流电的产生

三相对称正弦交流电动势是由三相交流发电机产生的。图2-32所示为简化了的三相交流发电机的示意图，它是由定子和转子组成的。

在定子上嵌入三个绕组，每个绕组叫做一相，合称三相绕组。绕组的一端分别用U1、V1、W1表示，叫做绕组的始端；另一端分别用U2、V2、W2表示，叫做绕组的末端。三相绕组始端或末端之间的空间角为120°。转子为电磁铁，磁感应强度沿转子表面按正弦规律分布。

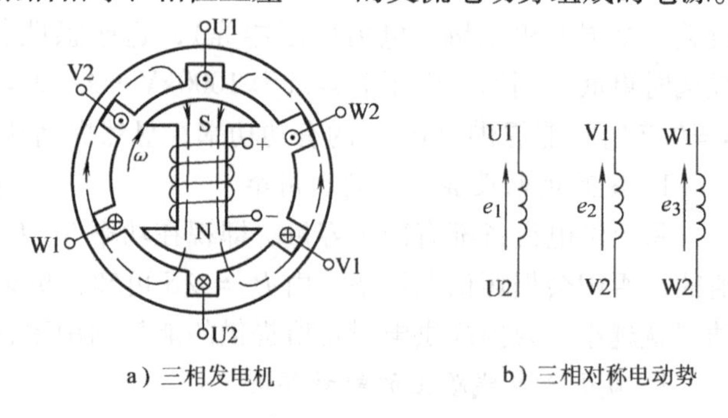

a）三相发电机　　b）三相对称电动势

图2-32　三相对称电动势的产生

当转子以匀角速度ω逆时针方向旋转时，则在三相绕组中分别感应出振幅相等、频率相同、相位互差120°的三个感应电动势，这三相电动势称为对称三相电动势，三个绕组中的电动势的解析式分别为

$$e_U = \sqrt{2}E\sin\omega t$$

$$e_V = \sqrt{2}E\sin(\omega t - 120°)$$

$$e_W = \sqrt{2}E\sin(\omega t + 120°)$$

如果以e_U为参考正弦量，那么三相对称电动势的波形图和相量图如图2-33所示。显而易见，V相绕组的e_V比U相绕组的e_U落后120°，W相绕组的e_W比V相绕组的e_V落后120°。

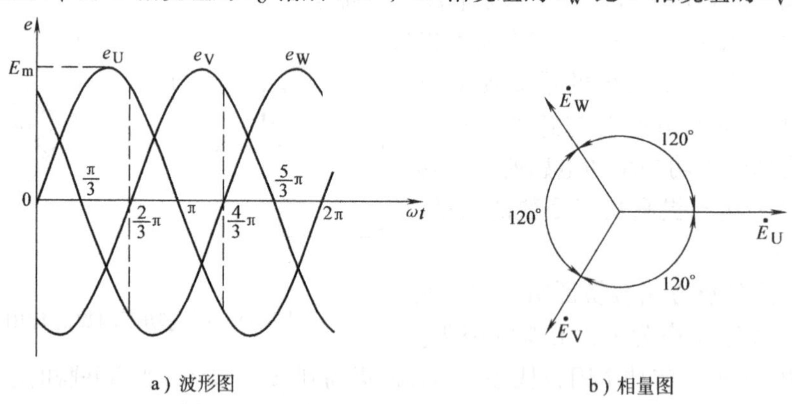

a）波形图　　b）相量图

图2-33　三相对称电动势波形图和相量图

二、三相四线制供电

在低压供电系统（市电220V）中常采用三相四线制供电，把三相绕组的末端U2、V2、W2联结成一个公共端点，叫做中性点（零点），用N表示，如图2-34所示。从中性点引出的导线叫做中性线（零线），用黑色或白色导线。中性线一般是接地的，所以又叫做地线。从线圈的首端U1、V1、W1引出的三根导线叫做相线（俗称火线），分别用黄、绿、红三种颜色表示。这种供电系统称作三相四线制，用符号“Y”表示。

在图2-34中，相线与中性线之间的电压称为相电压，分别用$\dot{U}_U$、$\dot{U}_V$、$\dot{U}_W$表示，相电

压的参考方向规定为由相线指向中性线。任意两根相线之间的电压称为线电压，分别用 $\dot{U}_{UV}$、$\dot{U}_{VW}$、$\dot{U}_{WU}$ 来表示。线电压的参考方向分别是从端点 U1 到 V1、V1 到 W1、W1 到 U1。在电工技术中，通常用 U_P 表示相电压的有效值，用 U_L 表示线电压的有效值。

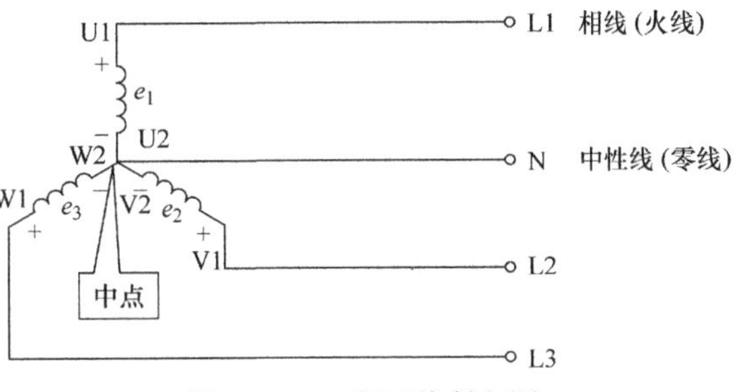

图 2-34 三相四线制电源

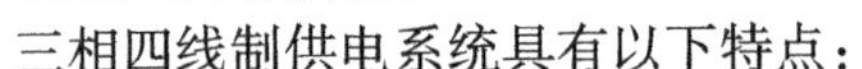

三相四线制供电系统具有以下特点：

➢ 有两种供电电压，即相电压和线电压，三个相电压和三个线电压均为对称电压。

➢ 线电压的大小等于相电压的$\sqrt{3}$倍，记为

$$U_L = \sqrt{3}U_P \tag{2-45}$$

➢ 各线电压在相位上比对应的相电压超前 π/6，如图 2-35 所示。

三相四线制供电可以输出两种电压，这是单相电源无法办到的。如日常生活中照明电压 220V 就是指相电压；工业中动力电 380V 就是指线电压。在三相供电线路中，凡提到供电的额定电压，一般都是指线电压。

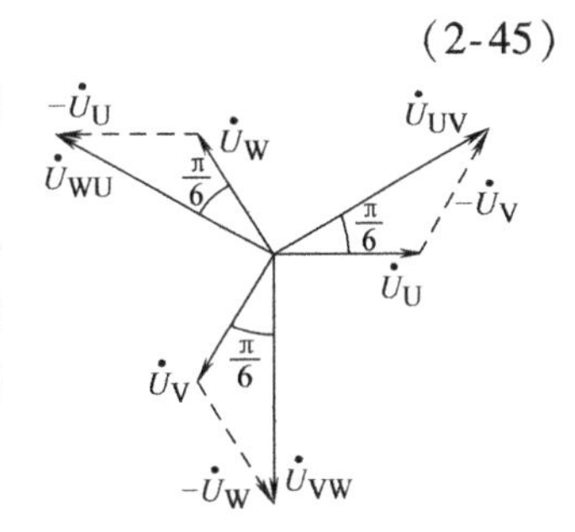

图 2-35 三相电源相、线电压关系

三、三相交流电的应用

在电力系统中，几乎全部采用三相交流电供电。与单相交流电相比，它在发电、输配电以及电能转换为机械能方面都有明显的优越性：

➢ 同材料、同体积的三相交流发电机，其容量比单相发电机大 50%。

➢ 三相异步电动机具有结构简单、价格低廉、性能良好、工作可靠等优点。

➢ 理论和实践证明：在输电距离、输送功率、电压相等的条件下，三相输电线较单相输电线可节省有色金属 25%，而且电能损耗较单相输电时少。

➢ 采用三相四线制输电，用户可得两种不同的电压。

三相交流电的用途很多，工业中大部分的交流用电设备（例如三相电动机，三相变压器）都采用三相交流电，也就是经常采用三相四线制的接线方式。

日常生活中使用的单相交流电路，是从一个电源引出两根导线进行输送，即选用了三相交流电中的一相对用电设备供电，一根是相线，另一根是零线，例如家用电器供电线路，如图 2-36a 所示。

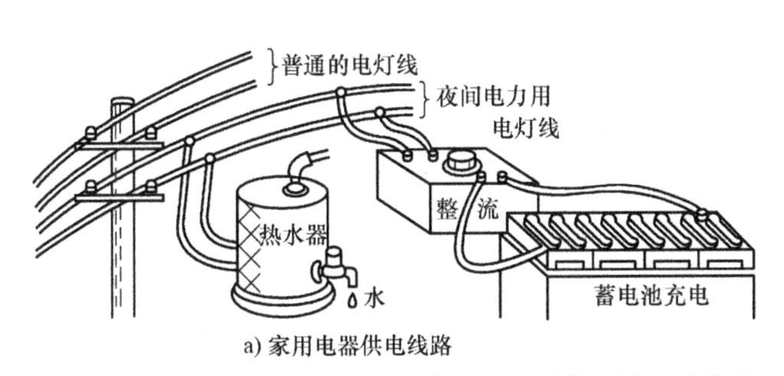

a) 家用电器供电线路

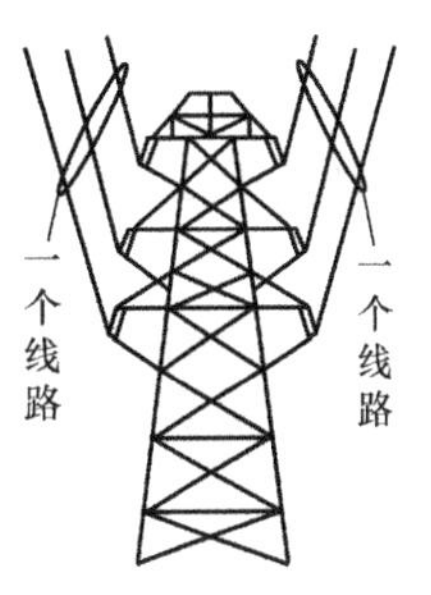

b) 三相交流电供电线路

图 2-36 三相交流电的应用

与此相对应，用电量大的工厂及楼宇动力用电都采用三相交流电供电，如图2-36b所示。例如，为了保证供电网的平衡，通常一幢大楼同时使用三相电源供电，1楼2楼使用三相电中的第一相，3楼4楼使用三相电中的第二相，5楼6楼使用其中的第三相，而零线和地线是共用的。

2.4.2　三相负载的连接

负载接入电源要遵循两个原则：电源电压应与负载的额定电压一致；全部负载应均匀地分配给三相电源。

三相电路中的三相负载，可分为对称三相负载和不对称三相负载。各相负载的大小和性质完全相同的是对称三相负载，如三相电动机、三相变压器、三相电炉等；各相负载不等的称为不对称三相负载，如日常照明电路。三相负载的连接方法有两种：星形（Y）联结和三角形（△）联结。

一、星形联结

1. 连接方式

三相负载的星形（Y）联结是将负载的末端连到一起，接在电源的中性线上，首端分别接到三相交流电源的三根相线上，如图2-37所示。

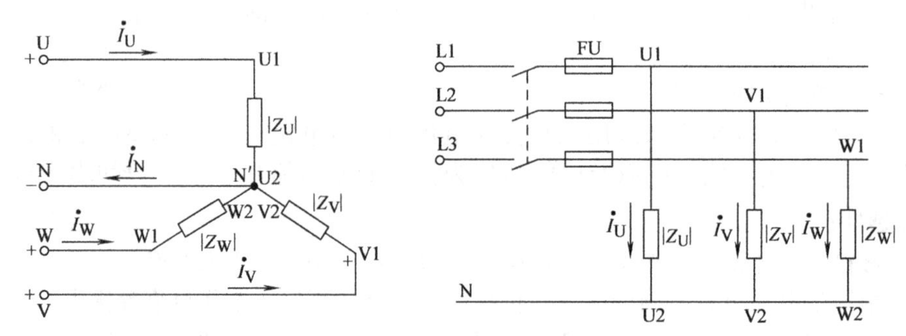

图2-37　三相负载的星形联结

图中 Z_U、Z_V、Z_W 为各相负载的阻抗，负载做星形联结并具有中性线时，负载两端的电压为相电压。

2. 电路特点

若忽略输电线路上的电压降，则负载的相电压等于电源的相电压；三相负载的线电压就是电源的线电压。相电压为线电压的 $1/\sqrt{3}$，并滞后于对应的线电压30°。

负载做星形联结时，流过每一相负载的电流称为相电流，用 I_U、I_V、I_W 表示其有效值，参考方向从电源到负载。各相线中的电流称为线电流，分别用 I_u、I_v、I_w 表示。显然，星形联结中线电流等于相电流。若用 I_L 表示线电流的有效值，I_P 表示相电流有效值，则

$$I_L = I_P \tag{2-46}$$

通过中性线的电流称为中性线电流，用 i_N 表示，I_N 表示有效值，则相电流（线电流）与中性线电流的关系为

$$i_N = i_U + i_V + i_W, \dot{I}_N = \dot{I}_U + \dot{I}_V + \dot{I}_W$$

如果三相负载是对称的，由于三相电源电压也对称，故三相电流必对称，即 i_U、i_V、i_W 的大小相等、频率相同、相位互差120°，如图2-38所示。由KCL可得

$$\dot{I}_N = \dot{I}_U + \dot{I}_V + \dot{I}_W = 0$$

由于中性线中没有电流通过，中性线可以省去，因此，成为星形联结的三相三线制供电线路，如图2-39所示。显然，省掉中性线，线路更简单，材料更节省。

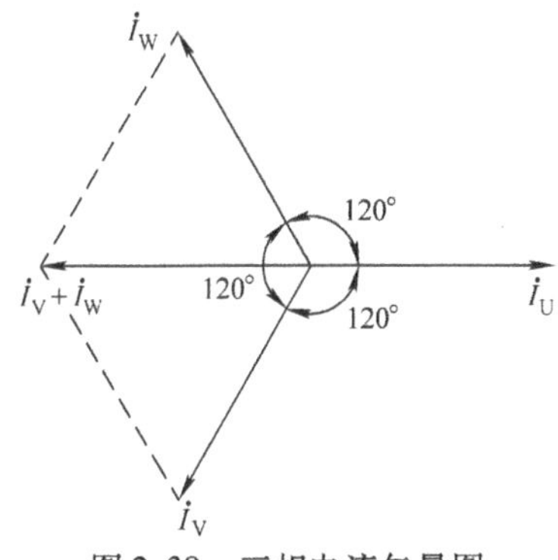

图2-38 三相电流矢量图

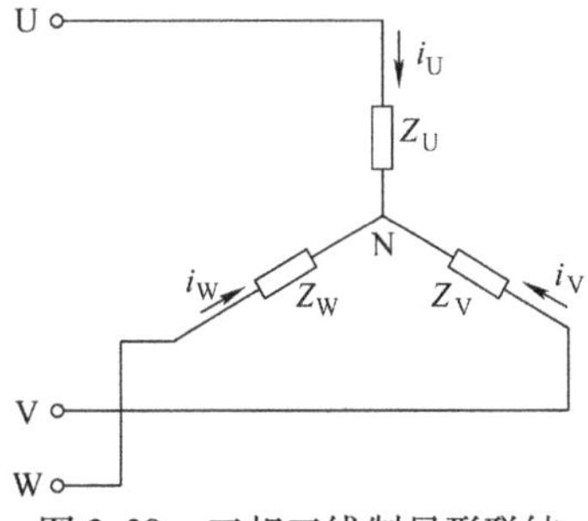

图2-39 三相三线制星形联结

3. 中性线的作用

对于不对称三相负载电路做星形联结时，应采用三相四线制连接方式。中性线在电路中起到重要作用：

➢ 中性线为不对称的三相电流提供一个通路，中性线电流不为零，不允许在中性线上接入熔断器和刀开关。

➢ 保证各相负载两端的电压与电源电压相同，使三相负载各自独立，正常工作，防止发生事故。

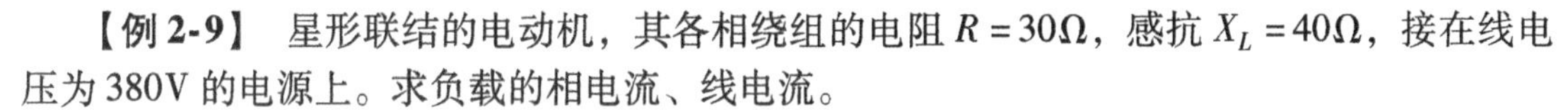

【例2-9】 星形联结的电动机，其各相绕组的电阻 $R=30\Omega$，感抗 $X_L=40\Omega$，接在线电压为380V的电源上。求负载的相电流、线电流。

解：因为每相负载承受的电压为电源相电压，即

$$U_P = \frac{U_L}{\sqrt{3}} = \frac{380}{\sqrt{3}}\text{V} = 220\text{V}$$

负载阻抗 $$|Z| = \sqrt{R^2 + X_L^2} = \sqrt{30^2 + 40^2}\ \Omega = 50\Omega$$

因负载为三相对称负载，且为星形联结，故每相负载相电流与线电流相等，即

$$I_L = I_P = \frac{U_P}{|Z|} = \frac{220}{50}\text{A} = 4.4\text{A}$$

二、三角形联结

1. 连接方式

三相负载的三角形（△）联结是把每相负载分别接到三相电源的每两根相线之间，如图2-40所示。

2. 电路特点

不论负载是否对称，三相负载做三角形联结时，负载的相电压均为电源的线电压，即

$$U_L = U_P \tag{2-47}$$

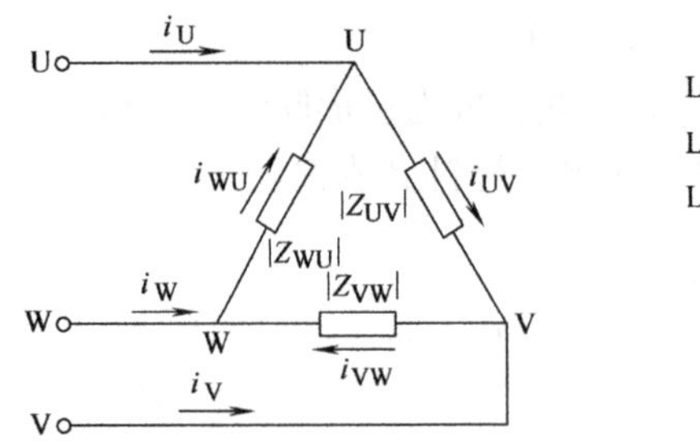

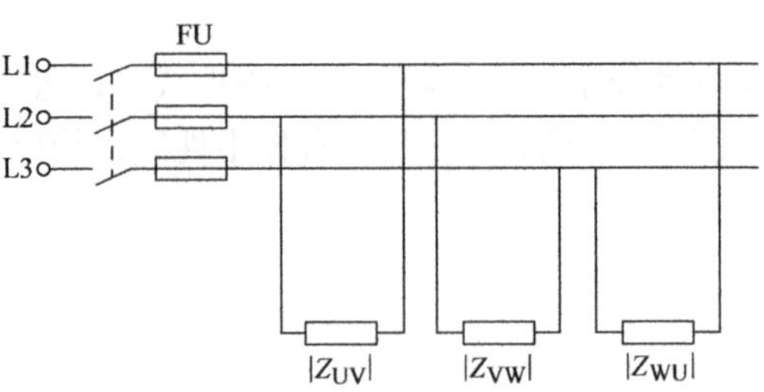

图2-40　三相负载的三角形联结

电源上的线电流 I_L 有效值等于负载上相电流 I_P 有效值的 $\sqrt{3}$ 倍，即

$$I_L = \sqrt{3}\, I_P \tag{2-48}$$

对称负载三角形联结相量图如图2-41所示，各线电流在相位上分别滞后于相应的相电流30°。

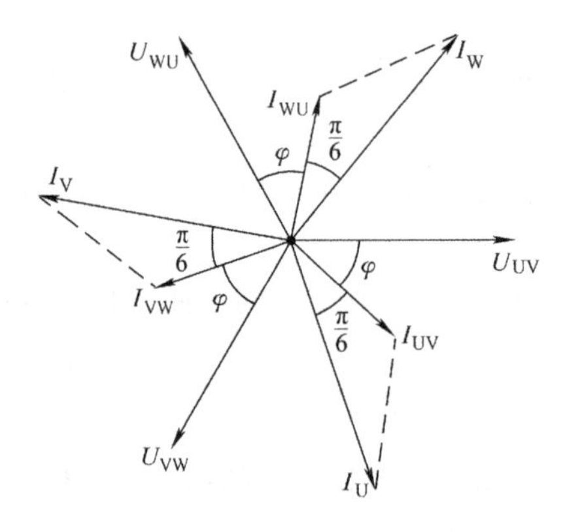

图2-41　对称负载三角形联结相量图

【例2-10】　三相异步电动机的定子绕组可看成是三相对称负载，在三角形联结方式下正常运行的电动机常采用星形联结方式起动，以达到降低起动电流的目的。若三相电动机每相绕组的电阻为6Ω，感抗为8Ω，电源线电压为380V，试比较两种接法下的相电流和线电流。

解：电动机每相绕组的阻抗为

$$|Z| = \sqrt{R^2 + X_L^2} = \sqrt{6^2 + 8^2}\,\Omega = 10\Omega$$

绕组采用Y联结时的相电压为

$$U_P = \frac{U_L}{\sqrt{3}} = \frac{380}{\sqrt{3}}\text{V} = 220\text{V}$$

相电流和线电流为

$$I_L = I_P = \frac{U_P}{|Z|} = \frac{220}{10}\text{A} = 22\text{A}$$

绕组采用△联结时的相电压为

$$U_{\mathrm{L}} = U_{\mathrm{P}} = 380\mathrm{V}$$

相电流为

$$I_{\mathrm{P}} = \frac{U_{\mathrm{P}}}{|Z|} = \frac{380}{10}\mathrm{A} = 38\mathrm{A}$$

线电流为

$$I_{\mathrm{L}} = \sqrt{3}I_{\mathrm{P}} = \sqrt{3} \times 38\mathrm{A} \approx 66\mathrm{A}$$

综上所述，在实际应用中，三相负载应采用何种连接方式，要根据负载的额定电压与电源电压来定。若负载的额定电压等于电源的相电压，负载应接成星形；若负载的额定电压等于电源的线电压，负载应接成三角形。例如：电源电压为380/220V，若负载额定电压为220V，则做星形联结；而当负载额定电压为380V时，则做三角形联结。

2.4.3 三相电路的功率

正弦交流电路的功率计算可直接应用到三相电路。不论负载如何连接，三相电路有功功率等于各相有功功率之和，三相电路无功功率等于各相无功功率之和。当三相负载对称时，每一相的有功功率和无功功率为

$$P_{\mathrm{U}} = P_{\mathrm{V}} = P_{\mathrm{W}} = U_{\mathrm{P}}I_{\mathrm{P}}\cos\varphi \tag{2-49}$$

$$Q_{\mathrm{U}} = Q_{\mathrm{V}} = Q_{\mathrm{W}} = U_{\mathrm{P}}I_{\mathrm{P}}\sin\varphi \tag{2-50}$$

三相电路的有功功率为

$$P = 3P_{\mathrm{P}} = 3U_{\mathrm{P}}I_{\mathrm{P}}\cos\varphi$$

当负载做Y联结时，因 $U_{\mathrm{L}} = \sqrt{3}U_{\mathrm{P}}$，$I_{\mathrm{L}} = I_{\mathrm{P}}$，则有

$$P = 3P_{\mathrm{P}} = 3U_{\mathrm{P}}I_{\mathrm{P}}\cos\varphi = \sqrt{3}U_{\mathrm{L}}I_{\mathrm{L}}\cos\varphi$$

当负载做△联结时，因 $U_{\mathrm{L}} = U_{\mathrm{P}}$，$I_{\mathrm{L}} = \sqrt{3}I_{\mathrm{P}}$，则有

$$P = 3P_{\mathrm{P}} = 3U_{\mathrm{P}}I_{\mathrm{P}}\cos\varphi = \sqrt{3}U_{\mathrm{L}}I_{\mathrm{L}}\cos\varphi$$

因此，三相对称负载不论是做Y联结，还是做△联结，其有功功率均为

$$P = \sqrt{3}U_{\mathrm{L}}I_{\mathrm{L}}\cos\varphi \tag{2-51}$$

按照有功功率的分析方法，可得对称三相电路的无功功率和视在功率分别为

$$Q = 3U_{\mathrm{P}}I_{\mathrm{P}}\sin\varphi = \sqrt{3}U_{\mathrm{L}}I_{\mathrm{L}}\sin\varphi \tag{2-52}$$

$$S = \sqrt{P^2 + Q^2} = 3U_{\mathrm{P}}I_{\mathrm{P}} = \sqrt{3}U_{\mathrm{L}}I_{\mathrm{L}} \tag{2-53}$$

式中，φ 为各相负载的功率因数角。

【例2-11】 在线电压等于380V的三相四线制电路中，若三相对称负载的每相电阻 $R = 15\Omega$，感抗 $X_L = 20\Omega$。求电路的有功功率、无功功率和视在功率是多少？

解：因为每相负载的功率因数为

$$\cos\varphi = \frac{R}{|Z|} = \frac{R}{\sqrt{R^2 + X_L^2}} = \frac{15}{\sqrt{15^2 + 20^2}} = \frac{15}{25} = 0.6$$

线电流等于负载相电流，即

$$I_L = I_P = \frac{U_P}{|Z|} = \frac{\frac{380}{\sqrt{3}}}{25}\text{A}$$

有功功率为

$$P = \sqrt{3}U_L I_L \cos\varphi = \sqrt{3} \times 380 \times \frac{\frac{380}{\sqrt{3}}}{25} \times 0.6\text{W} = 3465.6\text{W}$$

无功功率为

$$Q = \sqrt{3}U_L I_L \sin\varphi = \sqrt{3} \times 380 \times \frac{\frac{380}{\sqrt{3}}}{25} \times \frac{X_L}{|Z|}\text{var}$$

$$= \sqrt{3} \times 380 \times \frac{\frac{380}{\sqrt{3}}}{25} \times \frac{20}{25}\text{var} = 4620.8\text{var}$$

视在功率为

$$S = \sqrt{3}U_L I_L = \sqrt{3} \times 380 \times \frac{\frac{380}{\sqrt{3}}}{25}\text{V·A} = 5776\text{V·A}$$

本章小结

1. 正弦交流电是时间的周期函数，它随时间做正弦规律变化。正弦量的三要素是最大值、角频率和初相位，它们反映了正弦量的特性。最大值决定正弦量的变化范围；角频率决定了正弦量变化的快慢；初相位决定正弦量的初始状态。

2. 周期、频率、角频率用来描述交流电变化的快慢，三者之间的关系为 $\omega = \frac{2\pi}{T} = 2\pi f$、$f = \frac{1}{T}$；正弦交流电有效值与最大值间的关系为：$I_m = \sqrt{2}I$；$U_m = \sqrt{2}U$；$E_m = \sqrt{2}E$；相位 $(\omega t + \psi_0)$ 和初相 ψ_0 都是用来描述交流电变化步调的物理量。

3. 正弦交流电的三种表示法

➢ 解析式表示法：写出正弦交流电的函数解析式，其特点是准确。

➢ 波形表示法：在坐标系中描绘出正弦交流电的波形图，其特点是明确、直观。

➢ 矢量表示法：该矢量的长度表示正弦量的有效值，相量与横轴正方向的夹角等于正弦量的初相位。

4. 功率因数 $\lambda = \frac{P}{S} = \cos\varphi$，为提高感性负载功率因数，可采用适当容量的电容器与感性负载并联。

5. 电容器是储存和容纳电荷的装置，也是储存电场能量的装置，电容器所储存的电荷

量与两极板间电压的比值是一个常数，即 $C = \dfrac{Q}{U}$，电容特性为“隔直流，通交流”。

6. 电感元件的电压不是取决于流过它的电流多少，而是与电流的变化率有关，电感特性称为“通直流，阻交流”。

7. 三相对称电源是指三个大小相等，频率相同，相位互差120°的正弦交流电动势（或电压源）。

8. 三相交流电源的三相四线制供电系统可提供两种等级的电压：线电压和相电压。其关系为 $U_L = \sqrt{3}U_P$，各线电压超前对应的相电压30°。

9. 三相负载有两种连接方式，星形联结和三角形联结。

➢ 根据电源电压应等于负载额定电压的原则，三相负载可接成星形或三角形。当负载接成星形时，$U_L = \sqrt{3}U_P$，$I_L = I_P$。若是不对称负载，必须采用三相四线制；若是对称负载，由于三相对称电流瞬时值之和为零，可采用三相三线制。

➢ 三相对称负载三角形联结时，$I_L = \sqrt{3}I_P$，$U_L = U_P$。

10. 无论星形联结或三角形联结，对称三相负载的功率均可用下式计算：

$$P = 3U_P I_P \cos\varphi = \sqrt{3}U_L I_L \cos\varphi$$

$$Q = 3U_P I_P \sin\varphi = \sqrt{3}U_L I_L \sin\varphi$$

$$S = 3U_P I_P = \sqrt{3}U_L I_L = \sqrt{P^2 + Q^2}$$

第3章 输配电及安全用电

本章学习要点

◇ 了解电力系统的组成，发电、输电、变电和配电等过程。
◇ 掌握电气火灾发生的原因和灭火方法。
◇ 掌握保护接地、保护接零的方法。
◇ 会保护人身与设备安全，防止发生触电事故。

案例导入

如图3-1所示，电力系统是由发电、变电、输电、配电和用电等环节组成的电能生产与消费系统。它将自然界的一次能源转化成电能，再经输、变电系统及配电系统将电能供应到各级用户，通过各种设备转换成动力、热、光等不同形式的能量，为地区经济和人民生活服务。

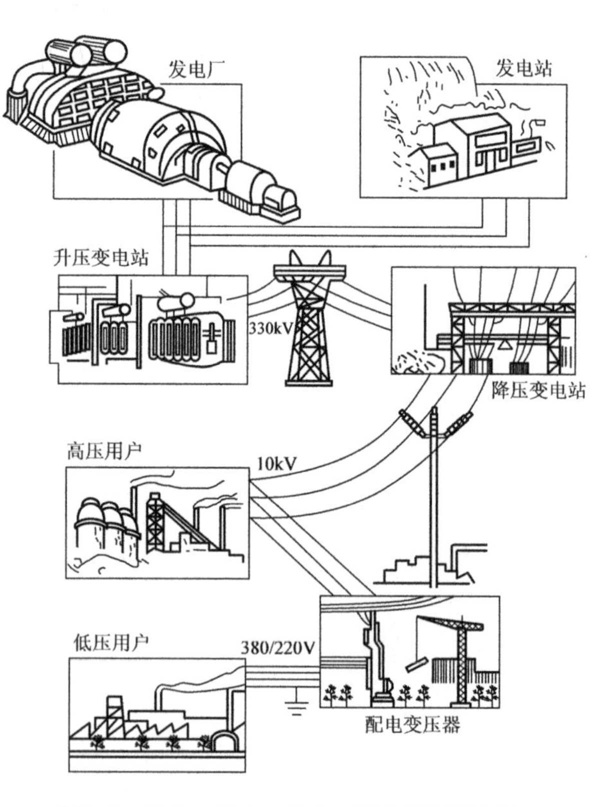

图3-1　发电、变电、输电、配电系统示意图

3.1　电力供电与节约用电

3.1.1　发电、输电和配电

一、发电

发电即指电能的生产，它是将其他的天然能源转换为电能，主要有火力发电、水利发电、核能发电等。随着世界各国对能源需求的不断增长和环境保护的日益加强，利用风力、潮汐、地热、天然气、太阳能等可再生能源发电将发挥越来越大的作用。

1. 火力发电

火力发电是利用燃烧的化学能来生产电能，使用的燃料主要有煤、重油、天然气等。火力发电系统主要由燃烧系统（以锅炉为核心）、汽水系统（主要由各类泵、给水加热器、凝汽器、管道、水冷壁等组成）、电气系统（以汽轮发电机、主变压器等为主）、控制系统等组成。

最早的火力发电是 1875 年在巴黎北火车站火电厂实现的。20 世纪 30 年代以后，火力发电进入大发展时期，火力发电机组的容量由 200MW 提高到 300 ~ 600MW（50 年代中期）。到 1973 年，最大的火电机组达 1300MW，但机组过大又带来可靠性、利用率的降低，因而到 20 世纪 90 年代初，火力发电单机容量稳定在 300 ~ 700MW，世界最好的火电厂能把 40% 左右的热能转换为电能；大型供热电厂的热能利用率达到 60% ~ 70%。目前，我国内地最大的火力发电站——华电国际邹县发电站，如图 3-2 所示。

图 3-2　邹县发电站外景

火力发电按其作用分单纯供电的和既发电又供热的。按原动机分汽轮机发电、燃气轮机发电、柴油机发电。按所用燃料分，主要有燃煤发电、燃油发电、燃气发电。为提高综合经济效益，火力发电应尽量靠近燃料基地进行，在大城市和工业区则应实施热电联供。

2. 水力发电

水力发电系利用河流、湖泊等位于高处具有势能的水流至低处，将其中所含的势能转换成水轮机的动能，再借水轮机为原动机，推动发电机产生电能。由于水电站的发电容量与水电站所在地上下游的水落差和流过水电站水轮机的水量的乘积成正比，所以建设水电站，通常是在河床上建筑一个很高的拦河坝，形成水库，提高上游的水位，使坝的上下游形成尽可能大的落差。

举世瞩目的长江三峡水利枢纽工程，简称“三峡工程”，是当今世界上最大的水利发电工程，如图3-3所示。三峡大坝坝顶总长3035m，坝高185m，总库容393亿m^3，其中防洪库容221.5亿m^3。水电站共设26台水轮发电机组，单机容量均为70万kW，总装机容量为1820万kW，年平均发电量847亿kW·h。

图3-3　三峡大坝外景

3. 核能发电

核能发电是利用核反应堆中核裂变所释放出的热能进行发电的方式。其关键设备是核反应堆，它相当于火电站的锅炉，以少量的核燃料代替了大量的煤炭。核反应堆有多种类型，使用最广泛的是轻水堆和重水堆，其中，轻水反应堆是目前世界上应用最多的一种，占80%以上，轻水堆又分压水堆和沸水堆。

核电与水电、火电一起构成世界能源的三大支柱，在世界能源结构中占有重要地位。世界上第一座核电站1954年在苏联建成，而中国核电起步相对较晚，自1991年自行设计建造的浙江秦山核电站并网发电以来，共有广东大亚湾、秦山二期、广东岭澳、秦山三期、江苏田湾6座核电站11台机组先后投入运行，大亚湾核电站外景如图3-4所示。首个在海岛上建设的福建宁德核电站于2008年2月正式动工。

图3-4　大亚湾核电站外景

至2009年，世界各国核电站总发电量占比平均为17%，核发电量超过30%的国家和地区至少有16个，美国有104座核电站在运行，占其总发电量的20%；法国59台核电机组，占其总发电量的80%；日本有55座核电站，占总发电量的30%以上。中国已投产核电装机容量约900多万千瓦，仅占电力总装机量的2%左右，比例很低。

2011年通过国家发改委审批并已上报国务院的《新兴能源产业发展规划》，重点围绕提高碳减排和非化石能源比重“两个目标”展开，非化石能源产业将步入发展期。根据规划，预计到2020年，中国新能源发电装机2.9亿kW，约占总装机的17%。其中，核电装机将达到7000万kW。规划指出，“中长期来看，发展无污染的清洁煤发电技术是中国实现低碳经济的关键，整体煤气化联合循环发电技术（IGCC）将成为未来煤电主流。”

4. 风能发电

风力发电的原理，是利用风力带动风车叶片旋转，再通过增速机将旋转的速度提升上来，促使发电机发电。风力发电没有燃料问题，也不会产生辐射或空气污染，是一种清洁的可再生能源，目前越来越受到世界各国的重视。

地球上的风能储量巨大，全球的风能约为 2.74×10^{9}MW，其中可利用的风能为 2×10^{7}MW，比地球上可开发利用的水能总量多 10 倍。1978 年 1 月，美国在新墨西哥州的克莱顿镇建成的 200kW 风力发电机；1978 年初夏，在丹麦日德兰半岛西海岸投入运行的风力发电装置，其发电量则达 2000kW，风车高 57m，所发电量的 75% 送入电网。

“十五”期间，中国的并网风电得到迅速发展。2006 年，中国风电累计装机容量已经达到 260 万 kW，成为继欧洲、美国和印度之后发展风力发电的主要市场之一。2007 年我国风电产业规模延续暴发式增长态势，截止 2007 年底全国累计装机约 600 万 kW。2008 年 8 月，中国风电装机总量已经达到 700 万 kW，占中国发电总装机容量的 1%，位居世界第五，这也意味着中国已进入可再生能源大国行列。

2008 年以来，国内风电建设的热潮达到了白热化的程度。2009 年，中国（不含台湾地区）新增风电机组 10129 台，容量 13803.2MW，同比增长 124%；累计安装风电机组 21581 台，容量 25805.3MW。2009 年，台湾地区新增风电机组 37 台，容量 77.9MW；累计安装风电机组 227 台，容量 436.05MW。目前，我国最大的风能基地——新疆达坂城风力发电站总装机容量为 12.5 万 kW，如图 3-5 所示。

图 3-5　达坂城风力发电站外景

5. 太阳能发电

太阳能发电分为光热发电和光伏发电。太阳能光伏发电是利用半导体界面的光生伏特效应而将光能直接转变为电能的一种技术。这种技术的关键元件是太阳能电池，目前太阳能电池主要有单晶硅、多晶硅、非晶硅和薄膜电池等。太阳能电池经过串联后进行封装保护可形成大面积的太阳能电池组件，再配合上功率控制器等部件就形成了光伏发电装置，如图 3-6 所示。

图 3-6　太阳能光伏阵列

20世纪90年代后，光伏发电快速发展，到2006年，世界上已经建成了十多座兆瓦级光伏发电系统，6个兆瓦级的联网光伏电站。美国是最早制定光伏发电的发展规划的国家。1997年又提出“百万屋顶”计划。日本1992年启动了新阳光计划，到2003年日本光伏组件生产占世界的50%。

2011年，全球光伏新增装机容量约为27.5GW，较上年的18.1GW相比，涨幅高达52%，全球累计安装量超过67GW。全球近28GW的总装机量中，有将近20GW的系统安装于欧洲，但增速相对放缓，其中意大利和德国市场占全球装机增长量的55%，分别为7.6GW和7.5GW。2011年以中日印为代表的亚太地区光伏产业市场需求同比增长129%，其装机量分别为2.2GW，1.1GW和350MW。此外，在日趋成熟的北美市场，新增安装量约2.1GW，增幅高达84%。

其中中国是全球光伏发电安装量增长最快的国家，2011年的光伏发电安装量比2010年增长了约5倍，2011年电池产量达到20GW，约占全球的65%。截至2011年底，中国共有电池企业约115家，总产能为36.5GW左右。其中产能1GW以上的企业共14家，占总产能的53%；在100MW和1GW之间的企业共63家，占总产能的43%；剩余的38家产能皆在100MW以内，仅占全国总产能的4%。规模、技术、成本的差异化竞争格局逐渐明晰。国内前十家组件生产商的出货量占到电池总产量的60%。

在今后的十几年中，中国光伏发电的市场将会由独立发电系统转向并网发电系统，包括沙漠电站和城市屋顶发电系统。中国太阳能光伏发电发展潜力巨大，配合积极稳定的政策扶持，到2030年光伏装机容量将达1亿kW，年发电量可达1300亿kW时，相当于少建30多个大型煤电厂。国家未来三年将投资200亿补贴光伏业，中国太阳能光伏发电又迎来了新一轮的快速增长，并吸引了更多的战略投资者融入到这个行业中来。

太阳能屋顶发电站外景如图3-7所示。

图3-7　太阳能屋顶发电站

二、输电

发电厂往往修建在靠近天然资源的地方，而用电的地方却分布很广，因此必须通过输电把电能传送到用户。发电厂的发电机由于受到绝缘、运行安全等因素的限制，输出的电压一般在22kV以下，这样低的电压进行远距离传输时，线路损耗较大，效率会较低，因此，必须经过升压变压器升压，采用高电压、小电流的方式输送。目前，我国常用的输电电压等级有35kV、110kV、220kV、380kV、和500kV等多种等级。

把发电厂升压变电站输出的高压输送到降压变电站的高压线路称为输电线路。

输电线路按结构形式可分为架空输电线路和地下输电线路。前者由线路杆塔、导线、绝缘子等构成，架设在地面上；后者主要用电缆，敷设在地下（或水下）。输电按所送电流性质可分为直流输电和交流输电。19世纪80年代首先成功地实现了直流输电，后因受电压提不高的限制（输电容量大体与输电电压的平方成比例），于19世纪末被交流输电取代。20世纪60年代以来，由于电力电子技术的发展，直流输电又有新发展，与交流输电相配合，

形成交直流混合的电力系统。

输电的损耗小、效率高、灵活方便、易于调控、环境污染少，还可以将不同地点的发电厂连接起来，实行峰谷调节。输电是电能利用优越性的重要体现，在现代社会中，它是重要的能源动脉。

三、配电

配电是电力系统中直接与用户相连并向用户分配电能的环节。配电系统由配电变电所（通常是将电网的输电电压降为配电电压）、高压配电线路（即 1kV 以上电压）、配电变压器、低压配电线路（1kV 以下电压）以及相应的控制保护设备组成。配电电压通常有 35 ~ 60kV 和 3 ~ 10kV 等。

配电主要是利用变、配电所来实现的，采用逐级降压的方法，把电能层层分配下去。来自高压输电网的电压通过降压变电站将电压降到 10kV 或 6kV，通过高压配电线路传输给高压设备用户和用户变电站，经用户变电站的配电变压器将电压降到 3kV、1kV、380V/220V，由低压配电线路将电能分配送到各个用户。工厂车间是主要的配电对象之一，在车间配电中，对动力用电和照明用电采用了分别配电的方式，把动力配电线路与照明线路各自分开，这样，可避免因局部事故而影响整个车间的生产。

3.1.2　节约用电

电能源紧缺问题已成为我国经济发展、居民生活水平提高的制约因素。节约用电，是我国发展经济的一项长期战略方针，是一项利国利民的事业。搞好电能节约工作，应落实在技术改造和科学管理两个方面。

一、更新淘汰低效率的供用电设备

如新型号 Y 系列电动机代替老型号的 JO 系列电动机，效率有了明显提高；涂覆稀土元素荧光粉的节能荧光灯，其 9W 的照度相当于 60W 的普通白炽灯的照度，而使用寿命又比普通白炽灯长 2 倍以上。

二、改造耗能大的供用电设备

如 1000kV · A 的电力变压器，原采用热轧硅钢片铁心，空载损耗为 6. 5kW，后改用冷扎硅钢片铁心，测定空载损耗为 2. 5kW，一年约节约电能 3.5×10^4kW · h。

三、合理使用变压器、电动机、电焊机

中小型变压器在使用时应尽量避免在空载或轻载下运行。如果长时间轻载，则应考虑更换小容量变压器。对电动机等用电设备，轻载运行是很不经济的，应重新选配合适的电动机。电焊机操作过程中，空载间隙时间较长，加装空载自动节电装置。

四、采用无功补偿设备，提高功率因数

工厂用电负荷主要是感性负荷，功率因数较低，为了减少无功损耗，应加装无功补偿装置，如电力电容等，这样可提高功率因数。

随着社会的进步，经济的增长，人们生活水平日益提高，对电的需求也越来越大，节约越来越被重视，下面介绍几种日常节电的方法。

1. 正确选择导线截面积

电流通过导线时导线会发热，在相同的电流下，导线截面积越大，越不容易发热，线损就越小。当然，导线截面积选择过大，虽线损小，但投资大，故没有必要。导线截面积选择小了，不但严重威胁用电安全，也会使线损大大增大，因此，导线截面积应根据用电的实际

情况来正确选择。

2. 合理布线

应避免迂回曲折布线，尤其是对大功率用电器具，更应注意，线路越长，电阻越大，线损也就越大。同理，电器（尤其是大功率电器）的电源引线，其截面积应足够大，长度宜短不宜长。

3. 处理好导线连接头

导线接头连接不良，接触电阻就大，电流通过时容易发热，严重时甚至接头处发红，热量白白从接头处损耗掉，而且还威胁用电安全，因此应尽可能避免导线有接头，当不可避免时，必须将接头连接紧密牢靠。

4. 防止导线漏电

接头绝缘受潮，导线受潮或绝缘恶化，都会引起漏电。电流通过不良的绝缘介质泄漏到大地，造成电能损耗。

5. 保证插头与插座有良好的接触

保证插头和插座有良好接触对大功率电器尤其重要，插销接触不良，不但使插销严重发热浪费电能，而且容易烧焦导线绝缘层和烧坏插销的绝缘层，引起事故。

6. 采用电子式镇流器荧光灯

这类荧光灯功率因数很高，线损小。如果使用感式镇流器荧光灯，应配上补偿电容器，以提高功率因数，从而降低线路损耗。目前，已开发多种节能光源可利用，如 LED 节能灯等。

其他的节电方式还有选用高效电动机，采用无功功率补偿装置，如无必要不使用稳压器、变压器、调压器等消耗电能的设备，养成随手关灯、关闭各种用电器的良好习惯，做到“人走灯灭”。

3.2 安全用电

电能在国民经济的各个领域及人们的日常生产生活中得到了广泛的应用。但是在电力为人们造福的同时，如果对电力的控制和使用不当，也会带来灾害。例如，由于电气设备的绝缘损坏或安装不合理等原因，导致金属外壳发生漏电事故，接触漏电设备的人体发生触电，还可能导致设备烧毁，电源短路，引发火灾等，给国家造成重大经济损失，危害人民生命财产安全，因此，必须采取一定的防范措施以确保安全用电。

安全用电包括两个方面，一是用电时要保证人身的安全，防止触电；二是保证用电线路及用电器械的安全，避免遭受损伤，甚至引起火灾等。

3.2.1 触电及急救常识

一、触电方式

人体触及带电体主要有三种型式，分别称为单相触电、双相触电和跨步触电，如图 3-8 所示。

其中单相触电事故发生得最多，即相线与人身接触，电流直接通过人体流入零线或大地，而双相触电最危险。

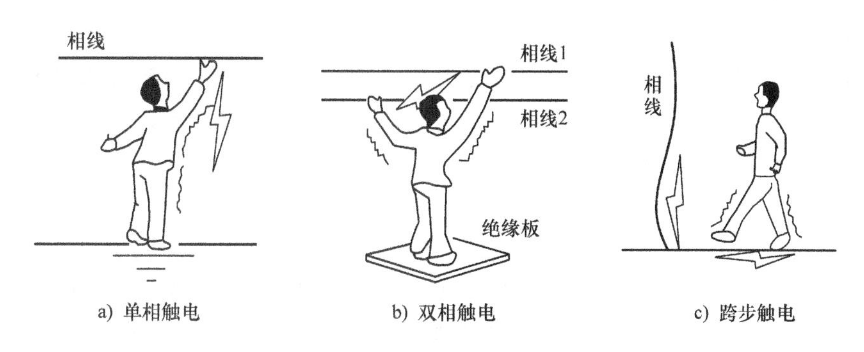

图 3-8　触电方式

二、触电常见原因

➢ 用电器具与相线相接的金属部件因绝缘损坏或保护装置脱落、失效等原因而裸露在外，使人无意中与之接触而造成触电。

➢ 因电器绝缘水平下降或损坏造成漏电，在人体与之接触时造成触电。

➢ 由于接线错误或不当，使电器的金属外壳或人体可能触及的部分带电，在人体接触时造成触电，上述情况如图 3-9 所示。

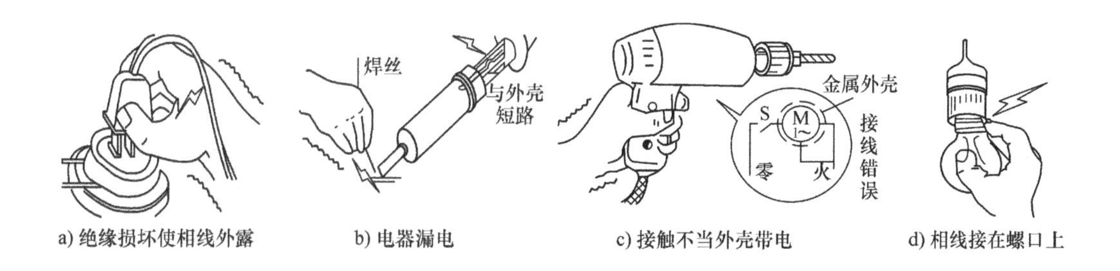

图 3-9　触电常见原因

三、触电对人体的危害

触电是指当人触及带电体后，电流通过人体与大地，形成了闭合回路。触电对人的危害程度与通过人体电流的大小、频率、时间、途径有关。一般大于 10mA 的交流电流或大于 50mA 的直流电流通过人体时，就有致命危险。我国规定安全电压为 42V、36V、24V 及 12V（根据环境潮湿程度而定）。

根据触电对人体的伤害程度，可分电击和电伤两种。

1. 电击

电击是指电流通过人体内部，对人体内脏及神经系统造成的损害，它使人体心脏麻痹、肌肉抽搐、呼吸困难，直至死亡。

2. 电伤

电伤是指电流通过人体外部表皮造成局部损害。发生触电时，电流融化和蒸发的金属颗粒等侵袭人体皮肤，以至于局部受到灼伤、烙伤和皮肤金属化的伤害，严重时也能致命。

四、触电急救

1. 脱离电源

发生触电事故时，应尽快使触电者脱离电源，马上拉闸断电，或用带绝缘手柄的钢丝钳切断电源；没有办法断开电源时，也可用干燥的木棒、竹竿等绝缘物将触电者身上的电源线拨开，严禁用手直接推拉触电者。

2. 紧急施救

当触电者脱离电源后，应将其移至通风干燥的地方，使触电者仰天平卧，松开衣服和腰带，检查瞳孔是否放大，呼吸和心跳是否存在。对失去知觉，有心跳无呼吸的触电者，应采用“口对口人工呼吸法”进行抢救；对有呼吸而无心跳者，应采用“胸外心脏挤压法”进行抢救。

➢ 口对口人工呼吸法。首先清除触电者口中的杂物，保持呼吸道通畅，然后紧捏触电者的鼻子，抢救者深吸气，贴紧触电者的口腔，对口吹气约2s，然后放松触电者鼻子，使其自己呼气，时间约3s。反复进行，按每次5s的节奏，直至触电者苏醒，如图3-10所示。

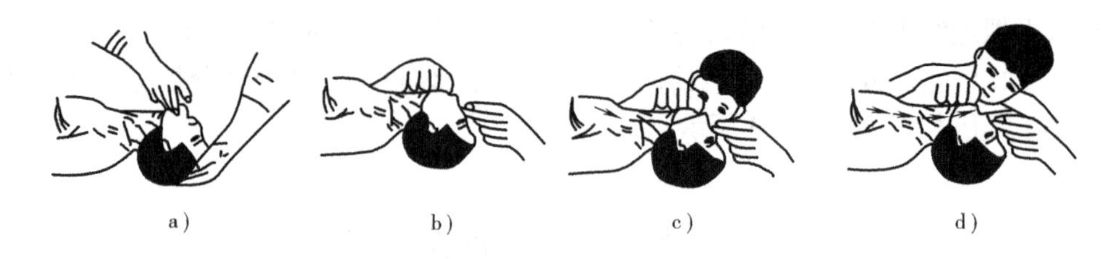

图3-10　人工呼吸急救方法

➢ 胸外心脏挤压法。抢救者跪跨在触电者腰部两侧，右手掌位置安放在触电者胸上，左手掌压在右手掌上，向下挤压3～4cm，然后突然放松，挤压与放松的动作要有节奏，挤压用力要适当，频率掌握在每分钟120次，不得低于每分钟60次。坚持进行，直到触电者苏醒为止，如图3-11所示。

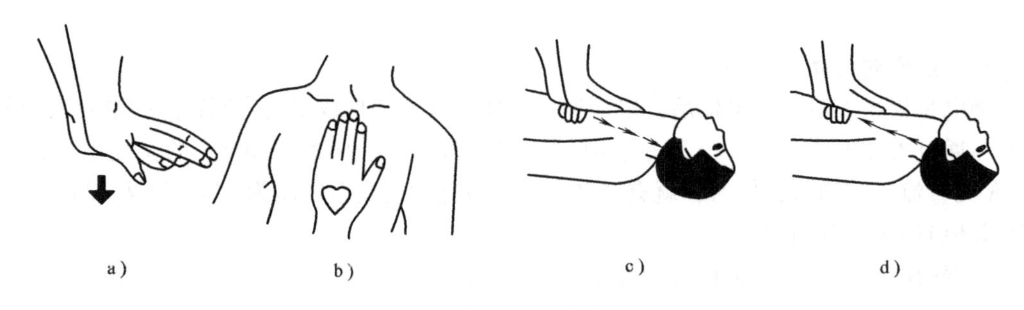

图3-11　胸外心脏挤压方法

3.2.2　电气安全常识

一、电气火灾防范

1. 电气火灾原因

➢ 线路或电器因老化、失修、故障等原因，出现相线与零线或相线与地短路（或接近短路），使线路或用电器内部出现很大的电流，若此时熔断器或过载保护开关使用的熔丝过

粗（甚至使用了铜丝等）或选用容量过大而未动作，则时间略长就会使线路或用电器过热，最终引燃电线的外层绝缘或相邻的可燃物起火。

➢ 线路或用电器因绝缘损伤或所处场所过于潮湿等原因，造成线路或用电器出现较大的漏电电流，若此时漏电保护开关不起作用，则会因线路或用电器过热而引起火灾。

➢ 线路所接用电器的容量超过允许值过多，使线路大量发热，引起火灾。

➢ 电源电压过高使电路电流较大，或电源电压过低使电动机类电器长时间处于低速运行，甚至于不能起动升速，此时这些电器所需电流也会很大，最终因线路或电动机过热而引起着火。

➢ 由于大意或失误，将一些通电工作的电热器具（例如电烙铁、电熨斗、电炉等）放在可燃物上或附近，在无人看护时，能很快将这些可燃物烤热，最后引燃，发生火灾。这种情况在家庭火灾中发生的次数最多，如图 3-12 所示。

图 3-12　由电热器具引燃周围可燃物示例

2. 扑灭电火灾的办法和注意事项

如发现因用电产生的火灾后，应保持清醒的头脑，不要慌乱，要冷静地根据现场情况采取适当的处理措施，如图 3-13 所示。

图 3-13　扑灭电火灾的办法

➢ 首先尽快断开着火点电路或用电器的电源，可采用拔插销、拉开关、断电线、拔保险等多种可行的方法。但应注意，若不是整个房间都已着火，则应尽可能只断开着火点的电源，否则将失去所有的照明而影响扑灭火灾工作的顺利进行，这一点在夜里尤为重要。

➢ 对于局部的小火，在断电后，可使用湿毛巾（布）扑盖等方法使其熄灭，对高处的

着火点，有条件时，可用非液体的灭火器（例如干粉灭火器），也可将沙土扬到着火点将其压灭。

➢ 除非能够确认所能触及的所有线路均已断电，并且因条件所限或火势过大过猛用上述方法已无法控制，才能考虑使用水来熄灭火灾。否则将因水能导电而将电引向灭火者，使其触电，或加大电的短路范围，可能使火灾扩大。另外，很多电器会因进水而彻底损坏，造成更大的经济损失。对自己不能扑灭的火灾，应尽快拨打“119”向消防部门报告。

二、三相五线制供电系统

1. 概述

三相五线制供电系统（TN－S系统），又称保护接地系统，这种供电方式是把三相供电的零线N接地，与仪器设备外壳相连的保护地线PE也接地，电力变压器输出三相电，加上零线N和保护地线PE共五条线从配电柜输出，故称三相五线制。

接线的特点是：零线与保护地线除在变压器中性点共同接地外，两线不再有任何的电气连接。此种接线方式能用于单相负载、没有中性点引出的三相负载和有中性点引出的三相负载。在三相负载不完全平衡的运行情况下，零线是有电流通过且是带电的，而保护地线不带电，因而该供电方式的接地系统完全具备安全和可靠的基准电位。

2. 三相五线制供电的原理

在三相四线制供电中，三相负载不平衡时或者低压电网的零线过长且阻抗过大时，零线将有零序电流通过，由于环境恶化，导线老化、受潮等因素，导线的漏电电流通过零线形成闭合回路，致使零线也带一定的电位，这对安全运行十分不利。在零线断线的特殊情况下，断线以后的单相设备和所有保护接零的设备将产生危险的电压，影响严重。如采用三相五线制供电方式，用电设备所连接的零线和保护地线是分别敷设的，工作零线上的电位不能传递到用电设备的外壳上，这样就能有效隔离了三相四线制供电方式所造成的危险电压。三相五线制供电系统接线示意图如图3-14所示。

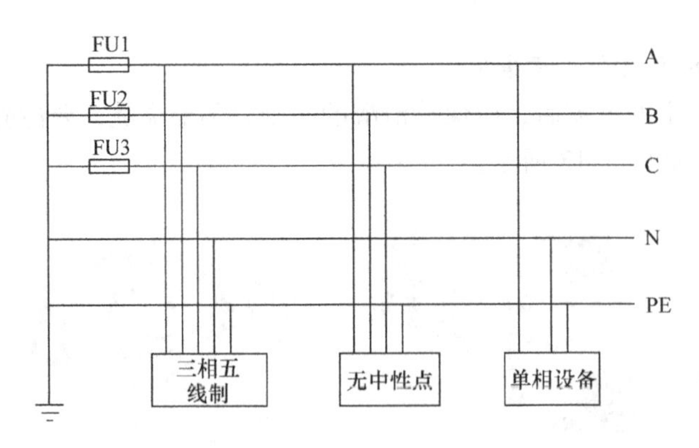

图3-14　三相五线制供电系统接线示意图

3. 三相五线制供电的应用范围

凡是采用保护接零的低压供电系统，均是三相五线制供电的应用范围。国家有关部门规定：凡是新建、扩建、企事业、商业、居民住宅、智能建筑、基建施工现场及临时线路，一律实行三相五线制供电方式，做到保护地线和零线单独敷设。对现有企业应逐步将三相四线

制改为三相五线制供电，具体办法应按三相五线制敷设要求的规定实施。

三、接地与接零的几个概念

出于不同的目的，将电气装置中某部位经接地线和接地体与大地做良好的电气连接，称为接地。根据接地的目的不同，分为工作接地和保护接地。

➢ 工作接地：是指为运行需要而将电力系统或设备的某一点接地，如变压器的中性点直接接地等。

➢ 中性线 N：引自电源中性点的导线。其功能有：用来通过单相负载工作电流；用来通过三相电路中的不平衡电流；使不平衡三相负载上的电压均等。

➢ 保护地线 PE：以防止触电为目的而用来与设备或线路的金属外壳、接地母线、接线端子、接地极、接地金属部件等做电气连接的导线或导体。

➢ 保护零线 PEN：零线与保护地线共为一体，同时具有零线与保护地线两种功能的导线。

本 章 小 结

1. 发电是将其他形式的能源转变为电能。火力发电是将燃烧的化学能经热能、机械能转换为电能；水利发电是利用水流的位能经机械能转换变为电能；原子能发电是利用核裂变能经热能、机械能转换变为电能。

2. 我国常用的输电电压等级有 35kV、110kV、220kV、380kV 和 500kV 等多种等级。

3. 为了减小电能传输过程中的能量损失，发电厂生产的电压需经升压变压器升高到高压，再进行电能传输；在用户端，采取逐步降压的方法，把降低的电压分配给厂矿企业、城市供电等部门。

4. 配电系统由配电变电所、高压配电线路、配电变压器、低压配电线路以及相应的控制保护设备组成。

5. 人体触及带电体主要有三种型式，分别称为单相触电、双相触电和跨步触电，其中单相触电事故发生得最多，即相线与人身接触，电流直接通过人体流入零线或大地，而双相触电最危险。

6. 触电对人的危害程度与通过人体电流的大小、频率、时间、途径有关。一般大于 10mA 的交流电流或大于 50mA 的直流电流通过人体时，就有致命危险。

7. 保护接地是在电源中性点不接地的供电系统中，将电气设备的金属外壳与接地体可靠连接。

8. 安全用电基本常识及触电急救方法，注意防范电气火灾事故。

第4章 磁路与变压器

本章学习要点

◇ 了解铁磁材料的种类及特性。
◇ 掌握磁路欧姆定律的内容。
◇ 掌握法拉第电磁感应定律的内容及应用。
◇ 掌握变压器的结构、用途及工作原理。

案例导入

磁体中磁性最强的两端称为磁极。一个可以自由转动的小磁针静止时，其两极总是分别指向地球的南极和北极。两个磁极间具有同性磁极互相排斥、异性磁极相互吸引的特性，磁极之间的这种作用被称为磁力，图4-1为人造磁体。

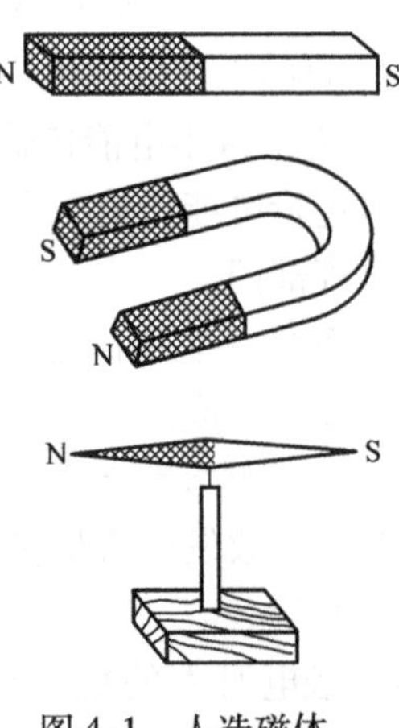

图4-1　人造磁体

4.1　电磁学基础知识

4.1.1　磁场的基本物理量

一、磁的基本知识

我国早在两千多年前就发现了磁现象并对其进行利用，《吕氏春秋》中就有“慈石召铁”的文字记载。东汉王充在《论衡》中描述的“司南勺”（见图4-2）则被公认为最早的磁性指南器具。到了北宋时期，沈括在他的《梦溪笔谈》

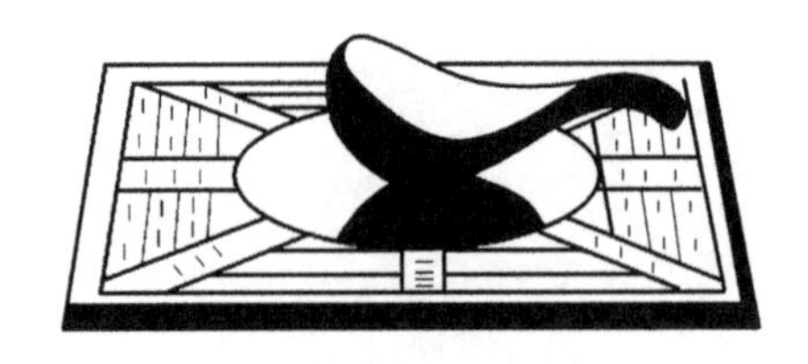
图4-2　司南勺模型

中明确记载了指南针的制造方法和应用。人们虽然很早就发现简单的磁现象，但长期以来并不了解磁的本质以及磁与电之间的关系。直到 1820 年，丹麦科学家奥斯特观察到了电流对放在它附近的磁针有力的作用，发现了电的磁效应，这才开始逐步认识了电与磁的紧密联系。

1. *磁场*

吸引铁、钴、镍等物质的性质称为磁性。具有磁性的物体称为磁体。人们最早认识的天然磁体是主要成分为 Fe_3O_4 的铁矿石，以后又制造出了各种形状的人造磁体，常见的人造磁体有条形磁铁、马蹄形磁铁和小磁针等。

磁体中磁性最强的两端称为磁极。一个可以自由转动的小磁针静止时，其两极总是分别指向地球的南极和北极。每个磁体都有两个磁极，即南极（S 极）和北极（N 极）。磁极总是成对出现的，自然界没有单个存在的 N 极或 S 极。两个磁极之间具有同性磁极互相排斥、异性磁极相互吸引的特性。磁极之间的这种作用叫作磁力。磁体周围存在的磁力作用的空间叫做磁场。磁场是一种特殊的物质，具有力和能的特性。磁体之间的相互作用就是通过磁场进行的。地球本身就是一个巨大的磁体，它的 N 极和 S 极分别在地理的南极和北极附近，地球周围也存在磁场，因此对小磁针具有取向的作用，这就是指南针工作的原理。

磁场具有方向性。我们把一个可以自由转动的小磁针放在一块条形磁铁附近的不同位置，磁针的指向一般是各不相同的，如图 4-3 所示。我们规定在磁场中某一点，磁针静止时 N 极所指的方向为该点的磁场方向。

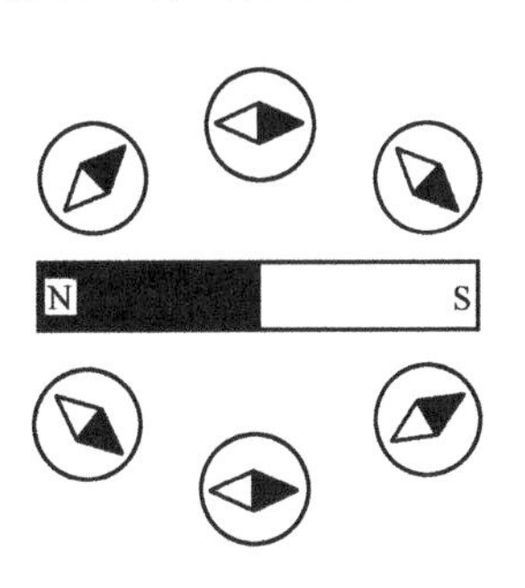

图 4-3　磁场的方向

2. *磁力线*

为了形象地描述磁场的分布情况，我们引入一系列假想的曲线——磁力线。磁力线上每点的切线方向就是该点的磁场方向；磁力线分布的疏密程度则反映了磁场的强弱；任何两条磁力线都不会相交；在磁体外部磁力线由 N 极指向 S 极，在磁体内部磁力线由 S 极指向 N 极，成为闭合曲线。图 4-4 所示为条形磁体和马蹄形磁体的磁力线分布情况。

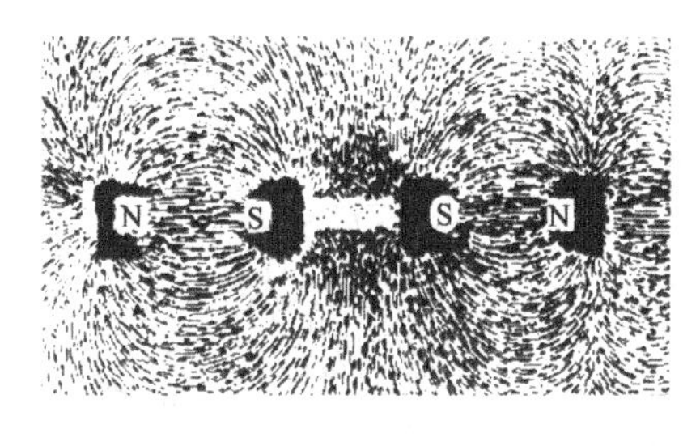

a）磁场中磁粉形成的磁力线

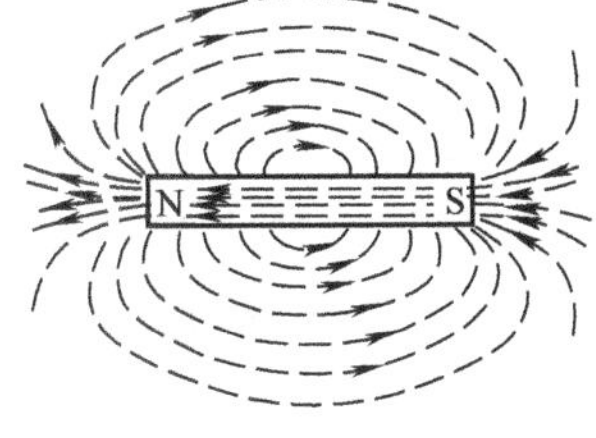

b）磁力线

图 4-4　磁力线

二、电流的磁场

丹麦物理学家奥斯特在 1820 年发现，通电导线会使它附近的小磁针发生偏转，这个实验说明了电流的周围存在着磁场。人们把电流周围产生磁场的现象称为电流的磁效应，电流是产生磁场的根本原因。法国物理学家安培通过实验发现了电流的方向与其产生的磁场方向存在着一定的关系，即安培定则，又称为右手螺旋定则。

1. 通电直导体产生的磁场

如果在一根直导线上通以电流，那么在导线周围的空间将产生磁场。这个磁场的磁力线在垂直于导线的平面内，是一系列同心圆。实验证明：通电直导体产生磁场的强弱，与导体中通过电流的大小以及距离导体的远近有关。导线中流过的电流越大，产生的磁场越强。磁场的方向可以根据安培定则来确定：伸出右手握住直导线，拇指指向电流方向，则弯曲四指的指向就是磁场的方向，如图 4-5 所示。

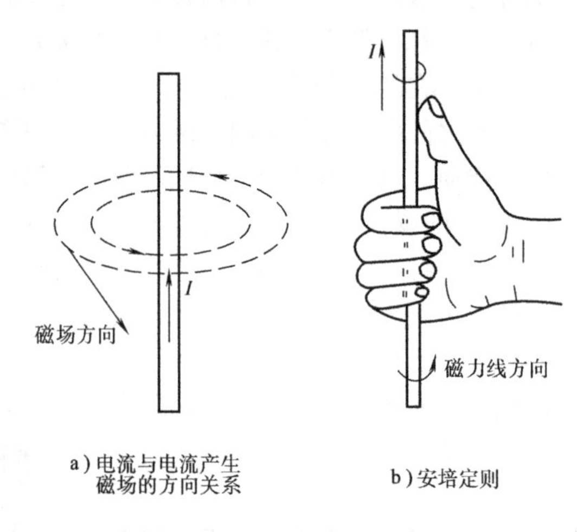

图 4-5　直导线上通过电流时产生的磁场

2. 通电线圈的磁场

如果将一根金属导线在空心筒上沿一个方向缠绕起来就形成螺线管。通电螺线管磁场中的磁力线是一些穿过线圈横截面的闭合曲线。螺线管内部的磁力线与轴平行，疏密均匀，这说明通电螺线管内部各处的磁场方向相同，强弱一致，这样的磁场叫做均匀磁场。相距很近的两个异性磁极之间的磁场也是均匀磁场。

提示

判断通电螺线管产生磁场的方向同样用安培定则：用右手握住螺线管，让弯曲四指的方向跟电流的方向一致，大拇指所指的方向就是螺线管内部磁力线的方向，也就是大拇指指向通电螺线管的 N 极，如图 4-6 所示。

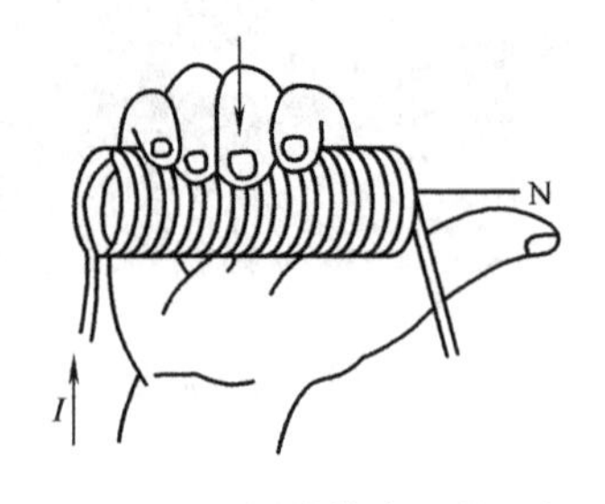

图 4-6　通电螺线管产生的磁场

实验证明：通电线圈磁场的强弱，不仅与线圈的电流大小有关，还与线圈的匝数有关。通电线圈产生的磁场相当于一块永久磁铁的磁场，常用的电磁铁就是应用线圈通电后能产生磁场的原理来工作的。

3. 磁感应强度

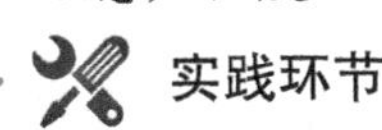

观察实验

在马蹄形磁铁中悬挂一根通电直导体，如图 4-7 所示，使之垂直于磁力线。当导体中没有电流流过时，导体静止不动；当电流流过导体时，导体就发生运动，如果改变电流方向，则导体向相反的方向运动，这说明通电直导体在磁场中受到力的作用。

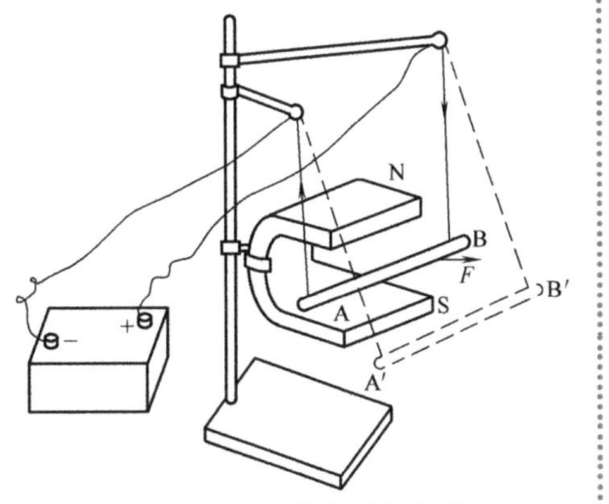

图 4-7　通电直导线在磁场中受力

实验表明：在均匀磁场中，通电直导体受到电磁力 F，电磁力 F 的大小随着电流强度 I 和导体在磁场中的有效长度 l 的乘积 Il 的增大而增大，但在同一个均匀磁场内，$\frac{F}{Il}$的值是一个恒量。这个比值越大，表明同一个通电导体受到的磁场力越大，即该磁场较强；反之这个比值越小，则说明该磁场较弱。

$\frac{f}{Il}$反映了磁场的特性，正如电场特性用电场强度来描述一样，磁场特性用磁感应强度来描述。

➢ 定义：在磁场中垂直于此磁场方向的通电导线，所受到的磁场力 F 跟电流强度 I 和导线长度 l 的乘积 $I \cdot l$ 的比值，叫做通电导线所在处的磁感应强度，用字母 B 表示。

➢ 计算公式：

$$B = \frac{F}{Il} \tag{4-1}$$

➢ 矢量：B 的方向与磁场方向相同，即与小磁针 N 极受力方向相同。

➢ 单位：特［斯拉］，简称特（T），用符号 T 来表示。

提示

如果磁场中各点的磁感应强度 B 的大小和方向完全相同，那么这种磁场叫做匀强磁场。其磁感线平行且等距。

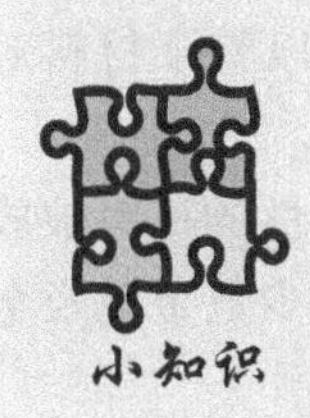

一般情况下，永久磁铁两极附近磁感应强度的值大约是 0.4 ~ 0.7T；在电动机或变压器的铁心中，B 值约为 0.8 ~ 1.4T；而地球磁场在地面附近的 B 值则大约是5×10^{-5}T。

4. 磁通

磁场的强弱（即磁感应强度）可以用磁力线的疏密来表示。如果一个面积为 S 的面垂直一个磁感应强度为 B 的匀强磁场放置，则穿过这个面的磁力线的条数就是确定的。

➢ 定义：磁感应强度 B 和其垂直的某一截面积 S 的乘积，叫做穿过该面积的磁通量，用 Φ 表示。

➢ 计算公式：

$$\Phi = BS \tag{4-2}$$

➢ 单位：韦伯，用字母 Wb 表示。当 B 为 1T（特），S 为 $1m^2$，磁通为 1Wb。

提示

$B=\dfrac{\Phi}{S}$ 说明在匀强磁场中，磁感应强度就是与磁场垂直的单位面积上的磁通。所以，磁感应强度又叫做磁通密度（简称磁密）。

三、磁现象的电本质

通电导体周围存在磁场，说明了磁场是电荷的运动产生的。与此相同，磁铁的磁场也是由磁铁内部电荷的运动产生的。

一根软铁棒没有磁性就是因为其内部分子电流的取向杂乱无章，它们产生的磁场互相抵消，如图 4-8a 所示。而当软铁棒受到外界磁场作用时，各分子电流的取向大致相同，软铁棒被磁化，具有了磁性，两端形成了磁极，如图 4-8b 所示。而当磁体受到高温或强烈敲击时，分子电流的方向又会变得紊乱，从而减弱或完全失去磁性。由此可见，电流是产生磁场的根本原因。

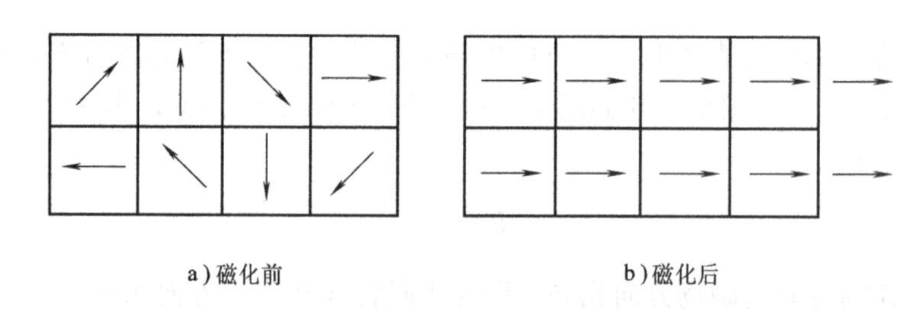

a）磁化前　　b）磁化后

图 4-8　铁磁材料被磁化的示意图

4.1.2　铁磁材料及特性

一、磁化

本来不具磁性的物质，由于受磁场的作用而具有了磁性的现象称为磁化。磁性材料里面分成很多微小的区域，每一个微小区域就叫一个磁畴，每一个磁畴都有自己的磁距（即一个微小的磁场）。一般情况下，各个磁畴的磁距方向不同，磁场相互抵消，所以整个材料对外就不显磁性。当各个磁畴的方向趋于一致时，整块材料对外就显示出磁性。

所谓的磁化就是要让磁性材料中磁畴的磁距方向变得一致。当对外不显磁性的材料被放进另一个强磁场中时，就会被磁化，但是，不是所有材料都可以磁化的，只有少数金属及金属化合物可以被磁化。

小知识

磁化现象对电脑显示器的影响

在使用电脑的环境里，总免不了有其他用电设备和通信设备。当这些设备工作时，会成为一个电磁源，在周围形成一个磁场并向外辐射电磁波，而形成的磁场大小和辐射强度是由这些设备的功率决定的。比如手机来电时会不断地发射电磁波，这时我们就会发现在显示器表面发生扭曲、晃动，画面无法正常显示等现象。

要了解显示器磁化问题，必须先了解显示器显示的原理。当显像管内部的电子枪阴极发出的电子束经强度控制、聚焦和加速后变成细小的电子流，再经过偏转线圈的作用向正确目标偏离，穿越荫罩的金属板或金属栅栏，轰击到一个内层玻璃涂满了无数红、绿、蓝三原色荧光粉的屏幕上。电子束会使得这些荧光粉发光，而这些荧光粉就形成我们所看到的图像画面。将这些红、绿、蓝三原色以不同的强度加以混合，就会产生各种色彩。

与磁化显示器有关的就是那个偏转线圈。它用于电子枪发射器的定位，通电后能够产生一个强磁场，通过改变磁场强度来移动电子枪。这样一来，在显示器旁边的电磁干扰源就会对偏转线圈的磁场产生影响，会改变它的强度和方向。由于偏转线圈的磁场强度和方向被扰乱，电子枪发射器的定位就会发生偏移，从而使射出的电子流偏离原来的轨道，轻则使画面产生色斑，重则造成画面的错乱。

二、磁导率

处在磁场中的任何物质，或多或少都会影响磁场的强弱，而影响的程度则与该物质的导磁性能有关。磁导率 μ 是用来衡量物质导磁能力的大小的，单位是亨/米（H/m）。按磁导率将自然界中的物质分为铁磁性物质和非铁磁性物质两类。自然界大多数的物质对磁场强弱的影响都很小，有的物质对磁场的影响略比真空时的强些，有的则略为弱些，它们统称为非铁磁性物质，磁导率近似等于真空的磁导率 μ_0。经实验测得真空中的磁导率为一常数：

$$\mu_0 = 4\pi \times 10^{-7}\,\mathrm{H/m}$$

铁、镍、钴及其合金的磁导率很高，$\mu \gg \mu_0$，通常把这一类物质称为铁磁性物质，又叫铁磁材料。铁磁材料能使周围磁场显著增强，因此在电工技术中得到极其广泛的应用。

三、磁铁材料

铁磁材料都能被磁体吸引，并且经磁化后，还保留有一定的磁性，通常将剩余的磁性称为剩磁，要使剩磁降低到零需要外加反向的矫顽力。铁磁材料的磁导率 μ 很高，且不是常数。高导磁率的磁性材料线圈中通入较小的电流，便可产生足够大的磁通和磁场强度，从而大大缩小了电动机、变压器等电气设备的体积。

常把铁磁材料分为三类：

➢ 硬磁材料：其特征是剩磁、矫顽力都较大，一经磁化，便能得到很强的剩磁，不易去磁。因此这类材料适用于制造永久磁铁，常用的硬磁材料有碳钢、钴钢、铁镍铝钴合金等，广泛应用在扬声器、耳机及磁电式仪表中。

➢ 软磁材料：其特征是剩磁、矫顽力都很小，容易磁化也容易去磁。常用的软磁材料有硅钢片、坡莫合金等。硅钢片是制造变压器、电机和交流电磁铁的重要导磁材料。

➢ 矩磁材料：其特征是当外加磁场作用很小时，就能使它磁化并达到饱和，去掉外磁场后，磁性仍能保持和饱和时一样。铁氧体材料就是一种矩磁材料，有些计算机存储器的磁心就是用铁氧体材料制成的。

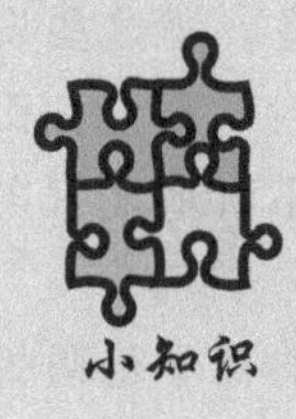

目前世界各国都在进行新型磁性材料的研究，1983年美国和日本同时研制成功了一种稀土硬磁材料——钕铁硼。几克重的钕铁硼磁体就能吸引1kg重的工件。我国已能生产这种新型磁性材料并用于同步电动机、汽车用起动机等的制造。

四、涡流

电气设备的线圈中都通过铁心来增强磁场，构成磁路，由于通过线圈的电流大小和方向往往是按周期性规律变化的，如果线圈中的铁心由整块铁磁材料制成，则相当于许多与磁通相垂直的闭合回路，在这些闭合回路中就会有感应电动势产生。在这个电动势的作用下，形成了许多旋涡状的电流，称为涡流，如图4-9a所示。涡流是电磁感应的一种特殊形式。

涡流有时非常有害，因为它会导致铁心发热，增加能量损耗。这种损耗称为涡流损耗，它与磁滞损耗合称铁损耗。为了减少涡流损耗，提高效率，变压器和电机等电气设备的铁心一般不用整块材料，而是用硅钢片叠成，如图4-9b所示。首先把硅钢轧制成0.35～1mm的硅钢片，再在硅钢片表面涂上绝缘漆叠放在一起，形成铁心。这样，铁心中的每一片硅钢片回路都很小，涡流就降低了。

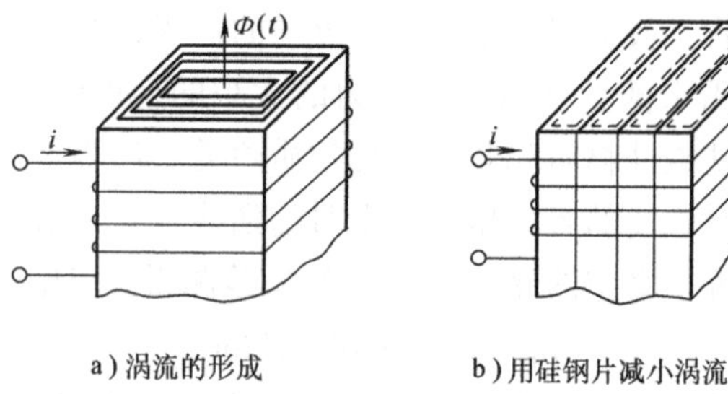

a）涡流的形成　　b）用硅钢片减小涡流

图4-9　涡流

但有时我们也可以利用涡流，例如近代工业上常用感应炉来冶炼金属。在感应炉中，有产生高频电流的电源和产生交变磁场的线圈，线圈中间放置一个耐火材料制造的坩埚，用来熔化金属，如图4-10所示。当大小和方向不断变化的电流通过线圈时，铁心中便有变化的磁通穿过，因而在待熔金属中产生了感应电动势和涡流，使金属发热以致熔化。

金属块

炉体

图4-10　高频感应炉示意图

4.1.3　磁路和磁路欧姆定律

一、磁路

磁通集中通过的回路称为磁路。为了使磁通集中在一定的路径上来获得较强的磁场，常

常把铁磁材料制成一定形状的铁心，构成各种电气设备所需的磁路，如图4-11所示为几种常见磁路形式。

利用铁磁材料可以尽可能地将磁通集中在磁路中，与电路相比，漏磁现象比漏电现象严重的多。全部在磁路内部闭合的磁通叫做主磁通。部分经过磁路周围物质的闭合磁通叫做漏磁通。为了计算简便，在漏磁不严重的情况下可将其忽略，只计算主磁通即可。

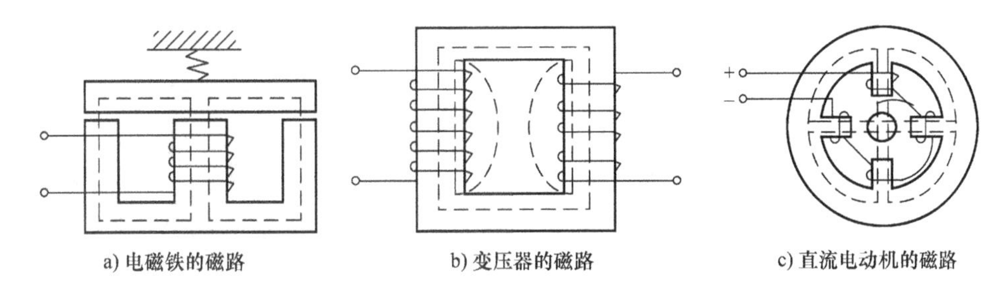

a) 电磁铁的磁路　　b) 变压器的磁路　　c) 直流电动机的磁路

图4-11　几种常见电气设备的磁路

二、磁路的欧姆定律

如果磁路的平均长度为L，横截面积为S，通电线圈的匝数为N，线圈中的电流为I，螺线管内的磁场可看作匀强磁场时，磁路内部磁通为

$$\Phi = \mu HS = \mu \frac{NI}{L}S = \frac{NI}{\frac{L}{\mu S}}$$

一般将上式写成欧姆定律的形式，即磁路欧姆定律

$$\Phi = \frac{F_m}{R_m} \tag{4-3}$$

式中　F_m——磁通势，单位是安培（A）；

R_m——磁阻，单位是$\frac{1}{亨[利]}$（H^{-1}）；

Φ——磁通，单位是韦［伯］（Wb）。

其中，$F_m = NI$，它与电路中的电动势相似，$R_m = \frac{L}{\mu S}$，它与电阻定律$R = \rho\frac{L}{S}$相似。为了便于理解，将磁路与电路对照见表4-1。

表4-1　磁路与电路的比较

磁　路	电　路
磁通势 $F_m = NI$	电动势 E
磁通 Φ	电流 I
磁阻 $R_m = \frac{L}{\mu S}$	电阻 $R = \rho\frac{L}{S}$
磁导率 μ	电阻率 ρ
磁路欧姆定律 $\Phi = \frac{F_m}{R_m}$	电路欧姆定律 $I = \frac{E}{R}$

4.1.4　电磁感应

当导体做切割磁力线运动或穿过线圈的磁通发生变化时，在导体或线圈中就会有电动势

产生。这种通过磁场变化产生感应电动势的现象称为电磁感应现象。由电磁感应产生的电动势称为感应电动势，当导体或线圈是闭合回路的一部分时，在导体或线圈回路中将产生电流，称为感应电流。

一、电磁感应产生的条件

1. 直导体中产生的感应电动势

实践环节

观察实验

如图 4-12 所示，在均匀磁场中放置一根直导体，导体两端连接一个检流计，当导体在磁场中做切割磁力线运动时，可以看到检流计的指针发生偏转，并且导体切割磁力线的速度越快、指针偏转的角度越大，说明此时电路中有电流产生；而当导体静止不动或平行于磁力线运动时，检流计的指针不动，说明此时电路中没有电流产生。

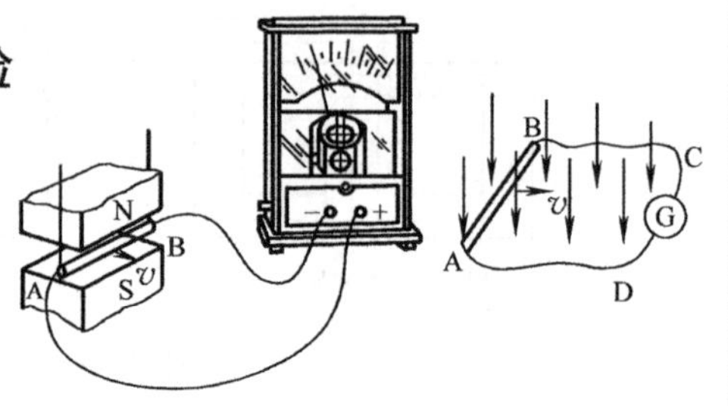

图 4-12 直导体中产生的电磁感应

实验表明：当闭合电路中部分导体与磁场发生相对运动而切割磁力线时，电路中就有电流产生。

通过实验得出，直导体中产生的感应电动势为

$$e = Blv\sin\alpha \tag{4-4}$$

式中 B——均匀磁场的磁感应强度，单位为 T；

l——导体的有效长度，单位为 m；

v——导体的运动速度，单位为 m/s；

α——导体运动方向与磁场之间的夹角。

直导体中产生的感应电动势方向可用右手定则来判断，如图 4-13 所示：伸开右手，使大拇指跟其余四指垂直，并且都跟手掌在一个平面内，让磁力线垂直穿过手心，大拇指指向导体运动方向，那么其余四指所指就是感应电动势的方向。

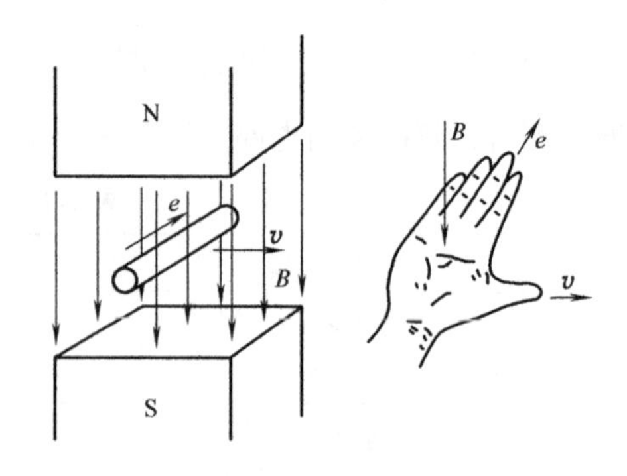

图 4-13 右手定则

2. 线圈中磁通变化引起的感应电动势

如图 4-14 所示，在螺线管两端接上检流计，当把磁铁快速插入螺线管时，可以看到检流计指针发生了偏转，如果再把磁铁快速抽出螺线管，检流计向相反方向偏转。磁铁插入（或抽出）的速度越快，检流计指针偏转的角度越大。这个实验说明当穿过闭合线圈中的磁通发生变化时也会产生感应电动势。

综上所述，电磁感应产生的条件是直导体切割磁力线运动或穿过线圈回路的磁通发生变化。

二、楞次定律

由图 4-14 的实验可知，当穿过线圈回路的磁通发生变化时，有感应电动势产生。感应电流所产生的磁场总是阻碍线圈中磁通量的变化，也就是说当线圈中的磁通要增大时，感应电流将产生一个磁场去阻碍它增大；当线圈中的磁通要减小时，感应电流将产生一个磁场去阻碍它减小。这个规律是楞次在 1934 年首先发现的，所以称为楞次定律。

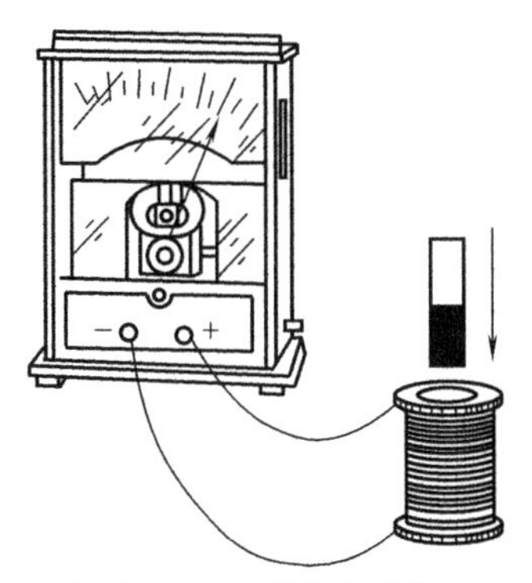

图 4-14　电磁感应实验

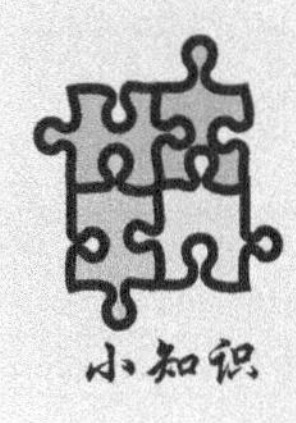

用楞次定律判断感应电动势方向：

① 判定原磁通的方向及其变化趋势（增大或减小）；

② 根据楞次定律，确定感应电流的磁场（又称感应磁场）的方向；

③ 根据感应磁场的方向，用安培定则判断感应电动势的方向。

三、法拉第电磁感应定律

在图 4-14 所示的实验中，我们还发现磁铁插入或抽出的快慢决定检流计指针的偏转程度，即速度越快时，指针偏转越大，反之越小。而磁铁插入或抽出的快慢反映了线圈中磁通变化的快慢，所以线圈中的感应电动势的大小与线圈内部磁通量的变化率（磁通的变化速度）成正比。这个规律就是法拉第电磁感应定律。

如果用 $\Delta\Phi$ 表示在时间间隔 Δt 内一个单匝线圈中的磁通变化量，则单匝线圈产生的感应电动势为

$$e = -\frac{\Delta\Phi}{\Delta t} \tag{4-5}$$

如果有 N 匝线圈，其感应电动势为

$$e = -N\frac{\Delta\Phi}{\Delta t} \tag{4-6}$$

式中　e——在 Δt 时间内感应电动势的平均值，单位为 V；

N——线圈的匝数；

$\Delta\Phi$——单匝线圈的磁通变化量，单位为 Wb；

Δt——磁通变化的时间，单位为 s。

上式是法拉第电磁感应定律的数学表达式，式中负号表示感应电动势的方向。在实际应用中，常用楞次定律来判断感应电动势的方向，用法拉第电磁感应定律来计算感应电动势的大小。

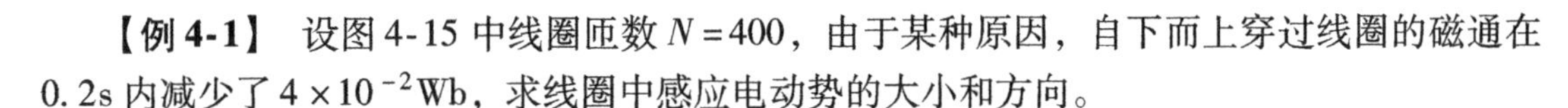

【例 4-1】　设图 4-15 中线圈匝数 $N=400$，由于某种原因，自下而上穿过线圈的磁通在 0.2s 内减少了 4×10^{-2}Wb，求线圈中感应电动势的大小和方向。

解：线圈中的感应电动势的大小为

$$e=-N\frac{\Delta\Phi}{\Delta t}=-400\times\frac{(-4\times10^{-2})}{0.2}\text{V}=80\text{V}$$

感应电动势 e 的方向与磁通 Φ 的方向符合安培定则，方向如图4-15所示。

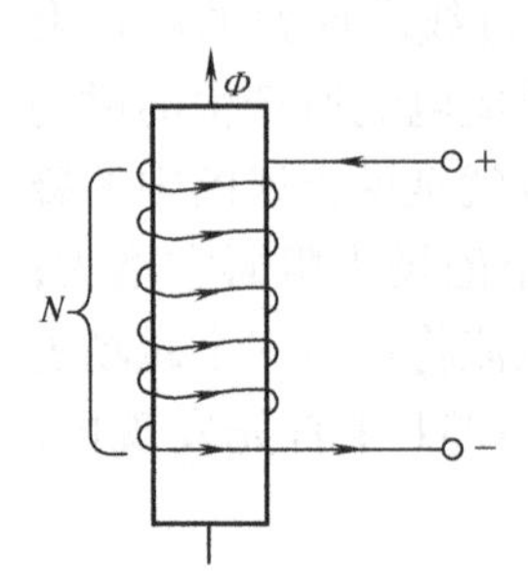

图4-15　例4-1图

*4.1.5　自感与互感

一、自感现象

图4-16所示为自感现象的实验电路。在图4-16a中，A、B是完全相同的两只灯泡，L是带有铁心的线圈，R为电阻。我们发现，当闭合开关时，B灯瞬间发光，而A灯逐渐变亮。这是什么原因呢？我们知道，当闭合开关，电流通过线圈时，该电流将产生磁场。由楞次定律可知，这个增大的磁通会在线圈中引起感应电动势。这个感应电动势与原电动势的方向相反，因此流进线圈的电流不能很快上升，A灯只能慢慢变亮。

对于图4-16b来说，闭合开关的电路中灯泡正常发光，线圈中有电流流过。当突然把开关断开，我们发现灯泡突然闪亮一下再熄灭。这是因为断开开关的瞬间，线圈中的电流会突然减小，由它产生的磁通也就突然减小，于是线圈中就要产生一个感应电动势来阻碍原磁通的减小。由楞次定律可知，感应电流的方向与原电流的方向相同，由于感应电动势一般都较高，流过灯泡的感应电流较大，所以灯泡会突然闪一下又熄灭了。

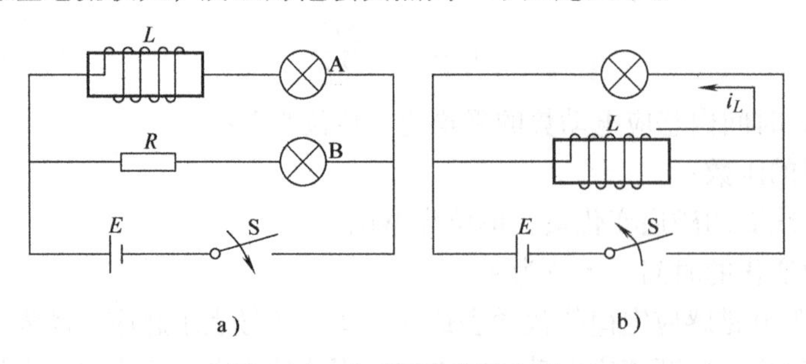

图4-16　自感现象实验电路

这种由于流过线圈本身的电流发生变化而引起的电磁感应称为自感现象，简称自感。由自感产生的电动势称自感电动势，用 e_L 表示，自感电流用 i_L 表示。

二、电感

我们把线圈中每通过单位电流所产生的自感磁通数，称作自感系数，又叫电感量，简称电感，用 L 表示，其数学式为

$$L = \frac{N\Phi}{i} \tag{4-7}$$

电感是衡量线圈产生自感磁通大小的物理量。如果一个线圈中通过1A的电流，能产生1Wb的自感磁通，则该线圈的电感就叫1亨利，电感的单位是亨利，简称亨，用字母H表示。在实际工作中，也常用毫亨和微亨作为电感的单位，它们的换算关系是

$$1\text{H} = 10^3\text{mH}$$

$$1\text{H} = 10^6\mu\text{H}$$

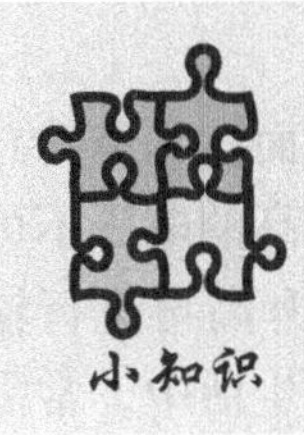

电感的大小不但与线圈的匝数和几何形状有关，还与线圈中媒介的磁导率有关，对于铁心线圈，L不是常数；对结构一定的空心线圈，L为常数。

三、电感元件的伏安特性

由于自感也是电磁感应的一种，也应该遵循法拉第电磁感应定律，将$N\Phi = Li$代入$e = -N\Delta\Phi/\Delta t$中，可得

$$e_L = -L\frac{\Delta i}{\Delta t} \tag{4-8}$$

式中，$\frac{\Delta i}{\Delta t}$为电流的变化率，负号表示自感电动势的方向永远与外电流的变化趋势相反。

综上所述，可以得到以下结论：

- 自感是由通过线圈本身的电流发生变化而产生的，是一种特殊的电磁感应现象；
- 对于空心线圈，自感电动势的大小等于电感和电流变化率的乘积；
- 自感电动势的方向可用楞次定律判断。

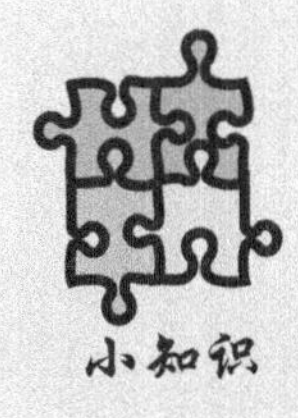

在电气设备中，有时利用线圈的自感电动势来阻碍电流的变化，以达到稳定电流的目的。例如，荧光灯就是利用镇流器中的自感电动势来点亮灯管的，同时起限制灯管电流的作用。但在大电感电路中，在电路被切断的瞬间，电感两端的自感电动势很高，所以会在开关的断开处产生电弧，容易烧坏刀口，甚至损坏电气设备，所以在这种电路中经常装有灭弧装置。

四、互感

图4-17所示电路中，线圈1和线圈2同绕在一根铁心上，距离很近，当线圈1中串接的开关闭合或断开时，线圈2中的检流计G发生偏转，这是因为线圈1中电流的变化在铁心中产生了变化的磁通，磁通同时穿过线圈2，从而在线圈2中产生了感应电动势，因线圈2电路闭合，所以就有感应电流产生，从而使检

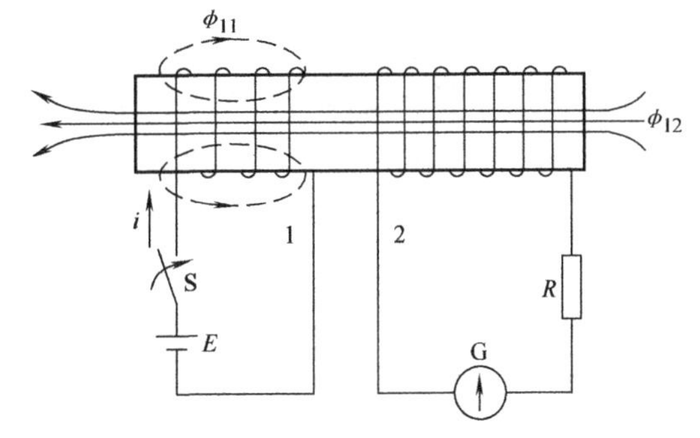

图4-17 互感现象

流计的指针发生了偏转。

我们把这种由于一个线圈中的电流变化而在另一个线圈中产生电磁感应的现象为互感现象，简称互感。由互感产生的感应电动势称为互感电动势。互感也遵循法拉第电磁感应定律，所以互感电动势的大小与线圈匝数及磁通的变化率成正比，因此改变线圈2的匝数就能使线圈2中的互感电动势变化。变压器和交流电动机都是根据互感原理工作的。

4.2 变　压　器

在电力系统中，远距离输电采用高压输电，以减小输电线的横截面积，从而达到节约导体材料、减小输电线路损耗的目的。但由于发电机结构和绝缘材料的限制，很高的电压不可能直接由发电机发出，因此从发电厂出来的电压先要经过升压变电所将电压升高再进行输送。在输电时又通过各级降压变电站，利用变压器将电压降低。在日常生产和生活中，常需要高低不同的交流电压，例如工业上使用的三相异步电动机，一般额定电压为380V或220V；一般的日常照明电压为220V；机床局部照明为36V或更低。所以在实际工作中，常采用各种规格不同的变压器对交流电压进行变换，以满足不同的需要。变压器不但能变换交变电压，还能改变交变电流、交变阻抗以及相位。可见，变压器是电力、电工测量和电子技术方面不可缺少的电气设备。

变压器是一种静止的电气设备，它可以将某一数值的交变电压转换为同频率的另一数值的交变电压，其外形、结构及图形文字符号如图4-18所示。

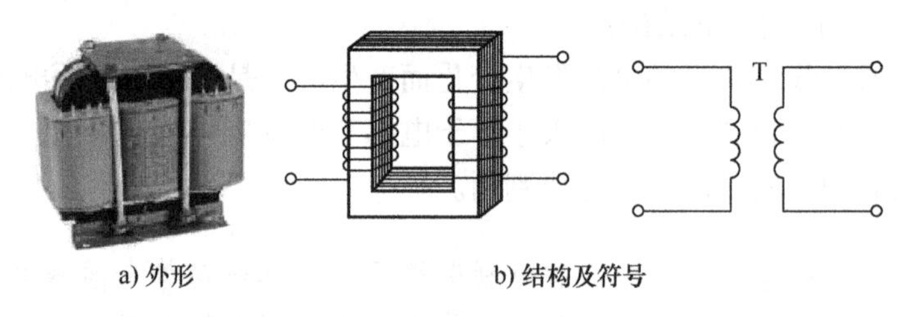

a) 外形　　b) 结构及符号

图4-18　变压器

4.2.1　变压器的分类、结构

一、分类

1. 按用途分

➢ 电力变压器：在电力系统中，用于远距离传送和分配电能，有升压变压器、降压变压器和配电变压器等。

➢ 特殊电源用变压器：如电炉变压器、电焊变压器、整流变压器等。

➢ 实验变压器：专供电气设备做耐压实验用的变压器。

➢ 仪用变压器：用于仪表测量和继电保护。如电流互感器和电压互感器。

➢ 控制变压器：用于自动控制系统的小功率变压器、脉冲变压器，在电子设备中用于电源、隔离、阻抗匹配等的小容量变压器。

2. 按相数分

单相、三相、多相变压器等。

3. 按绕组分

双绕组、自耦、多绕组变压器。

4. 按铁心形式分

心式、壳式变压器。

5. 按冷却方式分

干式、油浸式变压器等。

二、结构

变压器主要部件是线圈和铁心，合称为器身。变压器的基本结构如图4-18b所示。线圈是变压器的电路部分，铁心是变压器的磁路部分。

1. 铁心

铁心是变压器的磁路部分，并作为变压器的机械骨架。为了减小涡流损耗和磁滞损耗，铁心一般由0.35mm或0.5mm冷轧或热轧硅钢片叠成。

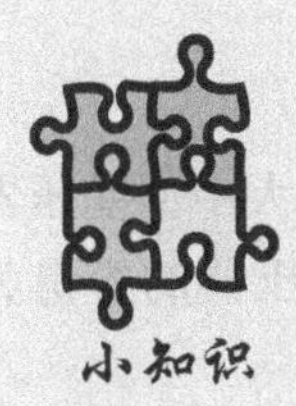

小知识

目前国产的低损耗节能变压器都采用冷轧晶粒取向硅钢片，它的铁损耗低，且硅钢片表面有氧化膜绝缘，不必再涂绝缘漆。

按铁心的构造，变压器又可分为两种形式：心式变压器和壳式变压器，如图4-19所示。心式变压器在两侧的铁心柱上放置线圈，形成线圈包住铁心的结构，这种结构形式简单、工艺简单，适用于容量大而且电压高的变压器，国产变压器大部分采用这种结构。壳式变压器则是在中间的铁心柱上放置线圈，形成铁心包住线圈的结构，用在小容量变压器和电炉变压器中。

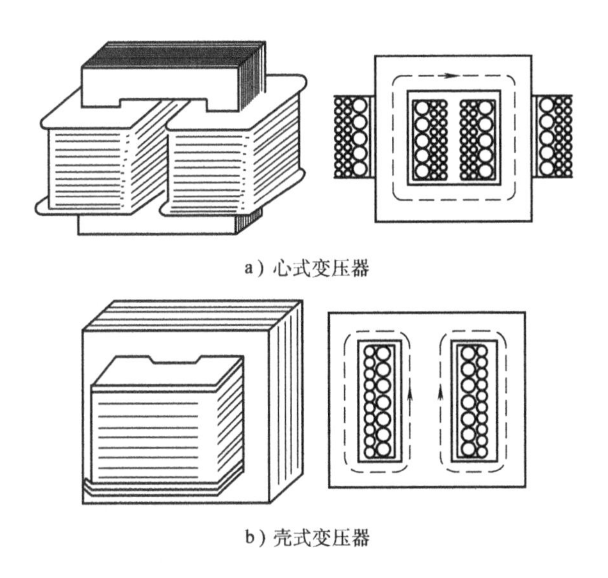

a）心式变压器

b）壳式变压器

图4-19　心式变压器和壳式变压器

2. 线圈

线圈在变压器中又称为绕组，是变压器的电路部分。一般用绝缘扁铜线或圆铜线在绕线模上绕制而成。与电源连接的绕组称为一次绕组；与负载连接的绕组称为二次绕组。根据不同的需要，一个变压器可以有多个二次绕组，以输出多个不同的电压。为了分析方便，我们规定：与一次绕组有关的物理量下标为“1”，如 U_1、I_1、P_1；与二次绕组有关的物理量下标为“2”，如 U_2、I_2、P_2。

三、额定值

1. 额定电压 U_{1N}/U_{2N}

U_{1N}为正常运行时一次绕组应加的电压。U_{2N}为一次侧加额定电压、二次侧处于空载状态时的电压。单位为V或者kV。三相变压器中，额定电压指的是线电压。

2. 额定电流 I_{1N}/I_{2N}

根据变压器的允许发热而规定的一次、二次绕组中长期容许通过的最大电流，在三相变压器中均代表线电流。单位为A或kA。

3. 额定容量 S_N

变压器在额定工作状态下，二次绕组的视在功率。因为变压器效率很高，大中型变压器效率高达98%以上，故通常认为变压器一、二次侧的额定容量相同。单相变压器的容量为二次绕组的额定电压与额定电流的乘积，单位为V·A或kV·A、MV·A。

$$S_N = \frac{U_{2N}I_{2N}}{1000}(\text{kV}\cdot\text{A}) \tag{4-9}$$

三相变压器的容量为

$$S_N = \frac{\sqrt{3}U_{2N}I_{2N}}{1000}(\text{kV}\cdot\text{A}) \tag{4-10}$$

4. 额定频率 f_N

加在变压器一次绕组上的电压的允许频率。我国规定的标准频率（工频）是50Hz。

4.2.2　变压器的工作原理

一、变压原理

图4-20所示为简单的单相变压器的示意图。

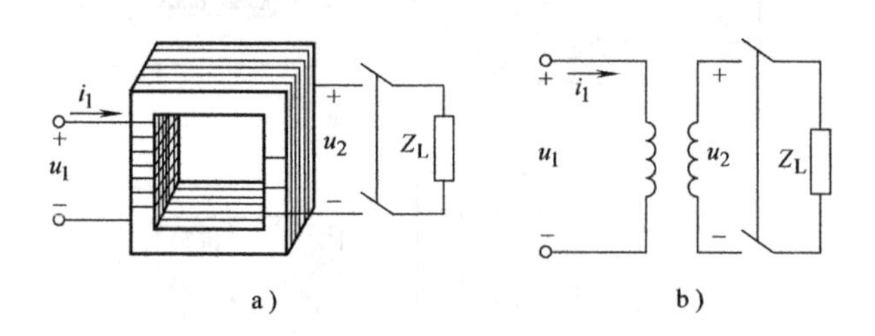

图4-20　变压器示意图

当一次绕组接入交流电压 u_1 后，就有激磁电流 i_1 流入，如果一次、二次绕组的匝数分别为 N_1 和 N_2，则由法拉第电磁感应定律可知一次、二次级间的电压数学表达式为

$$\frac{U_1}{U_2} = \frac{N_1}{N_2} = k_u \tag{4-11}$$

式中 k_u 称为变压器的电压比。

式（4-11）表明，变压器的一次绕组与二次绕组的电压之比等于它们的匝数之比。所以若固定 U_1，只要改变一、二次绕组的匝数比即可达到改变电压的目的。当 $N_1 > N_2$ 时，$k_u > 1$，则为降压变压器；当 $N_2 > N_1$ 时，$k_u < 1$，则为升压变压器。

【例 4-2】 已知某单相变压器的一次电压为220V，二次电压为36V，一次匝数为1100匝，试求其电压比和二次的匝数。

解：由式（4-11）可得

$$变压器的电压比\quad k_u = \frac{U_1}{U_2} = \frac{N_1}{N_2} = \frac{220}{36} = 6.1$$

$$变压器的二次匝数\quad N_2 = \frac{1100}{6.1} = 180$$

二、变流原理

根据能量守恒定律，在忽略损耗时，变压器输出的能量应与之从电网中吸收的能量相等，即 $P_1 = P_2$。那么 $U_1 I_1 = U_2 I_2$，即

$$\frac{I_1}{I_2} = \frac{U_2}{U_1} = \frac{N_2}{N_1} = \frac{1}{k_u} \tag{4-12}$$

式（4-12）说明，变压器的一次绕组与二次绕组的电流之比（即电流比）与它们的匝数成反比。

三、变阻抗原理

变压器不但具有变换电压和变换电流的作用，还有变换阻抗的作用，图4-21是变压器阻抗变换的等效电路图，当变压器二次绕组接上阻抗为 Z 的负载后，相当于一次绕组上有一个等效阻抗 Z'，根据欧姆定律可得

$$Z' = \frac{U_1}{I_1} = \frac{k_u U_2}{k_u^{-1} I_2} = k_u^2 \frac{U_2}{I_2} = k_u^2 Z$$

即

$$Z' = k_u^2 Z \tag{4-13}$$

式（4-13）说明负载阻抗通过变压器接入电源，相当于阻抗增加到 k_u^2 倍。这在电子电路中可以起到阻抗匹配的作用。

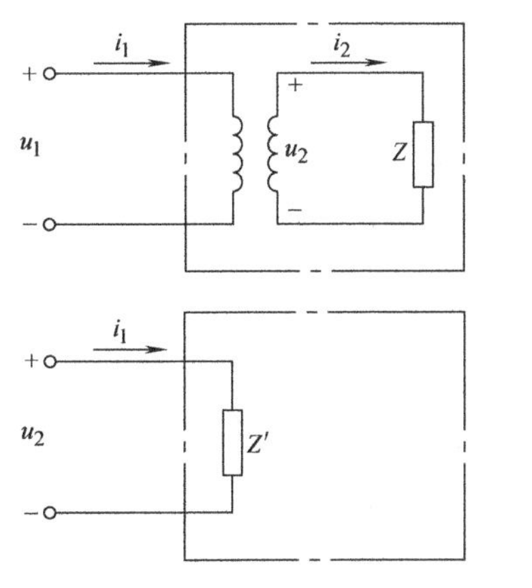

图4-21　阻抗变换

4.2.3　变压器的运行特性

一、变压器的外特性

变压器空载运行时，若一次绕组电压 U_1 不变，则二次绕组电压 U_2 是不变的。而一旦接入负载后，则随着负载电流 I_2 的变化，一次绕组电动势和二次绕组电动势都会随之变化，进而影响二次绕组电压 U_2，变压器的外特性就是用来描述输出电压 U_2 随负载电流 I_2 的变化而变化的情况。

如图4-22所示，当二次绕组所接的电阻或电感性负载发生变化时，电压 U_2 将随负载电流 I_2 的增大而降低，其中 U_{20} 为空载时二次绕组电压，I_{2N} 为额定运行时二次绕组的电流。

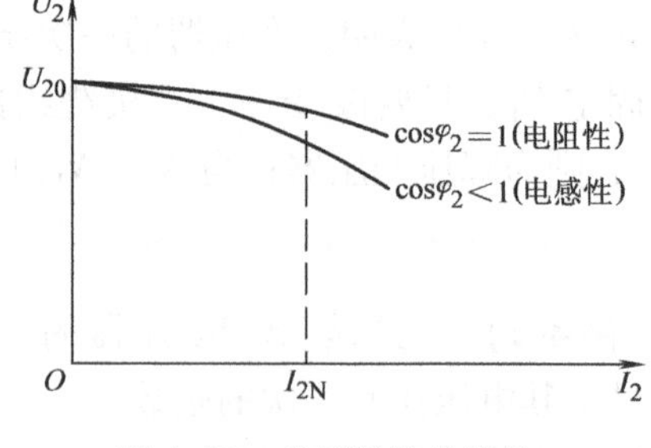

图4-22　变压器的外特性

当负载增加时，输出电压 U_2 总是下降，其下降程度通常用电压变化率来表示，当 I_2 从零增加到额定值 I_{2N} 时，若输出电压从 U_{20} 降到 U_2，则电压变化率为

$$\Delta U\% = \frac{U_{20} - U_2}{U_{20}} \times 100\% \qquad (4\text{-}14)$$

电压变化率反映了供电电压的稳定性，是变压器的一个重要指标。$\Delta U\%$ 越小，说明变压器二次绕组输出的电压越稳定，因此希望变压器的 $\Delta U\%$ 越小越好。常用的电力变压器，从空载到满载，电压变化率约为3%~5%。

二、变压器的效率

我们前面讨论的是理想变压器，即认为输入给变压器的能量全部转变成输出的能量，没有损耗。但实际上，电流流过导线时会使导线发热产生铜损；交变磁场在铁心中时会产生涡流损耗和磁滞损耗（合称铁损）。由于当外加电压和频率固定时，工作磁通固定，铁损是不变的，所以又称不变损耗；而电流通过变压器的绕组时产生的铜损会随电流的变化而变化，所以也称之为可变损耗。任何生产设备都包括两部分损耗：可变损耗和不变损耗。当可变损耗等于不变损耗时，设备的效率最高。

为了衡量变压器传输能量性能的好坏，引入“效率”这个物理量，就是变压器输出功率 P_2 与输入功率 P_1 之比的百分数，即

$$\eta = \frac{P_2}{P_1} \times 100\% \qquad (4\text{-}15)$$

4.2.4　特殊变压器

变压器除了应用在电力系统中，还广泛应用于需要特种电源的工矿企业中。例如：冶炼用的电炉变压器、电解或化工用的整流变压器、焊接用的电焊变压器、试验用的试验变压器、交通运输中用的牵引变压器，以及补偿用的电抗器、保护用的消弧线圈、测量用的互感器等。本节将介绍几种常见的特殊变压器。

一、电焊变压器

电焊变压器即为电焊机，是为了满足电弧焊接的需要而设计制造的特殊变压器，为了起弧容易，电焊变压器的空载电压一般为60~80V，当电弧起燃后，焊接电流通过电抗器产生电压降。调节电抗器上的旋柄可改变电抗的大小，以控制焊接电流及焊接电压。电焊机按输出电源种类可分为交流电焊机和直流电焊机。

1. 交流电焊机

常见的几种交流电焊机的结构分别如图4-23~图4-25所示。

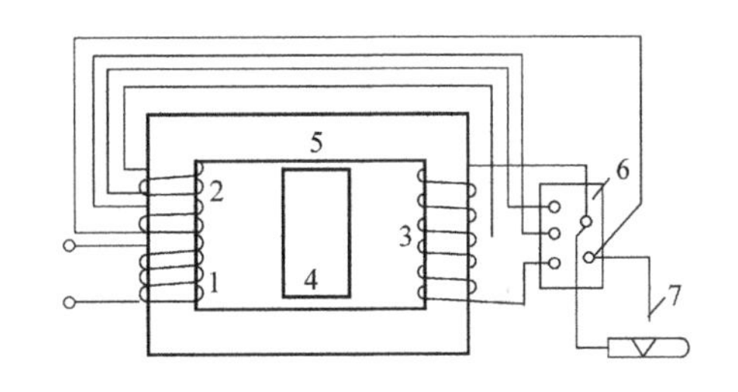

图4-23　BX1—330（动铁式）交流电焊机

1—一次绕组　2、3—二次绕组　4—动铁心　5—静铁心　6—接线板　7—摇柄

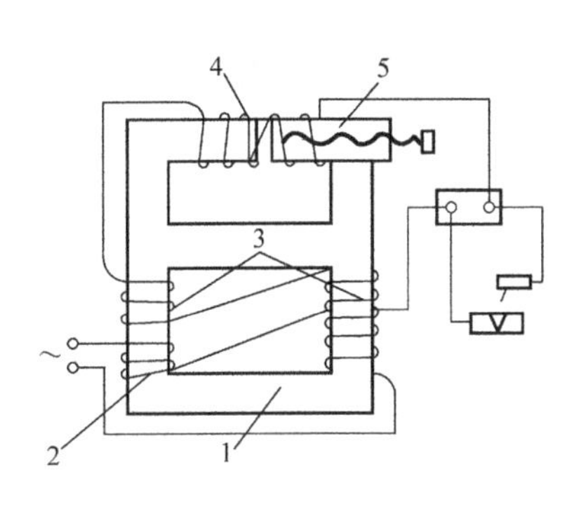

图4-24　BX2—500型（同体式）电焊机结构示意图

1—静铁心　2—一次绕组　3—二次绕组　4—电抗线圈　5—动铁心

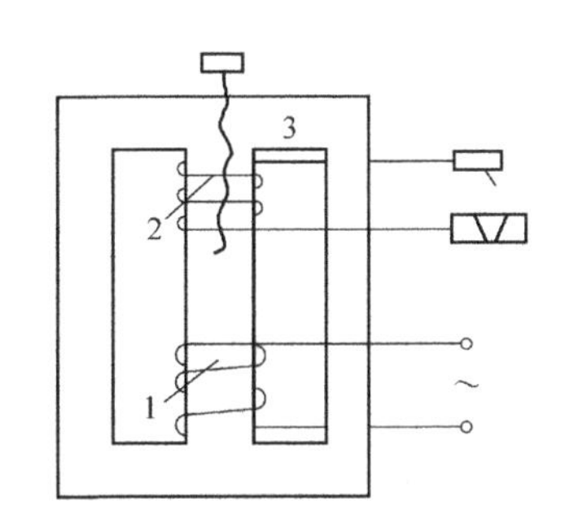

图4-25　BX3—300型（动圈式）电焊机结构示意图

1—一次绕组　2—二次绕组　3—铁心

以目前应用最广泛的动铁式交流电焊机为例，如图4-23所示，介绍交流电焊机的工作原理：它是一个结构特殊的降压变压器，属于动铁心漏磁式变压器。电焊机的空载电压为60～70V，工作电压为30V，电流调节范围为50～450A。铁心由两侧的静铁心5和中间的动铁心4组成，变压器的二次绕组分成两部分，一部分紧绕在一次绕组1的外部，另一部分绕在铁心的另一侧。前一部分起建立电压的作用，后一部分相当于电感线圈。焊接时，电感线圈的感抗电压降使电焊机获得较低的工作电压，这是电焊机具有陡降外特性的原因。引弧时，电焊机能供给较高的电压和较小的电流，当电弧稳定燃烧时，电流增大，而电压急剧降低；当焊条与工件短路时，也限制了短路电流。

焊接电流调节分为粗调、细调两档。电流的细调靠移动铁心4改变变压器的漏磁来实现。向外移动铁心，磁阻增大，漏磁减小，则电流增大；反之，则电流减少。电流的粗调靠改变二次绕组的匝数来实现。

该电焊机的工作条件应在海拔不超过1000m、周围空气温度不超过40℃、空气相对湿度不超过85%等条件下使用，不应在有害工业气体、有水蒸气、易燃、多灰尘的场合下工作。

2. 直流电焊机

直流电焊机相当于一个大功率的整流器，分正负极，交流电输入时，经变压器变压后，再由整流器整流，然后输出具有下降外特性的电源，输出端在接通和断开时会产生巨大的电压变化，两极在瞬间短路时引燃电弧，利用产生的电弧来熔化电焊条和焊材，冷却后达到使它们结合的目的。常用型号有ZXG—400、ZXG—500等，如图4-26所示。

图4-26　ZXG—400、ZXG—500型直流电焊机

直流电焊机利用硅半导体整流元件（二极管）将交流电变为直流电，作为焊接电源，故又称为硅整流电焊机，图4-27为硅整流电弧焊机的结构示意图。

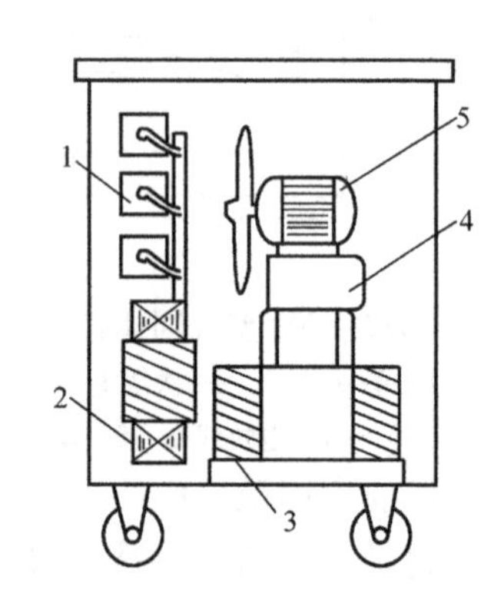

图4-27　硅整流电弧焊机
1—硅整流器组　2—三相变压器
3—三相磁饱和电抗器
4—输出电抗器　5—通风机组

以ZXG—300型硅整流电焊机为例，介绍整流电焊机的工作原理：如图4-28所示，接通开关S_1，通风机组FM运转，风压开关KEY闭合，主接触器KM_{c-1}闭合，三相弧焊变压器T_1工作。与此同时KM_{c-2}闭合，控制变压器T_2工作，磁放大器运行，硅整流器工作，输出一定的直流电压，这就是电焊机的空载电压。由于没有焊接电流，磁放大器的电抗绕组FD电抗压降几乎为零，使电焊机输出端具有较高的空载电压，便于引弧。当施焊时，由于有输出，形成电流，电抗绕组FD通过交流电，使其得到较大的电抗压降，并随电流的增大，电抗压降随之增大，从而得到陡降外特性。当短路时，由于短路电流很大，FD通过的交流电急增，它产生的电抗压降使工作电压几乎接近于零，这就限制了短路电流。

改变控制回路磁盘电阻R_{10}，使磁放大器控制绕组FK中直流电发生变化，铁心中的磁通就相应发生变化，从而改变了磁放大器交流绕组FD的电流。为减少网路电压波动对焊接的影响，在控制回路中采用了铁磁谐振式稳压器，以保证激磁电流的稳定，减少对焊接电流的影响。

按下S_2，通风机组FM停止工作，风压开关KEY开启，主接触器KM_{c-1}断开，主回路断电。同时KM_{c-2}断开，控制回路断电，电焊机全部停止工作。

焊接电流的调节依靠面板上的电流调节控制器来改变磁放大器控制或线圈中直流电大小，使铁心中的磁通发生相应变化，从而调整了焊接电流的大小。

3. 交流电焊机与直流电焊机的比较

交流电焊机的主要优点是成本低、制造维护简单，噪声较小；缺点是不能适应碱性焊

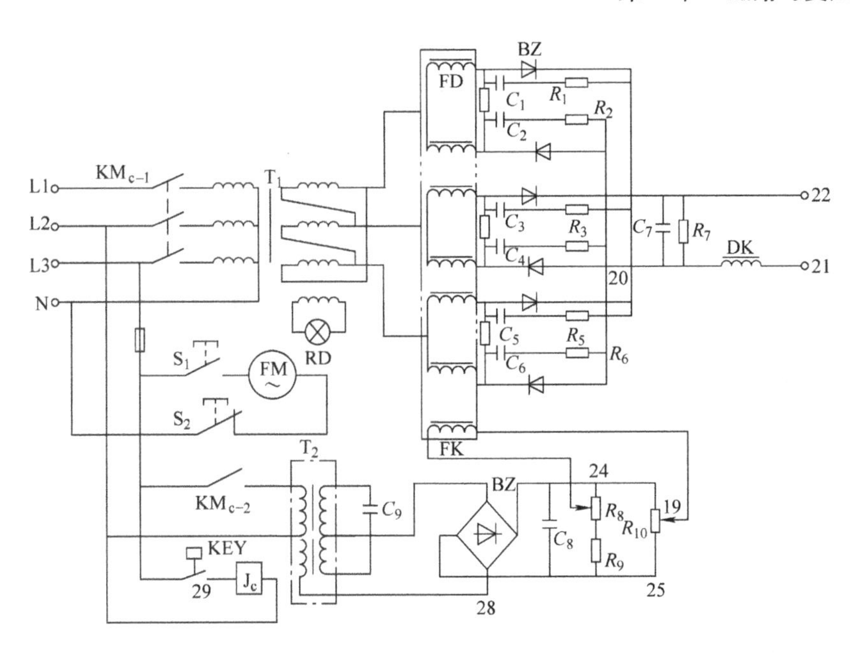

图 4-28　ZXG—300 型硅整流电焊机电气原理图

条，且焊接电压、电流容易受到电网波动的干扰。直流电焊机的优点是电弧稳定，焊条适应性强；缺点是成本较高，制造维修较复杂，重量较重。表 4-2 列出了两类电焊机的性能比较。

表 4-2　两类电焊机的性能比较

名　称	直流电焊机	交流电焊机
电弧稳定性	高	低
极性可换性	有	无
构造与维修	稍复杂	简　单
工作时噪声	很少	较小
供电方式	一般为三相供电	一般为单相供电
触电危险性	较小	较大
功率因数	较高	较低
耗能指数	小	较大
成本	较高	低
重量	较轻	轻

二、电压互感器和电流互感器

在电工测量中，被测量经常是高电压或大电流，为了保证测量人员的安全以及按标准规格生产测量仪表，必须将待测电压或电流按一定比例降低，以便于测量。专供测量仪表使用的变压器称为仪用互感器，简称互感器。采用互感器的目的是使测量仪表与高压电路绝缘，以保证工作安全。根据用途的不同，互感器可分为电压互感器和电流互感器两种。

1. 电压互感器

电压互感器主要用于高电压的测量，在使用时，把匝数较多的高压绕组跨接在需要测量其电压的供电线上，而匝数较少的低压绕组与伏特表相连，图4-29所示为电压互感器的原理图和外形图。

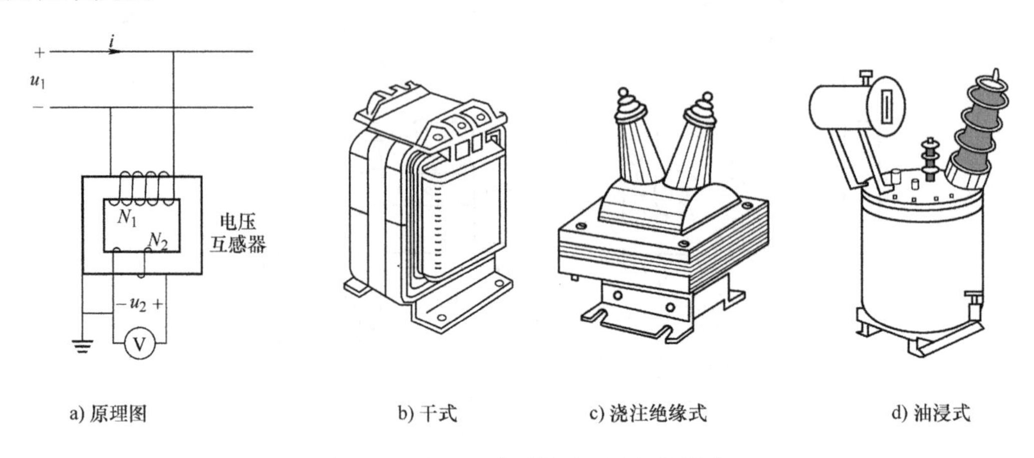

a) 原理图　b) 干式　c) 浇注绝缘式　d) 油浸式

图4-29　电压互感器的原理图和外形图

由于电压互感器的电压表内阻抗很大，所以它工作时相当于双绕组变压器的空载运行，由变压器的工作原理可得

$$\frac{U_1}{U_2}=\frac{N_1}{N_2}=k_u$$

k_u 常标在电压互感器的铭牌上，由上式可知，改变 k_u 就可以将高压转换成低压来测量，与电压互感器配套使用的电压表刻度已换算成一次电压，可直接读数。应用时，一般电压互感器的二次额定电压为100V。

使用电压互感器时应注意：

➢ 电压互感器的二次绕组绝不允许短路，否则可能产生很大的短路电流而烧坏二次绕组，应在一、二次绕组中都接入熔体，还可在绕组中加设保护电阻，用以减小短路电流。

➢ 应将铁壳和二次绕组的一端接地，以防绝缘损坏后，一次绕组的高压传到二次绕组。

➢ 二次回路不宜接过多的仪表，以免电流过大引起较大的漏阻抗压降，影响互感器的准确度。

2. 电流互感器

电流互感器主要用于大电流的测量，电流互感器的一次绕组匝数较少，只有一匝或几匝，用粗导线绕制，与被测大电流电路串联，如图4-30所示为电流互感器的原理图和外形图。

电流互感器由于二次绕组与阻抗很小的仪表接成闭合回路，相当于二次绕组在短路状态下工作的双绕组变压器，由变压器的工作原理可得

$$\frac{I_1}{I_2}=\frac{N_2}{N_1}=\frac{1}{k_i}$$

k_i 常标在电流互感器的铭牌上，由上式可知，利用不同的匝数比就可以将被测的大电

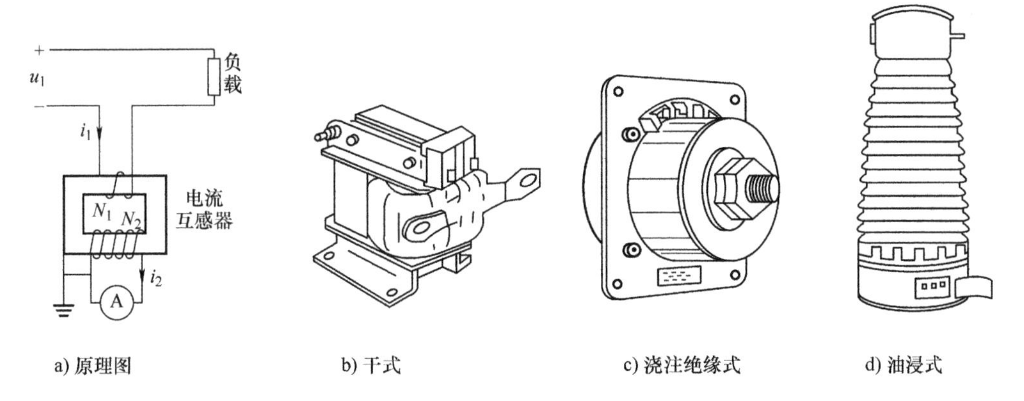

a) 原理图　b) 干式　c) 浇注绝缘式　d) 油浸式

图4-30 电流互感器的原理图和外形图

流 I_1 变换成测量仪表上显示的小电流 I_2。应用时，一般电流互感器的二次绕组额定电流为5A。

使用电流互感器时应注意：

➢ 电流互感器的二次绕组绝不允许开路，以免二次绕组感应出很高的电压，使绝缘击穿，设备烧毁，危及操作人员安全，因而二次绕组中不允许安装熔断器。

➢ 应将铁壳和二次绕组的一端接地，以防一次绕组的高压传到二次绕组。

➢ 二次回路串入的阻抗不能超过允许的额定值，否则将导致测量误差增大。

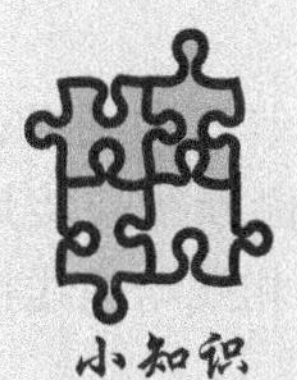

钳形电流表

实际工作中，为方便检测带电现场线路中的电流，工程上常采用便携式钳形电流表，其工作原理与电流互感器相同，外形如图4-31a所示。它的闭合铁心可以张开，将被测载流导线钳入铁心窗口中，可直接读出被测电流的数值，量程一般为5～100A。使用钳形电流表测量电流不用断开电路，使用非常方便。

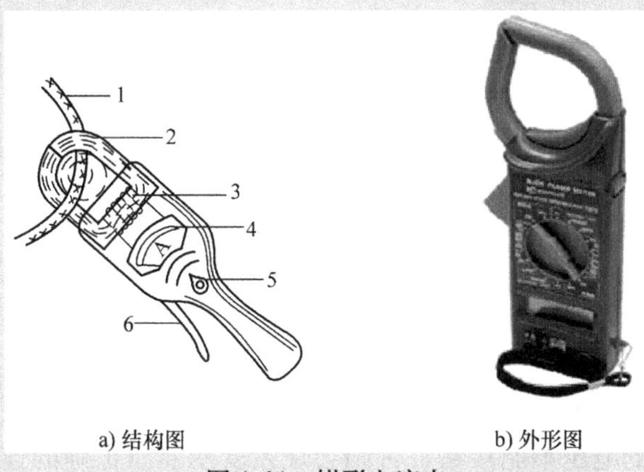

a) 结构图　b) 外形图

图4-31 钳形电流表

1—载流导线 2—铁心 3—二次绕组 4—电流表 5—量程调节旋钮 6—使铁心张开的手柄

三、自耦变压器

在普通变压器中，一次绕组和二次绕组之间仅有磁耦合，而无直接的电联系。自耦变压器的特点是：铁心上只有一个绕组，高压绕组的一部分兼做低压绕组使用，它们之间既有磁耦合又有电联系。图4-32所示为自耦变压器的外形图和原理图。

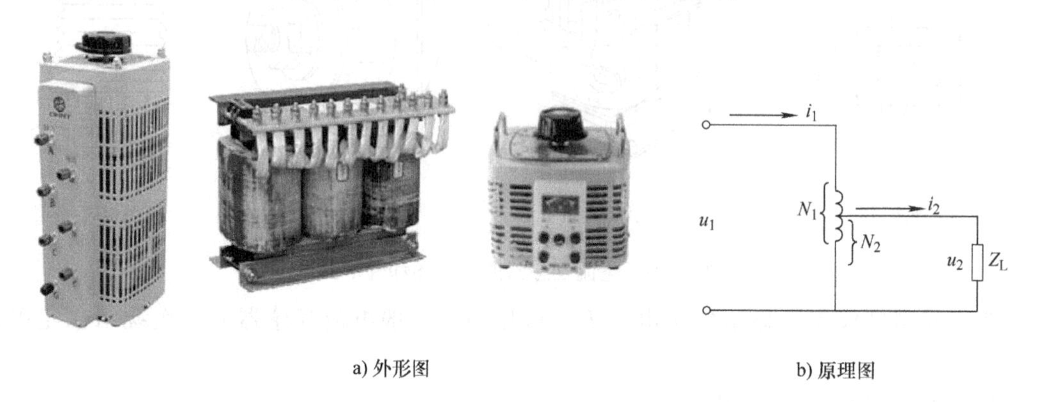

图4-32　自耦变压器的原理图和外形图

自耦变压器的工作原理与普通双绕组单相变压器相同，一、二次绕组之间仍然满足电压、电流关系，即

$$\frac{U_1}{U_2}=\frac{I_2}{I_1}=\frac{N_1}{N_2}=k$$

自耦变压器结构简单、重量轻、成本低、效率高。但由于自耦变压器的一、二次绕组有直接的电联系，因而其变化不宜过大，通常选择电压比 $k<2$，否则一旦高压侧断线或接地时，高压电就会引入低压侧，造成事故。此外，在使用自耦变压器时，不能将相线与地线接错，否则，容易造成操作人员触电事故，自耦变压器的故障如图4-33所示。。

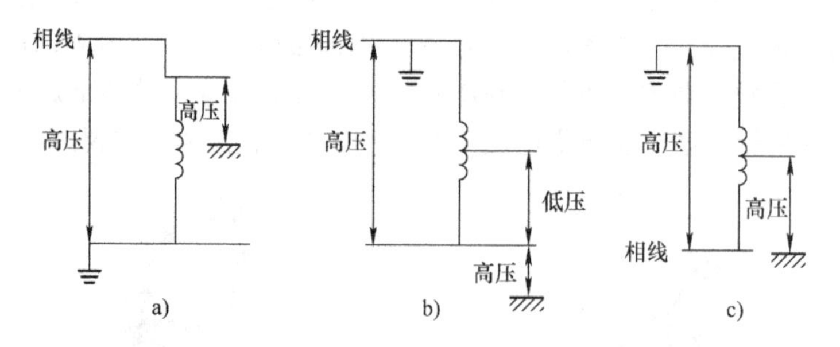

图4-33　自耦变压器的故障

低压小容量的自耦变压器的二次绕组的分接头常做成能沿线圈自由滑动的触头，实现二次电压的平滑调节，这种自耦变压器又称为自耦调压器，如图4-34所示，常用在实验室中实现交流电压的调节。

使用自耦变压器应注意：

➢ 一、二次绕组的电压不能接错，否则会烧毁变压器。正确的连接应是将一、二次绕组的公共端接中性线，最好能接地，一次绕组的另一端接到相线上，规定外壳必须接地。

➢ 电源的输入端共有三个，用于220V或110V电源，不可将其接错，否则会烧毁变

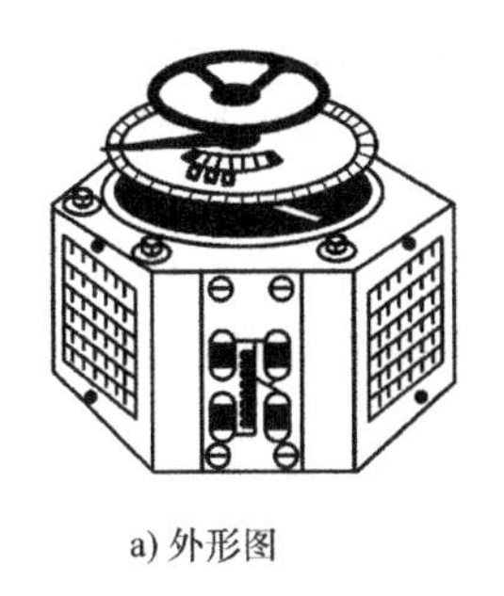

a) 外形图

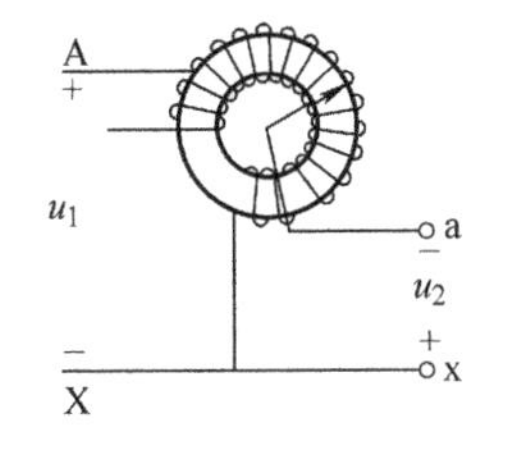

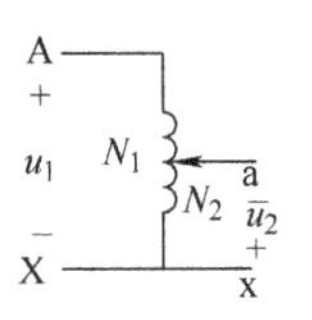

b) 电路图

图 4-34　自耦调压器

压器。

➢ 使用前，输出电压要调至零，接通电源后，慢慢转动手柄调节出所需电压。

➢ 安全照明变压器不允许采用自耦变压器，不宜作为安全电源使用。

三相自耦变压器通常接成星形，如图 4-35 所示，可用于三相异步电动机的减压起动。

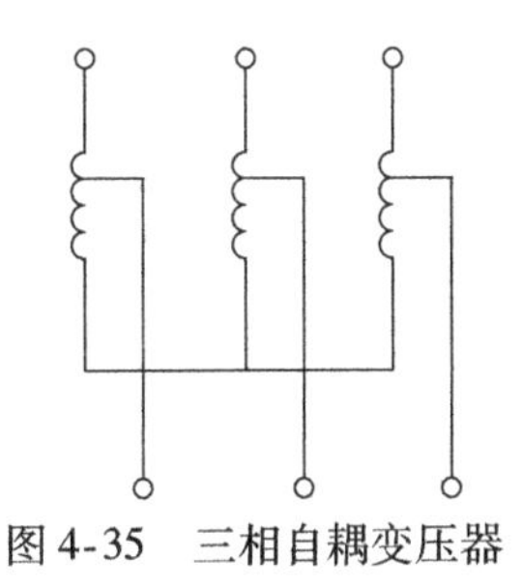

图 4-35　三相自耦变压器

本 章 小 结

1. 磁场是一种特殊的物质，它具有力和能的特性。磁力线是为描述磁场而假想出来的互不交叉的闭合曲线，在磁体外部由 N 极指向 S 极，在磁体内部由 S 极指向 N 极。磁力线的切线方向表示磁场方向，其疏密程度表示磁场的强弱。

2. 磁场的基本物理量。

磁感应强度 B：磁感应强度是描述磁场中各点磁场强弱和方向的物理量。单位为特斯拉（T）。若磁场中各点的磁感应强度相同，则称为均匀磁场。

$$B = \frac{F}{Il}$$

磁通 Φ：磁通表示通过垂直于磁场方向的某一截面积 S 的磁力线条数。单位为韦伯（Wb）。磁通等于磁感应强度和与它方向垂直的某一截面积的乘积，即

$$\Phi = BS$$

磁导率 μ：磁导率 μ 表示材料导磁能力的大小，单位为亨/米（H/m）。铁、镍、钴及其合金的磁导率很高，称为铁磁材料。铁磁材料能使周围磁场显著增强，具有剩磁性、高导磁性、磁饱和性和磁滞性。

3. 电流的周围存在着磁场，电流是产生磁场的根本原因。

通电直导体产生的磁场：伸出右手握住直导线，拇指指向电流方向，则弯曲四指的指向就是磁场的方向。

通电线圈的磁场：用右手握住螺线管，让弯曲四指的方向跟电流的方向一致，大拇指所指的方向就是螺线管内部磁力线的方向，也就是 N 极的方向。

4. 涡流是电磁感应的一种特殊形式。涡流损耗与磁滞损耗合称铁损耗。为了减少涡流损耗，变压器和电动机等电气设备的铁心是用表面涂有绝缘漆的硅钢片叠成的。

5. 电磁感应现象：当导体做切割磁力线运动或线圈中的磁通发生变化时，在导体或线圈中就会有电动势产生，这种由于磁通变化而产生感应电动势的现象称为电磁感应现象。

$$e = -N\frac{\Delta\Phi}{\Delta t}$$

6. 楞次定律：感应电流所产生的磁场总是阻碍线圈中磁通量的变化。

7. 变压器的基本部件是铁心和绕组，它具有变压、变流、变阻抗等作用。

8. 电压比：变压器一、二次绕组的电压之比等于它们的匝数之比。

$$\frac{U_1}{U_2} = \frac{N_1}{N_2} = k_u$$

若 $N_2 > N_1$，则为升压变压器；若 $N_2 < N_1$，则为降压变压器。

电流比：变压器一、二次绕组的电流之比与它们的匝数成反比。

$$\frac{I_1}{I_2} = \frac{N_2}{N_1} = \frac{1}{k_u}$$

阻抗变换

$$Z' = k_u^2 Z$$

第5章 电动机及其控制电路

◇ 三相异步电动机的基本结构和工作原理及其机械特性。
◇ 常用低压电器的结构和工作原理。
◇ 三相异步电动机的起动、反转及制动方法。
◇ 三相异步电动机的调速方法。
◇ 单相异步电动机的基本结构和工作原理。
◇ 直流电动机的基本结构、类型和工作原理。

案例导入

20/5t 桥式起重机电气控制电路如图 5-1 所示，为适应调速及满载下的频繁起动，它采用三相异步电动机进行拖动，并且由三台凸轮控制器分别控制大车、小车及吊钩电动机。

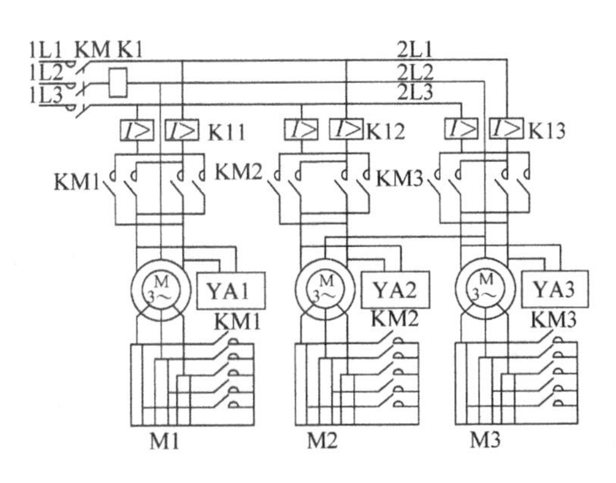

图 5-1　20/5t 桥式起重机电气原理图（主电路）

5.1　三相异步电动机

异步电动机又称感应电动机，是由气隙旋转磁场与转子绕组感应电流相互作用产生电磁转矩，从而实现机电能量转换为机械能量的一种交流电动机。

因其结构简单、制造方便、运行可靠、价格低廉等优点，被广泛应用于工业、农业、交通运输、国防工业以及其他各行各业中，是实现工业电气化不可缺少的动力设备。目前大部分的生产机械（如机床、鼓风机、桥式起重机等）都用三相异步电动机来拖动。

5.1.1　三相异步电动机的结构与工作原理

一、三相异步电动机的基本结构

三相异步电动机的结构主要由两大部分组成：定子和转子。定子即电动机中固定不动的部分；转子即电动机中可以自由转动的部分。定子与转子之间有气隙，此外，还有端盖、轴承、风扇等部件。三相异步电动机的组成部件，如图5-2所示。

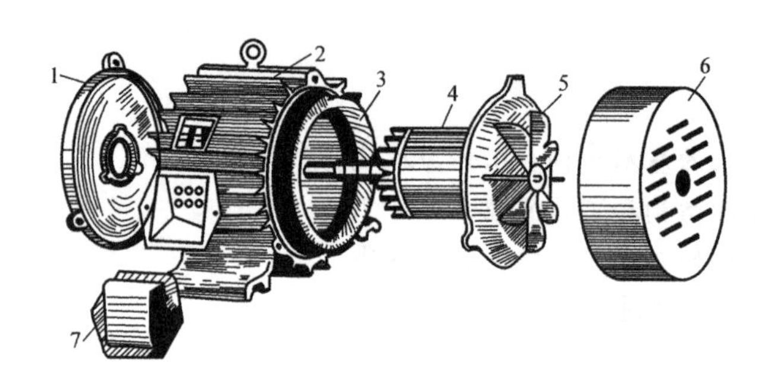

图5-2　三相异步电动机的组成部件图

1—端盖　2—定子　3—定子绕组　4—转子　5—风扇　6—风扇罩　7—接线盒盖

1. 定子

定子一般由定子铁心、定子绕组和机座三部分组成。

➢ 定子铁心：定子铁心用0.5mm厚的环形硅钢片叠压而成，如图5-3a所示。铁心的内圆开有均匀分布的槽，用来安装定子绕组，这些槽还是主磁通的磁路。未装三相绕组的定子如图5-3b所示，安装三相绕组的定子如图5-3c所示。

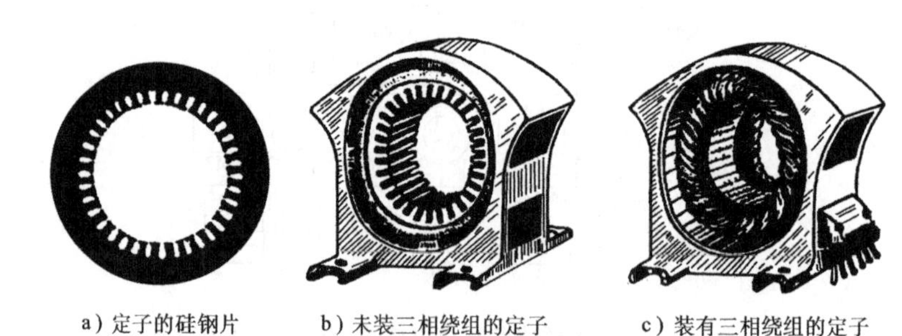

a）定子的硅钢片　　b）未装三相绕组的定子　　c）装有三相绕组的定子

图5-3　三相异步电动机的定子

➢ 定子绕组：定子绕组是电动机的电路部分，由嵌在铁心槽内的线圈按一定规律绕制而成。三相异步电动机的三相绕组是对称的，即每相绕组的材料匝数和尺寸须完全一样，且在空间上相差120°。三相异步电动机的定子绕组的三个起端U1、V1、W1和三个末端U2、V2、W2都引出到电动机的接线盒中。根据需要三相定子绕组可接成星形或三角形。如果电

力网的线电压是 380V，电动机定子各相绕组允许的工作电压是 220V，则定子绕组必须作星形联结，如图 5-4a 所示；如果电动机定子各相绕组允许的工作电压也是 380V，则定子绕组必须作三角形联结，如图 5-4b 所示。三相异步电动机的接法一般都在铭牌上标明，实际应用时，应根据规定进行连接。

➢ 机座：机座的主要作用是固定和支撑定子铁心，转子也通过轴承、端盖固定在机座上，所以它是电动机机械支撑结构的重要组成部分。

2. 转子

转子是电动机的旋转部分，它由转轴、转子铁心和转子绕组三部分组成，它的作用是输出机械转矩。三相异步电动机的转子分为笼型和绕线型两种。笼型转子的结构如图 5-5a 所示。转子铁心由硅钢片叠成，并固定在转轴上。在转子的外圆周上有若干均匀分布的平行槽，槽内放置转子绕组，通常把这些槽叫做导线槽。大型电机转子绕组是在导线槽中嵌放铜条，这些铜条的两端分别焊接在两个铜环（称为端环）上，因为形状与鼠笼相似，所以称为笼型转子。转轴的作用是支撑转子铁心和绕组，并传递电动机输出的机械转矩，同时保证定子与转子之间有一定的均匀气隙。一些小容量的笼型电动机的转子通常采用铸铝转子，就是用熔化的铝浇铸在槽内，并把转子的端环和冷却电动机的扇叶也一起用铝铸成，如图 5-5b 所示。这样可以降低成本、提高生产效率。

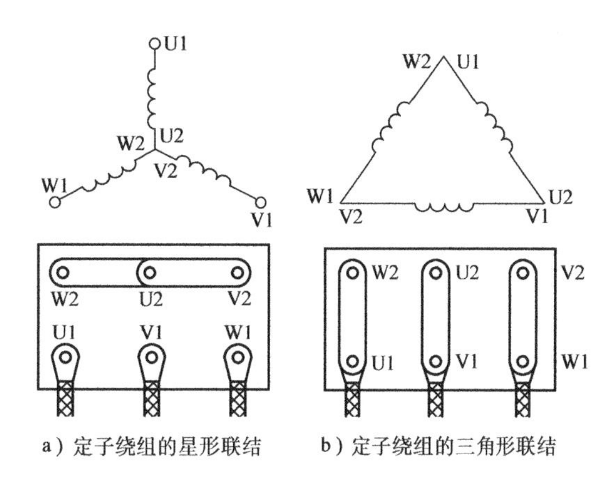

a）定子绕组的星形联结　　b）定子绕组的三角形联结

图 5-4　三相异步电动机的定子接线

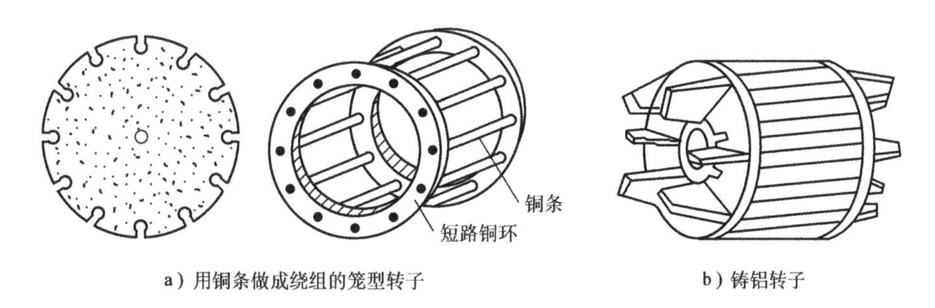

a）用铜条做成绕组的笼型转子　　b）铸铝转子

图 5-5　笼型转子结构

绕线型转子的结构如图 5-6a 所示，转子绕组仿照定子绕组的形式制成。通常转子绕组接成星形，并将三根引出线分别与固定在转轴上相互绝缘的滑环相连，再经过一套电刷装置与外电路相连，如图 5-6b 所示。具有绕线型转子的电动机称为绕线转子电动机。

二、三相交流异步电动机的工作原理

三相交流异步电动机是利用三相交流电通入定子三相对称绕组所产生的旋转磁场来使转子转动的。

1. 三相异步电动机的旋转磁场

将电动机定子简化为三相六槽结构，在空间上互差 120°的三相对称绕组 U1U2、V1V2、

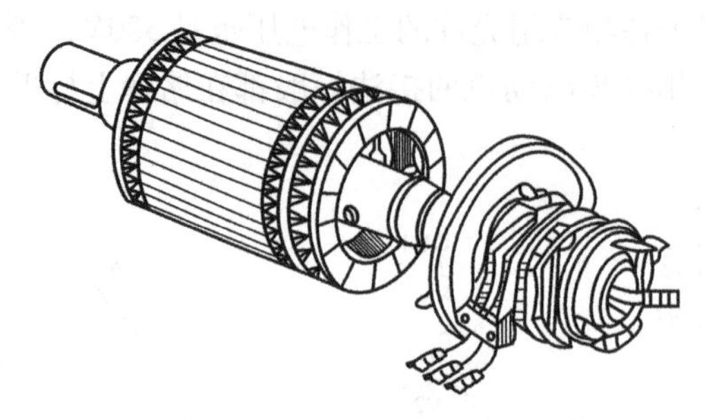

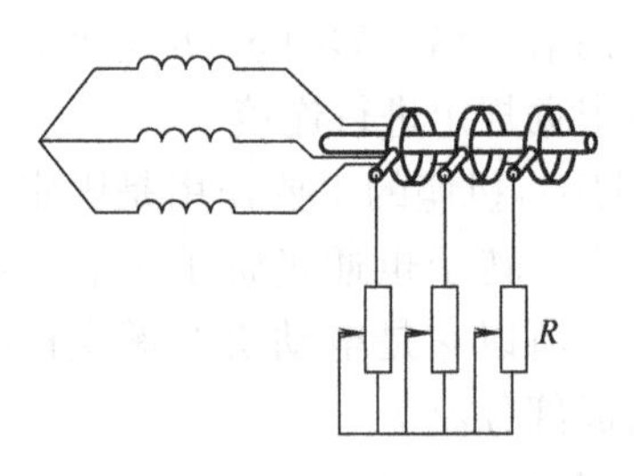

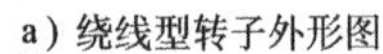

a）绕线型转子外形图　　　b）绕线型转子与外加变阻器的连接

图5-6　绕线转子

W1W2中分别通入三相对称交流电流 i_u、i_v、i_w，如图5-7所示，它们将产生各自的交变磁场，三个交变磁场合成为一个两极旋转磁场，如图5-8所示。规定：各绕组中电流参考方向为从首端U1、V1、W1流入，从末端U2、V2、W2流出，“⊗”表示电流进，“⊙”表示电流出。

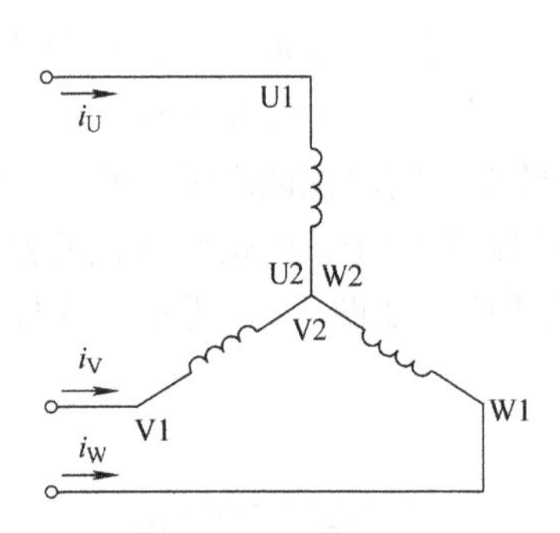

图5-7　三相绕组通入三相交流电

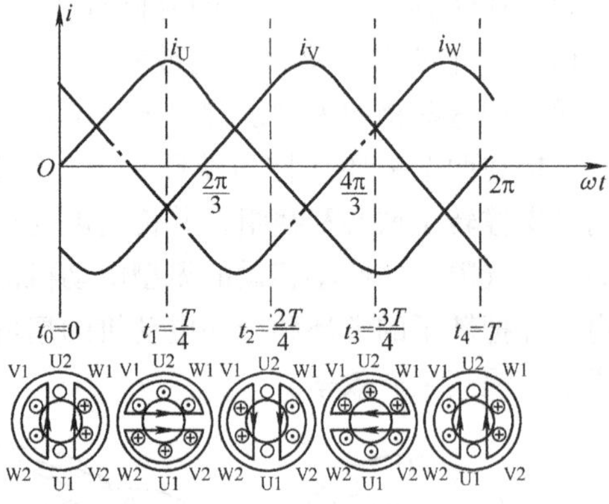

图5-8　旋转磁场的产生

➢ 当空间彼此相差120°的三相对称绕组中通入三相对称交流电时，就能够产生一个随时间变化的磁场，即旋转磁场。

➢ 当旋转磁场只有一对磁极时，$p=1$，磁场为与电流有相同角速度的旋转磁场（即在一个周期内电流的相位角变化了360°，其合成磁场的方向在空间也旋转了360°），旋转磁场每分钟的转速为 $n_0=60f=50\times60\text{r/min}=3000\text{r/min}$，从而推出旋转磁场转速公式为 $n_0=\frac{60f}{p}$，单位为转/分钟（r/min）。

➢ 旋转磁场的转速 n_0 取决于电源频率 f 和电动机的磁极对数 p。不同磁极对数旋转磁场的转速见表5-1。

表5-1　不同磁极对数旋转磁场的转速

磁极对数 p	1	2	3	4	5
旋转磁场转速 n_0/（$\text{r}\cdot\text{min}^{-1}$）	3000	1500	1000	750	600

2. 三相异步电动机的工作原理

把异步电动机的定子绕组接入三相电源时，定子绕组中就会有三相交变电流通过，从而在空间产生旋转磁场。设定子旋转磁场顺时针旋转，则相当于静止的转子以逆时针方向切割磁力线，根据电磁感应定律，转子导体中将有感应电动势产生。感应电动势的方向由右手定则确定，转子上半部导线的感应电动势由纸面向外指，用⊙表示；下半部导线的感应电动势指向纸面，用⊗表示。在感应电动势作用下，闭合的转子绕组中便有电流流通。电流与旋转磁场相互作用产生电磁力，转子导体的受力方向由左手定则确定，所有转子导体受到的电磁力形成电磁转矩，使转子按旋转磁场的方向旋转，如图 5-9 所示。电动机对轴上的机械负载做功，将电能转换成机械能。如果旋转磁场反转，则转子的旋转方向也随之改变。

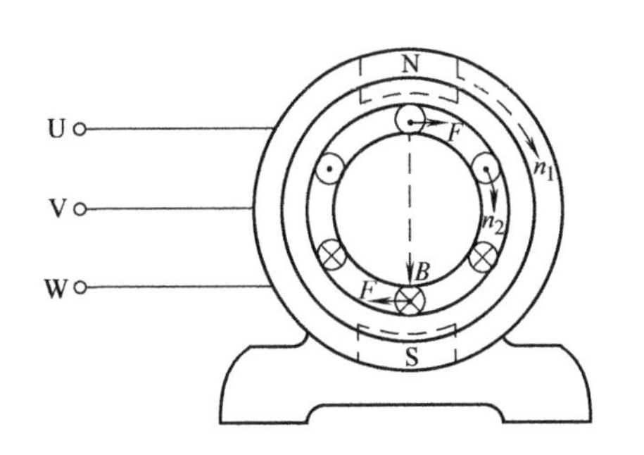

图 5-9　异步电动机的工作原理

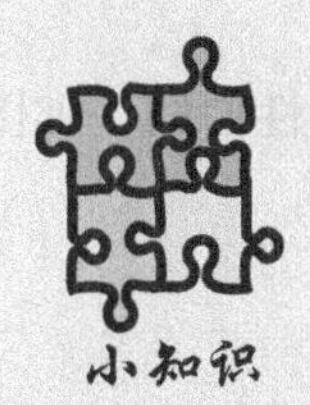

异步电动机的转子转速 n_2 永远不能达到旋转磁场的转速 n_1（即同步转速），因为如果两者相等，转子导体与旋转磁场之间就不存在相对运动，转子导体中就没有感应电动势和感应电流，电动机就不受电磁转矩的作用。由于转子转速与定子旋转磁场的转速必须有差异才能产生电磁转矩，所以称为异步电动机。又由于转子导体中的电动势和电流是由电磁感应产生的，所以异步电动机又称为感应电动机。

综上所述，三相电流通入三相定子绕组产生旋转磁场，旋转磁场在转子导体中感应出电流，通过电流的转子导体又在旋转磁场作用下产生电磁转矩，使转子转动，这就是异步电动机旋转的基本原理。

3. 转差率

旋转磁场的转速又叫做同步转速，用 n_1 表示；n_1 与电源频率 f_1 和磁极对数 p 有关。

$$n_1 = \frac{60f_1}{p} \tag{5-1}$$

异步电动机的转子转速用 n_2 表示。通常把同步转速 n_1 和电动机转子转速 n_2 之差称为转速差或相对转速。电动机转子的感应电动势、电流和电磁转矩均随相对转速的改变而改变。相对转速与同步转速的比值叫作异步电动机的转差率，用 s 表示，即

$$s = \frac{n_1 - n_2}{n_1} \tag{5-2}$$

转差率是分析异步电动机运转特性的一个重要数据。若旋转磁场在旋转，而转子尚未开始转动，此时 $n_2=0$，$s=1$；若转子转速趋近于同步转速，则 $n_2 \to n_1$，$s \to 0$。由此可见，转差率的变化范围在 0～1 之间，转子转速越接近同步转速，转差率越小。三相异步电动机在额定负载下转差率很小，为 0.02～0.06。

为了计算方便，也可将上式写作

$$n_2 = (1-s)n_1$$

如果 $s=0.02\sim0.06$，则 $n_2=(0.94\sim0.98)\ n_1$，即常用异步电动机的转速约为同步转速的94%～98%。

【例5-1】 已知某三相异步电动机的磁极对数 $p=3$，转差率 $s=0.05$，电源频率 $f=50\text{Hz}$，试计算此电动机的转速。

解：由式5-1可知

$$n_1=\frac{60f_1}{p}=\frac{60\times50}{3}(\text{r/min})=1000(\text{r/min})$$

所以电动机转速 $n_2=(1-s)n_1=(1-0.05)\times1000(\text{r/min})=950(\text{r/min})$

5.1.2　三相异步电动机的运行特性

一、电磁转矩 T 与转子转速 n_2 的关系

电动机产生的电磁转矩 T 与转子转速 n_2 的关系曲线称为电动机的机械特性曲线，如图5-10所示。

图5-10中有三个点比较特殊，分别是 D 点，此点转速 $n_2=0$，此时的电磁转矩称为起动转矩，用 T_{st} 表示；C 点，此点是电动机在运行中具有的最大转矩的点，该点转矩用 T_m 表示；B 点，此点是电动机带额定负载的点，该点对应的电磁转矩，用 T_N 表示。

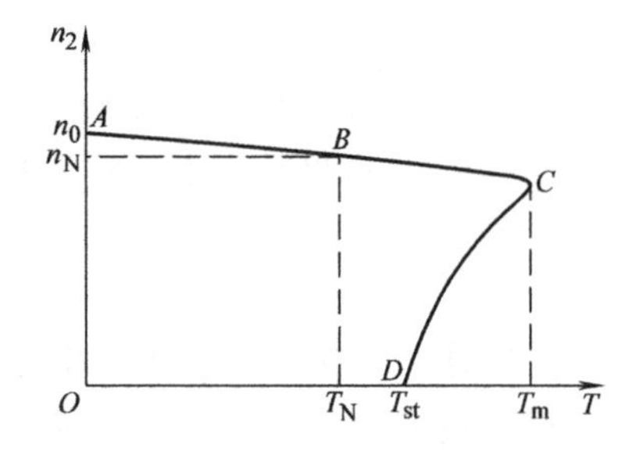

图5-10　三相异步电动机的机械特性曲线

1. 起动段

当电动机的起动转矩大于负载阻转矩时，电动机旋转起来并在电磁转矩的作用下逐渐加速，此时电磁转矩随转子转速的增加而增大，沿 DC 段上升，一直增大到最大转矩 T_m。而沿 CA 段，随着转速的继续增大，电磁转矩反而逐渐减小，最终当电磁转矩等于负载阻转矩时，电动机就以某一转速匀速稳定旋转。

2. 稳定运行段

异步电动机一经起动很快进入 AC 段，并在某一点上与负载平衡而稳定运行。在这一段，当负载增大时，负载阻转矩若大于电磁转矩，会使电动机转速有所下降，但与此同时，电磁转矩随转速的下降而增大，从而与负载阻转矩达到新的平衡，使电动机以比原来稍低的转速稳定运转。一旦负载阻转矩超过最大转矩 T_m，负载阻转矩就会一直大于电磁转矩，从而使电动机的转速很快下降直到停止，处于堵转状态，堵转时定子绕组的电流达到额定电流的4～7倍，时间过长将烧坏电动机。

通常将电动机的最大电磁转矩与额定转矩之比称为电动机的过载系数，用它来衡量电动机的过载能力，一般电动机的过载系数为2～2.2。

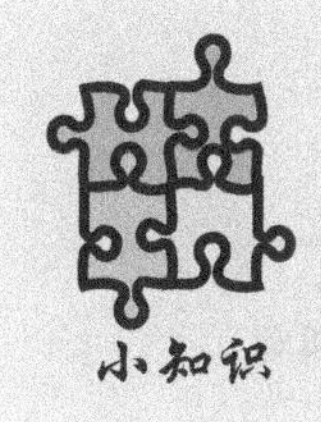

为保证电动机的正常起动，电动机的起动转矩必须大于负载的阻转矩，通常用电动机的起动转矩与额定转矩之比来衡量电动机的起动能力，Y系列异步电动机的起动系数为1.5~2.2。

二、转矩与功率的关系

电动机在运行中，带动负载转动的转矩为 T_2，轴上输出的机械功率为 P_2，转子转速为 n_2，则

$$T_2 = 9550\frac{P_2}{n_2}$$

电动机在额定状态下运行时

$$T_N = 9550\frac{P_N}{n_N} \tag{5-3}$$

式中　T_N——电动机输出额定转矩，单位为N·m；

P_N——电动机输出的额定功率，单位为kW；

n_N——电动机的额定转速，单位为r/min。

三、电磁转矩与电源电压的关系

当用电负荷变化时，电网电压往往会有一定的波动，而电动机的电磁转矩对电压很敏感，当电网电压降低时，会引起电磁转矩的大幅降低。电磁转矩 T 与电动机定子绕组上所加的电压 U 的平方成正比，即

$$T \propto U^2$$

当电动机负载的阻转矩一定时，由于电压降低，电磁转矩迅速下降，将使电动机有可能带不动原有的负载，使转速下降、电流增大。如果电压下降很多，使最大转矩低于负载阻转矩时，电动机将被迫停转，时间稍长会使电动机由于过热而损坏。

电源电压变化时的机械特性曲线如图5-11所示。

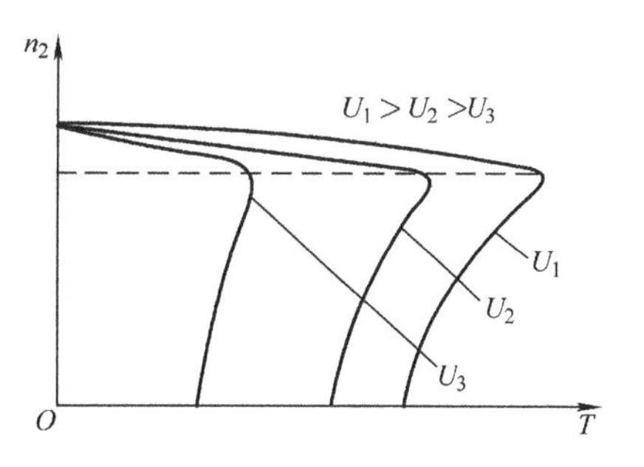

图5-11　电源电压变化时的机械特性曲线

5.1.3　三相异步电动机的铭牌和技术参数

三相异步电动机的机座上都有铭牌，上面标有电动机的型号和各种额定数据，如图5-12所示。

三相异步电动机

型号Y—112M—4		编号	
4.0kW		8.8A	
380V	1400r/min	LW　82dB	
△	防护等级IP44	50Hz	45kg
标准编号	工作制S1	B级绝缘	年　月

电机厂

图5-12　三相异步电动机的铭牌

一、型号

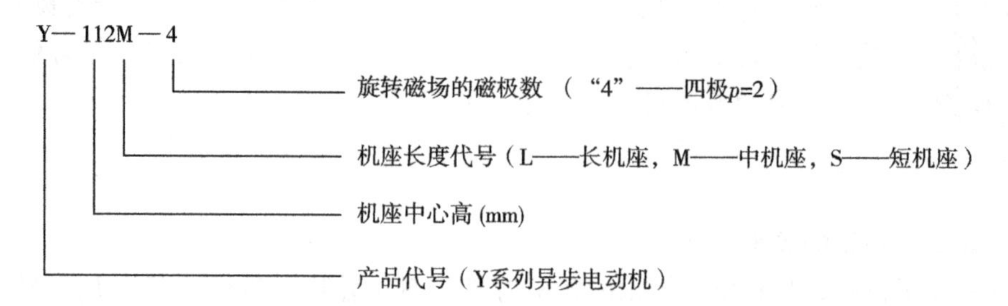

异步电动机的产品名称代号见表5-2。

表5-2 异步电动机的产品名称代号

产品名称	新代号	汉字意义	老代号
异步电动机	Y	异	J，JO
绕线转子异步电动机	YR	异绕	JR，JRO
防爆型异步电动机	YB	异爆	JB，JBS
高起动转矩异步电动机	YQ	异起	JQ，JQO

二、额定数据

➢ 额定功率：也称额定容量，指电动机在额定工作状态下运行时转轴上输出的机械功率，用符号 P_N 表示，单位为kW。

➢ 额定电压：电动机定子绕组规定使用的线电压，用符号 U_N 表示，单位为V或kV。

➢ 额定电流：指电动机在额定电压下，输出额定功率时，电源供给电动机定子绕组的线电流，用符号 I_N 表示，单位为A。

➢ 额定频率：电动机应接交流电源的频率，用符号 f_N 表示，单位为Hz。

➢ 额定转速：在额定电压、额定频率及额定输出功率的情况下转子的转速，用符号 n_N 表示，单位为r/min。

➢ 接法：是指电动机定子绕组的连接方式，常用的接法有星形联结和三角形联结两种。

➢ 绝缘等级：电动机绕组所采用的绝缘材料的耐热等级，它表明了电动机所允许的最高工作温度。绝缘材料按耐热性能可分为Y、A、E、B、F、H、C七个等级，其代表的温度见表5-3。Y系列电动机多采用B级绝缘。

表5-3 绝缘材料耐热性能数据

绝缘等级	Y	A	E	B	F	H	C
最高允许温度/℃	90	105	120	130	155	180	>180

➢ 工作方式：电动机在额定条件下，允许连续使用的时间。一般有连续、短时和断续三种。S_1 表示电动机在铭牌标出的额定条件下长期连续运行；S_2 表示短时工作制，在额定条件下只能在规定时间内运行（即在短时工作后有一段较长的间歇时间，使电动机充分冷却）；S_3 表示断续工作制，在额定条件下以周期性间歇方式运行。

5.2　常用低压电器

电器按其工作电压的高低，以交流 1200V、直流 1500V 为界，可划分为高压电器和低压电器两大类。

低压电器是一种能根据外界的信号和要求，手动或自动地接通、断开电路，以实现对电路或非电对象的切换、控制、保护、检测、变换和调节的元器件或设备。

低压电器种类繁多，功能各样，构造各异，用途广泛，工作原理各不相同，常用低压电器的分类方法也很多。

一、按用途或控制对象分类

➢ 配电电器：主要用于低压配电系统中。要求系统发生故障时准确动作、可靠工作，在规定条件下具有相应的动稳定性与热稳定性，使电器不会被损坏，如刀开关、转换开关、熔断器、断路器等。

➢ 控制电器：主要用于电气传动系统中。要求使用寿命长、体积小、重量轻且动作迅速、准确、可靠，如接触器、继电器、起动器、主令电器、电磁铁等。

二、按动作方式分类

➢ 自动电器：依靠自身参数的变化或外来信号的作用，自动完成接通或分断等动作，如接触器、继电器等。

➢ 手动电器：用手动操作来进行切换的电器，如刀开关、转换开关、按钮等。

三、按触点类型分类

➢ 有触点电器：利用触点的接通和分断来切换电路，如接触器、刀开关、按钮等。

➢ 无触点电器：无可分离的触点。主要利用电子元件的开关效应（即导通和截止）来实现电路的通、断控制，如接近开关、霍尔开关、电子式时间继电器、固态继电器等。

四、按工作原理分类

➢ 电磁式电器：根据电磁感应原理动作的电器，如接触器、继电器、电磁铁等。

➢ 非电量控制电器：依靠外力或非电量信号（如速度、压力、温度等）的变化而动作的电器，如转换开关、行程开关、速度继电器、压力继电器、温度继电器等。

5.2.1　开关电器

常用开关结构及符号介绍见表 5-4。

表 5-4　常用开关结构及符号介绍

名称	实物展示	结构示意	电气符号
刀开关		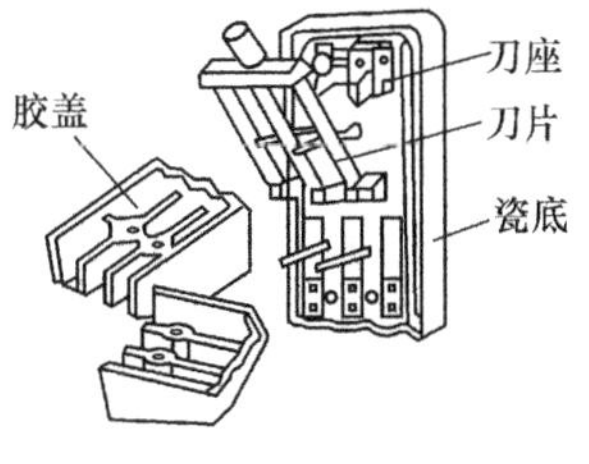 胶盖 刀座 刀片 瓷底	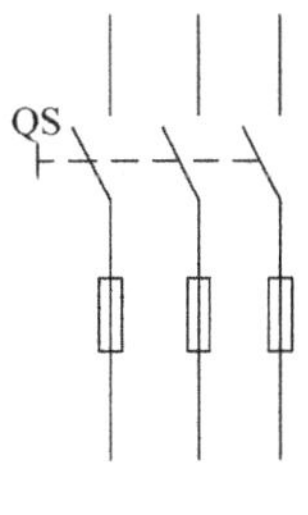 QS

（续）

名称	实物展示	结构示意	电气符号
负荷开关		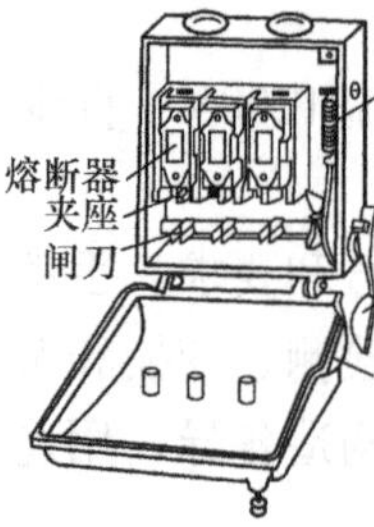	同上
组合开关		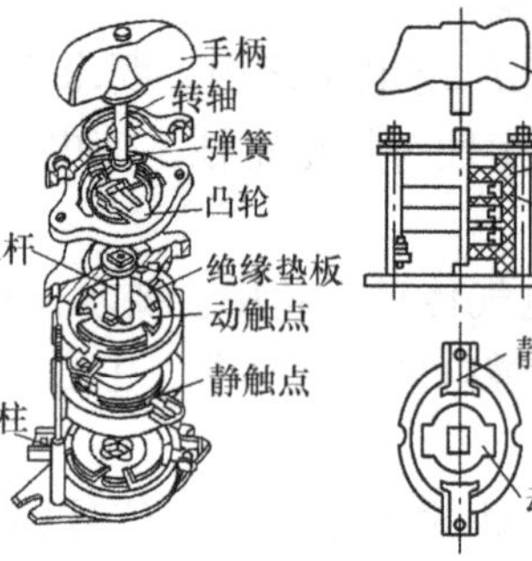	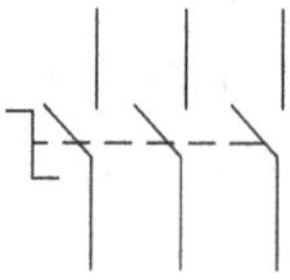
自动开关		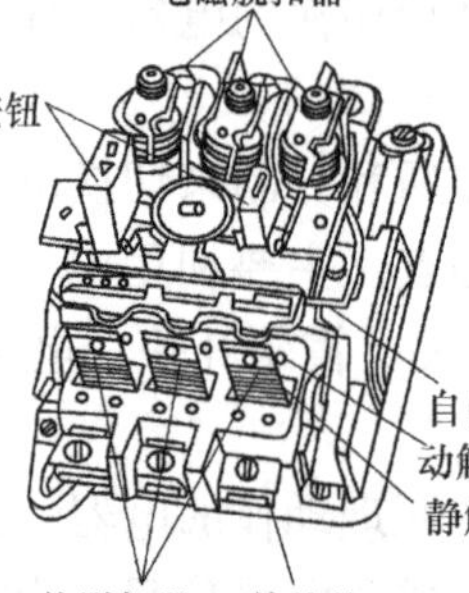	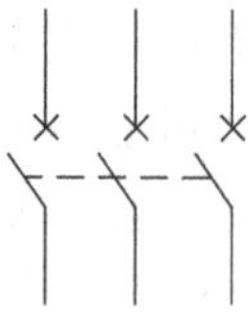

一、刀开关

刀开关又称刀开关或隔离开关，它是手动电器中最简单，应用较广泛的一种低压电器。刀开关的主要部件是刀片（动触点）和刀座（静触点）。按刀片数量不同，刀开关可分为单刀、双刀和三刀三种。

刀开关在电路中的作用是：隔离电源，以确保电路和设备维修的安全；分断负载，如不频繁地接通和分断容量不大的低压电路或直接起动小容量电动机。

安装及注意事项：

➢ 必须垂直安装在控制板上，保持合闸状态操作手柄朝上，分闸状态操作手柄朝下。
➢ 不允许倒装或平装，以免刀片落下误合闸，引起触电事故。
➢ 电源进线在上端、出线在下端，确保开关断开后，更换熔断器的操作安全。
➢ 安装高度一般在1.5m左右，不能小于1.2m，在人容易触及的地方，应加保护外罩。
➢ 操作时应动作迅速，尽快消灭电弧。

二、负荷开关

负荷开关是将熔断器和刀片与刀座等安装在薄钢板制成的防护外壳内。内部装有速断弹簧以加快刀片与刀座的分断速度，减少电弧。

这种开关的优点是操作方便，使用安全，通断性能好，因此广泛用于不频繁地手动接通和分断负载电路，也可用作控制 15kW 以下的交流电动机。

三、组合开关

组合开关也称为转换开关，它的结构主要由静触点、动触点和手柄组成。三对静触点分别安装在三层绝缘垫板上，并通过外部接线柱与电源和用电设备相连。三对动触点套在方形转轴上，手柄联动转轴在安装平面内沿顺时针（或逆时针）方向每次转动 90°角，带动三对动触点与三对静触点接触或分离，实现通断电路的目的。

组合开关适用于电气设备中不频繁接通和分断的电路，接通电源和负载，控制小容量异步电动机的正、反转及星形 - 三角形起动等。

安装及注意事项：

（1）应安装在控制箱内，操作手柄应置于控制箱的前面或侧面。开关为断开状态时，应使手柄在水平旋转位置。

（2）开关外壳接地，螺钉应可靠接地。

（3）组合开关通断能力较低，常用于机床控制电路作为电源引入开关以及 5kW 以下小容量电动机的起动和正、反转控制开关。

四、自动开关

自动开关也就是空气断路器，在电路中作接通、分断和承载额定工作电流和短路、过载等故障电流，并能在电路和负载发生过载、短路、欠电压等情况下，迅速分断电路，保护电路和用电设备的安全。

空气断路器的动、静触点及触杆设计形式多样，但主要目的还是提高断路器的分断能力。短路或严重过载时，过流脱扣器的衔铁被吸合，通过杠杆将搭钩顶开，主触点迅速切断短路或严重过载电路；过载时，产生的热量使双金属片弯曲变形推动杠杆顶开搭钩，主触点断开，切断过载电路；失压或电压过低时，欠压脱扣器中衔铁因吸力不足而被释放，主触点断开，当电源恢复正常时，必须重新合闸后才能工作，实现失压保护。

5.2.2　主令电器

主令电器在电气自动控制系统中专用于发布控制指令，主令电器的种类繁多，按其作用可以分为：按钮、行程开关和接近开关等。

一、按钮

按钮也称为控制按钮或按钮开关，是一种简单的手动电器，用于接通和分断小电流控制电路。一般而言，红色按钮用来使某一功能停止，绿色或黑色按钮可开始某一项功能。按钮的形状通常是圆形或方形，外形、结构及符号如图 5-13 所示。

按钮主要由按钮帽、复位弹簧、动触点、静触点、支柱连杆和外壳组成。根据其触点结构、数量和用途不同，按钮分常开按钮、常闭按钮和复合按钮三种，一般复合按钮使用较多，其动作过程为：按下按钮，常闭触点先断开，常开触点后闭合；松开时，常开触点先断开，常闭触点后闭合。

a) 外形

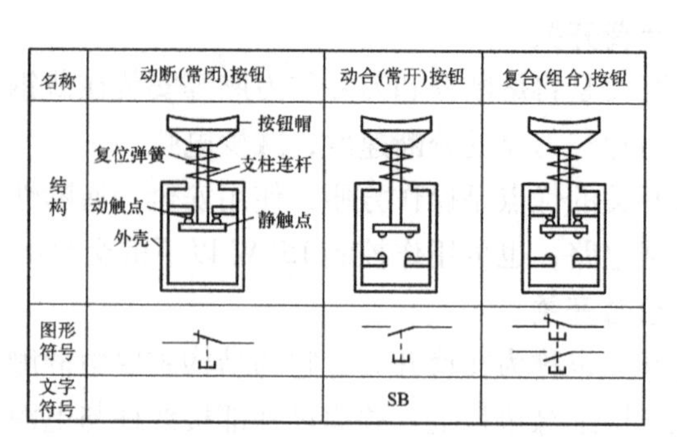

b) 结构及符号

图5-13　按钮

二、行程开关

行程开关又称限位开关，它是依靠生产机械运动部件的碰撞使其触点动作，发出控制信号，用于控制机械运动的行程或方向。其外形、结构及符号如图5-14所示。

a) 外形　　b) 结构　　c) 符号

图5-14　行程开关

常见行程开关有按钮式和旋转式，其基本结构主要由操作头、触点系统及外壳组成。它的作用原理与按钮类似，其触点的动作靠运动部件碰撞行程开关的顶杆或滚轮来实现。

三、接近开关

接近开关也称无触点位置开关，是一种与运动部件无机械接触的感应式开关。当运动物体与开关接间达到某一距离时，开关发出控制信号，实现行程控制、计数、自动控制等功能。按其工作原理不同可分为高频振荡接近开关、霍尔接近开关、光电接近开关等。接近开关具有工作可靠、定位精确、使用寿命长等优点。目前工业生产中应用较多的是LJ系列集成电路接近开关。如图5-15所示。

5.2.3　熔断器

熔断器俗称保险丝，是一种结构简单、使用方便、价格低廉的保护电器。熔断器由绝缘底座（或支持件）、触点、熔体等组成，熔体是熔断器的主要工作部分，熔体相当于串联在电路中的一段特殊的导线，当电路发生短路或过载时，电流过大，熔体因过热而熔化，从而切断电路，它广泛应用于电网保护和用电设备保护，当电网或用电设备发生短路故障或过载时，可自动切断电路，避免电气设备损坏，防止事故蔓延。

常见熔断器有瓷插式、螺旋式、管式、填料式，其外形、结构及符号见表5-5。

a) 高频振荡接近开关

b) 霍尔接近开关

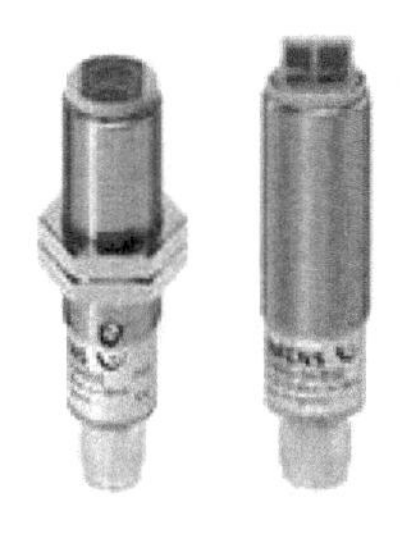

c) 西门子光电接近开关

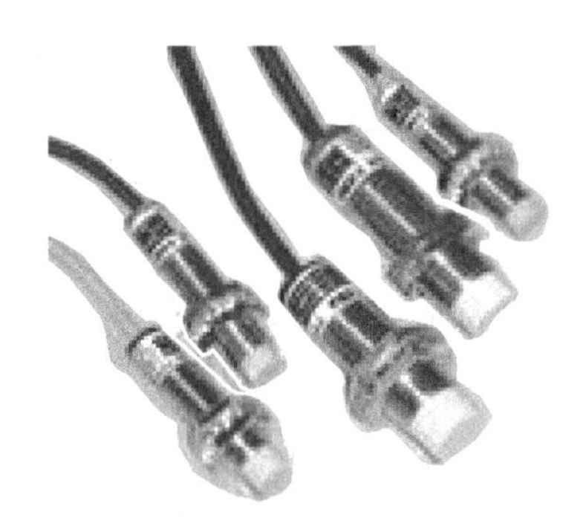

d) LJ系列集成电路接近开关

图5-15 接近开关

表5-5 常用熔断器简介

名称	实物展示	结构示意	符号
瓷插式		动触点 熔体 瓷插件 静触点 瓷底座	FU
螺旋式		底座 结构 熔断体 瓷帽	
管式		熔断管 熔体 弹簧夹 底座	
填料管式		弹簧夹 瓷底座 熔断体 管体 熔体	

➢ 瓷插式熔断器结构简单，更换熔体方便，价格便宜，多用于交流50Hz、额定电压380V以下、额定电流200A及以下的低压配电线路末端做电力、照明负荷的短路保护。

➢ 螺旋式熔断器安装时，电源线应接在下接线座，负载线应接在上接线座，即：低进高出，目的是为了更换熔断管时，熔断器金属外壳不会带电，保证操作安全。螺旋式熔断器体积小，安装方便，工作安全可靠，且熔体熔断显示明显，因此常用于控制箱、配电屏、机床控制电路及振动较大的场合。

➢ 管式熔断器结构简单、保护性能好、使用方便，一般均与刀开关组成熔断器刀开关组合使用。

➢ 填料管式熔断器均装在特别的底座上，如带隔离开关的底座或以熔断器为隔离开关的底座上，通过手动机构操作。填料管式熔断器额定电流为50～1000A，主要用于短路电流大的电路或有易燃气体的场所。

1. 熔断器的选择

➢ 根据使用环境和负载性质选择合适类型的熔断器。一般照明电路，选瓷插式熔断器；机床控制电路选螺旋式熔断器；保护半导体器件选择快速熔断器；开关柜和配电屏中选用无填料封闭管式熔断器。

➢ 熔断器的额定工作电压应大于或等于其实际工作电压。

➢ 熔断器的额定电流应大于或等于熔体的额定电流。

2. 熔体额定电流的选择

➢ 用于照明、电炉等负载电流平稳的负载，熔体额定电流选择等于或稍大于负载的额定电流。

➢ 对单台不常起动或起动时间不长的电动机，短路保护选择熔体额定电流为

$$I_{RN} \geqslant (1.5 \sim 2.5) I_N$$

式中　I_{RN}——熔体额定电流；

　　I_N——电动机额定电流。

➢ 对多台电动机实现短路保护，熔体额定电路应选择

$$I_{RN} \geqslant (1.5 \sim 2.5) I_{Nmax} + \Sigma I_N$$

式中　I_{Nmax}——最大容量电动机额定电流；

　　ΣI_N——其余电动机额定电流之和。

5.2.4　交流接触器

接触器是一种自动化的控制电器。接触器主要用于频繁接通或分断交、直流电路，控制容量大，可远距离操作，配合继电器可以实现定时操作、联锁控制、各种定量控制和失电压及欠电压保护，广泛应用于自动控制电路，其主要控制对象是电动机，也可用于控制其他电力负载，如电热器具、照明设备、电焊机、电容器组等。

一、交流接触器的结构

交流接触器主要由四部分组成：①电磁系统，包括吸引线圈、动铁心和静铁心；②触点系统，包括三个主触点和两个常开、两个常闭辅助触点，它与动铁心联动；③灭弧装置，一般容量较大的交流接触器都设有灭弧装置，以便迅速切断电弧，免于烧坏主触点；④绝缘外壳及附件，各种弹簧、传动机构、短路环、接线柱等，如图5-16所示。

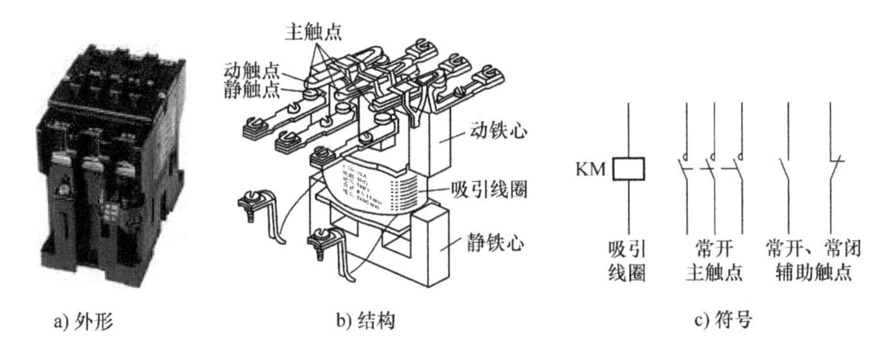

a) 外形　b) 结构　c) 符号

图 5-16　交流接触器

二、交流接触器的工作原理

当线圈通电时，静铁心产生电磁吸力，将动铁心吸合，由于触点系统是与动铁心联动的，因此动铁心带动三条动触片同时运行，触点闭合，从而接通电源。当线圈断电时，吸力消失，动铁心联动部分依靠弹簧的反作用力而分离，使主触点断开，切断电源。可见，交流接触器相当于一个电磁开关，利用接触器线圈的通电和断电可以频繁地控制接触器触点的闭合和断开。工作原理示意图如 5-17 所示。

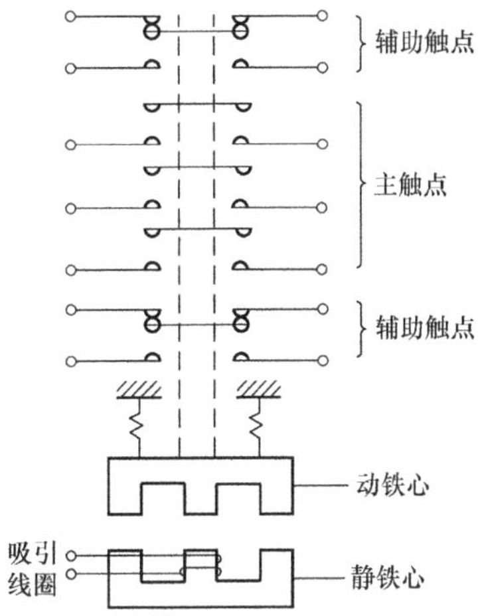

图 5-17　交流接触器工作原理示意图

三、交流接触器的选用原则和接法

1. 交流接触器的选用原则

➢ 持续运行的设备：接触器按 67% ~65% 折算，即 100A 的交流接触器，只能控制最大额定电流是 67 ~65A 以下的设备。

➢ 间断运行的设备：接触器按 80% 折算，即 100A 的交流接触器，只能控制最大额定电流是 80A 以下的设备。

➢ 反复短时工作的设备：接触器按 116% ~120% 折算，即 100A 的交流接触器，只能控制最大额定电流是 116 ~120A 以下的设备。

2. 交流接触器接法

一般三相交流接触器共有 16 个点，三路输入，三路输出，两组常开辅助触点，两组常闭辅助触点，还有两个控制点（接触器线圈），其中输出和输入是对应的。如果要加自锁，需要从常开辅助触点将线接到控制点上面，图 5-18 所示为交流接触器的实物连接。

5.2.5　继电器

继电器是利用电量（电流、电压）与非电量（时间、速度、温度）等信号来接通和分断小电流电路的控制电器，它具有动作快、工作稳定、使用寿命长、体积小等优点，广泛应用于电动机或线路的保护以及各种自动化、运动、遥控、测量及通信等装置中。常用的继电器有热继电器、中间继电器、时间继电器等，如图 5-6 所示。

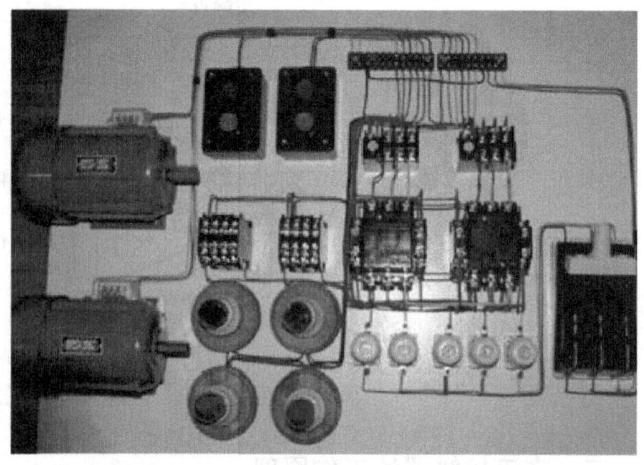

图 5-18 交流接触器实物连接

表 5-6 常用继电器简介

名称	实物展示	工作原理示意	符号
热继电器		偏心凸轮 复位按钮 发热元件 双金属片 静触点(螺钉) 弹簧片 导板 杠杆 动触点 静触点	FR 发热元件 常闭触点 FR
中间继电器		触点 绝缘连杆 反力弹簧 铁心 线圈 A1 A2	触点 KA 线圈 KA
时间继电器		通电延时接点 杠杆 瞬动接点 延时调节螺钉 进气孔 活塞杆 气室 线圈 传动杆 橡皮膜 弹簧 动铁心 静铁心 弱弹簧	KT 继电器线圈 瞬时常开触点 瞬时常闭触点 延时闭合常开触点 延时断开常开触点 延时闭合常闭触点 延时断开常闭触点

一、热继电器

热继电器是根据电流的热效应原理工作的自动保护电器，当流入热元件的电流产生热量，使有不同膨胀系数的双金属片发生形变，形变达到一定距离时，就推动连杆动作，使控制电路断开，从而使接触器失电，主电路断开，实现电动机的过载保护。

热继电器以其体积小、结构简单、成本低等优点在三相交流电动机的过载保护、断相保护、电流不平衡运行保护及其他电气设备发热状态的控制中得到了广泛应用。在选用时必须了解电动机的情况，如工作环境、起动电流、负载性质、工作制、允许过载能力等。

➢ 原则上应使热继电器的时间特性尽可能接近甚至重合电动机的过载特性，或者在电动机的过载特性之下，同时在电动机短时过载和起动的瞬间，热继电器应不受影响（不动作）。

➢ 当热继电器用于保护长期工作制或间断长期工作制的电动机时，一般按电动机的额定电流来选用。例如，热继电器的整定值可等于0.95～1.05倍的电动机的额定电流，或者取热继电器整定电流的中值等于电动机的额定电流，然后进行调整。

➢ 当热继电器用于保护反复短时工作制的电动机时，热继电器仅有一定范围的适应性。如果短时间内操作次数很多，就要选用带速饱和电流互感器的热继电器。

➢ 对于正反转和通断频繁的特殊工作制电动机，不宜采用热继电器作为过载保护装置，而应使用温度继电器或热敏电阻来保护。

二、中间继电器

中间继电器用于继电保护与自动控制系统中，以增加触点的数量及容量，可用来控制各种电磁线圈，将有关信号放大或同时送给几个电路元件，实现自动控制。

中间继电器的结构和原理与小型交流接触器基本相同，但它的触点无主、辅之分，触点的额定电流均为5A，过载能力较低。

常用的中间继电器有JZ7、JDZ1、JDZ2、JY等系列产品，还有电子电路常用的DX系列信号继电器等。选用中间继电器时，电磁线圈额定电压要与电源电压相符，还要综合考虑被控制电路的电压等级、所需触点对数、种类和容量等因素。

三、时间继电器

时间继电器是一种利用电磁原理或机械原理实现延时控制的控制电器。它的种类很多，按其动作原理可分为电磁式、空气阻尼式、电动式和电子式等；按延时方式可分为通电延时型和断电延时型。

在交流电路中常采用空气阻尼型时间继电器，它是利用空气通过小孔节流的原理来获得延时动作的，主要由电磁线圈、静铁心、动铁心和弹簧等组成。通电延时型时间继电器的动作原理为：当电磁线圈通电后动铁心被吸合，使瞬时触点动作，因动铁心与推杆之间有距离，在弹簧和气室内空气阻尼作用下，推杆缓慢左移，移动速度由调节螺钉控制，经过一段时间间隔后，推杆带动推板和杠杆使延时触点动作。当电磁线圈断电后，依靠反作用弹簧的作用迅速复原。

将通电延时型时间继电器的电磁线圈翻转180°安装即可得到断电延时型继电器，其动作原理与通电延时型时间继电器相似。

空气阻尼式时间继电器有JS7、JJSK2、JZC4S型等多种，其中JS7－A系列的延时范围，分0.4～60s和0.4～180s两种，操作频率为600次/h，触点容量为5A，延时误差为±15%。

新系列产品有JS14、JS20系列晶体管时间继电器、JS14P系列数字式时间继电器等，如图5-19所示。它们具有体积小、重量轻、延时精度高、使用寿命长、工作稳定可靠、安装维修方便、触点输出容量大和规格齐全等优点，广泛用于电力拖动、顺序控制中作时间控制。选用时间继电器应根据控制要求选择其延时方式，根据延时范围和精度选择继电器的类型。

图5-19　时间继电器

上述几种常用的继电器实物接线图如图5-20所示。

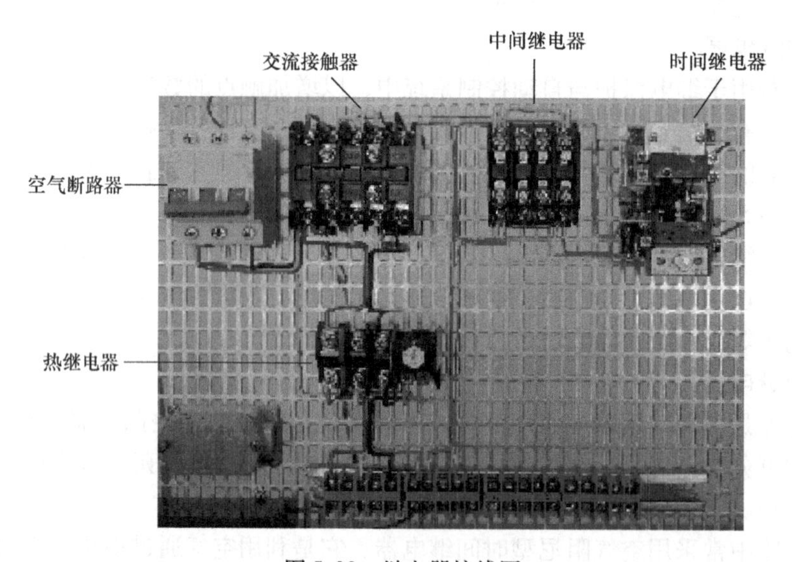

图5-20　继电器接线图

5.3　三相异步电动机的控制电路

5.3.1　三相异步电动机的起动

电动机接通电源后，从静止状态加速到稳定转速的过程称为起动过程，简称起动。笼型异步电动机的起动方式分直接起动和减压起动两种；绕线转子异步电动机可采用转子电路串电阻起动等方法。

一、直接起动

直接起动也叫全压起动，是指加在电动机定子绕组的起动电压是电动机的额定电压。直接起动的优点是结构简单，操作方便；缺点是起动电流大，有可能使电网电压瞬时显著下降，影响其他电气设备的正常运行。全压起动时的起动电流是额定电流的 4 ~7 倍，起动电流过大容易产生以下后果：

（1）使供电线路的电压降增大，负载两端的电压在短时间内下降，不但使电动机本身的起动转矩减小（甚至不能起动），还会影响周围同一供电线路上其他用电设备的正常工作。

（2）使电动机的绕组发热，特别是起动时间过长或频繁起动时，发热就更为严重，容易造成绝缘老化，缩短电动机的使用寿命。

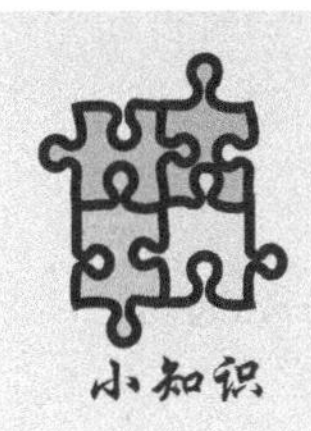

直接起动通常只用在电源容量足够大，而电动机的额定功率不太大的场合。而大中型异步电动机起动时必须采用减压起动。

二、减压起动

当电动机容量较大，而供电电网容量不大，不允许直接起动时，就需要采用减压起动的方法来限制起动电流。减压起动就是利用起动设备将电压适当地降低后加在电动机的定子绕组上进行起动，等到电动机起动完毕后再使电压恢复到额定值。减压起动可以降低起动电流，减少对电网电压的影响，但起动力矩也相应减小，而且需专门的起动设备，因此适用于空载或轻载下起动。笼型异步电动机常用的减压起动方法有：

（1）定子电路串电阻（或电抗器）减压起动。如图 5-21 所示，电动机起动时，先闭合电源开关 QS1，在定子绕组电路中串接电阻（或电抗器），以降低起动电压；待转速接近额定电压时，再闭合开关 QS2，把电阻 R 短接，电动机在额定电压下运行。这种起动方法要消耗大量电能，不宜用在需要电动机频繁起动的场合。

（2）星—三角（Y—△）减压起动。如果笼型异步电动机的定子绕组具有六个出线端，并且正常运行时为△联结，就可以采用Y—△起动。起动时定子绕组先改接星形，待转速增加到接近额定转速时，再改为三角形联结，如图 5-22 所示。显然，Y—△起动可使每相定子绕组上的电压降低到直接起动时的$1/\sqrt{3}$，所以起动电流为直接起动电流的 1/3，同时起动转矩也减小到直接起动时的 1/3，所以这种起动方法只适用于电动机空载或轻载起动的场合，这种起动方式的优点是起动设备体积小、成本低、起动过程中基本上没有能量损失。

（3）自耦变压器减压起动（补偿起动）。起动时利用自耦变压器降低加在定子绕组的端电压，电动机在低电压下起动，待转速接近额定值时，将自耦变压器切除，电动机直接接到电网上，在额定电压下运行。自耦变压器常备有抽头，使用时选用不同的抽头，可得到不同的起动电压。

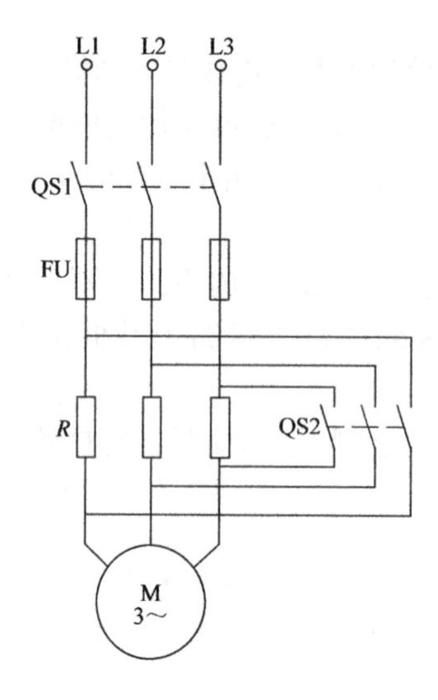

图5-21　笼型异步电动机定子电路串电阻起动

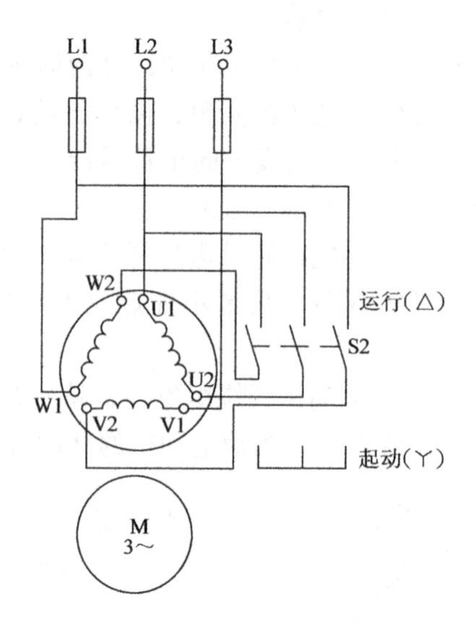

图5-22　笼型异步电动机Y—△起动

自耦变压器起动常用于要求有较大起动转矩的场合，或容量较大但定子绕组作星形联结的笼型异步电动机。起动用的自耦变压器一般是按短时工作制设计的，每小时内允许起动的次数和每次起动的时间在产品说明书上都有明确的规定，使用时不允许超过其规定限制，选配时应充分注意。

采用自耦变压器减压起动的优点是可以自由选择减压比，缺点是线路比较复杂，使用电气设备较多，变压器体积大、价格高、不允许频繁起动。

5.3.2　三相异步电动机的反转

生产实际中常需要使电动机反转。三相异步电动机转子的旋转方向与旋转磁场的方向是一致的。因此，只要把接到电动机上的三根电源线中的任意两根对调一下，电动机便反向旋转，如图5-23所示，从而达到反转的目的。

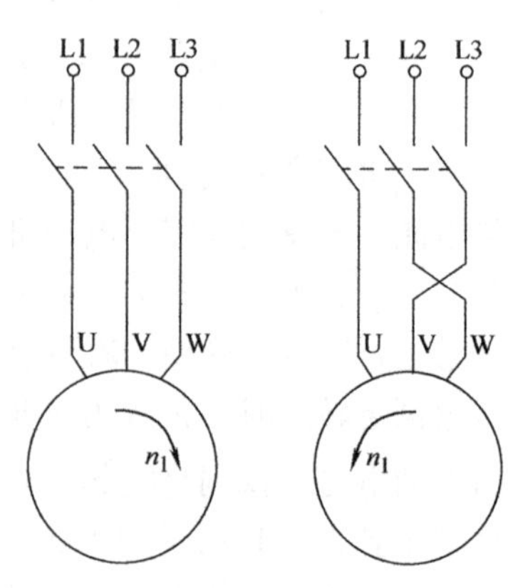

图5-23　将任意两根电源线对调的反转线路

5.3.3　三相异步电动机的调速

在同一个负载下，人为地使电动机的转速从某一数值改变为另一数值，以满足工作的需要，这种操作称为调速。有些生产机械在工作中需要进行调速，例如：金属切削机床需要根据加工金属的种类和切削工具的性质等来调节转速；起重运输机械在快要停车时应降低转速，以保证工作的安全。

根据转差率的公式 $s=\dfrac{n_1-n_2}{n_1}$ 可知：

$$n_2 = (1-s)n_1 = (1-s)\frac{60f_1}{p}$$

因此，异步电动机的调速可通过改变磁极对数 p、转差率 s 和电源频率 f 三种方法来实现。

一、变频调速

通过改变加在定子绕组上的电源频率 f 来实现调速。图 5-24 所示为变频调速的原理框图。通过整流电路将 50Hz 的交流电变换成电压可调的直流电，再由逆变装置将直流电变换成频率可调的三相交流电，从而实现三相异步电动机的无级调速。变频调速的调速范围大，平滑性好、能适应不同负载的要求。随着电力电子器件的快速发展，变频调速在实际生产中得到广泛应用。

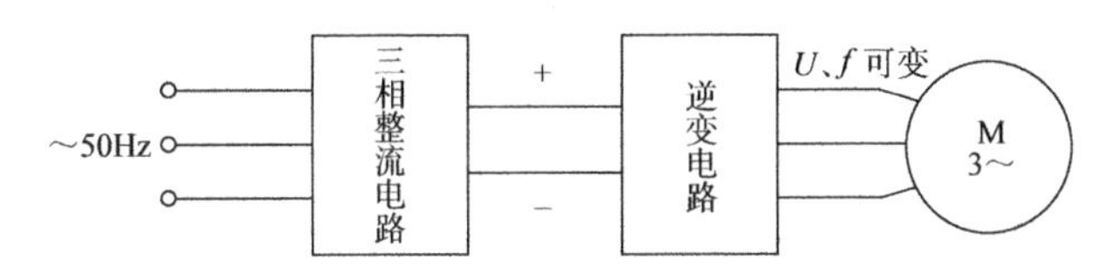

图 5-24　变频调速原理方框图

二、变极调速

将定子绕组的接线端引出，通过转换开关改变定子绕组的接法以改变磁极对数 p，构成双速电动机、三速电动机等。磨床、铣床和镗床上常用的多速电动机就是通过改变磁极对数来实现调速的。变极调速的优点是设备简单、操作方便、效率高；缺点是调速平滑性较差，即为有级调速。

三、变压调速

通过电抗器或自耦变压器来降低定子绕组上所承受的电压，进而改变转矩，获得一定的调速范围。这种方法常用于拖动风机、泵等负载。

5.3.4　三相异步电动机的制动

当电动机与电源断开后，由于电动机的转动部分有惯性，电动机会继续转动，要经过若干时间才能停转，但在有些生产机械中，要求电动机能迅速停转，以提高生产效率，所以需要对电动机进行制动。根据制动转矩产生的方法分为两大类：机械制动和电气制动，下面主要介绍两种电气制动方法。

一、反接制动

反接制动的控制电路原理图如图 5-25a 所示，当扳动开关由位置 1 合至位置 2 时，电动机转子绕组中的感应电动势及电流方向都随之改变，转子产生的转矩方向也随之改变，且与转子的旋转方向相反，即制动转矩，如图 5-25b 所示。在制动转矩的作用下，电动机的转速很快就下降为零。当电动机的转速接近于零时，应立即切断电源，以免电动机反向旋转。反接

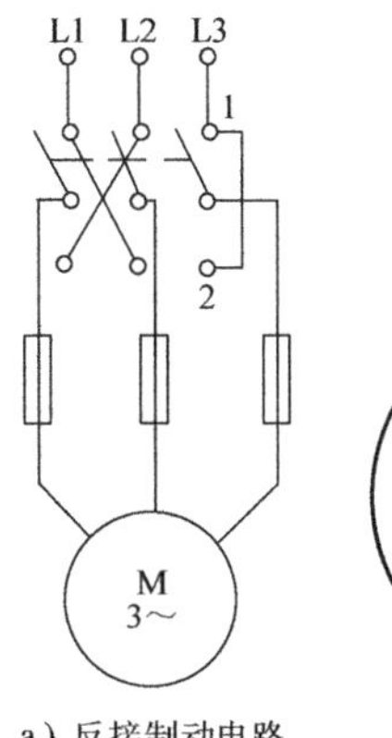

a）反接制动电路

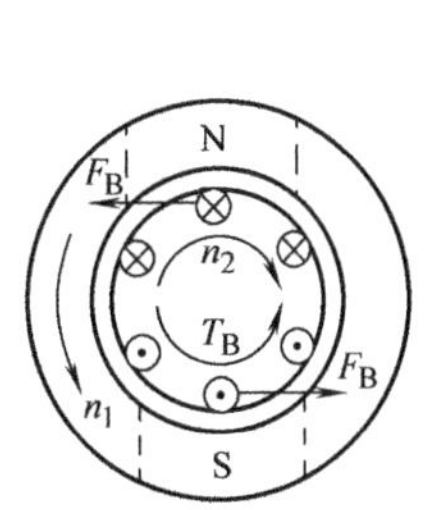

b）反接制动原理

图 5-25　反接制动

制动的优点是制动力量强，无需直流电源。缺点是制动过程中冲击强烈，易损坏传动零件。

二、能耗制动

如图5-26a所示，当切断开关QS使电动机脱离三相电源后，立即将QS扳到向下位置，定子绕组中流入直流电流，从而产生一个恒定的不旋转磁场，转子由于机械惯性继续旋转，转子切割磁力线产生感应电动势和电流，载有电流的导体在恒定磁场的作用下，受到制动力和制动转矩，如图5-26b所示，使转子迅速停止。这种制动方法就是把电动机轴上的旋转动能转变为电能，消耗在制动电阻上，故称为能耗制动。能耗制动的优点是制动较强且平稳；无冲击。缺点是需要直流电源，直流制动设备价格较高；低速时制动转矩小。

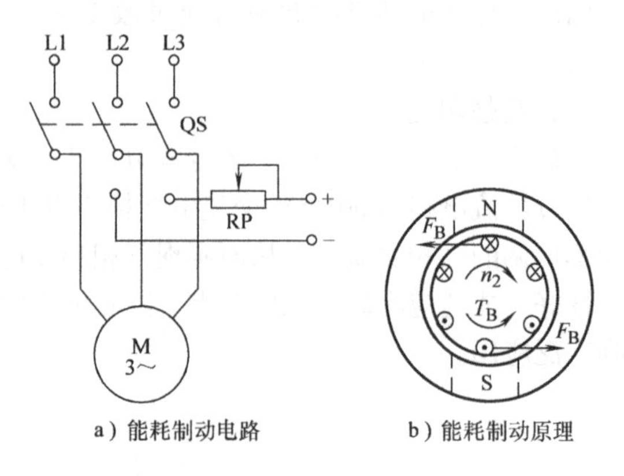

图5-26 能耗制动

5.4 单相异步电动机

单相异步电动机是由单相交流电源供电的一种小容量交流电动机。它具有结构简单，成本低廉，运行可靠，维护方便等优点，被广泛应用于家用电器、医疗器械和某些工业设备中，如家用电扇、洗衣机、电冰箱、鼓风机等均采用单相异步电动机作为动力，一般功率为几瓦到几百瓦。

一、单相异步电动机的结构及特点

单相异步电动机与三相异步电动机类似，由定子、转子两大部分组成，如图5-27所示。它的转子也是笼型结构，定子上通常有两个绕组，其中一个叫主绕组（又叫工作绕组），另一个辅助绕组（又叫起动绕组）。工作绕组用来产生电动机的主磁场并传递功率，起动绕组用来起动电动机。单相单绕组运转的异步电动机的起动绕组只在起动时接入，当电动机转速达到额定转速的80%左右时，起动绕组自动脱离电源，此时只有工作绕组继续工作，这种起动方法称为分相起动。

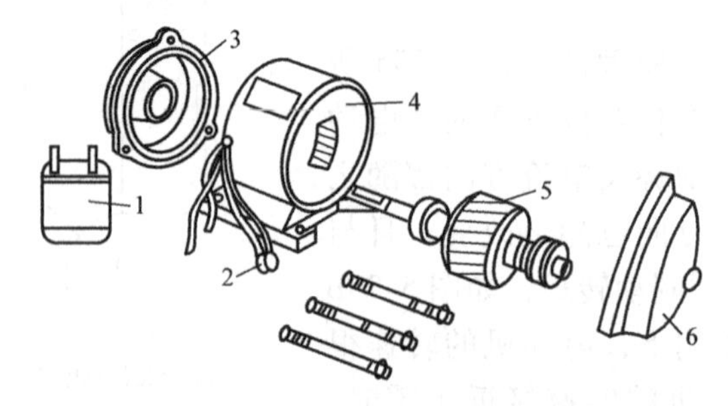

图5-27 单相异步电动机结构示意图

1—电容器 2—电源接线 3、6—端盖 4—定子 5—转子

在单相异步电动机的工作绕组中通入单相交流电时，所产生的磁场是交变的脉动磁场，它可以分解成两个大小相等、方向相反的旋转磁场。由于正反向旋转磁通势的幅值相等，当转子不动 $n=0$（即 $s=1$）时，电动机的转矩 $T=0$，电动机不能起动。可见当只有一个工作绕组时，单相异步电动机没有起动转矩。但如果借助外力使电动机的转子向任意方向转动，当电动机达到一定的转速时，电动机即可按外力方向旋转。

因此单相异步电动机具有如下特点：

（1）当 $s=1$ 时，电动机产生的电磁转矩为零，即单相异步电动机起动转矩为零。

（2）当在单相绕组中通入单相交流电时，若给转轴施加一外力，则转子会在外力作用的方向上旋转。

为此，在单相异步电动机的定子上装一个与工作绕组在空间互差90°的起动绕组，并在两个绕组中通入在时间上有一定的相位差（最好是互差90°角）的电流，以产生旋转磁场。这样单相异步电动机就可以产生起动转矩。

根据起动的方法不同，单相异步电动机主要分为电容分相式、电阻分相式和罩极式几种。

二、电容分相式单相异步电动机的结构及特点

电容分相式单相异步电动机的定子上有两个绕组：工作绕组U1U2和起动绕组V1V2，两者在空间互成90°，为了使两个绕组中的电流在时间上有一定的相位差（即分相），在起动绕组中串入电容器。图5-28所示为这种电动机的定子电路。在空间相差90°的两相绕组中通入在时间上相差90°的两相电流，便在空间产生一个旋转磁场，从而产生起动转矩，使单相异步电动机顺着旋转磁场转向转动起来。

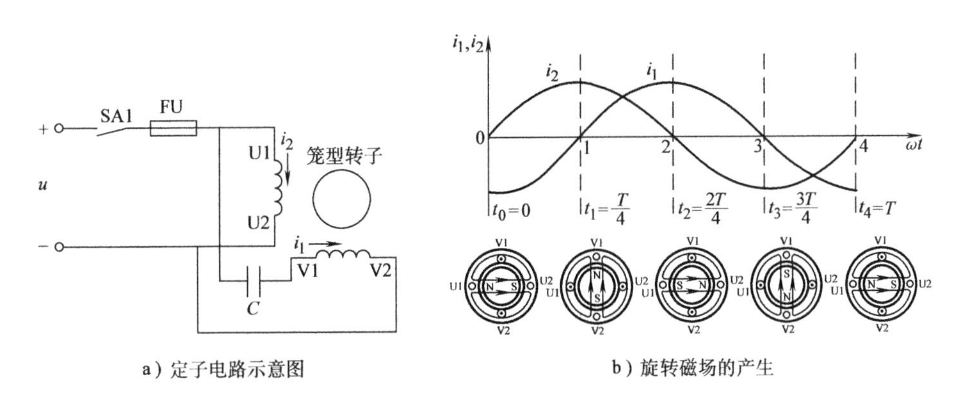

a）定子电路示意图　　b）旋转磁场的产生

图5-28　电容分相式单相异步电动机的定子电路

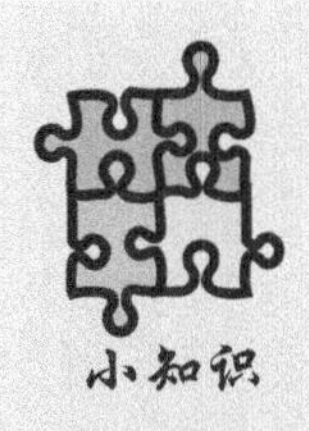

通常电动机的起动绕组是按短时工作制设计的，为了避免其长期工作而过热，当电动机起动后，转速约达到同步转速的80%时，通过开关把绕组V1V2从电源切断，这时电动机在工作绕组单独作用下工作。由于电容器只是在起动时使用，要求的电容量又大，所以可选用电解电容器。改变单相异步电动机转向的方法是将任意一个绕组的两个接线端换接。

三、罩极式单相异步电动机的结构及特点

罩极式单相异步电动机结构较简单，其定子大多做成凸极式的，由硅钢片叠压而成，转子仍为笼形。一般有两极和四极两种，在每个极面的1/3～1/4处开有小槽，在较小磁极上套有铜短路环，就好像把这部分的磁极罩起来一样，如图5-29所示，所以称为罩极电动机。罩极式单相异步电动机不能改变转向，它的起动转矩较分相式单相异步电动机的小，一般用在空载或轻载起动的台扇、排风机等设备中。

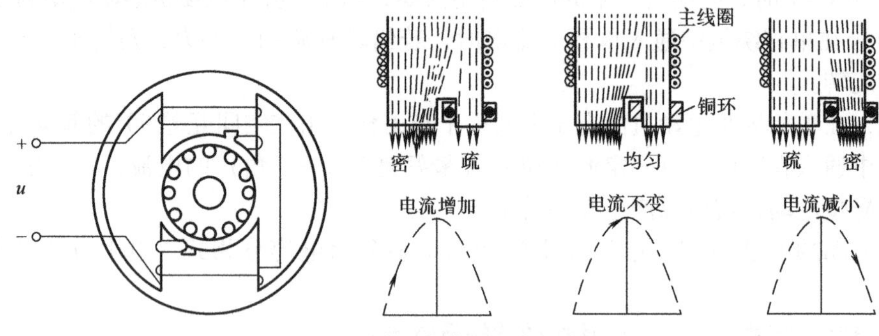

图5-29　罩极式单相异步电动机

5.5　直流电机

直流电机是直流发电机与直流电动机的总称。因为直流电机具有可逆性，故既可作为发电机运行，也可作为电动机运行。作为直流发电机运行时，将机械能转换成直流电能输出；作为直流电动机运行时，把直流电能转换成机械能输出。近年来，由于大功率半导体整流器件的广泛应用，直流电能的获得基本上靠将交流电通过整流装置变成直流电，而不采用体积大、价格贵的直流发电机，所以这里只介绍直流电动机。

直流电动机与交流电动机相比，虽然结构较复杂且价格较贵，但它用于动力设备的最大特点是起动转矩大，调速性能好，因此需要平滑调速的生产机械常用直流电动机来拖动，如在起重机、运输机械、冶金传动机构及自动控制系统等领域都获得了广泛应用。

一、直流电动机的基本结构

图5-30所示分别是常用的Z2及Z4系列直流电动机的外形图。

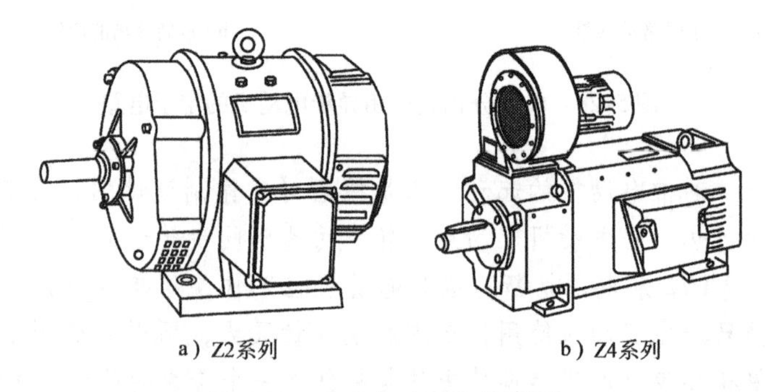

a）Z2系列　　b）Z4系列

图5-30　直流电动机的外形图

直流电动机由定子、转子两部分组成，如图5-31所示，直流电动机的固定部分称为定子，它包括主磁极、机座、端盖和刷架；转动部分称为转子，又称电枢，包括电枢铁心、电

枢绕组、换向器、风扇和转轴。

1. 定子部分

➢ 机座：通常用铸钢或钢板焊接成型，是电动机的骨架，用以固定定子各部件和支撑转子旋转；同时也是磁路的一部分。

➢ 主磁极：简称主极，由铁心和励磁绕组构成，其作用是产生主磁通。主磁极的铁心采用 0.3 ~ 1mm 厚的硅钢片叠成，同时用螺栓固定在机座上。

➢ 换向磁极：在相邻的两个主磁极之间有一个小的磁极叫换向极。它由换向铁心和换向绕组组成。换向铁心多采用扁钢，大容量电动机也有采用薄钢片叠成。换向绕组的匝数较少，并与电枢绕组串联。换向磁极的作用是消除换向器产生的火花，以改善换向。

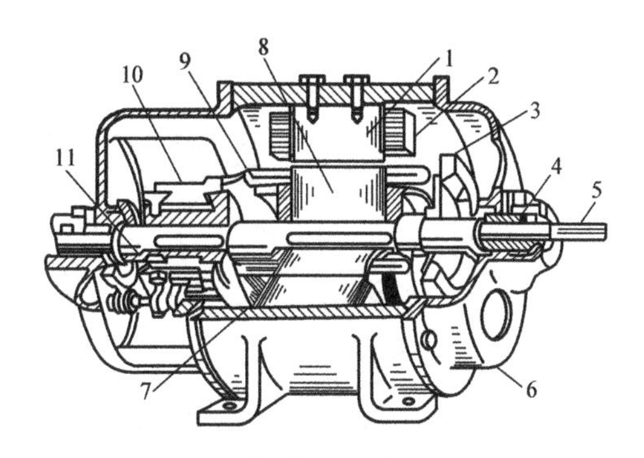

图 5-31　电动机的结构示意图
1—主磁极　2—励磁绕组　3—风扇　4—轴承
5—轴　6—端盖　7—换向极绕组　8—电枢铁心
9—电枢线圈　10—换向器　11—电刷装置

➢ 电刷装置：主要由电刷、刷握、刷杆及刷杆座等组成，它是直流电动机中电枢绕组和外电路相连的重要装置。

➢ 前后端盖：用以安放轴承和支撑电枢，一般均为铸钢件。

2. 转子

(1) 电枢铁心：采用 0.3 ~ 0.5mm 厚的硅钢片冲压叠装而成，冲片四周槽口供安放电枢绕组用。

(2) 电枢绕组：是实现机电能量转换的主要部分。由铜线或扁铜线绕成线圈，然后放置在铁心槽内。

(3) 换向器：又称为整流子，其结构如图 5-32 所示。由许多换向片组成，是一种机械整流装置，装在电枢的一端。它的工作是否良好，很大程度上决定了电动机运行的可靠性，同时换向器也是维修比较困难的部件之一。

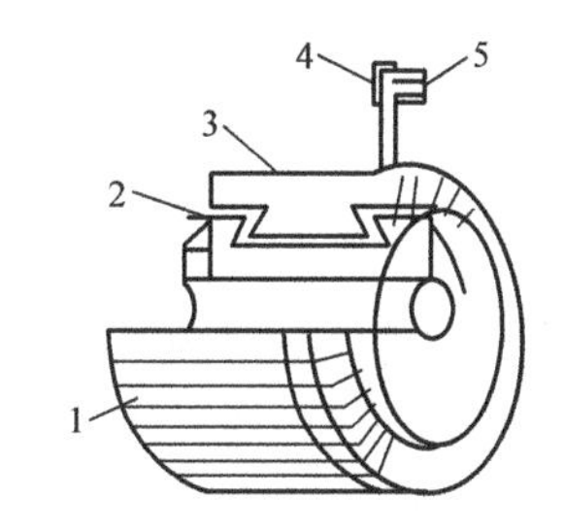

图 5-32　换向器
1、2—云母　3—换向器表面　4—连接片
5—接电枢绕组线圈（出线端）

二、直流电动机的基本工作原理

直流电动机是利用通电导体在磁场中受力而运动的原理工作的。图 5-33 所示为直流电动机的简单工作原理图，通电导体在磁场中要受到电磁力的作用，电磁力的方向用左手定则来判定。

三、直流电动机的用途和分类

1. 用途

直流电动机的优点包括调速范围广，易于平滑调节；过载、起动、制动转矩大；易于控制，可靠性高；调速时的能量损耗较小等。因此在调速要求高的场合，如轧钢机、电车的调速，电气铁道牵引，高炉送料，造纸机械、纺织机械、吊车、挖掘机械、卷扬机等的拖动等，直流电动机均得到广泛的应用。

2. 分类

直流电动机的分类方式很多，按励磁方式可分为他励电动机（包括永磁电动机）、并励电动机、串励电动机和复励电动机，如图 5-34 所示。

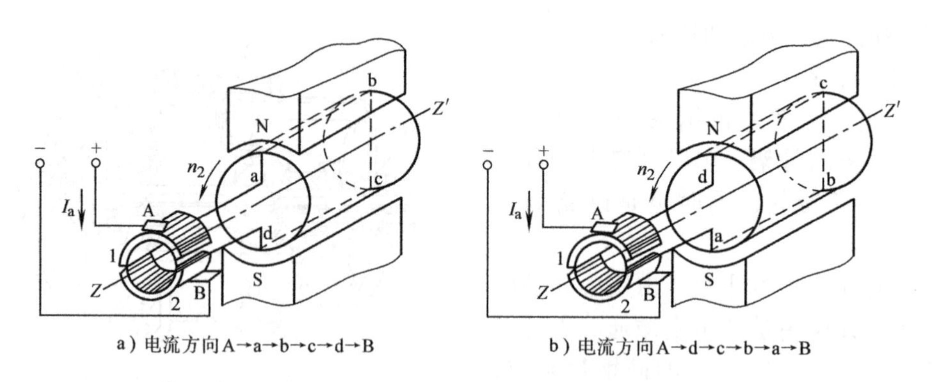

图5-33　直流电动机的简单工作原理图

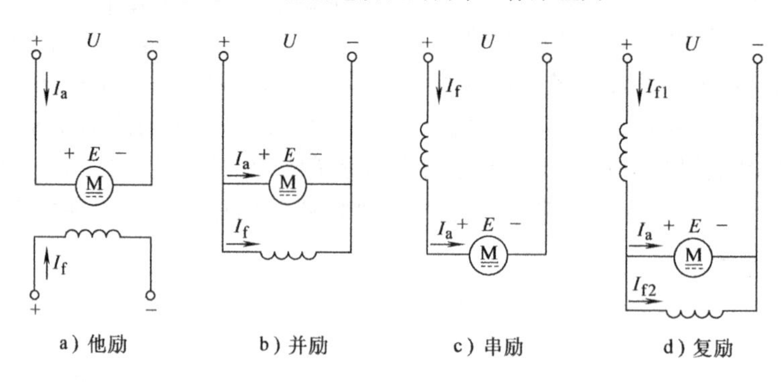

图5-34　直流电动机的励磁方式

他励直流电动机的机械特性是指当电动机加上一定的电压 U 和一定的励磁电流 I_f 时，转速 n 与电动机电磁转矩 T 的关系，即 $n=f(T)$。我们把额定电压 U_N、额定励磁电流 I_{fN} 下，电枢回路里没有串任何电阻时的机械特性，称为直流电动机的固有机械特性，他励直流电动机和并励直流电动机的固有机械特性是比较硬的。并励直流电动机的机械特性与他励直流电动机的机械特性相同，这里不再重复。串励直流电动机的机械特性如图5-35所示，其机械特性较软，随着电磁转矩 T 的增大，转速下降得很快。当电磁转矩 T 较小时，由于气隙磁通的减小，转速迅速增大。T 为零时，理想空载转速为无穷大。由此可见，串励直流电动机不允许空载运行，也不允许以平带传动方式带动负载，因为不慎胶带脱落或打滑时，可能引起电动机过速。此外，串励直流电动机在正常工作时，总是稳定的。

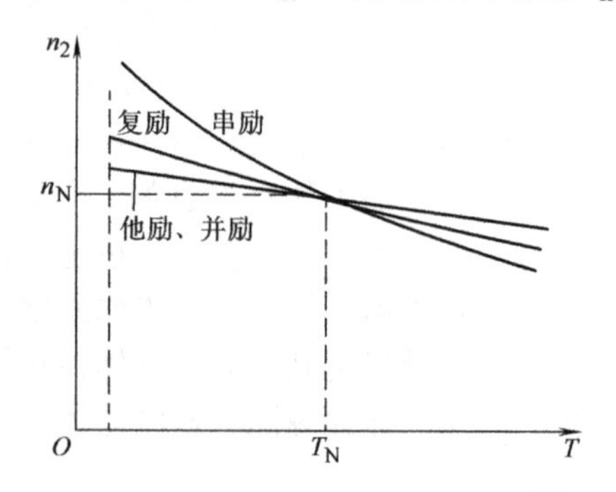

图5-35　直流电动机的机械特性

四、直流电动机的起动、反转、调速和制动

1. 直流电动机的起动

起动过程一般要求：起动转矩大，起动快，以提高生产率；起动时的电流冲击不要太大，以免对电源及电动机本身产生有害的影响；起动过程中消耗的能量要少；起动设备简单，便于控制。直流电动机很容易满足这些要求，它的起动性能比交流电动机要好。

直流电动机起动可采用三种方法：

➢ 直接起动。这种起动方法起动电流很大，可达到额定电流 I_N 的几十倍。对电动机的换向、温升以及机械方面都很不利，所以一般不采用，只有很小容量的直流电动机才用直接起动。

➢ 电枢串电阻起动。在他励直流电动机的电枢回路里串入起动电阻，就能限制起动电流的大小。当电动机转起来以后，再逐渐将电阻切除，使电动机的转速最终达到预定的稳定数值。这种方法适用于容量不大和不经常起动的直流电动机。

➢ 减压起动。当电动机的容量较大而又起动较频繁时，可以采用降低电源电压的办法起动。先降低电枢电压来起动直流电动机，当电动机起动后再将电枢电压逐渐提高到额定值。

2. 直流电动机的反转

由于电磁转矩是由主磁极磁通和电枢电流的相互作用而产生的，所以，根据左手定则，任意改变两者其中之一时，作用力的方向就会改变。因而，改变直流他励电动机转向的方法有两种：电枢绕组两端极性不变，将励磁绕组反接；励磁绕组极性不变，将电枢绕组反接。

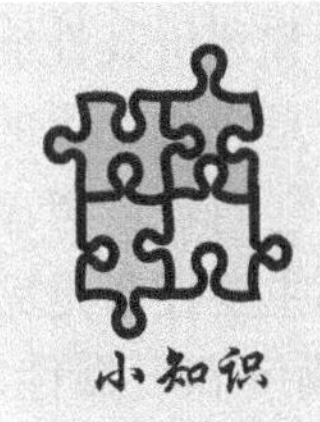

在工程上，通常很少采用改变磁场来改变转向的方法。一般多采用改变电枢两端电压极性的方法来改变电动机的旋转方向。

3. 直流电动机的调速

直流电动机可以通过三种方法来实现调速。

➢ 电枢串电阻调速。这种调速方法的优点是设备成本低，缺点是低速时机械特性软、电能浪费多且调速级数有限，一般只用于小容量的电动机中。

➢ 减压调速。减压调速只能使转速往下调，电压越低转速越低。这种调速方式的优点是机械特性硬、转速稳定性好、调速范围大、电能损耗小、能实现无级调速。缺点是需要专用的直流调速电源，成本较高，随着电力电子技术的不断发展，利用晶闸管可控整流电源可以很方便地对电动机进行减压调速。

➢ 弱磁调速。弱磁调速是通过改变直流电动机主磁场强度来调速的方法。通常电动机工作在磁路接近饱和的状态，所以只能采用减弱磁通的方法来调速。对于小容量电动机，多在励磁回路中串接可调电阻；对于大容量电动机，可采用单独的可控整流电源来实现弱磁调速。由于弱磁调速时，转速只能往上调，受电动机最高转速和机械强度的限制，调速范围较小。这种调速方法在功率较小的励磁电路中进行调节，控制方便、电能损耗小，可以做到无级调速，适用于需要向上调速的电力拖动系统。

4. 直流电动机的制动

直流电动机的制动方法有三种：

➢ 能耗制动。能耗制动时，将直流电动机的电枢绕组脱离直流电源，通过制动电阻短接。制动过程中，电动机工作在发电状态，将旋转动能转化为电能，全部消耗在电枢回路的电阻上。能耗制动的设备简单、操作方便、运行可靠、制动平稳、能准确停车。缺点是能量

消耗大，低速时制动效果差。适用于要求准确停车的场合。

➢ 反接制动。把运转中的电动机的电枢绕组反接到电源上，通过改变电枢绕组电压极性使电磁转矩改变方向，产生制动转矩。须注意在反接时，要在电枢回路中串入制动电阻，以限制电枢电流，否则在反接瞬间，电动机转速未变，相当于在电枢绕组上加了接近两倍的额定电压。另外，制动完成之后，一定要迅速切断电源以免电动机反转。

➢ 回馈制动。在电车下坡或起重机放下重物的过程中，受重力作用，有可能使电动机的转速大于理想空载转速。此时，电动机转变为发电机向电网输出电能，把系统的动能转化为电能，回送到电网，所以称为回馈制动。这种制动方式的优点是能量损耗小，不需改接电路。缺点是转速必须高于理想空载转速，不能用于快速停车。

*5.6 控制电机

控制电机在自动控制系统中起着转换和传送控制信号的作用。控制电机是在一般旋转电机的理论基础上发展起来的小功率电机。它的基本工作原理和前面讲的普通电机并没有本质上的区别。但是由于控制电机和普通旋转电机的用途不同，所以对特性的要求和评价其性能好坏的指标就有较大差别。普通旋转电机是作为动力来使用的，它的主要任务是完成能量的转换（发电机是把机械能转换成电能，电动机是把电能转换成机械能），对于它们着重考虑的是提高转换的效率。控制电机在自动控制系统中，只起一个元件的作用，其主要任务是完成控制信号的传递和转换，而能量转换是次要的，因此要求它具有较高的精确度和可靠性，能对信号作出快速反应。控制电机种类繁多，按照它们在控制系统中的作用，可分为两大类：执行元件（也称为功率元件）和测量元件（也称为信号元件），其分类和作用比较见表5-7。

表5-7 控制电机的分类和作用

	执行元件	测量元件
作用	带动控制对象运动，将信号转换成轴上的角位移、角速度以及直线位移的线速度	作为敏感元件和校正元件，用来测量机械转角、转角差和转速
分类	直流伺服电动机、交流伺服电动机、无刷直流电动机、步进电动机	自整角机、交流测速发电机、直流测速发电机、旋转变压器

一、伺服电动机

1. 概述

伺服电动机在自动控制系统中用作执行元件来驱动控制对象，也称为执行电动机。它的任务是将接收到的控制电压信号转换为转轴上的角位移或角速度输出，改变控制电压，就可以改变伺服电动机的旋转方向和转速。它能服从控制信号的要求而动作，因此被称为“伺服电动机”。其外形如图5-36所示，在自动控制系统中，伺服电动机有着广泛的应用。伺服电动机按其使用电源性质不同，可分为直流伺服电动机与交流伺服电动机两大类。

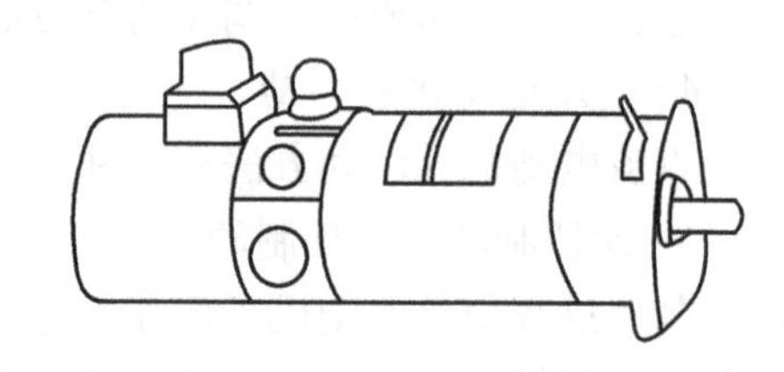
图5-36 伺服电动机的外形

随着电子技术的发展及自动化程度的不断提高，伺服电动机的应用范围日益扩展，对其要求也不断提高，出现了许多新的结构形式，如盘形电枢直流伺服电动机、无刷直流伺服电动机等。对伺服电动机的基本要求包括以下四个方面：

➢ 较宽的调速范围，即伺服电动机的转速能随着控制电压的改变在较宽的范围内连续调节。

➢ 线性的机械特性和调节特性，即伺服电动机的转速随转矩的变化或控制电压的变化呈线性关系。

➢ 快速响应性，即伺服电动机的转速能随控制电压变化而迅速变化。

➢ 无“自转”现象，即控制电压消失，伺服电动机立即停转。

2. 交流伺服电动机

交流伺服电动机实际上是两相异步电动机，它的定子结构与普通异步电动机相似，定子上装有两个绕组，一个是励磁绕组，一个是控制绕组，它们在空间上相差 90°，如图 5-37 所示。为了使电动机在输入信号值改变时，其转子转速能迅速改变，实现与输入信号值所对应的转速值同步，必须减少转子惯量并增大起动转矩。因此，在结构上采用空心杯型转子。这种结构除了有与一般异步电动机相似的定子外，还有一个内定子，由硅钢片叠成圆柱体，其上通常不放绕组，只是代替笼型转子铁心，作为磁路的一部分。在内、外定子之间，有一个装在转轴上的细长的杯型转子，它通常用非磁性材料（铝或铜）制成，能在内、外定子之间的气隙中自由旋转。这种电动机的工作原理是靠杯型转子在旋转磁场作用下而产生感应电动势及电流，电流又与旋转磁场作用而产生电磁转矩，使转子旋转。杯型转子交流伺服电动机的优点是转动惯量小，摩擦转矩小，适应性强，运行平滑，无抖动现象；缺点是有内定子存在，气隙大，励磁电流大，体积也大，但目前采用这种结构的交流伺服电动机居多。

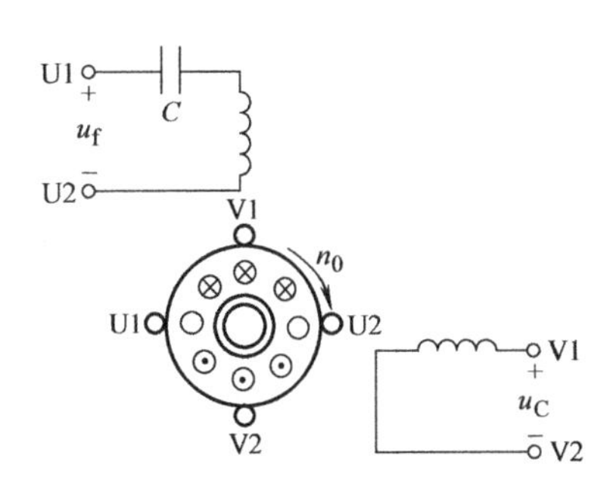

图 5-37　交流伺服电动机

3. 直流伺服电动机

直流伺服电动机是指使用直流电源的伺服电动机。它的结构与他励直流电动机基本相同，只是体积较小，并且为了减小转动惯量往往制成细长的形状。伺服电动机也是由装有磁极的定子、可以旋转的电枢和换向器等组成。按励磁方式通常分为他励式和永磁式。他励式的电枢和磁极分别由独立的直流电源供电，目前我国生产的 SZ 系列直流伺服电动机就属于这种结构。而永磁式的磁极是用永久磁铁制成，不需要励磁绕组和励磁电源，国产的 SY 系列直流伺服电动机即属于这种结构。

直流伺服电动机的优点是具有线性的机械特性，起动转矩大，调速范围宽且平滑，无自转现象，与同容量的交流伺服电动机相比，重量轻、体积小。缺点是转动惯量大，反应灵敏度较差。伺服电动机主要用于复印机、打印机、雷达天线系统、机床、机器人、数控机床控制系统等设备中。

二、步进电动机

步进电动机顾名思义是“一步一步”地转动的一种电动机，其作用是将输入的脉冲信号变换为阶跃式的角位移或直线位移，即每输入一个脉冲信号，电动机就相应转过一个角度或前进一步，所以也称为脉冲电动机。步进电动机的转角位移与输入的电脉冲数成正比，其转速与电脉冲频率成正比，因此它不受电压、负载及环境条件变化的影响。这种电动机能够快速起动、制动和反转，有较宽的调速范围，步进电动机作为执行元件，广泛应用在数控机床、家用电器、自动绘图及自动记录设备中。

数控机床控制系统示意图如图5-38所示。机床工作时，先根据加工要求编好程序，数控装置按程序发出指令产生脉冲信号。驱动电源将脉冲信号放大并以一定的方式供给步进电动机。步进电动机则将接收到的电脉冲信号转换成轴上的角位移输出，再通过机床的丝杆等传动装置带动机床工作台运动，以完成自动加工任务。

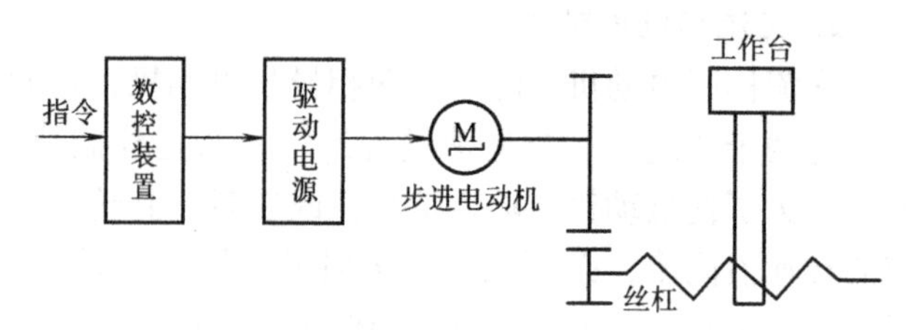

图5-38　数控机床控制系统示意图

步进电动机的定子铁心由硅钢片叠成，装有六个均匀分布的磁极，每两个相对的磁极上装有一相绕组（称控制绕组或励磁绕组）。转子由硅钢片或软磁材料叠成，转子形状为凸极，转子上没有绕组。

图5-39所示为三相六极步进电动机，转子上有个大齿。各相控制绕组的首端接电源，末端接在一起，即星形联结。当定子绕组依次加上电脉冲信号时，所产生的磁通总是力图通过磁阻最小路径，因而产生磁拉力，使步进电动机按步转动。

例如，当向U相绕组通入电脉冲时，由于磁通总是沿磁阻最小的路径闭合，于是产生磁场力，使转子铁心齿1、3与U相绕组轴线对齐，如图5-39a所示。如将电脉冲通入到V相绕组时，同理，将产生磁场力使转子铁心齿2、4与V相绕组轴线对齐，如图5-39b所示。所以定子绕组按U—V—W—U……的顺序重复通入电脉冲，转子就按顺时针方向一步一步地转动。通入的电脉冲频率越高，电动机的转速就越快。

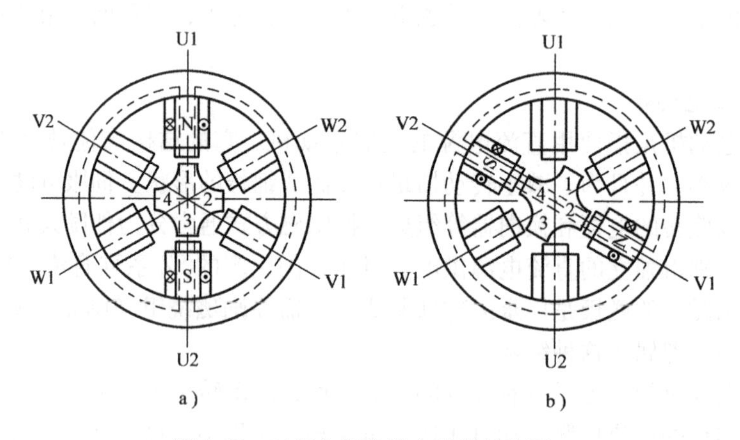

图5-39　三相六极步进电动机结构图

实际生产中，为了提高步进电动机的精度，常将步进电动机定子的每一个极分成许多小齿，如图5-40所示。

步进电动机具有结构简单，维护方便，调速范围大，起动、制动和反转灵敏等特点，精确度高，且其转速只决定于电源频率，所以被广泛用作数字控制系统中。

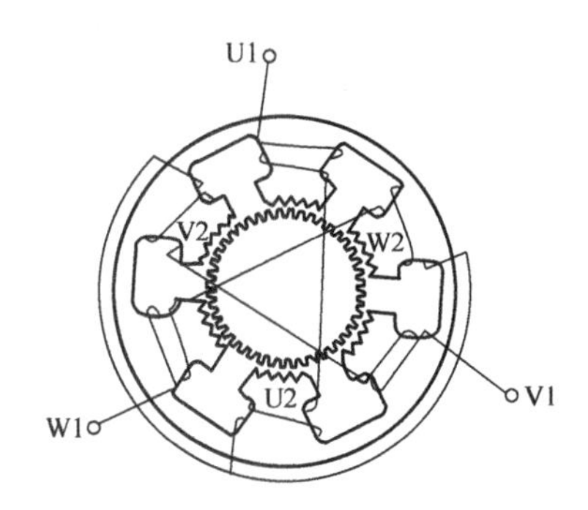

图 5-40　步进电动机的实际结构图

本章小结

1. 三相异步电动机的结构

三相异步电动机主要由定子和转子两部分组成。定子包括定子铁心、定子绕组和机座三部分。转子由转轴、转子铁心和转子绕组三部分组成。定子铁心和转子铁心是电动机的磁路部分，定子绕组是电动机的电路部分，转子绕组的作用是产生感应电动势和电磁转矩，分为笼型和绕线转子两种。

2. 三相异步电动机的转差率：$s=\frac{n_1-n_2}{n_1}$

3. 低压开关广泛用于接通、断开、转换电路用，刀开关构造简单，常用于照明电路和小负荷负载的电源接入开关；组合开关分断负荷能力较小，常用于机床控制电路作电源引入开关；自动开关分断负载能力强，操作安全、可靠，在民用建筑及电力拖动系统中应用较多。

4. 按钮和行程开关属于有触点的主令电器，根据实际生产任务的不同，可以选择不同种类的按钮进行控制；行程开关分直动式和滚轮式两种，适合于不同生产机械的行程和位置控制。

5. 熔断器根据其构造和熔体材料的不同，可有多种类型。使用时须根据被保护电路的要求，选择合适的熔断器和相应规格的熔体额定电流，熔断器在更换熔体时，要保证操作安全。

6. 交流接触器利用电磁系统线圈的通电或断电，控制动铁心和静铁心的吸合或释放，带动触点动作。触点分主触点和辅助触点，主触点通过电流较大，辅助触点通过电流较小，交流接触器的工作电流通常是指主触点的额定电流，一般大于 10A 的交流接触器要设置灭弧装置。交流接触器的选择主要是主触点额定电压、电流及辅助线圈额定电压。

7. 热继电器过载保护的特点是由双金属片受热膨胀的热惯性决定，即热元件短时通过几倍额定工作电流，热继电器也不会立即动作，只有电动机在长时间过载下，热继电器触点才会动作，起到过载保护作用。

8. 时间继电器分电磁型和晶体管型两种，触点有瞬动型和延时动作型两类。空气阻尼式时间继电器从电磁线圈通电（断电）开始，延时一段时间后，触点才闭合（断开）。

9. 三相异步电动机的起动方法

三相异步电动机的起动分为直接起动和减压起动。减压起动的目的是减小起动电流。笼型异步电动机的减压起动有定子电路串电阻减压起动、星—三角减压起动和自耦变压器减压起动。

10. 三相异步电动机的反转是将主电路中三相电源的任意两根反接。

11. 三相异步电动机的调速可以通过变频、变极和变压来实现。

12. 三相异步电动机的电气制动主要是反接制动和能耗制动。

第6章 半导体二极管及其应用

本章学习要点

◇ 了解半导体二极管的结构、特性和主要参数。
◇ 掌握整流电路、滤波电路的结构和工作原理。
◇ 掌握直流稳压电源的工作原理和集成稳压元件的应用。

案例导入

将电源、开关、二极管和小灯泡用导线按图6-1连接起来。当开关切换至上方的二极管，小灯泡发光；当开关切换至下方的二极管，小灯泡熄灭。小灯泡亮、灭的关键就在于二极管的连接方式不同，这是由二极管的特殊导电性决定的。

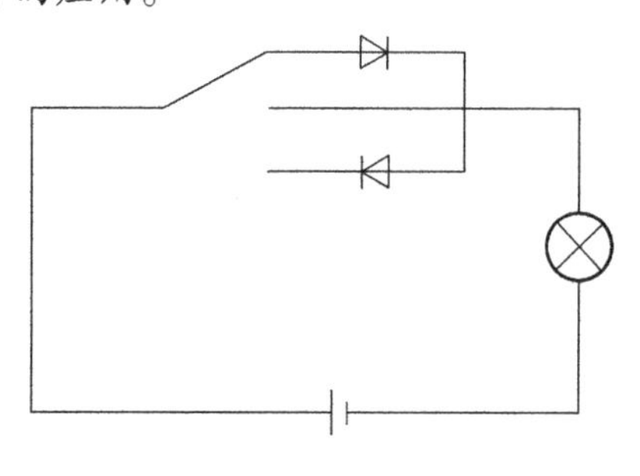

图6-1　实验电路

6.1　半导体二极管

6.1.1　半导体基本知识

自然界中的物质，根据其导电性能的差异可划分为导电性能良好的导体（如银、铜、铁等）、几乎不能导电的绝缘体（如橡胶、陶瓷、塑料等）和半导体（如锗、硅、砷化镓等）。

常温下导电性能介于导体与绝缘体之间的物质，叫做半导体。电子工业中最常用的半导体材料是硅（Si）和锗（Ge）。半导体的导电能力会随温度、光照及掺入杂质不同而显著变化，特别是掺杂可以改变半导体的导电能力和导电类型的材料。例如，在四价元素硅（Si）或锗（Ge）中掺入少量的五价元素磷（P）、砷（S）等，可得到N型半导体。在四价元素中掺入少量的三价元素硼（B）、镓（Ga）等，就得到P型半导体。利用这些特性，半导体广泛应用于制造各种电子元器件（如二极管、晶体管、晶闸管等）和集成电路。

6.1.2　二极管的结构与特性

一、二极管的结构与单向导电性

二极管是结构最简单，应用最广泛的常用半导体器件之一。图6-2所示为二极管的内部

结构、电气符号和常见外形（玻璃封装、塑料封装和金属封装）。

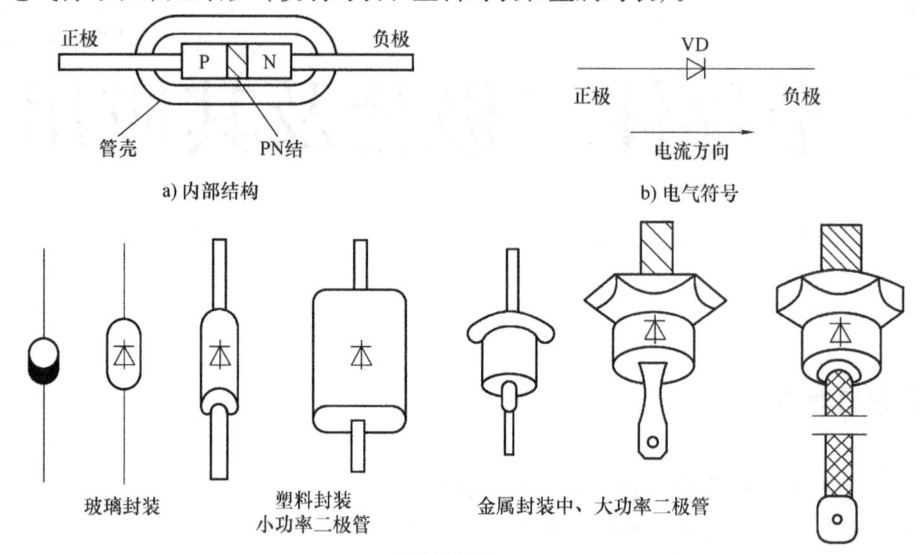

图6-2　二极管结构、符号和外形图

二极管的内部结构是由P型半导体和N型半导体用特殊工艺加工而成，它的核心是一个PN结。二极管的两根引脚分别称为正极（阳极）和负极（阴极），正极由P型半导体一侧引出，对应二极管符号中三角形底边一端；负极由N型半导体一侧引出，对应二极管符号中短竖线一端。

二极管的电气符号形象地表示了二极管内电流流动的方向，即PN结的正向导通方向：由P区指向N区，不允许反方向流动，这一点可以通过实验来证明。

实践环节

如图6-3a所示，当开关S闭合时，指示灯发光，说明当二极管正极接高电位，负极接低电位时，导电性能良好，电路中有电流流过，称为二极管“导通”状态。

如图6-3b所示，当开关S闭合时，指示灯不发光，说明当二极管正极接低电位，负极接高电位时，导电性能极差，电路中无电流流过，称为二极管“截止”状态。

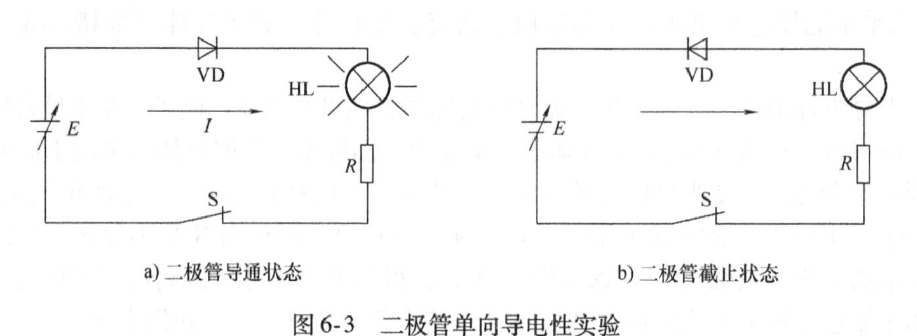

图6-3　二极管单向导电性实验

提示

二极管加一定的正向电压时导通，加反向电压时截止，这一导电特性，称为二极管的单向导电性。

二、二极管的伏安特性

二极管两端的电压和流过二极管电流的关系称为二极管的伏安特性。通过下面的实验，可以说明二极管的正、反向伏安特性。

图6-4a所示为测量二极管正向特性的电路。调节电位器RP，改变二极管VD的正向电压 U_F 和正向电流 I_F，得到如图6-5中第一象限所示曲线。

图6-4b所示为测量二极管的反向特性电路。调节电位器RP，改变二极管VD的反向电压 U_R 和反向电流 I_R，得到如图6-5中第三象限所示曲线。

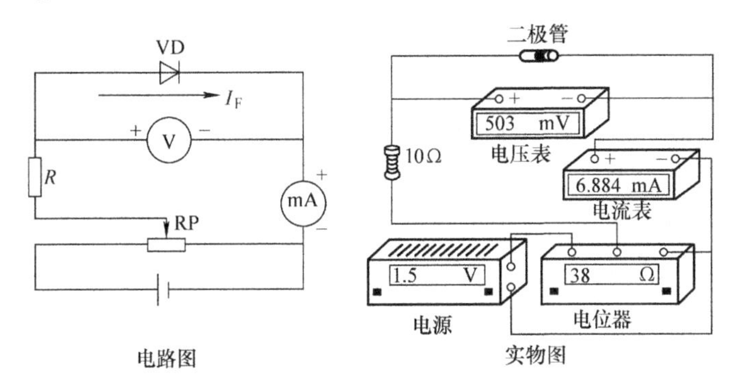

图6-4a　测量二极管正向特性

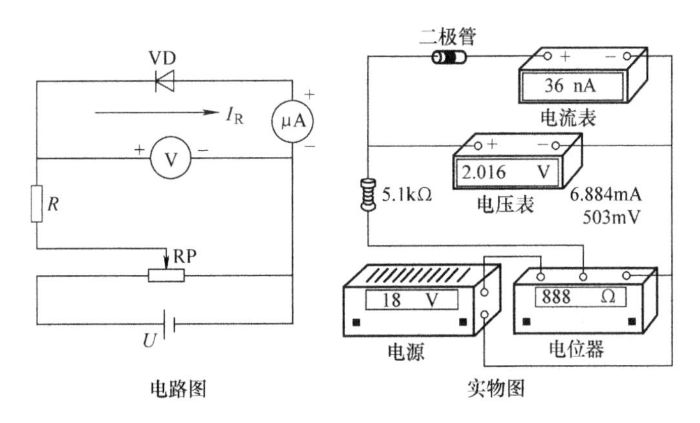

图6-4b　测量二极管反向特性

1. 正向特性

➢ 曲线起始阶段，当正向电压较小时，正向电流极小（几乎没有），二极管呈现很大的电阻，处于截止状态，这一部分称为死区，相应的电压值称为门坎电压或死区电压：硅管约为0.5V，锗管约为0.2V。

➢ 当正向电压超过门坎电压时，电流随电压的上升而急剧增大，二极管电阻变得很小，进入导通状态。正向电流 I_F 与电压 U_F 呈非线性关系，二极管两端正向压降近于定值，称为导通电压：硅管约为0.7V，锗管约为0.3V。

2. 反向特性

➢ 曲线起始阶段，二极管反向电流很小，而且在很大范围内不随反向电压的变化而变化，称为反向饱和电流：硅管反向饱和电流一般小于0.1μA，锗管小于几十微安。

➢ 当反向电压增加到一定数值时，反向电流急剧增加，称为反向电击穿，简称反向击穿，此时的电压称为反向击穿电压。普通二极管的反向击穿电压一般在几十伏以上，高反压管可达几千伏。

➢ 普通二极管反向击穿后，若不限制反向击穿电流，将由电击穿转变为热击穿，烧毁PN结，造成二极管永久性损坏。

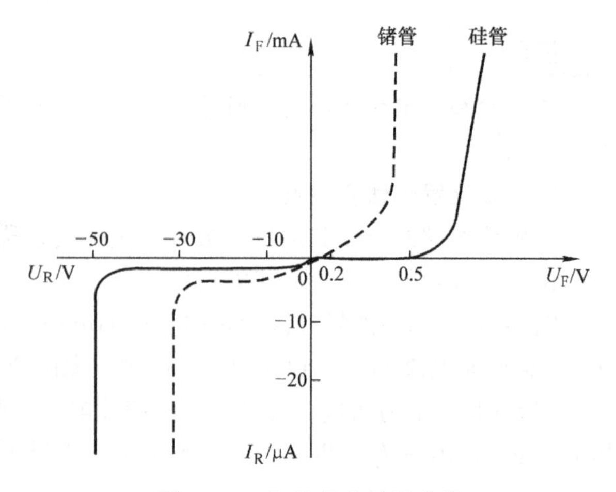

图6-5　二极管伏安特性曲线

6.1.3　二极管的主要参数

二极管的参数是评价二极管性能的重要指标，是正确选择和使用二极管的依据。

一、最大整流电流 I_{FM}

I_{FM}是指二极管允许通过的最大正向工作电流平均值。当实际电流超过该值时，二极管会因过热而损坏。

二、最高反向工作电压 U_{RM}

U_{RM}是指二极管长期工作时允许承受的最大反向电压，超过此值容易发生反向击穿。通常采用二极管反向击穿电压的$\frac{1}{2}$或$\frac{1}{3}$。

三、最大反向电流 I_{RM}

I_{RM}是指二极管反向工作而未被击穿时的反向电流值。反向电流越小，表明二极管的单向导电性越好，反向电流受温度影响较大。

四、最高工作频率 f_M

f_M是指保持二极管单向导电性能时所加电压的最高频率。二极管的最高工作频率与它的结电容大小有关，结电容越小，工作频率就越高。

6.1.4　二极管的检测

二极管具有单向导电性，利用这一特性可用万用表欧姆档来检测二极管。

检测时如图6-6a所示，将万用表拨到欧姆档，一般用$R\times100$或$R\times1\text{k}$两档（注意：当万用表拨在欧姆档时，表内电池的正极与黑表笔相连，负极与红表笔相连，与面板上表示测量直流电压或电流的“+”“−”符号相反）。将红、黑表笔分别接二极管两端，若测得电阻很小，约为几百欧到几千欧时，再将二极管的两极对调位置，如图6-6b所示。若测得电阻较大，大于几百千欧，则表明二极管正常。所测电阻小的那一次，黑表笔接触处为正极，红表笔接触处为负极。

如果测得正、反向电阻都很小，表明二极管内部短路；若测得正、反向电阻都很大，表明二极管内部断路或接触不良。出现短路或断路时，表明二极管已经损坏。

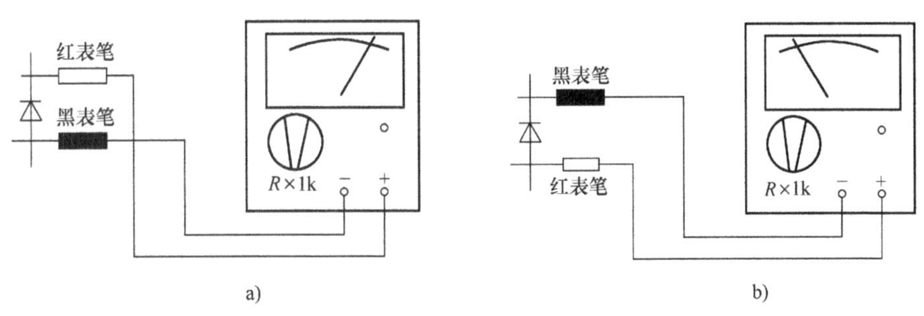

图6-6　二极管的检测

6.2 整流电路

在生产、科研和日常生活中，除广泛使用交流电外，在很多场合还需要使用直流电，如电子设备的电源、电池充电、电解和电镀等。获得直流电压比较经济实用的方法是将电网提供的交流电变换成直流电，其变换过程需要经过变压、整流、滤波及稳压等环节，如图6-7所示。

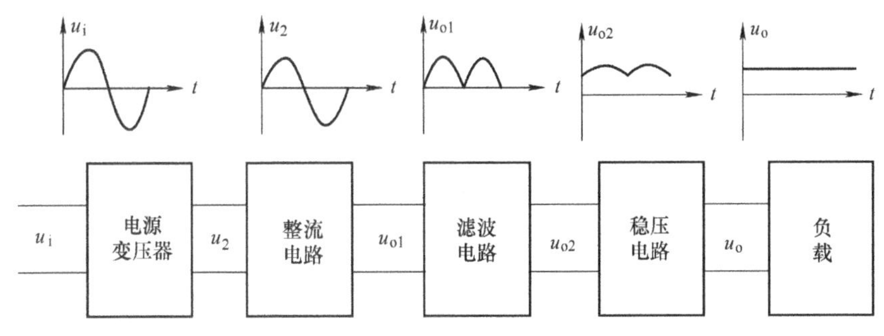

图6-7　直流稳压电源方框图

- 变压环节：利用工频变压器，将电网电压变换为所需要的交流电压。
- 整流环节：利用二极管的单向导电性，将交流电变换为脉动直流电。
- 滤波环节：将脉动直流电中的脉动成分滤掉，使输出电压成为平滑直流电。
- 稳压环节：在电网电压波动和负载电流变化时，保持直流输出电压的稳定。

6.2.1　单相半波整流电路

整流就是将大小和方向都变化的交流电变换成单方向的脉动直流电。整流电路就是利用二极管的单向导电性，将交流电变换成直流电。常见的单相整流电路有半波、全波、桥式和倍压整流电路等。

单相半波整流电路的结构如图6-8a所示，图中u_i为220V、50Hz的交流电，u_2为变压器二次侧电压，VD为整流二极管，R_L为整流电路的等效负载。

设二极管VD为理想元件，其工作原理是：在u_2的正半周，设a端为正，b端为负，则VD正向导通，相当于短路，则$u_o=u_2$；在u_2的负半周，b端为正，a端为负，则VD反向截止，相当于开路，则$u_o=0$。

图6-8b所示为变压器二次电压与输出电压的波形。可见，变压器的二次电压虽然是正弦波，但由于二极管的单向导电性，在负载R_L上得到了单方向的脉动半波电压，此电路称

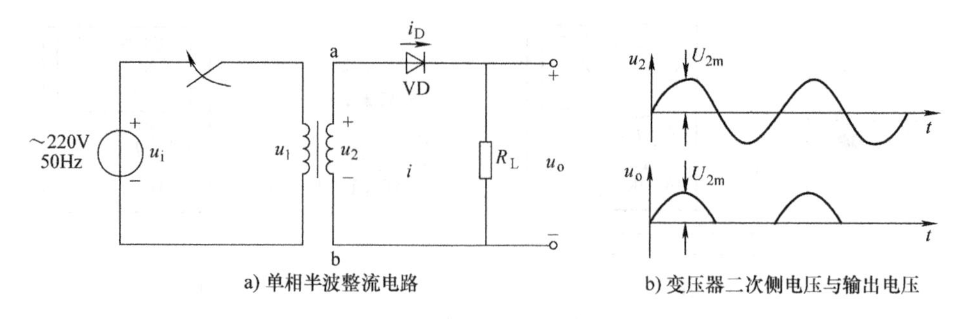

a) 单相半波整流电路　　b) 变压器二次侧电压与输出电压

图6-8　单相半波整流电路

为半波整流电路。

设变压器的二次电压 $u_2=\sqrt{2}U_2\sin\omega t$，则负载 R_L上的直流电压平均值为

$$U_o=\frac{1}{2\pi}\int_0^{\pi}\sqrt{2}U_2\sin\omega t\mathrm{d}(\omega t)=\frac{\sqrt{2}}{\pi}U_2\approx 0.45U_2 \tag{6-1}$$

由此得出整流电流的平均值为

$$I_o=\frac{U_o}{R_L}=0.45\frac{U_2}{R_L} \tag{6-2}$$

根据电路结构可知，流过二极管的电流等于负载电流，即

$$I_D=I_o=0.45\frac{U_2}{R_L} \tag{6-3}$$

在半波整流电路中，二极管两端承受的最大反向电压是变压器二次电压的最大值，即

$$U_{RM}=\sqrt{2}U_2 \tag{6-4}$$

I_D和 U_{RM}是选择整流二极管的主要依据，二极管的最大整流电流和反向耐压值应分别大于上述两式的数值。

单相半波整流电路结构简单、使用器件少，但由于只有半波输出，因此电压波动性大，电源利用率低，只能用于小功率以及对输出电压波形和整流效率要求不高的场合。

6.2.2　单相桥式整流电路

一、电路结构

图6-9是单相桥式整流电路原理图，简称桥式整流电路。图中电源变压器T起到电压变换和隔离市电电源的作用。二极管 VD_1 ~ VD_4 起整流作用，称为整流器件，它们组成桥式电路结构。整流电路的负载电阻为 R_L。

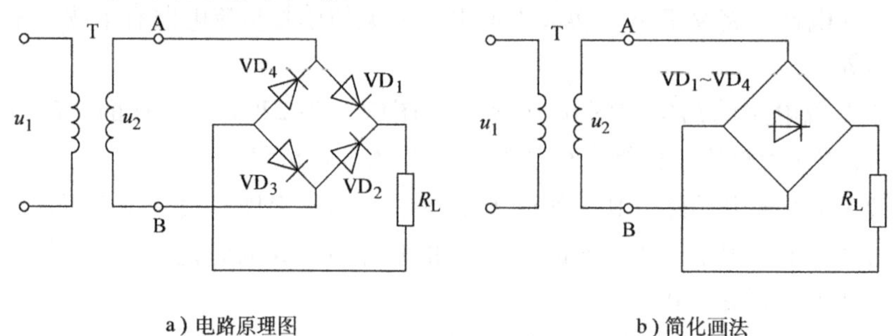

a）电路原理图　　b）简化画法

图6-9　单相桥式整流电路

如果桥式整流电路连接错误或者二极管极性接反，容易造成电路不通或烧毁二极管，这一点需要特别注意。

小口诀

❖ 单相桥式四只管，两两串联再并联。

❖ 并联点上接负载，串联点上接电源。

二、工作原理

➢ 如图6-10a所示，输入电压u_2为正半周时，A点电位最高，B点电位最低。二极管VD_1和VD_3正向偏置导通，VD_2和VD_4反向偏置截止。电流通路为：A→VD_1→R_L→VD_3→B，流过直流负载R_L的电流方向为从上向下。

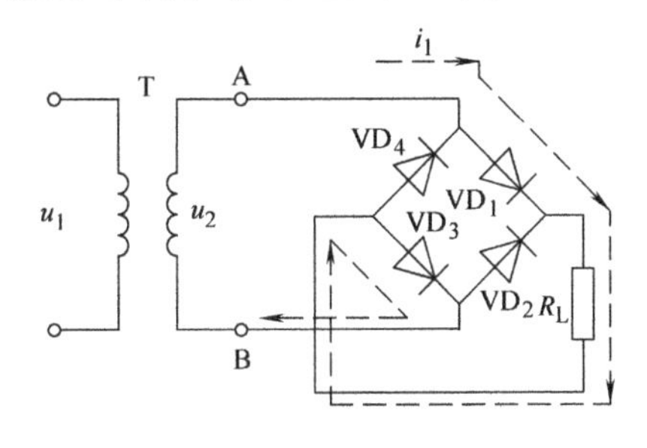

a）电压为正半周的电流方向

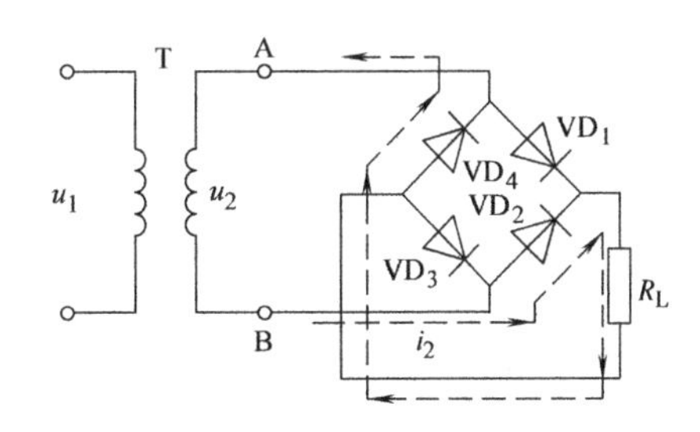

b）电压为负半周的电流方向

图6-10　单相桥式整流电路工作过程

➢ 如图6-10b所示，输入电压u_2为负半周时，B点电位最高，A点电位最低。二极管VD_2和VD_4正向偏置导通，VD_1和VD_3反向偏置截止。电流通路为：B→VD_2→R_L→VD_4→A，流过直流负载R_L的电流方向还是从上向下。

可见，在桥式整流过程中，四只二极管两两轮流导通，无论输入电压是正半周还是负半周，通过负载R_L的电流方向始终是从上向下的，其电压、电流波形如图6-11所示。

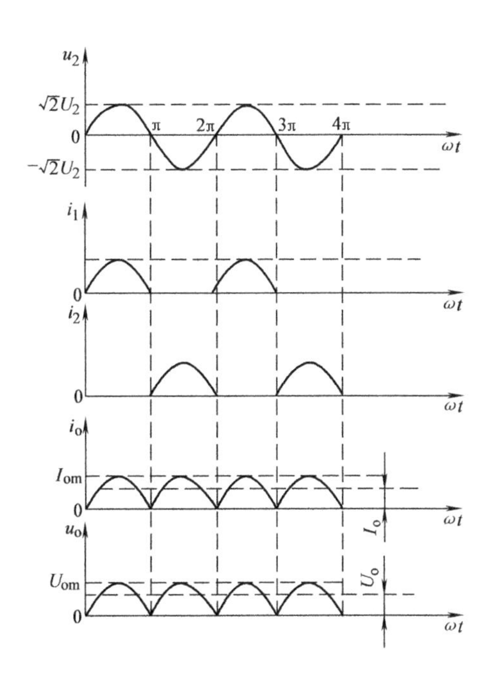

图6-11　单相桥式整流电路波形图

三、电压和电流的计算

➢ 负载电压U_o和负载电流I_o

桥式整流电路负载上得到的直流电压是输出电压在一个周期的平均值，其数学表达式为

$$U_o = \frac{1}{\pi}\int_0^{\pi}\sqrt{2}U_2\sin\omega t\mathrm{d}(\omega t) = \frac{2\sqrt{2}}{\pi}U_2 \approx 0.9U_2 \tag{6-5}$$

流过负载 R_L 的电流为

$$I_o = \frac{U_o}{R_L} = 0.9\frac{U_2}{R_L} \tag{6-6}$$

➤ 二极管正向平均电流 I_D

在桥式整流电路中，四只二极管在电源电压变化一周内是轮流导通的，所以流过每个二极管的电流都等于负载电流的一半，即

$$I_D = \frac{1}{2}I_o = 0.45\frac{U_2}{R_L} \tag{6-7}$$

➤ 二极管承受的最大反向电压 U_{RM}

每个二极管在截止时承受的反向峰值电压是电源电压 u_2 的最大值，即

$$U_{RM} = \sqrt{2}U_2 \tag{6-8}$$

【例6-1】 某桥式整流电路，交流电压220V，负载 $R_L = 470\Omega$，需要直流电压 $U_o = 12V$，应如何选择二极管？

解：流过二极管的平均电流：$I_D = \frac{1}{2}I_o = \frac{1}{2} \times \frac{12}{470}\text{mA} \approx 12.8\text{mA}$

因为 $U_o = 0.9U_2$　所以 $U_2 = \frac{U_o}{0.9} = \frac{12}{0.9}\text{V} \approx 13.3\text{V}$

二极管承受的反向峰值电压：$U_{RM} = \sqrt{2}U_2 = \sqrt{2} \times 13.3\text{V} \approx 18.8\text{V}$

所以，应选择耐压值大于18.8V、正向电流大于12.8mA的整流二极管。查阅电子元器件手册，选用最大反向电压 U_{RM} 为25V，最大整流电流 I_{oM} 为0.1A的整流二极管。

单相桥式整流电路与单相半波整流电路相比，在输入电压相同的情况下，输出电压提高了一倍，输出电压的脉动明显减小，变压器的利用效率高，因此在工程实际中得到了广泛的应用。

6.2.3　三相桥式整流电路

单相整流电路通常用于直流负载功率较小的场合，一般功率在几瓦到几百瓦。当整流功率超过几千瓦以上，单相整流电路会造成三相电网不平衡，影响供电质量，为此，应采用三相桥式整流电路。

一、电路结构

三相桥式整流电路如图6-12所示。由三角形－星形联结的三相变压器提供三相电源，也可以由三相四线制电网供电。整流二极管VD1、VD3、VD5组成共阴极联接的三相半波整流电路，二极管VD2、VD4、VD6组成共阳极联接的三相半波整流电路。负载 R_L 接在E、F点。

二、工作原理

变压器二次绕组相电压的波形如图6-13a所示，$t_1 \sim t_7$ 将一个周期的时间六等份。对于共阴极联接的二极管，哪一只的正极电位最高，则这只二极管就处于导通状态；对于共阳极联接的二极管，哪一只的负极电位最低，则这只二极管就处于导通状态。

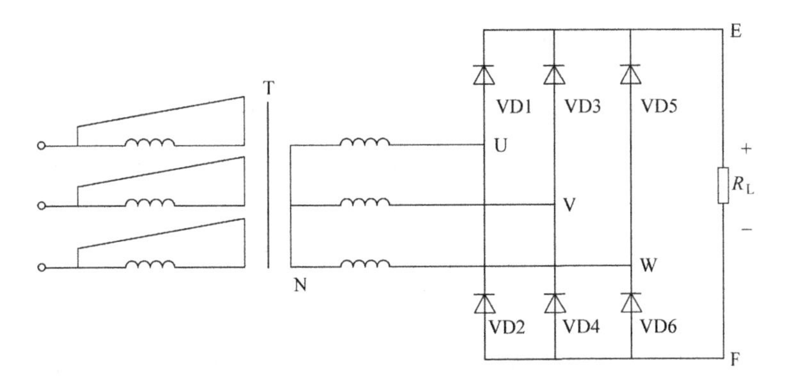

图 6-12　三相桥式整流电路

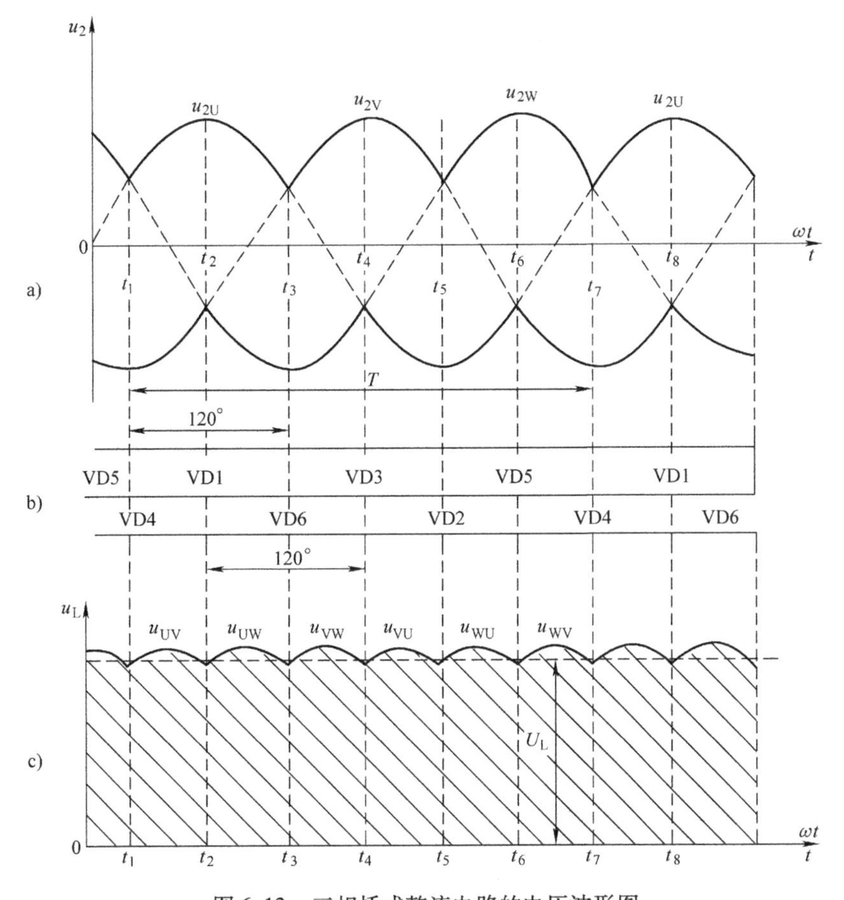

图 6-13　三相桥式整流电路的电压波形图

在 $t_1 \sim t_2$时间内：VD1、VD3、VD5 的负端电位相同，而 U、V、W 三点中 U 相电压最高，所以 VD1 优先导通，使 E 点电位等于 U 点，这样 VD3、VD5 承受反向电压而截止。VD2、VD4 和 VD6 的正端电位相同，而 U、V、W 三点中 V 相电压最低，所以 VD4 优先导通，使 F 点电位等于 V 点电位，VD2、VD6 也反偏截止。在这段时间内，VD1 与 VD4 串联导通，电流通路为：U→VD1→R_L→VD4→V→N。输出电压近似等于变压器二次线电压 u_{UV}。

在 $t_2 \sim t_3$时间内：U 相电压仍然最高，而 W 相电压变得最低，因此 VD1 与 VD6 串联导通，其余二极管反偏截止，电流通路为 U→VD1→R_L→VD6→V→N。输出电压近似等于变压器二次电压 u_{UW}。

在 t_3 ~ t_4 时间内：V 相电压最高，而 W 相电压仍然最低，因此 VD3 与 VD6 串联导通，其余二极管反偏截止，电流通路为 V→VD3→R_L→VD6→W→N。输出电压近似等于变压器二次电压 u_{VW}。

依此类推，得出如下结论：在任一瞬时，阴极组和阳极组中各有一个二极管导通，每个二极管在一个周期内的导通角都为 120°，导通顺序如图 6-13b 所示。负载上获得的脉动直流电压 U_L 的波形如图 6-13c 所示，它由三相电压轮流供给，是三相电源波形的正向包络线。

三相桥式整流电路的输出电压波形较为平滑，脉动小，其输出电压的平均值也较高，即 $U_L \approx 2.34U_2$。

6.3　滤 波 电 路

交流电压经过整流可输出单方向脉动的电压和电流，一般适用于电镀、电解、蓄电池充电等对波形平滑度要求不高的场合，而大多数的电子设备（如电子仪器、自动控制系统）等则要求直流电压的大小必须非常平滑稳定，这就需要在整流电路的基础上加入滤波电路，使输出电压中的交流成分进一步减少，输出波形更加平滑。

滤波电路又称滤波器，它能将单方向的脉动电压、电流变换为平滑的电压、电流，常见的滤波电路有电容滤波、电感滤波和复式滤波等，如图 6-14 所示。

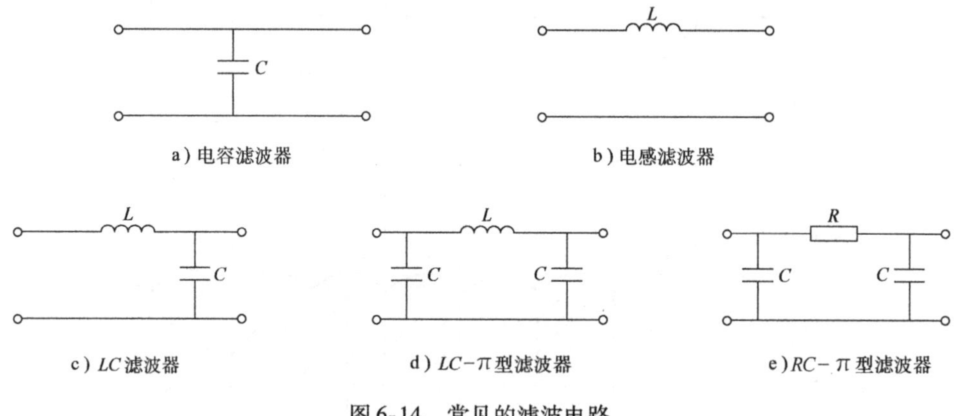

图 6-14　常见的滤波电路

6.3.1　电容滤波电路

一、电路组成

电容滤波电路是在整流电路的输出端与负载之间并联一个滤波电容 C 组成的，如图 6-15a所示。它利用电容器的充、放电特性使电压趋于平滑。

二、工作原理

仔细观察 6-15b 所示波形图，实线为未加电容滤波时 u_o 的波形。加入滤波电容 C，整流输出的电压在向负载 R_L 供电的同时，也给电容器 C 充电。当充电电压达到最大值 $\sqrt{2}U_2$ 后，u_2 开始下降，电容器 C 开始向负载电阻放电，维持负载两端电压缓慢下降，填补相邻

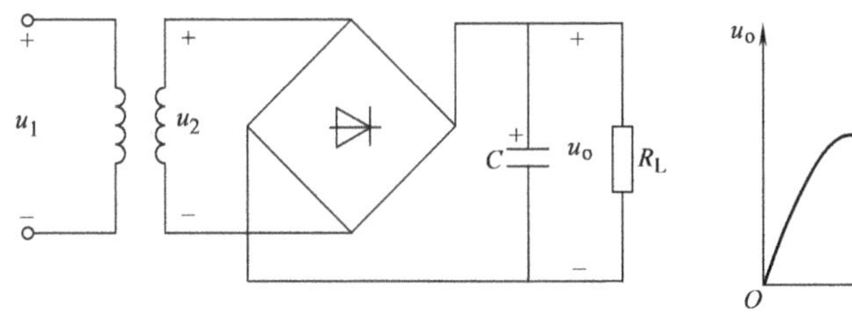

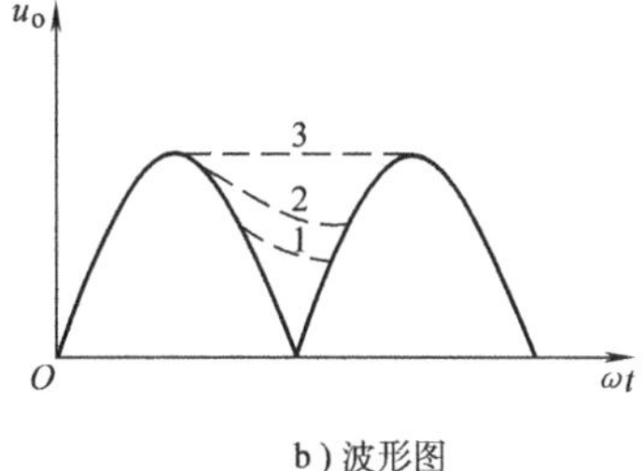

a）电路原理图　　b）波形图

图6-15　桥式整流电容滤波电路

两峰值电压的空白。电容器 C 的放电过程一直持续到下一个整流电压波到来，当 $u_2 > u_C$ 时，电容器 C 又开始充电，如此不间断的充电、放电……，使输出电压的脉动程度大大减小，而且输出电压 U_o 的平均值增大，如图6-15b中虚线部分。

电容器放电过程的快慢取决于 R_L 与 C 的乘积，即放电时间常数 $\tau_d = R_L C$，τ_d 越大，放电过程越慢，滤波效果就越好。图6-15b中曲线3、2、1是对应不同容量滤波电容的曲线。

在图6-15b的曲线2中，满足 $R_L C \geqslant (3 \sim 5) T/2$ 的条件（T 为电源电压 u_1 的周期），则负载两端电压的平均值估算为

$$U_o = 1.2U_2 \tag{6-9}$$

电容滤波电路结构简单、输出电压高、脉动小，适用于负载电流较小且变动不大的场合。在滤波电路装接过程中应注意电解电容极性不能接反，以免损坏电解质或使电容器发生爆炸。

6.3.2　电感滤波电路

电感滤波电路是在整流电路的输出回路串联一个较大的电感线圈 L，如图6-16a所示。它利用电感线圈直流电阻小、交流阻抗大的特性进行滤波。

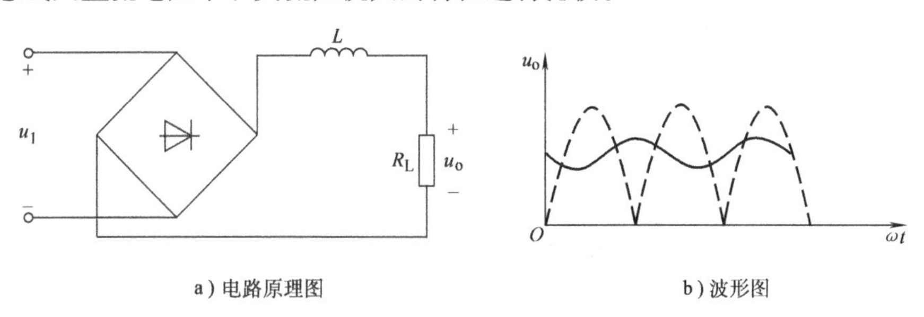

a）电路原理图　　b）波形图

图6-16　桥式整流电感滤波电路

整流输出的电压，可以看成由直流分量和交流分量叠加而成。因电感线圈的直流阻抗很小，交流电抗很大，故直流分量顺利通过，交流分量将全部降到电感线圈上，使负载电流和负载电压的脉动大为减小，如图6-16b所示。频率越高，电感越大，滤波效果就越好。当忽略电感 L 的阻值，负载上输出的电压平均值 $U_o \approx 0.9U_2$。

电感滤波电路适用于负载电流较大且经常变化的场合，但电感量较大的电感线圈，其体积和重量都较大且比较笨重，因此一般在功率较大的整流电源中采用。

6.3.3　复式滤波电路

复式滤波电路是由电感和电容或电阻和电容组合起来的多级滤波器，它的滤波效果更

好，输出电压脉冲更小。

图6-17a为LC滤波器电路。整流输出的脉动直流经过电感L，交流成分被削弱，再经过电容C滤波，就可在负载上获得更加平滑的直流电压，在大功率整流电路中常被采用。

图6-17b为$LC-\pi$型滤波器电路。整流输出的脉动直流经过电容C_1滤波后，再经电感L和电容C_2滤波，使脉动成分大大降低，在负载上可获得平滑的直流电压，在小功率整流电路中常被采用。

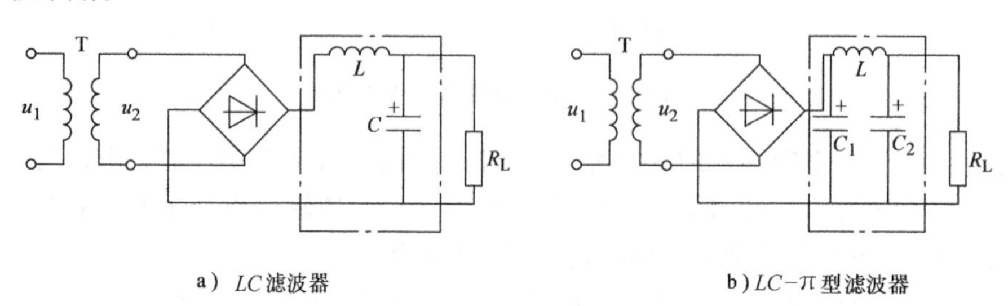

a）LC滤波器　　b）$LC-\pi$型滤波器

图6-17　常见的复式滤波电路

6.4　稳压电路

整流与滤波电路能把交流电变换成较平滑的直流电输出，但是在电网电压波动或负载变化时，仍会造成输出直流电压的不稳定，因此在要求直流电源输出较稳定的电子设备中，必须设计直流稳压电路，使输出电压保持稳定。

6.4.1　稳压二极管

稳压二极管是以特殊工艺制造的二极管，它利用PN结击穿时反向电压几乎不随电流变化的特点，达到稳定电压的目的。

一、稳压二极管的伏安特性

稳压二极管的电气图形符号如图6-18a所示，文字符号为VS，它的伏安特性曲线如图6-18b所示。

观察特性曲线可知，稳压二极管的正向伏安特性和普通二极管相似。它主要工作在反向击穿状态（图中曲线AB段）。当反向工作电流I_Z满足$I_A<I_Z<I_B$时，尽管反向电流ΔI_Z变化很大，但稳压管两端电压ΔU_Z几乎不变或变化很小，这就是稳压管的稳压特性。当外加反向电压减小或撤除后，稳压二极管能恢复到击穿前的状态，所以它可以反复使用。

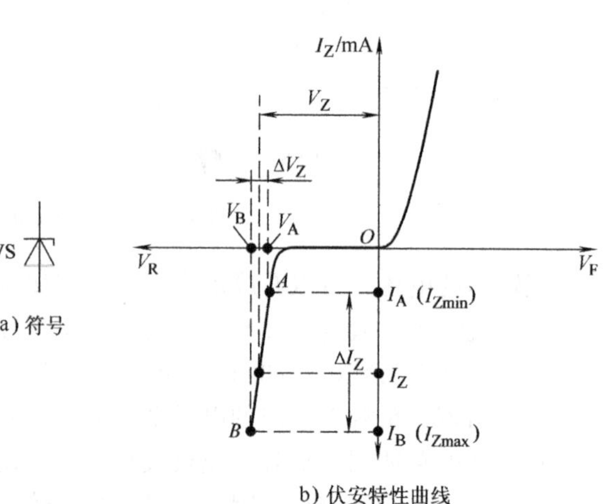

a）符号　　b）伏安特性曲线

图6-18　稳压二极管

二、稳压二极管的主要参数

➢ 稳定电压V_Z：稳压管在规定电流下的反向击穿电压。一般在半导

体器件手册中给出某一型号稳压管的稳定电压范围。

➢ 稳定电流 I_Z：稳压管在稳定电压下的工作电流。

➢ 最大稳定电流 I_{Zmax}：稳压管允许长期通过的最大反向电流。

➢ 耗散功率 P_Z：稳压管反向击穿后所允许耗散功率的最大值，$P_Z = V_Z I_{Zmax}$。

➢ 动态电阻 r_Z：稳压管两端电压变化量与电流变化量的比值，即 $r_Z = \Delta V_Z / \Delta I_Z$。$r_Z$越小，稳压管小，稳压管的稳压性能越好。

6.4.2　稳压管稳压电路

一、并联型稳压电路

图 6-19 是利用稳压二极管组成的并联稳压电路，稳压管 VS 作为调整元件与负载 R_L 并联，R 为限流电阻，输出电压 U_O 等于稳压二极管的稳定电压 U_Z，即

$$U_O = U_Z = U_I - RI$$

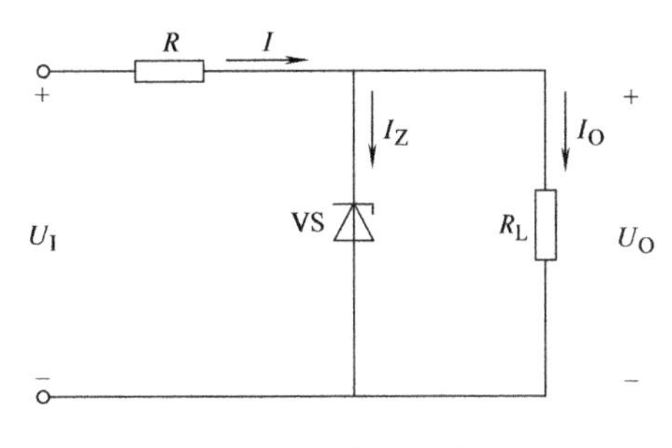

图 6-19　稳压电路

➢ 当稳压电路的输入电压 U_I 保持不变，负载电阻 R_L 减小时，输出电压 U_O 将降低，稳压管两端的电压 U_Z 下降，电流 I_Z 迅速减小，流过电阻 R 的电流 I 也减小，导致 R 上的压降 U_R 下降，根据 $U_O = U_I - RI$ 的关系，输出电压 U_O 增加。上述过程表述如下：

$$R_L\downarrow \rightarrow U_O\downarrow \rightarrow U_Z\downarrow \rightarrow I_Z\downarrow \rightarrow I\downarrow \rightarrow U_R\downarrow$$

$$U_O\uparrow \leftarrow$$

如果负载 R_L 增加，其工作过程与上述相反，输出电压 U_O 基本保持不变。

➢ 当负载电阻 R_L 保持不变，电网电压变化导致输入电压 U_I 增加时，输出电压 U_O 将随之增加，稳压管的电流 I_Z 急剧增加，限流电阻 R 上的压降 U_R 增加，根据 $U_O = U_I - RI$ 的关系，输出电压 U_O 将减小。上述过程表述如下：

$$U_I\uparrow \rightarrow U_O\uparrow \rightarrow U_Z\uparrow \rightarrow I_Z\uparrow \rightarrow I\uparrow \rightarrow U_R\uparrow$$

$$U_O\downarrow \leftarrow$$

如果输入电压 U_I 降低，其工作过程与上述相反，输出电压 U_O 基本保持不变。

综上所述，由于稳压管 VS 和负载 R_L 并联，VS 管总能限制 U_O 的变化，所以稳定了输出的直流电压。

并联型稳压电路结构简单、调试方便，但稳压精度低，只能应用于输出电压固定且对稳定度要求不高的小功率电子设备中。

二、串联型稳压电路

简单的串联型稳压电路如图 6-20 所示。图中 VT 为调整管，工作在放大区，起电压调整作用；VS 为硅稳压管，稳定 VT 管的基极电压 V_B，提供稳压电路的基准电压 V_Z；R 既是 VS 的限流电阻，

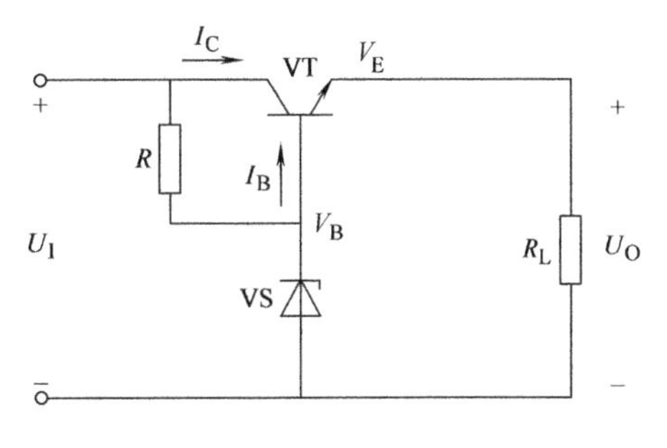

图 6-20　串联型稳压电路

又是 VT 管的偏置电阻；R_L为外接负载。

当电网电压变动或负载电阻变化使输出电压 U_O增加时，$U_{BE}=V_B-U_O$，由于基极电压 V_B被稳压管 VS 稳住不变，则 U_{BE}减小，基极电流 I_B相应减小，从而使晶体管集电极—发射极之间的等效电阻增大，U_{CE}增加，抵消了 U_O的增加，达到了稳定电压的效果。上述过程表述如下：

$$U_O\uparrow \rightarrow U_{BE}\downarrow \rightarrow I_B\downarrow \rightarrow U_{CE}\uparrow \rightarrow U_O\downarrow$$

同理，当输入电压减小或负载电阻减小使输出电压 U_O变小时，可通过类似的调整过程，使输出电压自动趋于稳定。

串联型稳压电路可以输出较大的电流，输出电压稳定性高，调节范围大，应用非常广泛。

6.4.3　集成稳压电路

随着电子技术的发展，出现了单片集成化的稳压电路，它把稳压电路制作在一块硅片上，成为稳压电源组件。它完整的功能体系、健全的保护电路、安全可靠的工作性能给稳压电源的制作带了极大的方便。

集成稳压器的种类繁多，按照输出电压是否可调分为固定式和可调式；按照输出电压的正、负极性分为正稳压器和负稳压器；按照引出端子数量分为三端和多端稳压器。其中三端集成稳压器是将各分立元件集成在一块芯片上并封装在外壳内，外形似普通晶体管。其外部只有三个引线端，即输入端、输出端和公共端，因此安装和使用方便简单，应用最为广泛。下面介绍几种常用的三端集成稳压器。

一、三端集成稳压器的外形与型号

三端集成稳压器有金属封装和塑料封装两种，常用的固定输出三端集成稳压器型号有 W78××系列和 W79××系列，如图 6-21 所示为 W78××系列三端集成稳压器的外形和引脚排列。

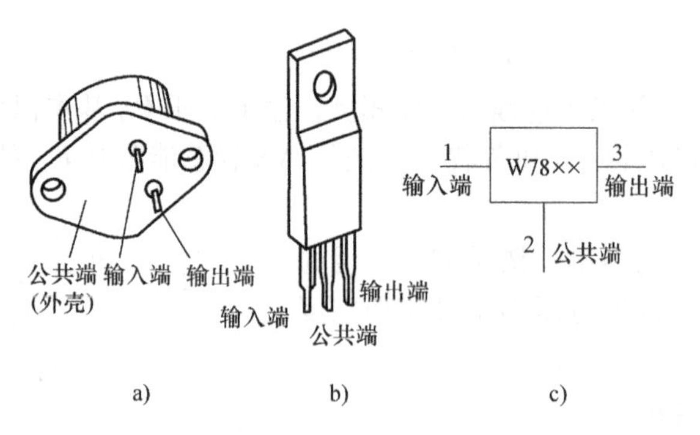

图 6-21　W78××系列三端集成稳压器

W78××系列三端稳压器为共负极接法，即 2 端接输入和输出电压的负极，1 端接输入电压的正极，3 端接输出电压的正极，所以 W78××系列是正电压输出的集成稳压器。

如图 6-22 所示为 W79××系列三端集成稳压器的外形和引脚排列。W79××系列三端稳压器为共正极接法，即 1 端接输入和输出电压的正极，2 端接输入电压的负极，3 端接输

出电压的负极，所以W79××系列是负电压输出的集成稳压器。

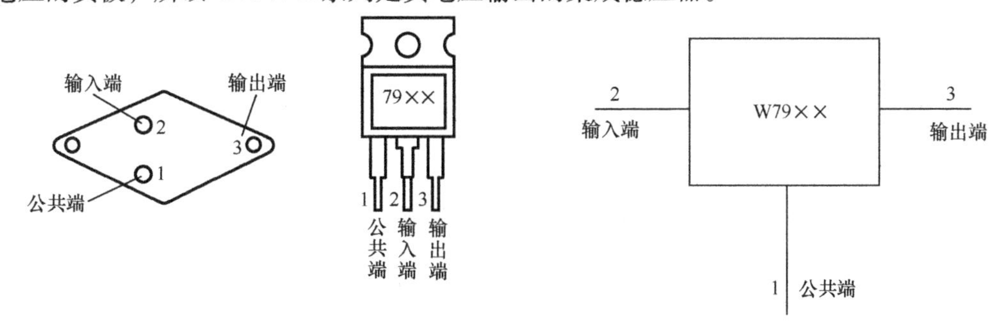

图6-22　W79××系列三端集成稳压器

W78××或W79××型号后面的两位数字表示其输出电压值，如W7805表示输出电压为+5V，W7912表示输出电压为-12V，其余类推。这个系列产品电压从5V到24V不等，电流一般为1A，最大可达1.5A。同类产品还有CW78M00系列，其输出电流为0.5A；CW7BL00系列的输出电流为0.1A。

二、三端固定式集成稳压电路的应用

1. 三端固定式稳压电源

图6-23所示为三端固定式稳压电源，其中正电压系列应用电路如6-23a所示，经整流、滤波后的直流电压U_i接入W78××系列的1、2端，2、3端输出稳定的直流电压U_o，3端连接输入电压与输出电压的负极。负压系列应用电路如6-23b所示，W79××系列的2端为输入端，3端为输出端，1端连接输入电压与输出电压的正极。电容C_1是为防止输入端产生自激振荡而设置的，一般取0.1～1μF。C_2作用是削弱电路的高频噪声，一般用两个电容并联来替代。接线时C_1与C_2尽量靠近稳压器，引脚不能接错，公共端不得悬空。

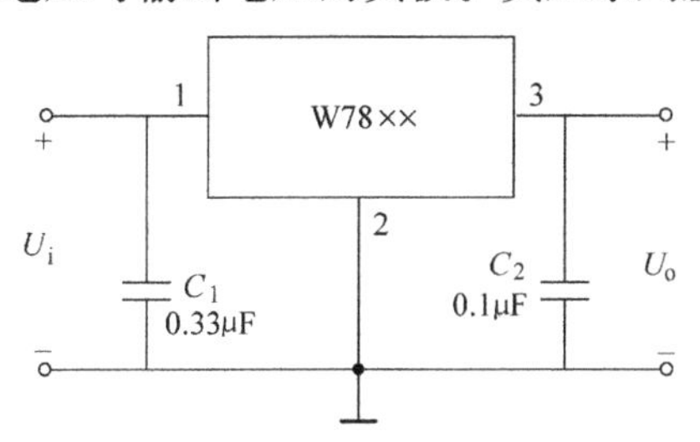

a) 正电压应用电路

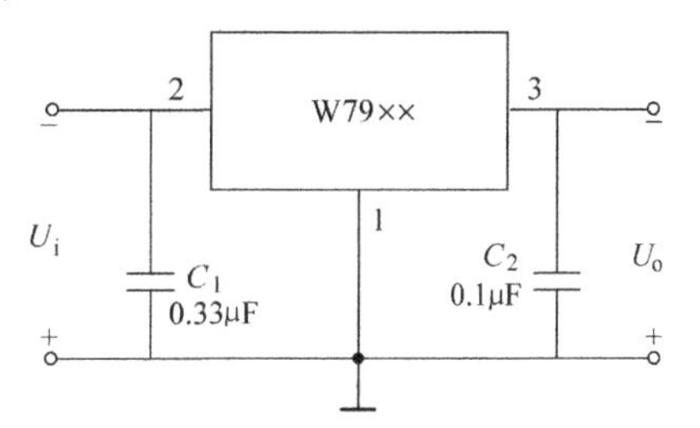

b) 负电压应用电路

图6-23　三端固定式稳压电源

2. 正负电压输出稳压电路

正负电压输出稳压电路如图6-24所示。它是一个由W78××系列和W79××系列的典型电路共用一个接地端组合而成的正负电压输出电路。

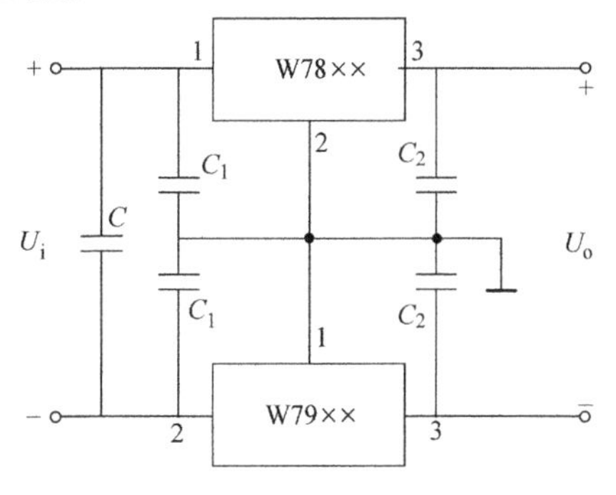

图6-24　正负电压输出稳压电路

*6.5　特殊二极管

6.5.1　发光二极管

一、发光二极管的结构

发光二极管是一种能将电能转换成光能的半导体器件，简写为LED。它是由磷砷化镓、镓铝砷或磷化镓等化合物材料制成的。其内部结构是一个PN结，具有单向导电性。当外加正向电压时，PN结两边的多数载流子扩散到对方，并与对方的多数载流子复合。电子和空穴复合时会释放出能量，产生光子，因此二极管会发出一定颜色的光。颜色由材料的成分和杂质的种类决定，如砷化镓加入一些磷即可发红光，磷化镓发绿光等。

发光二极管按发光颜色划分，可分为红色、黄色、绿色、变色发光二极管和红外光二极管，常用来制作音响设备的电平（音量、电源电压、调谐指示）显示、仪表的数码显示以及大屏幕屏显器件。

发光二极管种类很多，一些典型产品的外形及电路符号如图6-25所示。引脚引线较长者为正极，较短者为负极。如果管帽上有凸起标志，那么靠近凸起标志的引脚为正极。

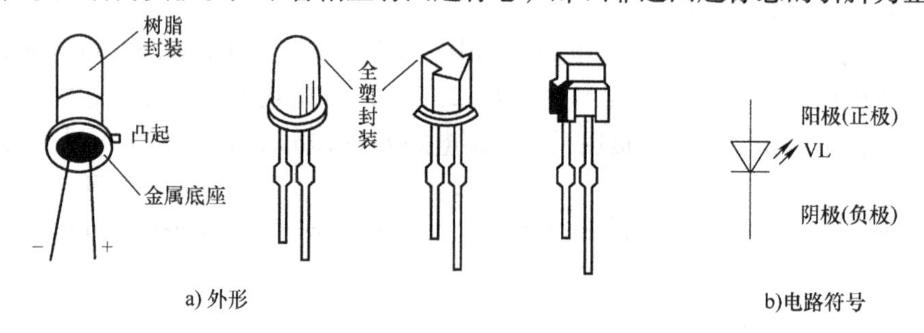

图6-25　发光二极管外形及电路符号

二、发光二极管的应用

发光二极管电平指示电路如图6-26所示，当输入信号的幅度达到一定值时，发光二极管依次被点亮，输入信号越强，被点亮的发光二极管越多。

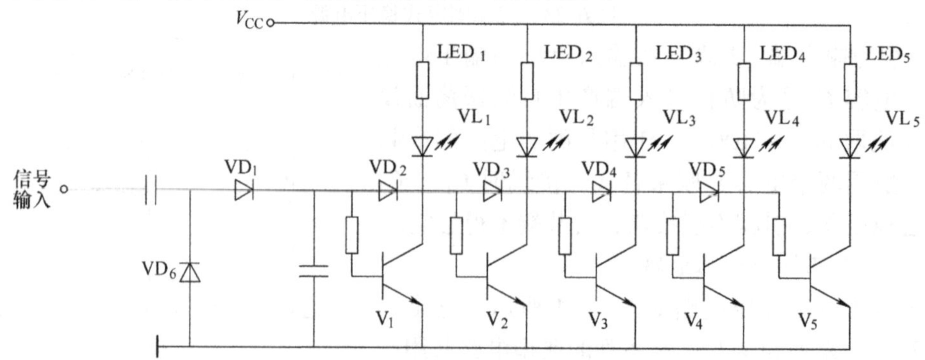

图6-26　发光二极管电平指示电路

使用发光二极管时应注意以下几点：

1）对于全塑型封装的 LED，装配焊接时要注意：第一，印制电路板上 LED 安装孔应与二极管两引脚间距相同，使引脚与环氧树脂管帽不产生应力；第二，焊接所用电烙铁应选 25W 以下，焊接点应离管帽 4mm 以上；第三，焊接时电烙铁接触时间不要超过 4s，最好用镊子夹住引脚进行散热。

2）要合理选择 LED 的驱动电流，不能超过允许值，以免 PN 结结温过高，缩短二极管寿命。

3）限流电阻 R 对保证 LED 正常工作起决定作用。一旦 R 值选定就不能改变，否则会造成 LED 发光强度的变化，严重时会损坏 LED。

6.5.2　光敏二极管

一、光敏二极管的结构

光敏二极管是一种将光能转换成电能的半导体器件，其外形、电气符号与伏安特性曲线如图 6-27 所示，曲线中 E 表示照度，lx（勒克斯）为照度单位。

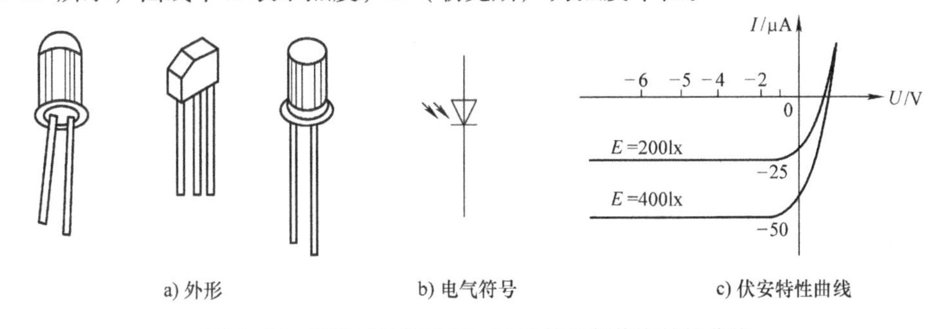

图 6-27　光敏二极管外形、电路符号与伏安特性曲线

光敏二极管的 PN 结受到光线照射时，可以激发产生电子－空穴对，从而提高了少数载流子的浓度。当外加反向电压时，少数载流子增多，少数载流子漂移电流强度显著增大。所以，当外界光线发生强弱变化时，二极管的反向电流大小也随之变化，即无光照射时，反向电流很小，这一电流称为暗电流；有光照射时，反向电流大，称为光电流（亮电流）。

二、光敏二极管的应用

光敏二极管常作为光电控制器件或用来进行光电检测，例如在音响设备 VCD 的激光头中作为拾取数码信号的光检测器等。

图 6-28 是远距离光电传输原理示意图。通过光缆传输，接收端配合光电转换器件再现电信号，实现光电转换、隔离、光纤通信等，具有传输损耗小的特点。目前的长途电话、手机等远途通信都采用这种类似的方式完成。

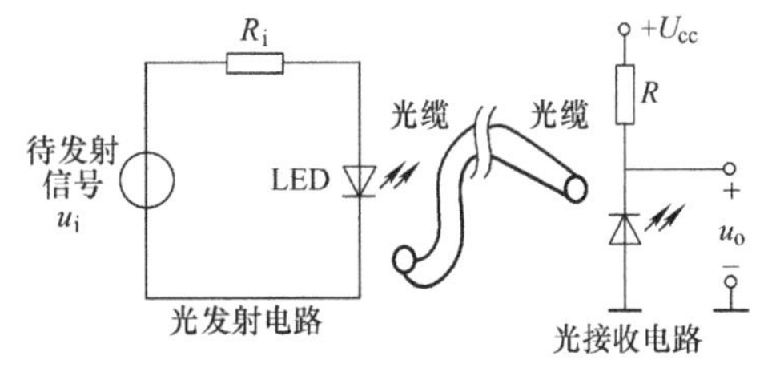

图 6-28　远距离光电传输原理示意图

使用光敏二极管应注意：1）保证光敏二极管反偏电压不少于 5V，否则光电流与入射光强度不再呈线性关系，电路性能变坏。2）光敏二极管管壳必须保持清洁，以保证光电灵敏度。若管壳脏了，应及时用酒精棉擦拭干净。

6.5.3　变容二极管

变容二极管是利用 PN 结反偏时结电容大小随外加电压而变化的特性制成的。反偏电压增大时电容减小，反之电容增大。变容二极管的电路符号如图6-29所示。变容二极管的电容量一般较小，最大值为几十皮法到几百皮法，主要用于高频电路的调谐、调频、调相等。

6.5.4　SMT与微型二极管

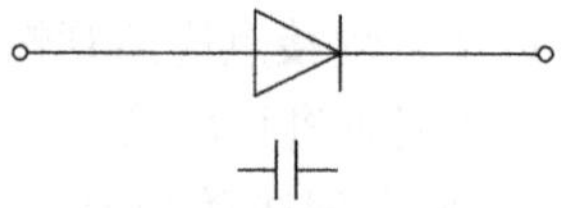

图6-29　变容二极管电路符号

目前，电子元器件正朝着短、小、轻、薄的方向发展。各种微型电子元器件相继问世并应用于计算机、电子仪器设备、家用电器中，如照相机、电子表、VCD、DVD等。随着微型元器件的问世，表面安装技术SMT也迅速推广应用，逐步取代传统的印制电路板打孔安装技术（通孔组装技术）。

微型元器件具有以下特点：

➢ 微型化，例如电阻3216R，其外形尺寸为3.2mm×1.6mm×0.6mm，电容1005C外形尺寸为1.0mm×0.5mm×0.35mm。

➢ 引出端没有引线或只有很短的引线。

➢ 能满足SMT要求，能实现印制电路板中的印制导线高密度化。例如印制导线的线宽与线距可减小到0.05~0.1mm。

常见的微型二极管有圆柱形、矩形两种。圆柱形微型二极管外形如图6-30a所示，它无引线，两个端面作为阳极、阴极。外形尺寸有Φ2.5mm×5mm等规格，壳体一般采用黑色。

矩形片状二极管外形如图6-30b所示，它有三条仅0.65mm的电极。矩形微型二极管种类较多，各有不同用途。按管内所含二极管数量来划分可分单管、对管。单管结构如图6-31a、b所示，对管结构如图6-31c、d、e所示，其中共阳对管表示两管的阳极同接在一引脚，共阴对管表示两管阴极同接在一引脚，NC为空脚。

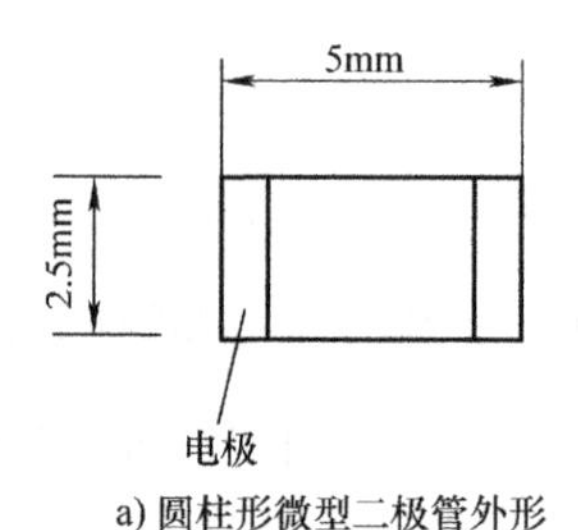

a) 圆柱形微型二极管外形

b) 矩形片状二极管外形

图6-30　微型二极管外形

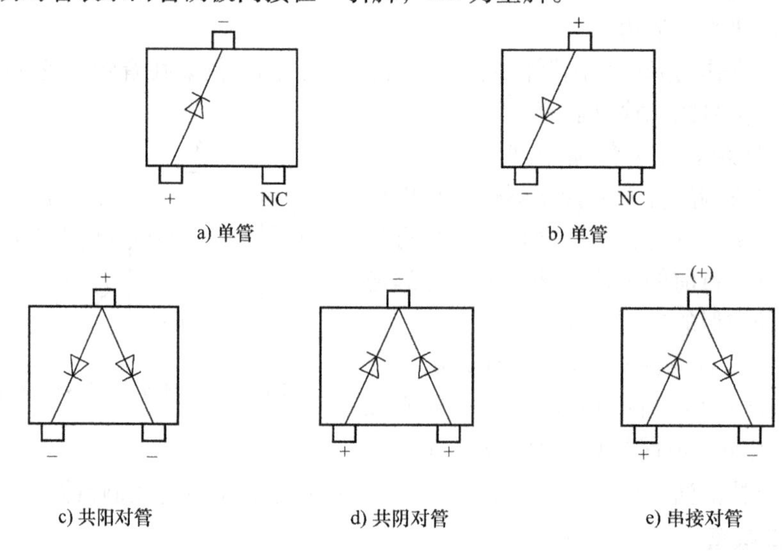

a) 单管　b) 单管

c) 共阳对管　d) 共阴对管　e) 串接对管

图6-31　矩形片状二极管内部结构

本章小结

1. 二极管由PN结封装而成，加一定的正向电压时导通，加反向电压时截止，称为二极管单向导电性。

2. 二极管的门坎电压（死区电压）：硅管约为0.5V，锗管约为0.2V；正向导通电压：硅管约为0.7V，锗管约为0.3V。

3. PN结击穿的两种情况：电击穿（可以恢复）和热击穿（永久性损坏）。

4. 二极管正、反向电阻差别越大，其性能越好。

5. 利用二极管的单向导电特性可以组成把交流电变换成直流电的整流电路。

6. 单相桥式整流电路每半个周期由对角线两只二极管导通，使负载上得到方向一致的脉动电流。

7. 滤波电路的作用是使脉动的直流电压变换为较平滑的直流电压。

8. 稳压二极管必须工作在反向击穿状态下，其特点是在较大电流变化范围内保持电压稳定。

9. 稳压电路的作用是保持输出电压的稳定，减小电网波动和负载变化引起电压的不稳定。

10. 三端集成稳压器是将串联型稳压电源电路的元件集中制造在一个芯片上，它对外有三个引脚，分别为输入端、输出端和公共端。

第7章　半导体晶体管及其应用

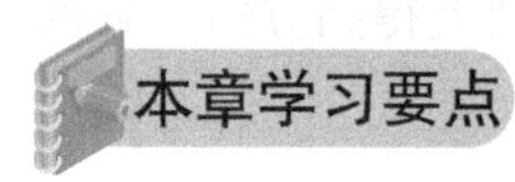

本章学习要点

◇ 了解半导体晶体管的结构、特性和主要参数。
◇ 掌握基本放大电路的组成和工作原理。
◇ 掌握放大电路的静态分析与动态分析。
◇ 掌握射极输出器、多级放大器、功率放大器的组成和工作原理。

案例导入

扩音器是一种常见的放大电路，它的核心元件是半导体晶体管。各种声音经过麦克风转换成相应的电压信号，再由放大电路将麦克风输出的微弱电压信号放大到所需要的值，最后通过扬声器把放大后的电信号还原成比原来响亮得多的声音，扩音器系统组成原理图如图7-1所示。

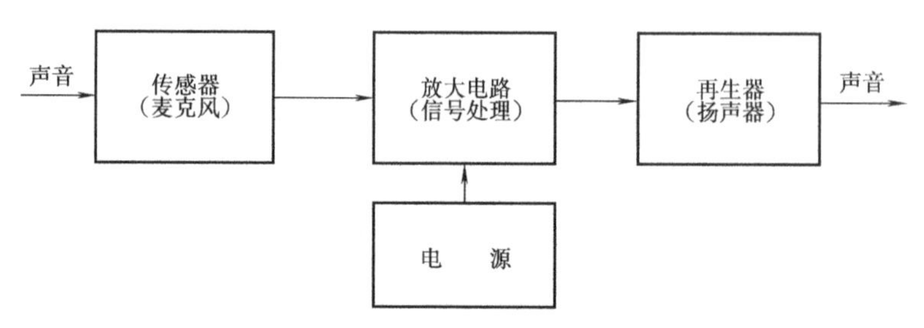

图7-1　扩音器系统组成原理图

7.1　半导体晶体管

7.1.1　晶体管的结构

半导体晶体管是电子电路中应用最广泛的器件之一，也称为晶体三极管。它主要的功能是实现电信号放大和无触点开关作用。晶体管的种类很多，按半导体材料分为硅管和锗管；按功率大小分为大功率管、中功率管和小功率管；按工作频率分为低频管，高频管；按结构分为NPN型和PNP型。图7-2所示为常见的晶体管外形。

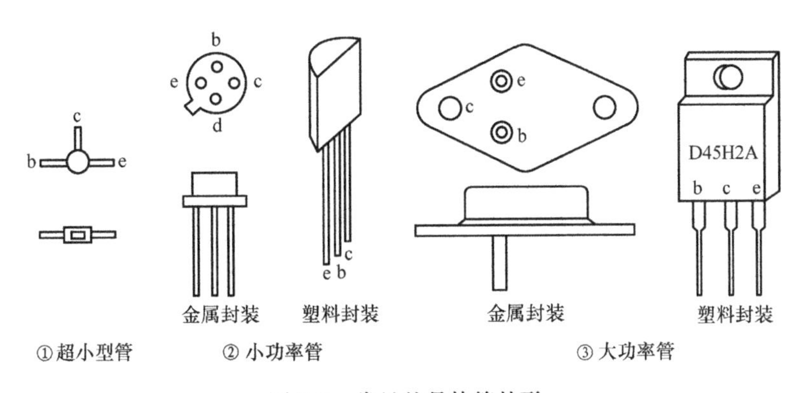

图 7-2　常见的晶体管外形

晶体管的内部结构是由 3 层半导体材料组成的两个 PN 结，根据其半导体排列方式的不同，晶体管有 NPN 型和 PNP 型两种结构类型。它们均包含有三个区：发射区、基区和集电区，由这三个区各引出一个电极，分别称为发射极 e、基极 b 和集电极 c。集电区与基区交界处的 PN 结称为集电结，发射区与基区交界处的 PN 结称为发射结。晶体管的内部结构如图 7-3a 所示。

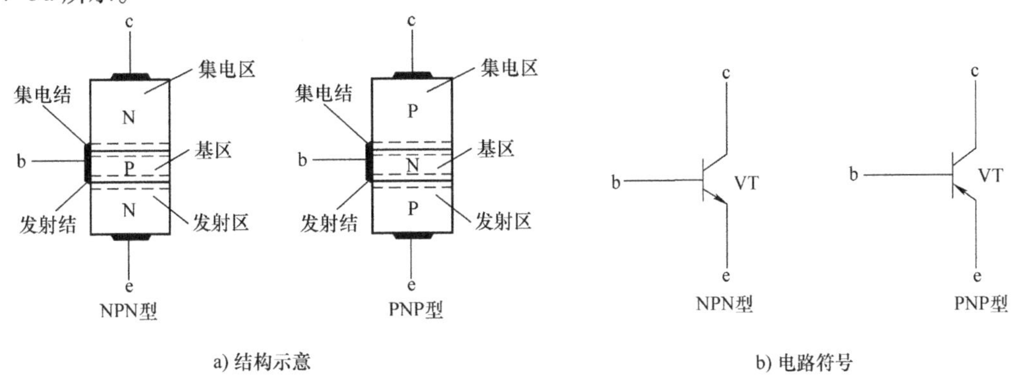

图 7-3　晶体管的结构示意和电路符号

晶体管的内部结构具有其特殊性：基区最薄，掺杂浓度很低；集电区面积最大，便于收集载流子；发射区掺杂浓度很高，易于发射载流子。这些特点是构成晶体管具有电流放大作用的内部条件，值得注意的是，集电区和发射区虽然是相同类型的杂质半导体，但是不能互换。

NPN 型和 PNP 型晶体管的电路符号如图 7-3b 所示，它们的区别在于发射极的箭头方向不同，箭头形象地表明了发射极正向电流的方向。

7.1.2　晶体管的电流放大作用

一、晶体管的工作电压

晶体管的基本作用是放大电信号，工作时通常在它的发射结加正向电压，集电结加反向电压。图 7-4 所示是两种结构的晶体管双电源接线图，两类晶体管外部电路所接电源极性正好相反。图中加在基极和发射极之间的电压叫做偏置电压，一般硅管为 0.5 ~ 0.8V，锗管为 0.1 ~ 0.3V；加在集电极和发射极之间的电压一般是几伏到几十伏。

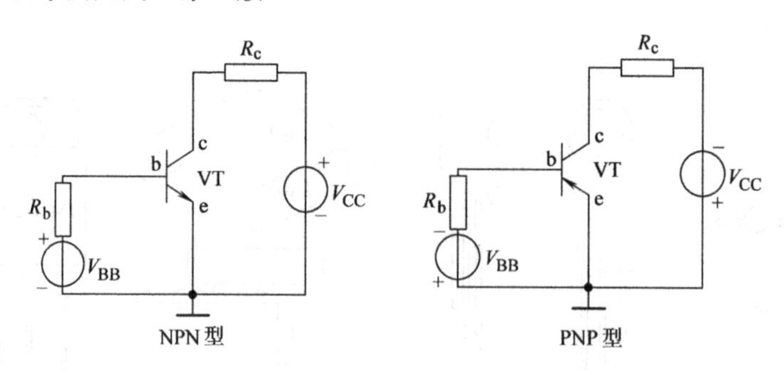

图7-4　晶体管共发射极电源接法

二、晶体管的电流放大作用

 实践环节

晶体管电流测试实验

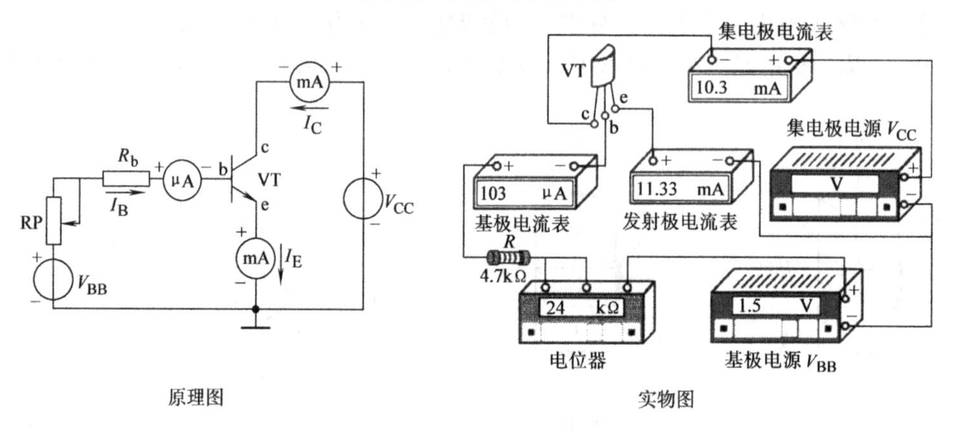

图7-5　晶体管电流放大作用实验

晶体管电流放大作用实验如图7-5所示，在实验中，调节电位器RP，通过三个电流表分别观测基极电流 I_B、集电极电流 I_C 和发射极电流 I_E 的变化，将测得电流数据列表进行分析。

上述实验得到表7-1电流测试数据。

表7-1　晶体管电流测试数据　　（单位：mA）

电流＼次数	1	2	3	4	5	6	7
I_B	-0.001	0	0.01	0.02	0.03	0.04	0.05
I_C	0.001	0.01	0.56	1.14	1.74	2.33	2.91
I_E	0	0.01	0.57	1.16	1.77	2.37	2.96

仔细分析表中的实验数据，得出以下结论：

➢ 晶体管电流分配关系：发射极电流等于集电极电流与基极电流之和，即

$$I_E = I_C + I_B \tag{7-1}$$

由于基极电流很小，可认为发射极电流与集电极电流近似相等，即

$$I_E \approx I_C \tag{7-2}$$

➢ 晶体管电流放大作用：当基极电流 I_B 从0.01mA变为0.02mA时，集电极电流 I_C 从0.56mA变为1.14mA，二者变化量之比为

$$\frac{\Delta I_C}{\Delta I_B} = \frac{0.58\text{mA}}{0.01\text{mA}} = 58$$

这说明，当 I_B 有微小变化时，就能引起 I_C 较大的变化，这种现象称为晶体管的电流放大作用。上述比值称为晶体管共发射极交流放大系数，用符号 β 表示，它体现了晶体管的电流放大能力，简称交流 β，即

$$\beta = \frac{\Delta I_C}{\Delta I_B} \tag{7-3}$$

β 值的大小与晶体管的材料、结构和工作电流有关。不同的晶体管 β 值不同，一般在20～100之间。

晶体管集电极直流电流 I_C 和相应的基极直流电流 I_B 的比值，称为晶体管共发射极直流放大系数，用 $\bar{\beta}$ 表示，简称直流 β，即

$$\bar{\beta} = \frac{I_C}{I_B} \tag{7-4}$$

一般情况下，同一只晶体管的 $\bar{\beta}$ 比 β 略小，但二者很接近。工程中，一般不区分 β 和 $\bar{\beta}$，统一用 β 表示，即

$$I_C = \beta I_B 或 \Delta I_C = \beta \Delta I_B \tag{7-5}$$

综上所述，晶体管具有电流放大作用，在适当条件下，它借助电源能量将基极电流 I_B 放大 β 倍而形成集电极电流 I_C，因此说，晶体管是一种电流控制器件。

7.1.3　晶体管的特性曲线

晶体管的特性曲线是描述晶体管各个电极之间电压与电流关系的曲线，它们是晶体管内部载流子运动规律的外部表现，它直接反映了晶体管的技术性能，是分析放大电路的重要依据。NPN型晶体管共射特性曲线测试电路如图7-6所示，下面来分析它的输入特性曲线和输出特性曲线。

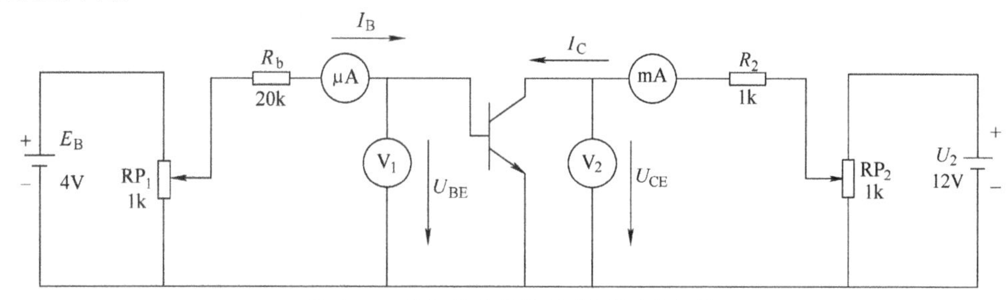

图7-6　晶体管共射特性曲线测试电路

一、输入特性曲线

输入特性曲线是指在晶体管的集电极与发射极之间的电压 U_{CE} 保持不变的前提下，基极电流 I_B 与发射结压降 U_{BE} 之间的关系曲线，即 $I_B = f(U_{BE})|_{U_{CE}=常数}$，如图7-7所示。

➢ 当 $U_{CE}=0$ 时，三极管的输入特性曲线与二极管的正向特性曲线相似，它也存在一个

死区电压：硅管的死区电压约为0.5V，锗管的死区电压约为0.2V。

➢ 当 $U_{CE}>0$ 时，随着 U_{CE} 的增大，特性曲线向右移动，但当 $U_{CE}\geqslant 1V$ 以后，输入特性曲线基本上是重合的。

二、输出特性曲线

输出特性曲线是指晶体管在基极电流 I_B 保持不变的前提下，集电极电流 I_C 与集电极－发射极电压 U_{CE} 之间的关系曲线，即 $I_C=f(U_{CE})|_{I_B=常数}$。当 I_B 为不同常数时，均有一条相应的特性曲线，所以晶体管的输出特性曲线是一组曲线簇，如图7-8所示。

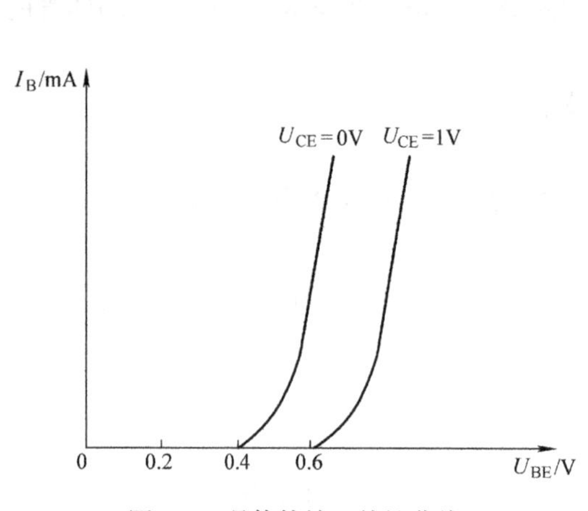

图7-7　晶体管输入特性曲线

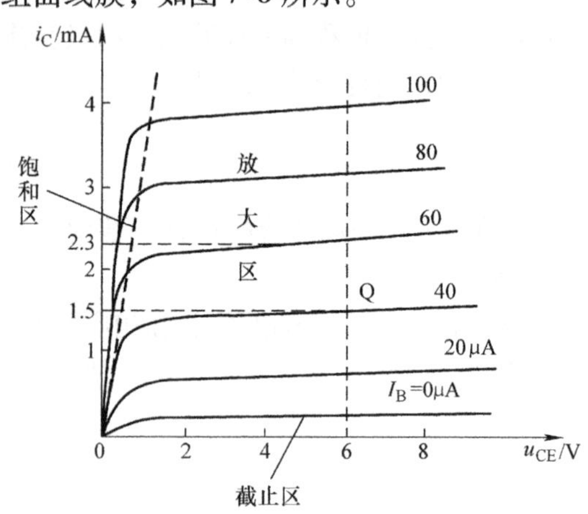

图7-8　晶体管输出特性曲线

根据晶体管的工作状态不同，输出特性曲线可分为三个区域。

➢ 放大区。输出特性曲线近于水平的区域称为放大区。在该区域内，发射结正向偏置，集电结反向偏置。此时，晶体管的集电极电流 I_C 受基极电流 I_B 的控制，即 $I_C=\beta I_B$，体现了晶体管的电流放大作用。各电极的电位值为（以NPN管，发射极接地为例）：$V_C>V_B>V_E$。

➢ 截止区。$I_B=0$ 特性曲线以下的区域称为截止区。在该区域内，发射结和集电结均反向偏置。此时，U_{BE} 小于死区电压，各极电流都为零或极小。处于截止状态的晶体管，在电路中相当于一个断开的开关，各电极的电位值为 $V_C>V_E>V_B$。

➢ 饱和区。输出特性曲线中靠近纵坐标的区域称为饱和区。在该区域内，发射结和集电结均正向偏置。此时，集电极与发射极之间呈现出很小的电阻，近似于短路。I_B 已失去对 I_C 的控制，晶体管不具有电流放大作用，在电路中相当于一个闭合的开关，各电极的电位值为 $V_B>V_C>V_E$。

7.1.4　晶体管的主要参数

一、电流放大系数 β

电流放大系数是表征晶体管电流放大能力的参数。通常晶体管的 β 值在20～100之间，β 值过小，晶体管的电流放大作用小；β 值过大，晶体管工作的稳定性差，一般选用 β 值在40～80之间的晶体管较为合适。

二、集电极反向饱和电流 I_{CBO}

集电极反向饱和电流是指当发射极开路时集电极的反向电流。常温下，硅管的 I_{CBO} 在纳安（10^{-9}）量级，通常可忽略。

三、穿透电流 I_{CEO}

基极开路（$I_B=0$）时，集电极与发射极之间的反向电流称为穿透电流。I_{CEO}随温度的升高而增大，I_{CEO}越小，晶体管的性能越稳定。硅管的 I_{CEO} 比锗管小得多，所以硅管的温度稳定性比锗管好。

四、集电极最大允许电流 I_{CM}

集电极最大允许电流是指当晶体管的 β 值下降到其额定值的 2/3 时，所允许的最大集电极电流。当集电极电流超过 I_{CM}时，并不一定损坏晶体管，但 β 值将显著下降使放大电路不能正常工作。

五、集电极最大允许耗散功率 P_{CM}

集电极最大允许耗散功率是指晶体管最大允许平均功率。当晶体管集电结两端电压与通过电流的乘积超过此值时，晶体管会因过热而损坏。

六、反向击穿电压 U_{CEO}

反向击穿电压是指基极开路时，集电极和发射极之间的最大允许电压。当电压超过此值时，晶体管将发生电击穿，若电击穿引发热击穿则会损坏晶体管。

7.1.5　晶体管的识别与检测

晶体管在使用前应了解其性能优劣，判别它是否符合使用要求。除了查阅晶体管手册或使用专门仪器测试外，最简便的方法就是使用万用表做一些简单测试。

一、判别硅管或锗管

图 7-9 所示为连接测试电路，若测得晶体管基极 - 发射极之间的正向压降为 0.6 ~ 0.7V，可判别为硅管；若测得电压为 0.1 ~0.3V，可判别为锗管。

二、判别基极和管型

根据 PN 结正向电阻小、反向电阻大的特点，测试时，先确定晶体管的基极。将万用表设置在 $R\times100$ 或 $R\times1k$ 档，用黑表笔和任一引脚相接（假设它是基极），红表笔分别和另外两个引脚相接，如图 7-10a 所示，如果测得两次阻值都很小，则黑表笔所连接的就是基极，而且是 NPN 型晶体管。如果按上述方法测得的结果均为高阻值，则黑表笔所连接的是 PNP 型晶体管的基极，如图 7-10b 所示。

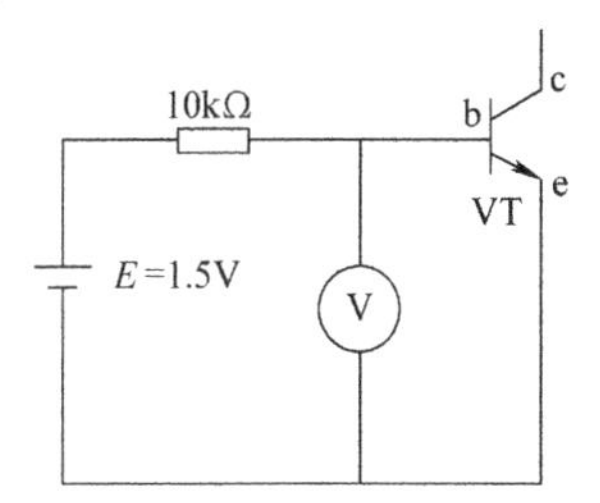

图 7-9　判别硅管和锗管的测试电路

若测试结果阻值一个很大，一个很小，则黑表笔接的不是基极，需另换一个引脚再进行测试，直到确定基极为止。

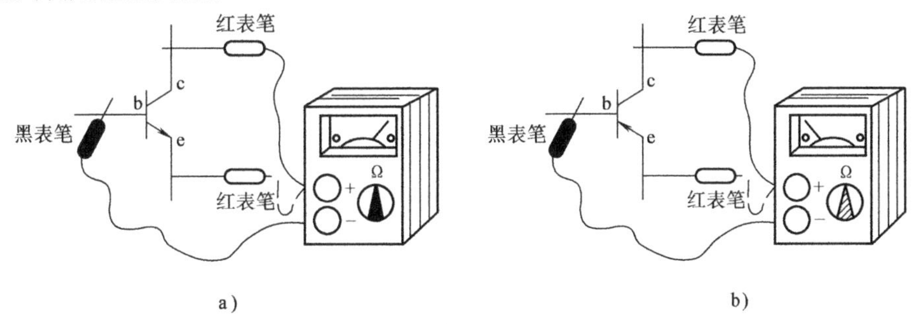

图 7-10　晶体管基极的判别

三、判别集电极和发射极

以NPN型晶体管为例，测定基极后，假定其余两个引脚一个为集电极，另一个为发射极。如图7-11所示，在b、c间接入一个电阻$R_b=10\sim100\text{k}\Omega$（或用手指捏住b和c，注意两极不要接触）。用黑表笔接触c极，红表笔接触e极，读出一个阻值，然后将c、e极对调，用同样方法再测一次阻值。比较两次读数大小，阻值小的一次（电流较大），黑表笔所接的引脚为集电极c，红表笔所接的引脚是发射极e。

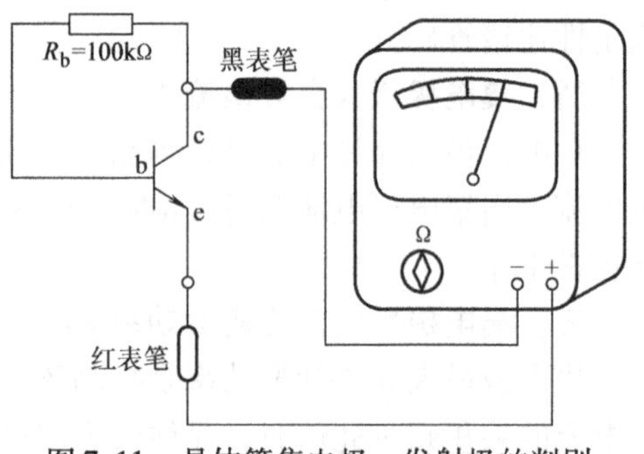

图7-11 晶体管集电极、发射极的判别

如果待测的管型是PNP型，将图中红、黑表笔位置对调，仍按上述方法测试，阻值小的一次，红表笔接的是集电极c。

在测试过程中，如果测得发射结或集电结正、反向电阻均很小或趋于无穷大，则说明此PN结短路或断路；若测得集电极-发射极间电阻不能达到几百千欧，说明此晶体管穿透电流较大，性能不良。

7.2 共射极基本放大电路

能把微弱的电信号（电压、电流、功率等）增强，以便满足负载需要的电子电路称为放大电路。放大电路的基本要求是电路的输出功率应大于输入功率，同时应保证输出信号波形不失真，其实质是进行能量的控制和转移。它在自动控制系统、精密测量仪器、家用电器及通信设备中应用广泛。

基本放大电路是指由一个放大元件（如晶体管）所构成的简单放大电路。由于这种电路放大的电流和电压都是较小的信号，因此称为单级小信号放大电路。单级小信号放大电路有多种连接方法，本节介绍应用最为广泛的共射极基本放大电路。

7.2.1 放大电路的组成

以NPN型晶体管为核心的基本放大电路如图7-12所示，因输入信号u_i与输出信号u_o的公共端是晶体管的发射极，所以称为共射极放大电路。

一、电路中元器件的作用

➢ 晶体管VT：VT是放大电路的核心，起电流放大作用。它必须工作在放大状态，将微弱的基极电流的变化量转换成较大的集电极电流的变化量，体现晶体管的电流控制作用。

➢ 直流电源V_{CC}：V_{CC}为发射结提供正向电压、为集电结提供反向电压，确保晶体管工作在放大状态。它也为整个放大电路提供能量，一般为几伏至几十伏。需要明确的是，放大电路实现信号放大的能量是由V_{CC}通过晶体管转换而来的，绝非晶体管本身产生的。

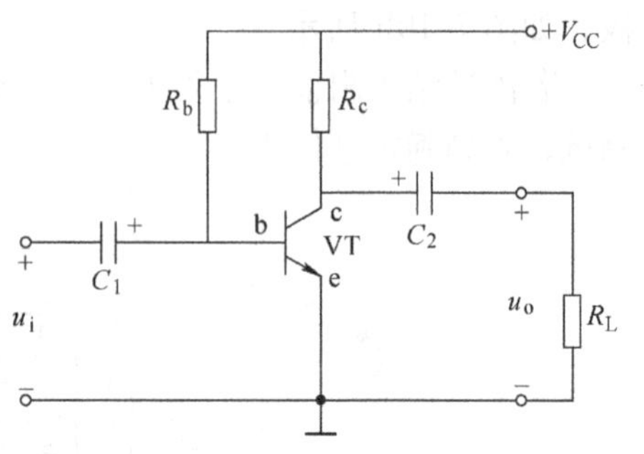

图7-12 共射极放大电路

➢ 基极偏置电阻R_b：R_b与电源V_{CC}配合，为晶体管提供一个合适的基极偏置电流I_B，从而确定晶体管的直流工作状态。R_b的阻值一般为几十千欧至几百千欧。

➢ 集电极负载电阻 R_c：R_c的作用是将晶体管集电极电流的变化量转换为电压的变化量，使电路具有电压放大功能。R_c的阻值一般为几千欧至十几千欧。

在电路设计上使 R_b远大于 R_c，则 R_b上产生的电压降大于 R_c上的电压降，保证了晶体管各极电位值为 $V_C > V_B > V_E$，即满足发射结正向偏置、集电结反向偏置的工作条件，使晶体管工作在放大状态。

➢ 耦合电容 C_1和 C_2：C_1、C_2又叫隔直电容，在电路中起隔直流、通交流的作用，既能使信号顺利传递，同时又能隔断信号源与放大电路之间、负载与放大电路之间直流电流的相互影响。C_1、C_2常选用容量较大的电解电容，一般是几微法至几十微法。

➢ 负载电阻 R_L：R_L是放大电路的负载，可以是扬声器、继电器线圈或后级放大电路等。

二、电路中电流、电压的符号

放大电路中的电压、电流都是由直流成分和交流成分叠加而成。对直流分量和交流分量，有如下规定：

➢ 直流分量：用大写字母和大写下标表示，如 I_B表示基极的直流电流。

➢ 交流分量：用小写字母和小写下标表示，如 i_b表示基极的交流电流。

➢ 总量：表示直流分量与交流分量的叠加，用小写字母和大写下标表示，如 i_B表示基极电流总量，即 $i_B = I_B + i_b$。

➢ 交流分量的有效值：用大写字母和小写下标表示，如 I_b表示基极正弦电流有效值，即 $i_b = \sqrt{2} I_b \sin\omega t$。

三、直流通路和交流通路

在共射极放大电路中，既有直流成分又有交流成分。为了分析问题方便，可分别画出电路的直流通路和交流通路，来研究电路的工作情况。

1. 直流通路

当放大电路的输入信号为零（$u_i = 0$），电路中只有直流电源作用，此时所形成的电流通路称为直流通路。它为晶体管工作在放大状态提供所需要的直流偏置电压，也是电路的能量通路。

由于电容器具有隔断直流的作用，因此在画直流通路时，可将放大电路中的电容视为开路，其他不变。如图 7-13 所示的共射极基本放大电路，它的直流通路如图 7-14 所示。

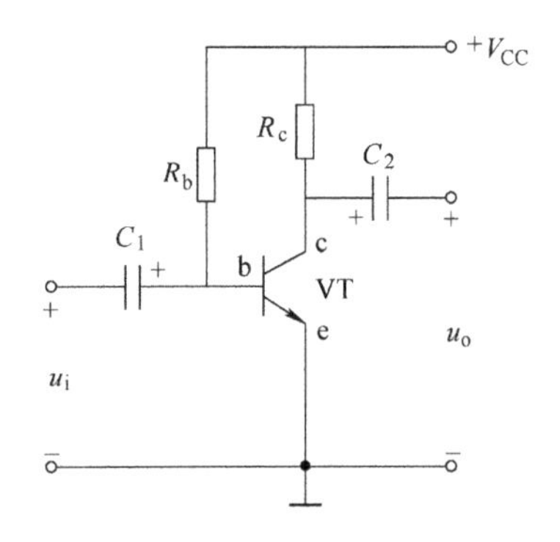

图 7-13　共射极基本放大电路

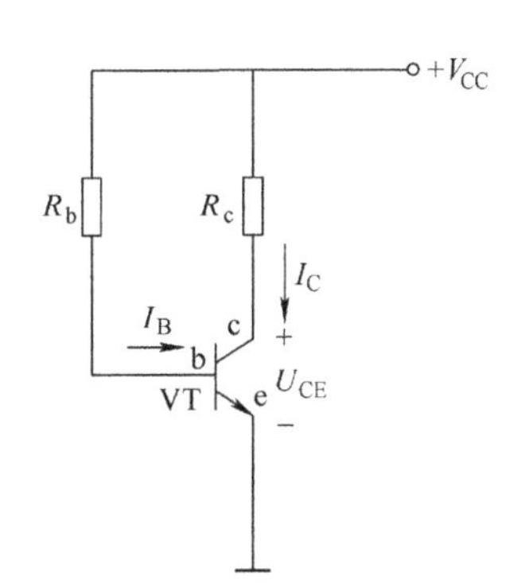

图 7-14　直流通路

2. 交流通路

放大电路在交流信号作用时形成的电流通路称为交流通路，它反映了交流信号输入—放大—输出的过程，即电路动态的工作情况。

由于电容器具有隔直通交的作用，同时理想的直流电源内阻为零，因此在画交流通路时，可将容量较大的电容和直流电源都视为短路，其他不变。图7-13所示的共射极基本放大电路的交流通路如图7-15所示。

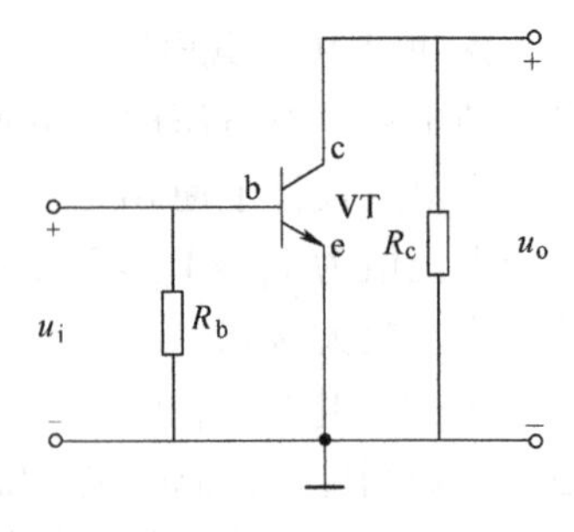

图7-15　交流通路

7.2.2　放大电路的静态分析

放大电路的静态是指电路中无交流信号输入时的状态。此时，电路中各处的电压和电流都是直流量，因此称为直流工作状态或静止状态，简称静态。

放大电路在静态时，晶体管内基极电流 I_B，集电极电流 I_C 和集电极－发射极间电压 U_{CE} 的直流分量可用 I_{BQ}、I_{CQ}、U_{CEQ} 表示，它们在晶体管输出特性曲线上确定了一个点，称之为静态工作点 Q，如图7-16所示。显然，Q 点是由直流通路决定的。

一、静态工作点的估算法

静态工作点是否合适，决定了晶体管是否能很好地发挥其放大作用，对电子电路的分析和设计具有非常重要的意义。静态工作点的估算法是根据直流通路中各元件及参数（R_b，R_c，V_{CC}，β 等），近似计算静态工作点的方法。

共射极放大电路的直流通路如图7-17所示。根据基尔霍夫电压定律，得输入、输出回路电压方程如下：

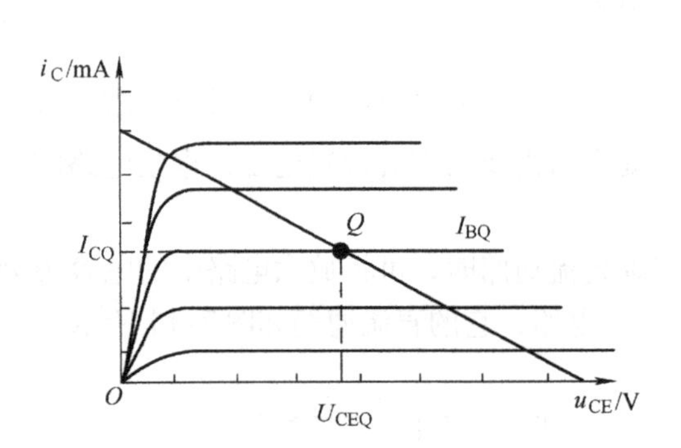

图7-16　静态工作点

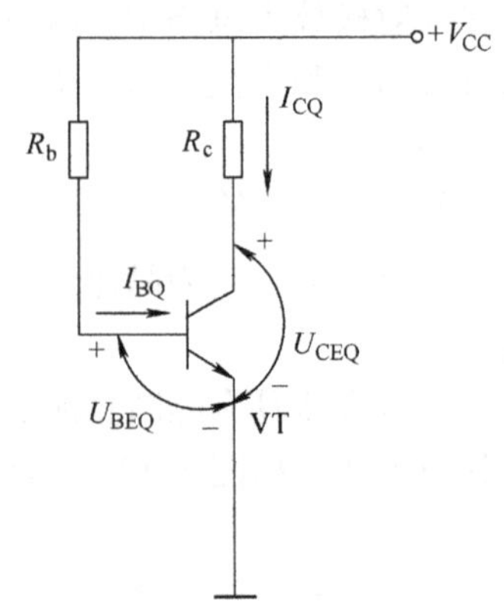

图7-17　共射极放大电路的直流通路

$$\begin{cases} I_{BQ}R_b + U_{BEQ} = V_{CC} \\ I_{CQ}R_c + U_{CEQ} = V_{CC} \end{cases} \tag{7-6}$$

上式中 U_{BEQ} 是晶体管发射结导通压降，硅管约为0.7V，锗管约为0.3V。由于 $V_{CC} >> U_{BEQ}$，可忽略 U_{BEQ}，故 Q 点的计算通常采用如下公式：

$$I_{BQ} = \frac{V_{CC} - U_{BEQ}}{R_b} \approx \frac{V_{CC}}{R_b} \tag{7-7}$$

$$I_{CQ} = \beta I_{BQ} \tag{7-8}$$

$$U_{CEQ}=U_{CC}-I_{CQ}R_c \tag{7-9}$$

【例7-1】 在图7-13所示的共射极放大电路中，已知 $V_{CC}=12V$，$R_b=220k\Omega$，$R_c=3k\Omega$，$\beta=60$，试估算该电路的静态工作点。

解：根据式（7-7）、（7-8）、（7-9）得

$$I_{BQ}\approx\frac{V_{CC}}{R_b}=\frac{12}{220}mA\approx54\ \mu A$$

$$I_{CQ}=\beta I_{BQ}=(60\times0.054)mA=3.24mA$$

$$U_{CEQ}=V_{CC}-I_{CQ}R_c=(12-3.24\times3)V=2.28V$$

二、静态工作点的图解分析法

图解分析法是利用晶体管的特性曲线，用作图的方法分析放大电路的电压、电流之间关系的一种分析方法。作图时应准确绘制曲线与坐标的比例关系，在特性曲线上找到合适的静态工作点，再通过坐标读出对应的 I_B、I_C 和 U_{CE} 的值。

用图解法求解静态工作点可按以下步骤进行：

步骤一：准确画出晶体管的输出特性曲线。图7-18所示为某晶体管输出特性曲线。

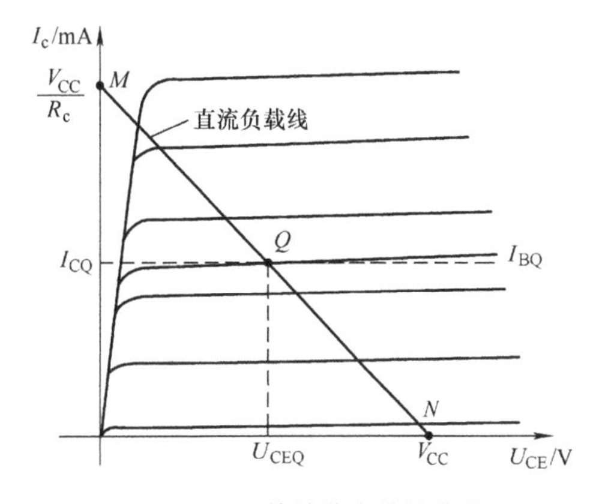

图7-18　晶体管输出特性曲线

步骤二：作出直流负载线。在晶体管的输出特性曲线上画出由方程 $U_{CE}=V_{CC}-I_CR_c$ 所确定的直线，该直线由直流通路得出，且与集电极负载电阻有关，故称为直流负载线。如图7-18所示由M、N两点确定的直线即为直流负载线，其中M点的坐标为（0，$\frac{V_{CC}}{R_c}$），N点的坐标为（V_{CC}，0）。

步骤三：由直流通路求出基极电流 I_B。由 $I_B=\frac{V_{CC}-U_{BE}}{R_b}$ 求得基极电流，I_B 的数值对应图7-18中的一条输出特性曲线。

步骤四：确定静态工作点 Q。I_B 对应的那条输出特性曲线与直流负载线MN的交点就是静态工作点 Q，该点对应的电压、电流同时满足输入与输出回路的要求。

步骤五：查出 Q 点对应的各静态值。在图7-18中，过 Q 点做纵坐标轴的垂线与纵坐标轴的交点即为 I_{CQ}；过 Q 点做横坐标轴的垂线与横坐标轴的交点即为 U_{CEQ}。

7.2.3　放大电路的动态分析

一、共射极电路放大与反相作用

放大电路有交流输入信号时的工作状态称为动态。此时电路中既有直流成分，又有交流成分，晶体管各极的电压和电流都是在静态值的基础上叠加交流分量。

图7-12所示的共射极放大电路中，当输入端加上交流信号 u_i 时，该电压经过耦合电容 C_1 送到晶体管基极b和发射极e之间，与静态基极直流电压 U_{BEQ} 叠加得 $u_{BE}=U_{BEQ}+u_i$，波

形如图7-19a所示。相应的引起基极电流的变化，此时基极总电流为 $i_B = I_{BQ} + i_b$，波形如图7-19b所示。

由于基极电流对集电极电流的控制作用，集电极电流在静态值 I_{CQ} 的基础上跟着 i_b 变化，其集电极总电流为 $i_C = I_{CQ} + i_c$，其波形如图7-19c所示。

i_C 的变化引起晶体管集电极和发射极之间总电压 u_{CE} 的变化，u_{CE} 也是由静态电压 U_{CEQ} 和信号电压 u_{ce} 叠加而成的，即 $u_{CE} = U_{CEQ} + u_{ce}$，波形如图7-19d所示。

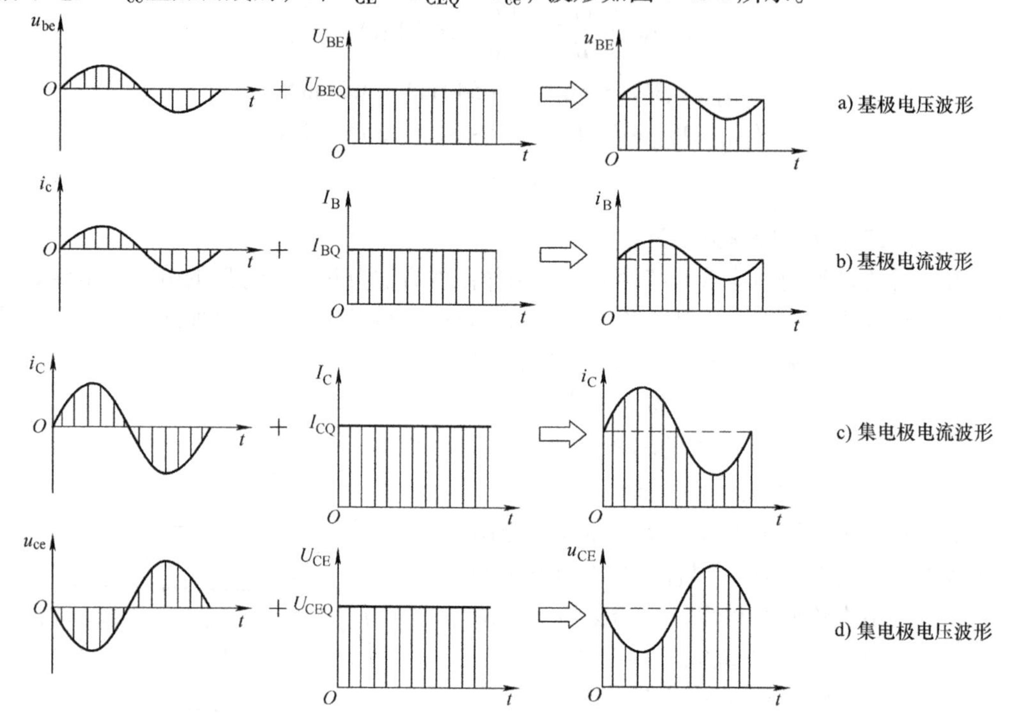

图7-19 放大电路各处电压、电流波形图

在集电极回路中，电压关系为 $V_{CC} = R_c i_C + u_{CE}$，其中 $R_c i_C$ 是集电极总电流在 R_c 上的电压降，所以

$$u_{CE} = V_{CC} - R_c i_C = V_{CC} - R_c(I_{CQ} + i_c)$$
$$= V_{CC} - R_c I_{CQ} - R_c i_c = U_{CEQ} - R_c i_c$$

由以上 u_{CE} 的两个式子比较可得

$$u_{ce} = -R_c i_C$$

式中负号表示 i_C 增加时 u_{ce} 将减小，即 u_{ce} 与 i_C 反相。由于电容 C_2 隔直流、通交流的作用，只有交流信号电压 u_{ce} 经过 C_2 输出，得到输出电压 u_o

$$u_o = u_{ce} = -i_C R_c$$

比较图7-20所示的输入电压 u_i 和输出电压 u_o 可知，u_i 与 u_o 的频率相同，波形相似，幅度得到了放大且相位反相，这种特性称为共射极电路的放大与反相作用。

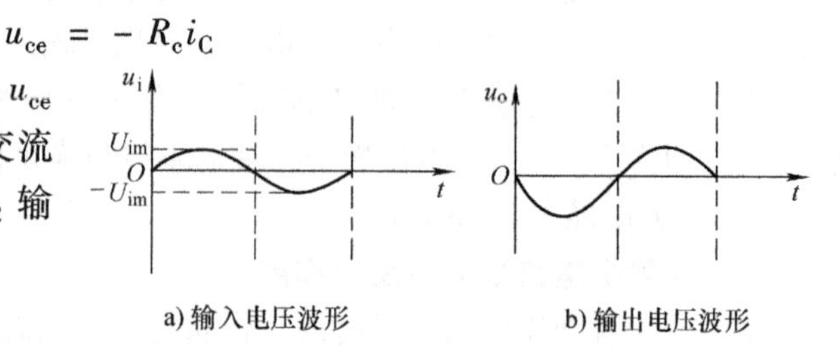

图7-20 放大电路输入、输出电压波形图

二、放大电路的性能指标

1. 放大倍数 A

放大倍数是描述放大器放大能力的指标，常用 A 表示。放大器的结构框图如图 7-21 所示。左边是输入端，外接信号源，u_i、i_i 分别为输入电压和输入电流；右边是输出端，外接负载，u_o、i_o 分别为输出电压和输出电流。

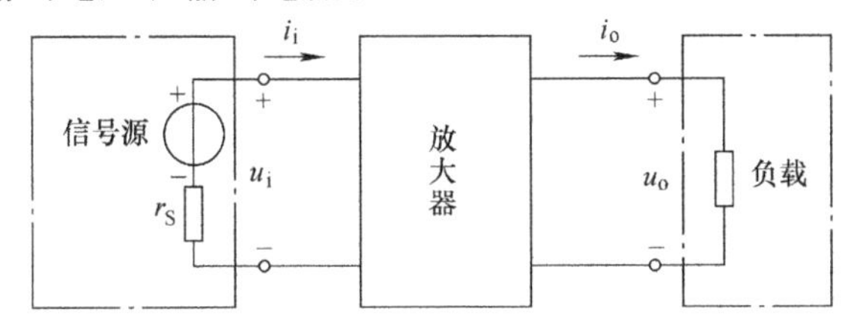

图 7-21　放大器的结构框图

➢ 电压放大倍数：放大电路输出电压与输入电压之比。

$$A_u = \frac{u_o}{u_i} \tag{7-10}$$

➢ 电流放大倍数：放大电路输出电流与输入电流之比。

$$A_i = \frac{i_o}{i_i} \tag{7-11}$$

➢ 功率放大倍数：放大电路输出功率与输入功率之比。

$$A_p = \frac{P_o}{P_i} \tag{7-12}$$

三者关系为

$$A_p = \frac{P_o}{P_i} = \frac{i_o u_o}{i_i u_i} = A_i A_u \tag{7-13}$$

工程上常用对数来表示放大倍数，称为增益 G，单位为分贝（dB）。

电压增益　$$G_u = 20\lg A_u \tag{7-14}$$

电流增益　$$G_i = 20\lg A_i \tag{7-15}$$

功率增益　$$G_p = 10\lg A_p \tag{7-16}$$

2. 输入电阻 R_i

放大电路的输入电阻是从放大电路的输入端向右看进去的交流等效电阻，用 R_i 表示。如图 7-22 所示，将放大电路看作信号源负载，它与信号源输出电阻 R_0 串联，因此，放大器输入电阻相当于信号源的负载电阻。由全电路欧姆定律分析可知，i_i 是放大电路从信号源获取的电流，R_i 越大，i_i 越小。对信号源而言负载越轻，信号源的利用率越高，所以实际应用中，通常希望输入电阻 R_i越大越好。

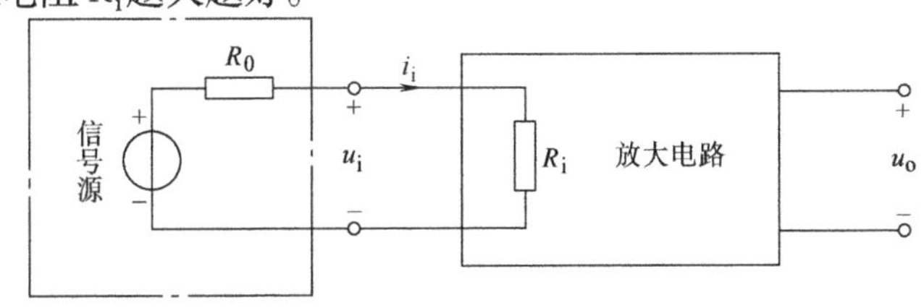

图 7-22　放大电路的输入电阻

R_i在数值上等于输入电压u_i与输入电流i_i的比值，即

$$R_i = \frac{u_i}{i_i} \tag{7-17}$$

3. 输出电阻R_o

放大电路的输出电阻是从放大电路的输出端向左看进去的交流等效电阻，用R_o表示。如图7-23所示，放大电路相当于一个内阻为R_o，电动势为E_o的等效电源，内阻R_o就是放大电路的输出电阻。R_o越小，放大器带负载的能力越强，即使是阻值较小的R_L，也能得到较大的输出电压u_o和较大的输出电流i_o，且负载变化时，对放大电路影响也小，所以实际应用中，希望输出电阻R_o越小越好。

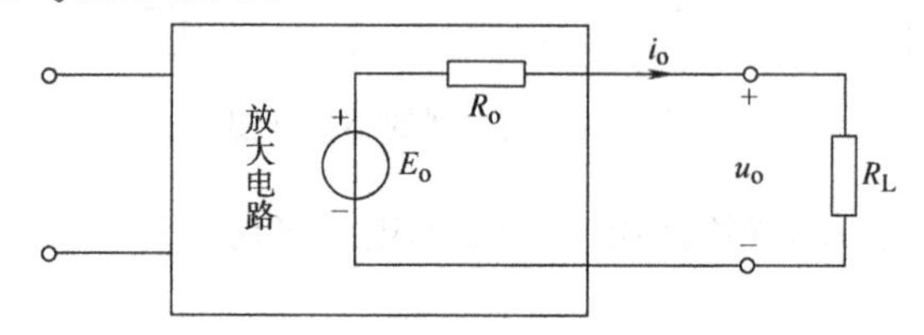

图7-23　放大电路的输出电阻

R_o在数值上等于输出电压u_o与输出电流i_o的比值，即

$$R_o = \frac{u_o}{i_o} \tag{7-18}$$

三、微变等效电路分析法

放大电路的微变等效电路是把非线性元件晶体管等效为一个线性元件，从而把由晶体管组成的放大电路等效为线性电路，这样就可以用求解线性电路的方法来分析计算放大电路的性能指标。

线性化的条件是晶体管工作在小信号微变量的情况下，这时输入特性曲线和输出特性曲线在相应的线性区，静态工作点附近小范围内的曲线可近似为直线，微变等效电路分析法得出的结果与实际测量结果基本一致。

1. 晶体管的微变等效电路

将晶体管理解为一个二端网络，则信号的输入端是基极与发射极，输出端是集电极与发射极，如图7-24a所示。

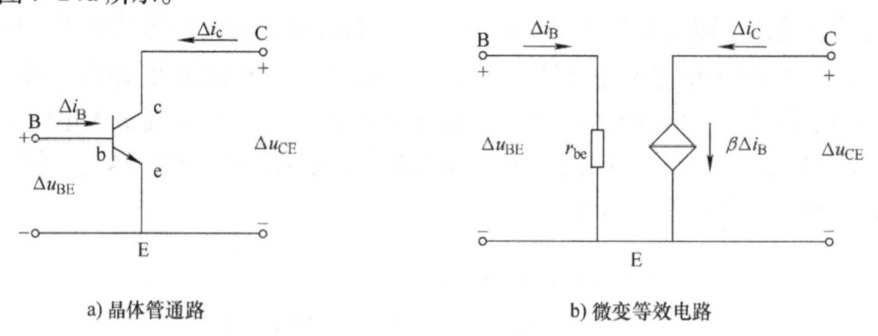

图7-24　晶体管的微变等效电路

➢ 基极与发射极之间等效为交流电阻r_{be}。如图7-24b所示，当晶体管工作在放大状态

时，微小变化的信号 u_i 使晶体管基极电压的变化量 Δu_{BE} 在输入特性曲线中只占很小的一段，这样 Δi_B 与 Δu_{BE} 可近似为线性关系，用等效电阻 r_{be} 来表示，即

$$r_{be}=\left.\frac{\Delta u_{BE}}{\Delta i_B}\right|_{u_{CE}=常数} \tag{7-19}$$

r_{be} 称为晶体管的输入电阻，一般为几百欧姆到几千欧姆。常用的低频小功率晶体管的 r_{be} 可通过经验公式估算：

$$r_{be}=300\Omega+(1+\beta)\frac{26(\text{mV})}{I_E(\text{mA})}(\Omega) \tag{7-20}$$

➢ 集电极与发射极之间等效为受控电流源。对于晶体管的输出特性，在静态工作点 Q 点附近的微小范围内，特性曲线基本上是水平的，Δi_C 仅受 Δi_B 变化的影响，而与 u_{ce} 的变化无关，所以晶体管的集电极和发射极之间可以等效为由基极电流控制的受控电流源，其电流的大小为 $\Delta i_C=\beta\Delta i_B$，如图7-24b所示。

2. 共射极放大电路的微变等效电路

如图7-25a所示的共射极放大电路的交流通路，将其中的晶体管用微变等效电路替代，就得到如图7-25b所示的共射极放大电路的微变等效电路。

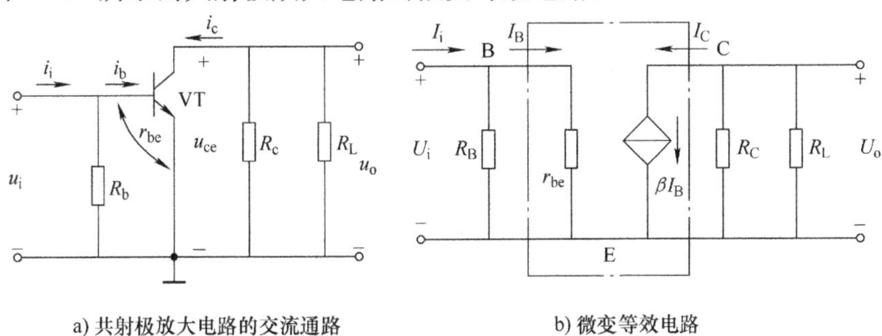

a) 共射极放大电路的交流通路　　b) 微变等效电路

图7-25　共射极放大电路的微变等效电路

➢ 电压放大倍数 A_u：放大电路的电压放大倍数定义为输出电压与输入电压的比值，即 $A_u=\frac{U_o}{U_i}$。由微变等效电路可知，$U_o=-I_C(R_C//R_L)=-\beta I_B R'_L$（其中 $R'_L=R_C//R_L$），$U_i=I_B r_{be}$。

因此电压放大倍数为

$$A_u=\frac{U_o}{U_i}=\frac{-\beta I_B R'_L}{I_B r_{be}}=-\beta\frac{R'_L}{r_{be}} \tag{7-21}$$

式中的负号表示输出电压与输入电压的相位相反。

➢ 输入电阻 R_i：放大电路的输入电阻定义为输入电压与输入电流的比值，即 $R_i=\frac{U_i}{I_i}$。由微变等效电路可知

$$R_i=\frac{U_i}{I_i}=R_B//r_{be}\approx r_{be} \tag{7-22}$$

式（7-22）中 $R_B>>r_{be}$，因此在并联计算中可忽略 R_B。共射极放大电路的 R_i 约为 $1\text{k}\Omega$，输入电阻不高。R_i 越大，放大电路从信号源取用信号的能力越强。

➢ 输出电阻 R_o：放大电路的输出电阻定义为输出电压与输出电流的比值，即 $R_o=\frac{U_o}{I_o}$。由微变等效电路可知

$$R_o=R_c \tag{7-23}$$

共射极放大电路的 R_o 一般为几千欧姆，输出电阻较高。为使输出电压平稳，有较强的带负载能力，一般希望输出电阻越小越好。另外，图中的 R_L 是电路的负载，不作为放大电路的组成部分，因此在计算放大电路的输出电阻时不予考虑。

【例7-2】 在图7-13所示共射极放大电路中，已知 $V_{CC}=12V$，$R_b=400k\Omega$，$R_c=4k\Omega$，$R_L=4k\Omega$，$\beta=40$。(1) 估算该电路的静态工作点。(2) 计算电路的电压放大倍数 A_u、输入电阻 R_i 和输出电阻 R_o。

解：(1) 估算静态工作点

$$I_{BQ}\approx\frac{V_{CC}}{R_b}=\frac{12}{400}mA=30\mu A$$

$$I_{CQ}=\beta I_{BQ}=40\times0.03mA=1.2mA$$

$$U_{CEQ}=V_{CC}-I_{CQ}R_c=12V-1.2\times4V=7.2V$$

(2) 计算动态指标

$$r_{be}=300\Omega+(1+\beta)\frac{26(mV)}{I_E(mA)}(\Omega)=300\Omega+(1+40)\times\frac{26}{1.23}\Omega\approx1.2k\Omega$$

$$A_u=-\beta\frac{R_L'}{r_{be}}=-40\times\frac{4//4}{1.2}\approx-67$$

$$R_i=R_B//r_{be}\approx r_{be}=1.2k\Omega$$

$$R_o=R_c=4k\Omega$$

7.2.4 静态工作点的稳定

一、静态工作点对输出波形的影响

对放大电路除要求有一定的放大倍数，还必须保证输出信号的波形尽可能不失真。静态工作点设置不合适，会造成放大电路信号波形失真，即输出信号波形与输入信号波形存在差异。我们已经知道，晶体管有放大、截止和饱和三种工作状态，所以晶体管放大电路的波形失真主要包括截止失真、饱和失真和双向失真，如图7-26所示。

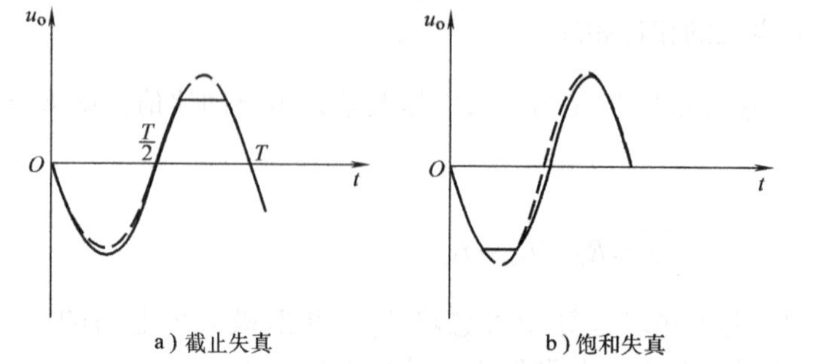

a) 截止失真　b) 饱和失真

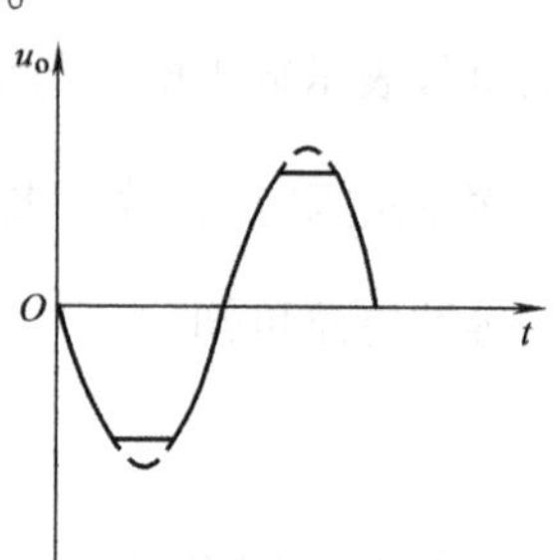

c) 双向失真

图7-26　输出电压的非线性失真

1. 截止失真

如图7-27所示，如果静态工作点Q偏低（近于Q_B），在输入信号的负半周，晶体管因发射结反偏进入截止状态，使输出电压u_{ce}波形的正半周被削去一部分，产生了严重失真。这种因晶体管进入截止区而产生的失真称为截止失真，可适当减小偏置电阻R_b，提高Q点来减小或消除失真。

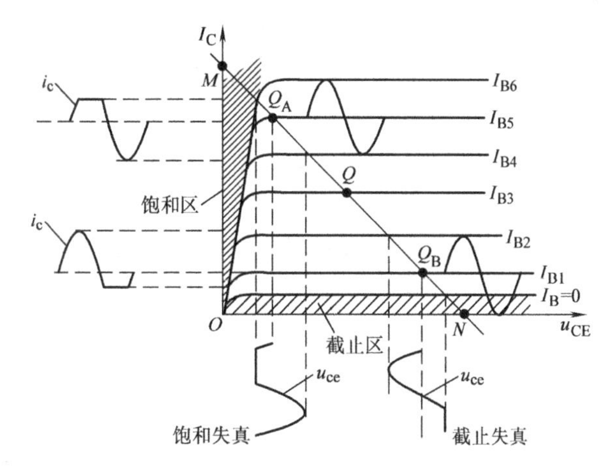

图7-27　静态工作点对波形的影响

2. 饱和失真

如图7-27所示，如果静态工作点Q偏高（近于Q_A），在输入信号的正半周，晶体管进入饱和状态，使输出电压u_{ce}波形的负半周被削去一部分，也产生了严重失真。这种因晶体管进入饱和区而产生的失真称为饱和失真，可适当增大偏置电阻R_b，降低Q点来减小或消除失真。

3. 双向失真

如果输入信号幅度过大，可能同时产生截止失真和饱和失真，称为双向失真，应设法降低输入信号的电压幅值或增大电源电压，再调节R_b，建立适当的静态工作点来减小或消除失真。

二、温度对静态工作点的影响

放大电路的静态工作点对其放大性能有重要的影响，因此选择合适的静态工作点并使之稳定是保证放大电路正常工作的关键。静态工作点是由放大电路的偏置电路和晶体管的参数共同决定的，几乎所有的晶体管参数都与温度有关，因此温度变化是影响静态工作点的主要因素。此外，电源电压的变化、电路中元器件参数的变化也会影响静态工作点。

1. 温度对β值的影响

晶体管的β值随温度的升高将增大，温度每上升1℃，β值约增大0.5%～1%，其结果是在相同基极电流I_B的情况下，集电极电流I_C随温度上升而增大，静态工作点靠近饱和区。

2. 温度对I_{CEO}的影响

反向饱和电流I_{CEO}是由少数载流子漂移运动形成的，它与环境温度关系很大，I_{CEO}随温度上升会急剧增加。温度每上升10℃，I_{CEO}将增加1倍，特别是锗晶体管，I_{CEO}的变化更为明显。I_{CEO}的增大将引起整个输出特性曲线上移，静态工作点也会随之上移，靠近饱和区。

3. 温度对U_{be}的影响

温度升高时，载流子运动加剧，半导体材料的导电能力增强，所以发射结的导通压降U_{be}将减小。温度每上升1℃，U_{be}将下降2～2.5mV。U_{be}的减小将导致基极电流I_B增大，静态工作点也会随之上移，靠近饱和区。

三、分压式稳定工作点偏置电路

前面介绍的共射极放大电路，虽然结构简单，但是电路稳定性差，特别是晶体管的参数β、U_{be}、I_{CEO}受温度影响很大。当环境温度变化或更换晶体管时，原来设置的静态工作点就发生了变化，严重时将导致电路无法正常工作。因此，需要采取措施来稳定静态工作点，如

图7-28所示的分压式稳定工作点偏置电路能在外界因素变化时，自动调节工作点的位置，使静态工作点稳定。

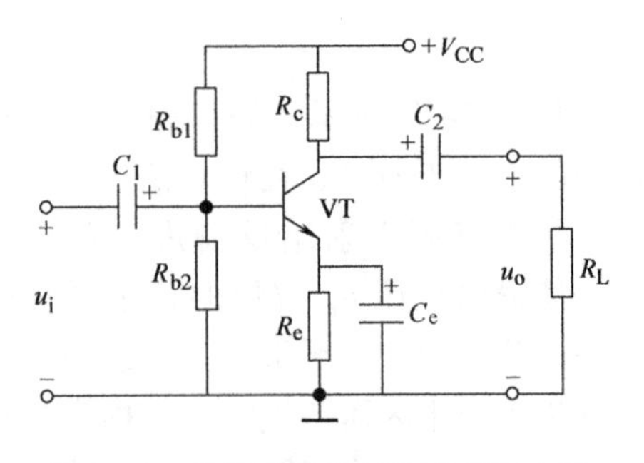

图7-28　分压式稳定工作点偏置电路

图中，R_{b1}为上偏置电阻，R_{b2}为下偏置电阻，R_e为发射极电阻，C_e为发射极旁路电容，它的作用是提供交流信号的通道，减少信号损耗，使放大器的交流信号放大能力不因R_e的存在而降低。

电路工作原理如下：如果温度升高使I_C增大，则I_E也增大，使发射极电位$V_E=I_ER_e$升高，则$U_{BE}=V_B-V_E$减小，于是基极偏流I_B减小，使集电极电流I_C的增加受到限制，从而达到稳定静态工作点的目的。上述稳定工作点的过程表述如下：

$$T(\text{温度})\uparrow \rightarrow I_C\uparrow \rightarrow I_E\uparrow \rightarrow V_E\uparrow \rightarrow U_{BE}\downarrow$$

$$I_C\downarrow \leftarrow I_B\downarrow \leftarrow$$

分压式稳定工作点偏置电路的直流通路如图7-29所示。

分析直流通路中电压与电流关系，得到如下静态工作点的估算公式：

$$V_{BQ}=\frac{R_{b2}}{R_{b1}+R_{b2}}V_{CC} \quad (7\text{-}24)$$

$$V_{EQ}=V_{BQ}-U_{BEQ} \quad (7\text{-}25)$$

$$I_{CQ}\approx I_{EQ}=\frac{V_{EQ}}{R_e} \quad (7\text{-}26)$$

$$I_{BQ}=\frac{I_{CQ}}{\beta} \quad (7\text{-}27)$$

$$U_{CEQ}=V_{CC}-I_{CQ}R_c-I_{EQ}R_e \quad (7\text{-}28)$$

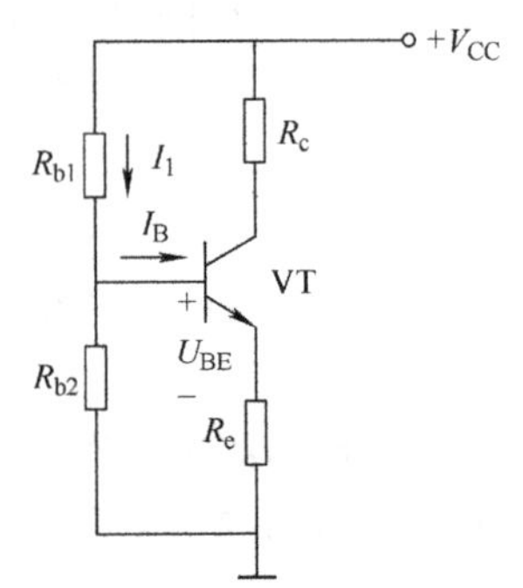

图7-29　分压式稳定工作点偏置电路的直流通路

7.3　射极输出器

7.3.1　电路结构和特点

将晶体管的集电极作为输入回路与输出回路的公共端，基极作为输入端，发射极作为输出端，构成了如图7-30a所示的共集电极放大电路，由于信号是从发射极输出，所以又称为射极输出器。

射极输出器的特点是输入阻抗高，输出阻抗低，电压放大系数略低于1，带负载能力强，也可认为是一种电流放大器，常作阻抗变换和级间隔离使用。

7.3.2　静态分析

由图7-30b所示的直流通路可计算电路的静态工作点

$$I_{BQ}=\frac{V_{CC}-U_{BE}}{R_b+(1+\beta)R_e} \quad (7\text{-}29)$$

$$I_{EQ}=(1+\beta)I_{BQ} \quad (7\text{-}30)$$

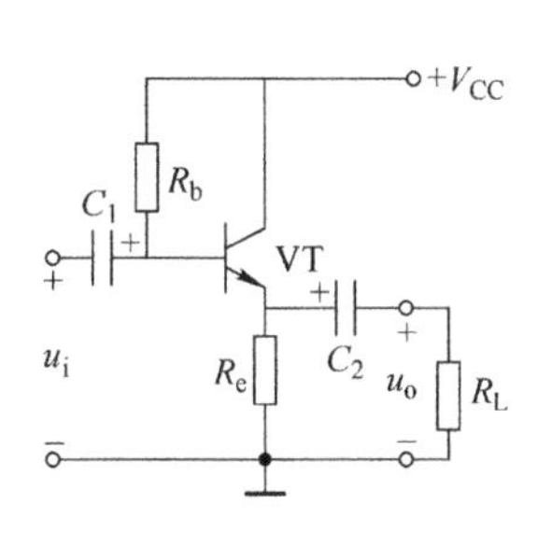

a) 电路结构

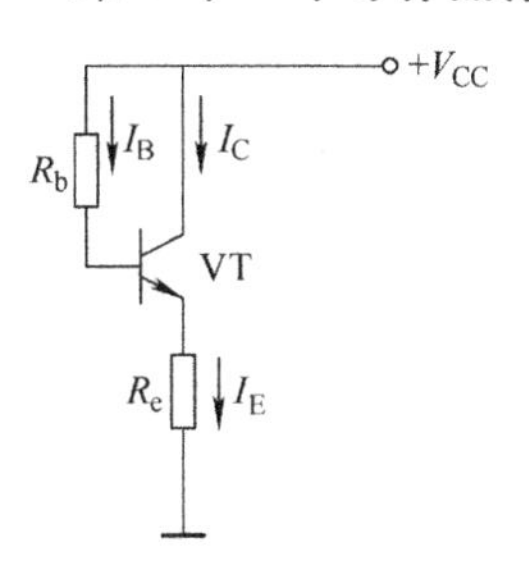

b) 直流通路

图7-30　射极输出器

$$U_{CEQ}=V_{CC}-I_{EQ}R_e \tag{7-31}$$

当 $V_{CC}>>U_{BE}$时，

$$I_{BQ}=\frac{V_{CC}}{R_b+(1+\beta)R_e} \tag{7-32}$$

7.3.3　动态分析

根据图7-31所示的射极输出器微变等效电路，可计算射极输出器的电压放大倍数、输入电阻、输出电阻等性能指标。

一、电压放大倍数

由微变等效电路的输入侧可知：$U_i=I_b r_{be}+U_o=I_b r_{be}+(1+\beta)I_b(R_e//R_l)$

由微变等效电路的输出侧可知：$U_o=I_e(R_e//R_l)=(1+\beta)I_b(R_e//R_l)$

所以，电压放大倍数为

$$A_u=\frac{U_o}{U_i}=\frac{(1+\beta)I_b(R_e//R_l)}{I_b r_{be}+(1+\beta)I_b(R_e//R_l)}=\frac{(1+\beta)(R_e//R_l)}{r_{be}+(1+\beta)(R_e//R_l)} \tag{7-33}$$

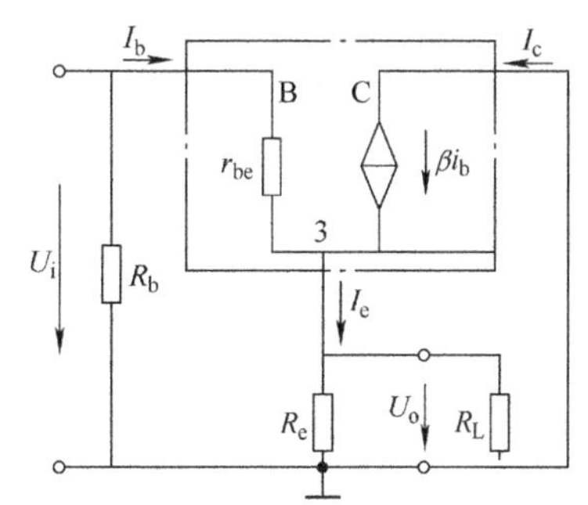

图7-31　射极输出器微变等效电路

由上式可知，射极输出器的电压放大倍数接近于1而略小于1，即

$$A_u\approx 1 \tag{7-34}$$

输出电压 u_o与输入电压 u_i的幅度相近、相位相同，且 u_o跟随 u_i的变化而变化，因此，这种电路又称为射极跟随器。

二、输入电阻

由微变等效电路可知

$$R_i=\frac{U_i}{I_i}=R_b//[r_{be}+(1+\beta)(R_e//R_l)] \tag{7-35}$$

可见，射极输出器的输入电阻较高，比共射极放大电路的输入电阻要大得多，可达几千欧至几百千欧。

三、输出电阻

由微变等效电路可知

$$R_o=\frac{U_o}{I_o}=R_e//\frac{r_{be}+(R_b//r_S)}{1+\beta} \tag{7-36}$$

因为 $R_e >> \frac{r_{be}+(R_b//r_S)}{1+\beta}$，所以输出电阻可近似为

$$R_o \approx \frac{r_{be}+R'_S}{1+\beta}\bigg|_{R'_S=R_b//r_S} \tag{7-37}$$

射极输出器的输出电阻很低，一般只有几十欧至几百欧，具有较强的带负载能力。

7.3.4　射极输出器的应用

射极输出器具有电压跟随特性好、输入电阻高、输出电阻低等特点，在各种电路中应用十分广泛。可用它作为多级放大电路的输入级、输出级和中间级。

一、作为高输入电阻的输入级

由于射极输出器的输入电阻很大，向信号源取用的电流很小，因而减轻了信号源的负担，在测量仪器中应用，可提高测量的精度。

二、作为低输出电阻的输出级

由于射极输出器的输出电阻很小，带载能力强，因此可减小负载变化对电压放大倍数的影响，能保证输出电压的稳定。

三、作为多级放大电路的中间级

利用射极输出器输入电阻大的特点，提高前级的电压放大倍数；利用它输出电阻小的特点，隔离前后级的影响，起到了阻抗匹配的作用。

7.4　多级放大电路

单级放大电路一般可将信号电压放大数十倍。但在实际应用中，往往要把毫伏级甚至微伏级的微弱信号放大数千倍乃至上万倍。这就需要把多个单级放大电路串接起来，构成多级放大电路，把微弱信号逐级放大，最终获得符合要求的输出信号。

多级放大电路的组成如图7-32所示。与信号源相连的第一级放大电路称为输入级（或前置级），一般要求有尽可能高的输入电阻和较低的静态工作电流，以减小输入级的噪声；中间级主要用来提高电压放大倍数；推动级（或激励级）输出一定幅度的信号，推动功率放大电路工作；功率级与负载相连，驱动负载工作。

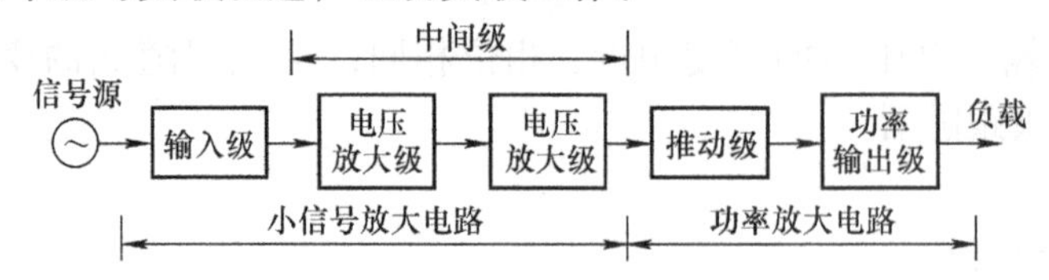

图7-32　多级放大电路组成

7.4.1　多级放大电路的耦合方式

在多级放大电路中，级与级之间的连接称为耦合。级间耦合应满足两点：第一，静态工作点互不影响；第二，前级输入信号能顺利传递到后级，而且传送过程中失真小，传输效率高。常用的耦合方式有阻容耦合、变压器耦合和直接耦合，如图7-33所示。

一、阻容耦合

阻容耦合两级放大电路如图7-34所示，两级之间通过电容 C_2 与下一级输入电阻相连，

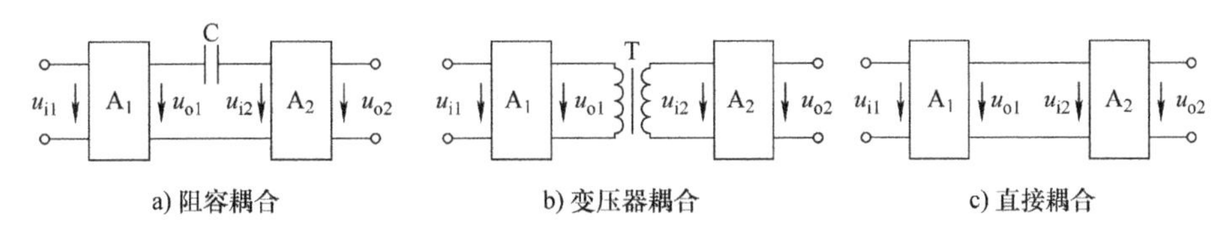

图 7-33　多级放大电路耦合方式

所以称为阻容耦合。由于耦合电容具有隔直作用，因而前后级放大电路的静态工作点互不影响，这给分析、设计和调试放大电路带来很大方便。

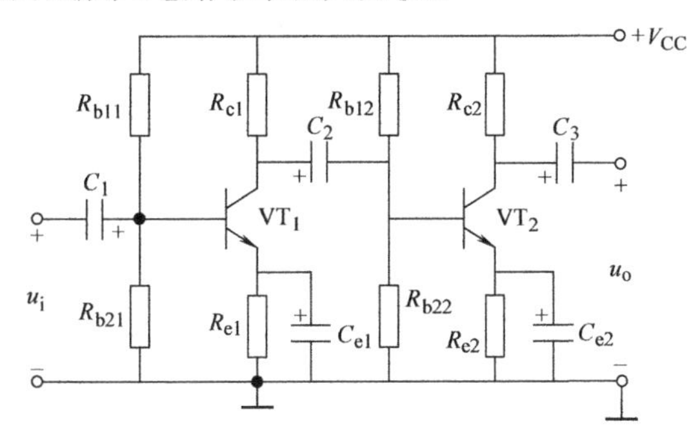

图 7-34　阻容耦合两级放大电路

提示

耦合电容传递信号的能力随信号频率而变化，它不能用于放大直流或变化缓慢的信号，不利于电路的集成化，一般用于分立元件组成的放大电路中。

二、变压器耦合

变压器耦合两级放大电路如图 7-35 所示，放大电路前级的输出端通过变压器接到后级的输入端。由于变压器隔断了直流，所以各级放大电路的静态工作点也是相互独立。而且，在传输信号的同时，变压器可以进行阻抗变换，使放大电路获得最大功率输出。

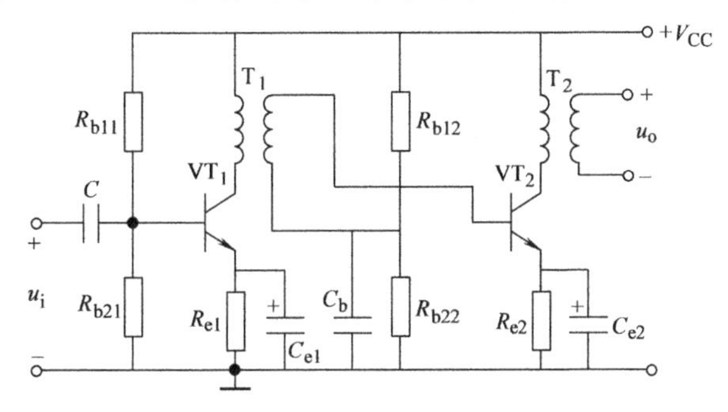

图 7-35　变压器耦合两级放大电路

提示

变压器耦合频率特性较差，不能放大直流和频率变化缓慢的信号，另外变压器的体积和重量都比较大，不利于集成化，一般用于分立元件组成的功率放大电路中。

三、直接耦合

直接耦合两级放大电路如图7-36所示，前级输出端与后级输入端直接相连。这种直接耦合方式频率特性好，但各级之间的直流通路相连，静态工作点不能独立，相互影响，给设计和调试电路带来了一定的困难，同时直接耦合方式还存在零点漂移的现象。

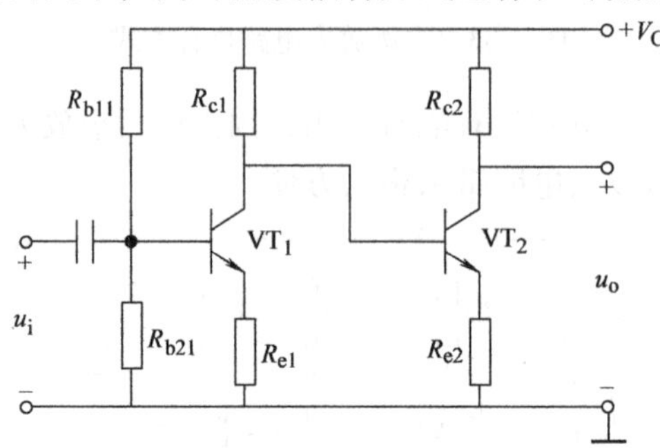

图7-36　直接耦合两级放大电路

提示

直接耦合方式的优点是具有良好的低频特性，既能放大交流信号，也能放大直流和变化缓慢的信号。由于电路中没有大容量电容与电感，便于集成，集成运放内部常采用直接耦合方式。

零点漂移是直接耦合电路最突出的问题。当输入信号为零时，理论上讲输出电压应为零。但由于温度的变化、电源电压波动等因素的影响，实际电路的输出端却存在着缓慢变化的电压，即输出电压偏离静态零点而上下漂动，产生毫无规律的变化，这种现象称为零点漂移，简称零漂，如图7-37所示。

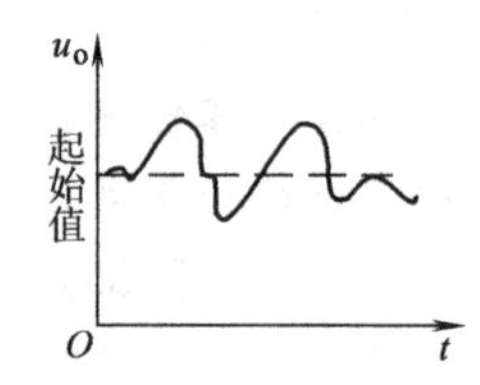

图7-37　零点漂移现象

环境温度的变化是产生零点漂移最主要的原因。为了抑制这种现象，常采用以下几种措施：

➢ 引入直流负反馈以稳定静态工作点，从而减小零点漂移。分压式工作点稳定电路就是根据这种原理设计的电路。

➢ 利用热敏元件补偿放大管的零漂。例如，在放大电路中，接入另一个对温度敏感的元件，如热敏电阻、半导体二极管等，使该元件在温度变化时产生的零漂，能够抵消放大晶体管产生的零漂。

➢ 将两个参数对称的单管放大电路接成差分放大的结构形式。如图7-38所示，差分放大电路中的两个晶体管各自产生的漂移在输出端相互抵消，从而有效地抑制了零点漂移。

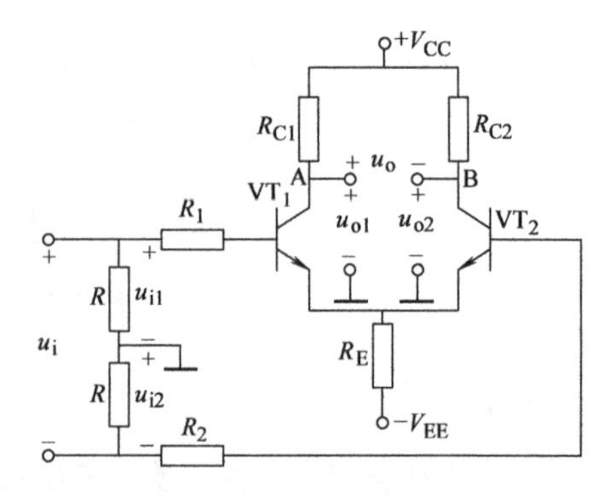

图7-38　差分放大电路

7.4.2　多级放大电路的分析

多级放大电路的性能分析与单级放大电路类似，

性能指标包括电压放大倍数、输入电阻、输出电阻等。对于多级放大电路，每级是相互关联的，前一级的输出电压为后一级的输入电压，前一级的负载为后一级的输入电阻。

一、电压放大倍数

在多级放大电路中，由于前级的输出电压就是后级的输入电压，所以总的电压放大倍数等于各级放大倍数之积，对于 n 级放大电路，有

$$A_{\mathrm{u}} = A_{\mathrm{u1}}A_{\mathrm{u2}}\cdots A_{\mathrm{u}n} = \prod_{i=1}^{n} A_{\mathrm{u}i} \tag{7-38}$$

二、输入电阻

多级放大电路的输出电阻 R_{i} 就是第一级的输入电阻 R_{i1}，即

$$R_{\mathrm{i}} = R_{\mathrm{i1}} \tag{7-39}$$

三、输出电阻

多级放大电路的输出电阻 R_{o} 等于第 n 级（末级）的输出电阻 $R_{\mathrm{o}n}$，即

$$R_{\mathrm{o}} = R_{\mathrm{o}n} \tag{7-40}$$

【例 7-3】 如图 7-34 所示的两级阻容耦合放大电路，已知：$R_{\mathrm{b11}} = 100\mathrm{k\Omega}$，$R_{\mathrm{b21}} = 25\mathrm{k\Omega}$，$R_{\mathrm{c1}} = 3\mathrm{k\Omega}$，$R_{\mathrm{e1}} = 1\mathrm{k\Omega}$，$R_{\mathrm{b12}} = 100\mathrm{k\Omega}$，$R_{\mathrm{b22}} = 20\mathrm{k\Omega}$，$R_{\mathrm{c2}} = 3\mathrm{k\Omega}$，$R_{\mathrm{e2}} = 750\Omega$，$R_{\mathrm{L}} = 1\mathrm{k\Omega}$，$U_{\mathrm{G}} = 12\mathrm{V}$，晶体管的 $\beta_1 = \beta_2 = 100$，$U_{\mathrm{be1}} = U_{\mathrm{be2}} = 0.7\mathrm{V}$。试求（1）电路的静态工作点（2）电压放大倍数，输入、输出电阻。

解：（1）静态工作点计算

第一级　$U_{\mathrm{B1}} = \dfrac{R_{\mathrm{b21}}}{R_{\mathrm{b11}} + R_{\mathrm{b21}}}U_{\mathrm{G}} = \dfrac{25}{100+25} \times 12\mathrm{V} = 2.4\mathrm{V}$

$$U_{\mathrm{E1}} = U_{\mathrm{B1}} - U_{\mathrm{be1}} = (2.4-0.7)\mathrm{V} = 1.7\mathrm{V}$$

$$I_{\mathrm{CQ1}} \approx I_{\mathrm{EQ1}} = \frac{U_{\mathrm{E1}}}{R_{\mathrm{e1}}} = \frac{1.7}{1}\mathrm{mA} = 1.7\mathrm{mA}$$

$$I_{\mathrm{BQ1}} = \frac{I_{\mathrm{CQ1}}}{\beta_1} = 17\mu\mathrm{A}$$

$$\begin{aligned} U_{\mathrm{CEQ1}} &= U_{\mathrm{G}} - I_{\mathrm{CQ1}}R_{\mathrm{c1}} - I_{\mathrm{EQ1}}R_{\mathrm{e1}} \approx U_{\mathrm{G}} - I_{\mathrm{CQ1}}(R_{\mathrm{c1}} + R_{\mathrm{e1}}) \\ &= 12\mathrm{V} - 1.7 \times (3+1)\mathrm{V} = 5.2\mathrm{V} \end{aligned}$$

第二级　$U_{\mathrm{B2}} = \dfrac{R_{\mathrm{b22}}}{R_{\mathrm{b12}} + R_{\mathrm{b22}}}U_{\mathrm{G}} = \dfrac{20}{100+20} \times 12\mathrm{V} = 2\mathrm{V}$

$$U_{\mathrm{E2}} = U_{\mathrm{B2}} - U_{\mathrm{be2}} = (2-0.7)\mathrm{V} = 1.3\mathrm{V}$$

$$I_{\mathrm{CQ2}} \approx I_{\mathrm{EQ2}} = \frac{U_{\mathrm{E2}}}{R_{\mathrm{e2}}} = \frac{1.3}{0.75}\mathrm{mA} = 1.73\mathrm{mA}$$

$$I_{\mathrm{BQ2}} = \frac{I_{\mathrm{CQ2}}}{\beta_2} = 17.3\mu\mathrm{A}$$

$$\begin{aligned} U_{\mathrm{CEQ2}} &= U_{\mathrm{G}} - I_{\mathrm{CQ2}}R_{\mathrm{c2}} - I_{\mathrm{EQ2}}R_{\mathrm{e2}} \approx U_{\mathrm{G}} - I_{\mathrm{CQ2}}(R_{\mathrm{c2}} + R_{\mathrm{e2}}) \\ &= 12\mathrm{V} - 1.73 \times (3+0.75)\mathrm{V} = 5.51\mathrm{V} \end{aligned}$$

（2）电压放大倍数，输入、输出电阻的计算

$$r_{be1}=300\Omega+(1+\beta)\frac{26}{I_{E1}}=300\Omega+101\times\frac{26}{1.7}\Omega=1.84k\Omega$$

$$r_{be2}=300\Omega+(1+\beta)\frac{26}{I_{E1}}=300\Omega+101\times\frac{26}{1.73}\Omega=1.82k\Omega$$

$$A_{u1}=-\beta\frac{R'_L}{r_{be1}}=-\beta\frac{(R_{c1}//R_{i2})}{r_{be1}}=-\frac{100\times(3//1.82)}{1.84}=-61.6$$

注：$R_{i2}=r_{be2}$

$$A_{u2}=-\beta\frac{R'_L}{r_{be2}}=-\beta\frac{(R_{c2}//R_L)}{r_{be2}}=-\frac{100\times(3//1)}{1.82}=-41.2$$

$$A_u=A_{u1}A_{u2}=-61.6\times(-41.2)=2538$$

$$R_i=R_{i1}=r_{be1}//R_{b1}//R_{b2}\approx r_{be1}=1.84k\Omega$$

$$R_o=R_{c2}=3k\Omega$$

7.5　功率放大电路

在电子的整机电路中，经过电压放大电路进行信号放大后，往往要送到负载端，去驱动一定的装置，如扬声器发声、电动机转动、继电器动作、仪表指针偏转等，因此还需设置功率放大电路。功率放大电路是一种以输出较大功率为目的的放大电路，它一般直接驱动负载，具有较强的带负载能力。

一、功率放大电路的基本要求

一个性能良好的功率放大电路，应符合以下基本要求：

1. 输出功率大，以满足驱动负载的需要

功率放大电路的负载一般都需要较大的功率。为了满足这个要求，功放器件输出电压和电流的幅度都较大，接近极限运用状态。

2. 信号失真小，以保证输出信号的逼真度

由于功放器件在大信号状态下工作，静态工作点易进入非线性区造成非线性失真，因此在电路设计、调试过程中，必须尽可能减小非线性失真。

3. 转换效率高，以保证输出信号的实时性

由于功放器件工作在大信号状态，消耗在功放器件和电路中的能量就大，需要电源提供的功率也随之增大，因此必须尽可能降低功放器件和电路上的功耗，提高效率。

4. 散热性能好，以保证功放管安全工作

功放器件在大电压、大电流情况下工作，集电结上的功率损耗大，导致结温升高，严重时可能毁坏晶体管。在技术上多采用加装散热器等措施，以降低功放管的温度。

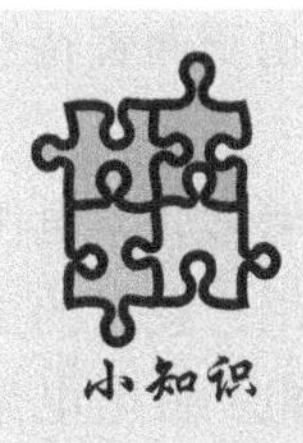

功率放大与电压放大的比较

功率放大电路与电压放大电路都属于能量转换电路，都是将电源提供的直流功率转换成被放大信号的交流功率。但它们具有各自的特点：

- 电压放大电路是把微弱的信号电压进行放大，一般输入及输出的电压和电流都较小，是小信号放大电路，它消耗能量少，信号失真小，输出信号的功率小。
- 功率放大电路的主要任务是输出大的信号功率，它的输入、输出电压和电流都较大，是大信号放大电路，它消耗能量多，信号容易失真，输出信号的功率大。

二、功率放大电路的分类

目前常用的低频功率放大电路按照晶体管所设静态工作点位置不同，可分为甲类、乙类、甲乙类等。

1. 甲类功放

Q点位于交流负载线的中点，如图7-39a所示，在输入信号的整个周期内都有电流流通，晶体管处于放大状态。电路特点是输出波形失真小，但静态电流大，效率较低，最高不超过50%。

2. 乙类功放

Q点处于截止区，如图7-39c所示，在输入信号的整个周期内，晶体管半个周期处于放大状态，半个周期处于截止状态，只有半波输出。电路特点是输出波形失真大，但静态电流几乎为零，效率较高，最高可达78.5%。在实际应用中，常采用两只晶体管组成互补对称放大电路，以减小失真。

3. 甲乙类功放

Q点处于截止区，如图7-39b所示，晶体管导通时间比半个周期稍大而不足整个周期，介于甲类和乙类中间。电路特点是输出波形失真大，静态电流较小，效率仍比较高，接近乙类功放。

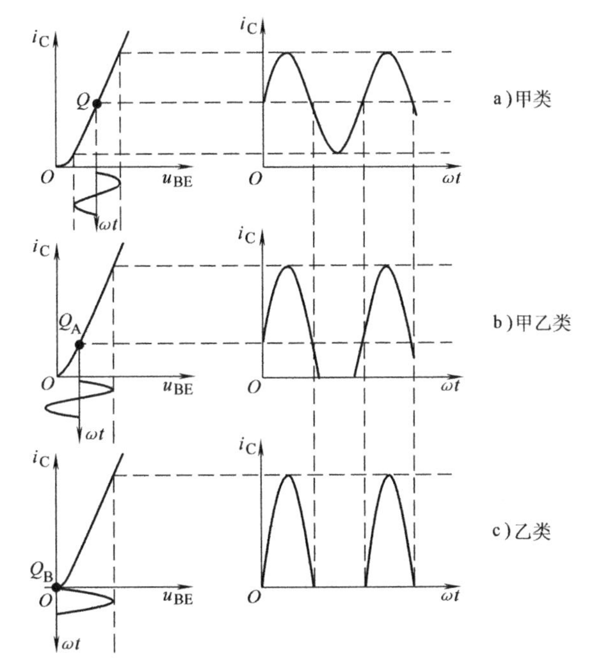

图7-39　功率放大电路静态工作点及波形

三、互补对称功率放大电路

1. 电路的工作原理

互补对称功率放大电路如图7-40所示。图中VT1、VT2是两只特性一致的NPN型和PNP型晶体管，均工作在乙类状态。两管基极相连为信号的输入端；发射极接在一起并与负载R_L相连，作为信号的输出端。

当输入信号 $u_i=0$ 时，VT_1、VT_2 均零偏截止，负载 R_L上静态电流为零，由于两管特性对称，所以输出端电压 $u_o=0$。

当输入信号 $u_i\neq0$ 时，在 u_i的正半周，VT_1 管发射结正向偏置导通，VT_2 管截止，电源 V_{CC}通过 VT_1 对电容 C_1充电，充电电流 i_{C1}流过负载 R_L，形成输出电压的正半周；在 u_i的正半周，VT_2 管发射结正向偏置导通，VT_1 管截止，电容 C_1通过 VT_2 向负载放电，放电电流 i_{C2}流过负载 R_L，形成输出电压的负半周。

输出信号波形在正、负半周交接处出现了失真，这是因为在两管交替导通过程中，输入信号低于死区电压，两只晶体管都截止，负载上无电流通过，出现了一段死区，故称为交越失真。

这样，在输入信号的一个周期里，VT_1、VT_2 两管在正、负半周轮流工作，电流 i_{C1}、i_{C2} 从正、反两个方向交替流过负载电阻 R_L，使负载获得一个周期完整、略有交越失真的信号，如图 7-41 所示。

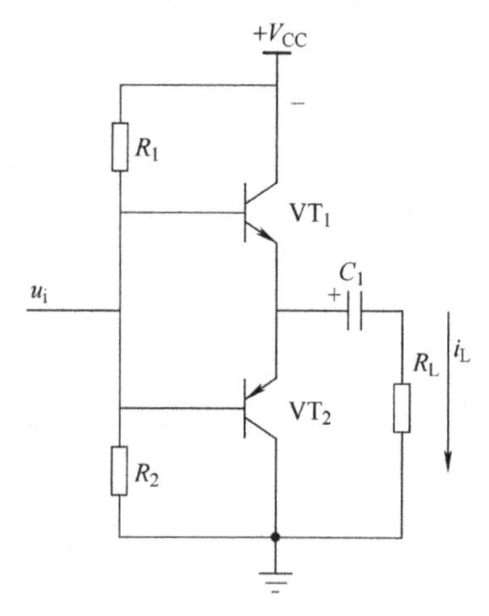

图7-40　互补对称功率放大电路

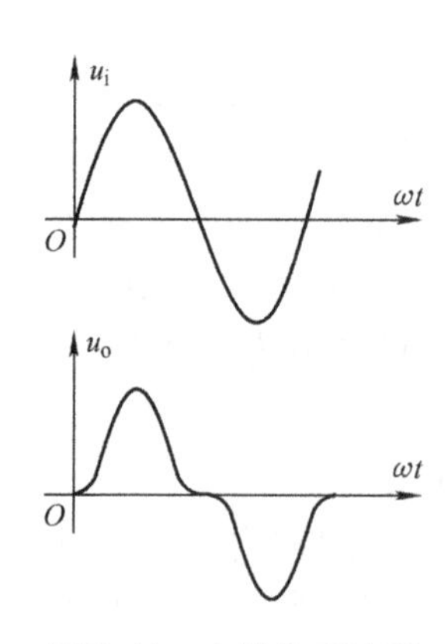

图7-41　交越失真波形

这种功率放大电路利用了两个不同类型晶体管发射结偏置极性相反的特点，互补对方的不足，轮流导通工作，故称之为互补对称电路（或互补推挽电路）。

2. 主要性能指标估算

➢ 最大输出功率：
$$P_{om}\approx\frac{1}{2}\frac{V_{CC}^2}{R_L} \tag{7-41}$$

➢ 电源供给的直流功率：
$$P_v=\frac{2V_{CC}I_{cm}}{\pi} \tag{7-42}$$

➢ 功放电路的效率：
$$\eta=\frac{P_{om}}{P_V} \tag{7-43}$$

由式（7-43）整理可得，理想情况下功率放大电路的效率为

$$\eta=\frac{P_{om}}{P_V}\times100\%=\frac{\frac{1}{2}V_{CC}I_{cm}}{\frac{2}{\pi}V_{CC}I_{cm}}=78.5\%$$

四、集成功率放大电路简介

自 1967 年成功研制第一块音频功率放大器集成电路以来，短短几十年间，集成功放技术已经趋于成熟，并得到了广泛应用。目前约 95% 以上的音响设备中的音频功率放大器都采用了集成电路。据统计，音频功率放大器集成电路的产品品种已超过 300 种。从输出功率容量来看，有 1W 的小功率放大器、10W 以上的中功率放大器、25W 的厚膜集成功率放大器等。从电路的结构来看，已从单声道的单路输出集成功率放大器发展到双声道立体声的二重双路输出集成功率放大器。从电路的功能来看，已从一般的 OTL 功率放大器集成电路发展到具有过电压保护电路、过热保护电路、负载短路保护电路、电源浪涌过冲电压保护电路、静噪声抑制电路、电子滤波电路等功能更强的集成功率放大器。

1. LM386 集成功率放大器

LM386 集成功率放大器是 8 脚 DIP 封装，其外形及引脚排列如图 7-42a 所示。消耗静态电流约为 4mA，是应用电池供电的理想器件。该集成功率放大器同时还提供电压增益放大，其电压增益通过外部连接的变化可在 20 ~ 200 范围内调节。其供电电源电压范围为 4 ~ 15V，最大输出功率为 325mW，内部设有过载保护电路。功率放大器的输入阻抗为 50kΩ，频带宽度 300kHz。

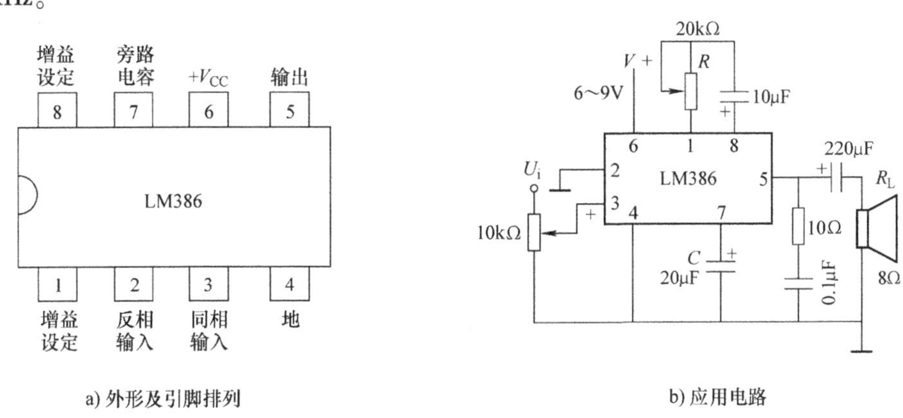

a) 外形及引脚排列　　b) 应用电路

图 7-42　LM386 集成功率放大器

图 7-42b 是由 LM386 组成的功放应用电路，7 脚接去耦电容 C，5 脚接 10Ω 和 0.1μF 的串联网络，起消除高频自激振荡的作用。1、8 脚接阻容网络是为了调整电路的电压增益而附加的，电容的取值为 10μF，R 约为 20kΩ。R 值越小，增益越大。1、8 脚间也可开路使用。综上所述，LM386 用于音频功率放大时，最简电路只需一只输出电容接扬声器。如唱机放大器，当需要高增益时，只需再增加一只 10μF 的电容，短接在 1、8 脚之间，如作为收音机检波输出端。

2. 高功率集成功率放大器 TDA2006

TDA2006 集成功率放大器是一种具有短路保护和过热保护功能的大功率音频功率放大器集成电路。它的电路结构紧凑，引脚仅有 5 只，补偿电容全部在内部，外围元件少，使用方便。不仅在录音机、组合音响等家电设备中采用，而且在自动控制装置中也广泛使用，音频功率放大器集成电路 TDA2006 采用 5 脚单边双列直插式封装结构，其外形和引脚排列如图 7-43a 所示。1 脚是信号输入端子；2 脚是负反馈输入端子；3 脚是整个集成电路的接地端子，在做双电源使用时，即是负电源（$-V_{CC}$）端子；4脚是功率放大器的输出端子；5脚是整个集成电路的正电源（$+V_{CC}$）端子。

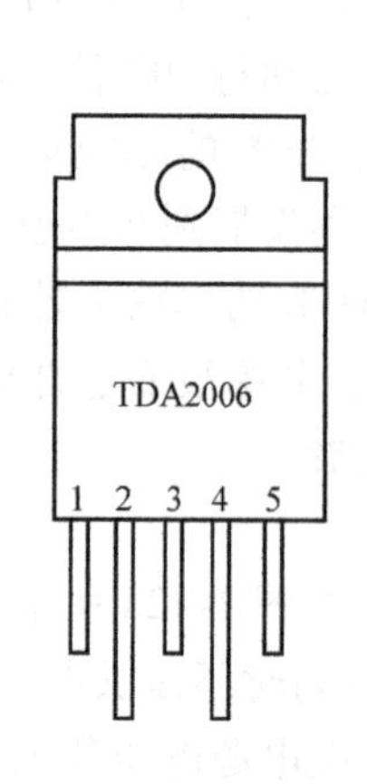

a) TDA2006外形及引脚排列

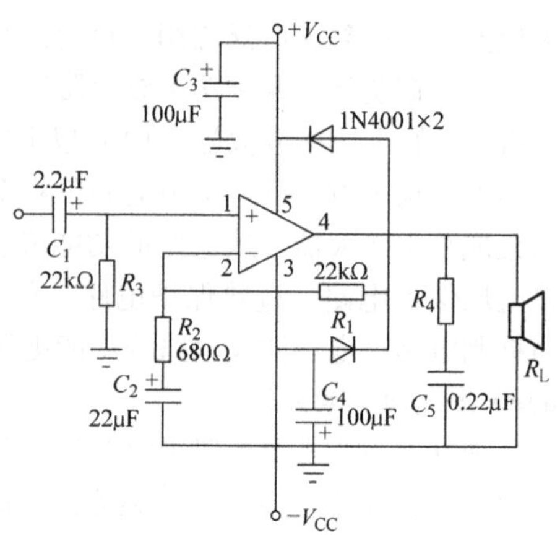

b) TDA2006正、负电源供电的功率放大器

图7-43　TDA2006集成功率放大器

图7-43b是TDA2006集成电路组成的双电源供电的音频功率放大器，该电路应用于具有正、负双电源供电的音响设备。音频信号经输入耦合电容C_1送到TDA2006的同相输入端（1脚），功率放大后的音频信号由TDA2006的4脚输出。由于采用了正、负对称的双电源供电，输出端子（4脚）的电位等于零，因此电路中省掉了大容量的输出电容。电阻R_1、R_2和电容器C_2构成负反馈网络。电阻R_4和电容器C_5是校正网络，用来改善音响效果。两只二极管是TDA2006内大功率输出管的外接保护二极管。

本章小结

1. 晶体管是一种电流控制器件，通过较小的基极电流控制较大的集电极电流，起到晶体管电流放大的作用。

2. 晶体管放大时电流分配的关系式：$I_E=I_C+I_B$，$I_C=\beta I_B$。

3. 晶体管有三种工作状态：放大状态、饱和状态和截止状态。

4. 为了不失真地放大信号，放大电路必须设置合适的静态工作点，保证晶体管放大信号时，始终工作在放大区。

5. 表征放大电路动态性能的主要参数有电压放大倍数、输入电阻和输出电阻。

6. 共射极放大电路的波形失真包括截止失真、饱和失真和双向失真。

7. 放大电路为了稳定静态工作点，常采用分压式稳定工作点偏置电路。

8. 射极输出器的特点是输入阻抗高，输出阻抗低，电压放大系数略低于1，带负载能力强。

9. 多级放大电路常用的耦合方式有阻容耦合、变压器耦合和直接耦合。

10. 功率放大电路的主要任务是在不失真前提下输出大信号功率。功放有甲类、乙类和甲乙类三种工作状态。

第8章 集成运算放大器及其应用

本章学习要点

◇ 掌握集成运算放大器的基础知识。
◇ 掌握集成运算放大器的性能及参数。
◇ 了解负反馈对放大电路的影响。
◇ 掌握集成运算放大器的基本运算电路及其应用。

案例导入

集成运算放大器是一种高放大倍数的多级直接耦合放大电路。由于发展初期主要用于模拟计算机的数学运算，所以称为“运算放大器”，目前的应用早已超出了数学运算的范畴。

随着半导体技术的发展，可将电路元器件及其布线制作在面积仅为 0.5mm^2 的硅片上，形成紧密联系的整体电路 LM324 集成运算放大器，如图 8-1 所示。它以其通用性强、可靠性高、低成本、体积小、外部焊点少、安装方便等优越性能被广泛应用于自动测试、自动控制、信息处理、通信工程等电子技术领域。

图 8-1　LM324 集成运算放大器

8.1　集成运算放大器

8.1.1　集成运算放大器的结构

一、集成运算放大器的外形、符号及分类

集成运算放大器，简称集成运放或运放。常见的封装形式有圆壳式、双列直插式和扁平式，如图 8-2 所示。封装所用的材料有陶瓷、金属和塑料等，陶瓷封装的集成电路气密性好、可靠性高，使用的温度范围宽；塑料封装的集成电路性能稍差，但由于其价格低廉而获得广泛的应用。目前国产集成运放有多种型号，封装外形主要采用圆壳式和双列直插式。

集成运放的电路符号如图 8-3 所示。它有两个输入端和一个输出端，其中反相输入端标有“ - ”号，表示输出信号与输入信号相位相反；同相输入端标有“ + ”号，表示输出信

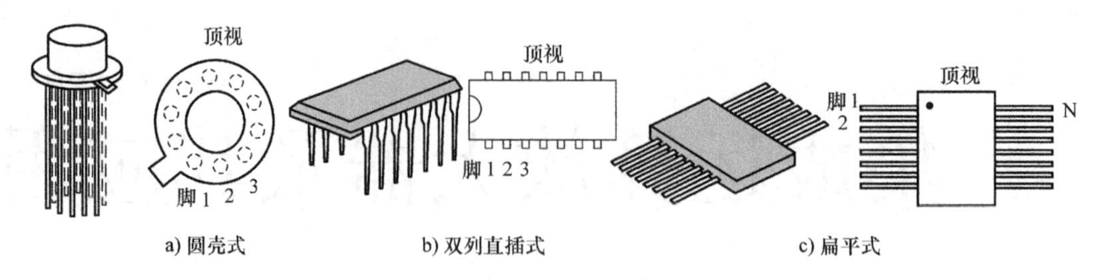

图8-2　集成运放的外形

号与输入信号相位相同。电路符号中“∞”表示开环电压放大倍数在理想情况下为无穷大。

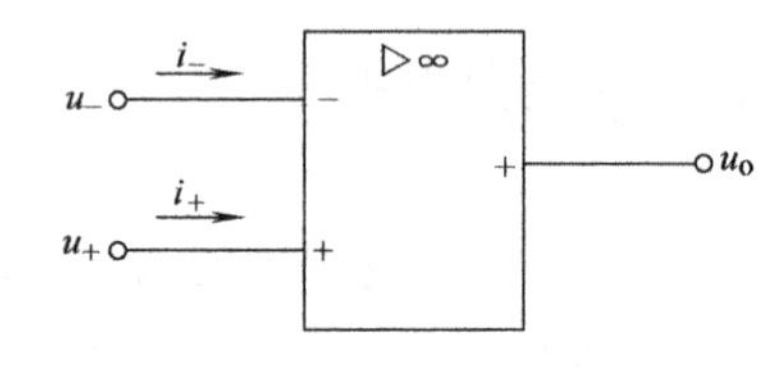

图8-3　集成运放的电路符号

根据不同的分类标准，集成电路具有名目繁多的类型。就集成度而言，可分为四种：在一块芯片上，包含的管子和元器件在100个以下的小规模集成电路；在100~1000个之间的称为中规模集成电路；在1000~100000个之间的称为大规模集成电路；在100000个以上的称为超大规模集成电路。按所用器件可分为由双极型器件组成的双极型集成电路；由单极型器件组成的单极型集成电路；由双极型器件和单极型器件兼容组成的集成器件。此外，还有线性集成电路和数字集成电路等。

二、集成运算放大器的结构和特点

集成运放的种类很多，内部电路各不相同，但就其组成系统来说，都是由输入级、中间级、输出级和偏置电路四个主要部分组成，如图8-4所示。

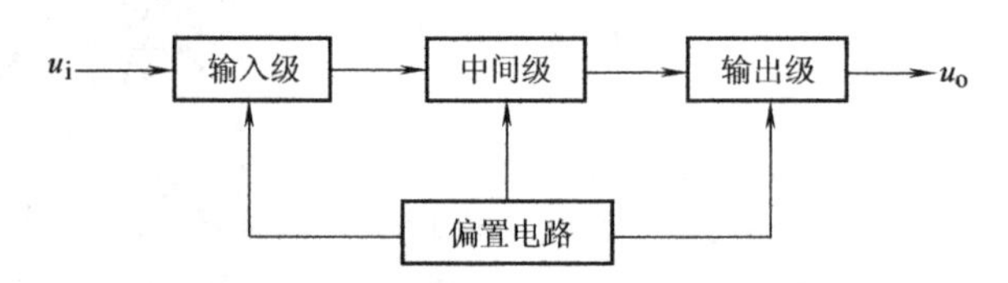

图8-4　集成运算放大器的原理框图

➢ 输入级。输入级是集成运放质量保证的关键，一般采用差分放大电路来减少零点漂移和抑制共模干扰信号，具有较高的输入阻抗及可观的电压增益。

➢ 中间级。集成运算放大器的放大倍数主要是由中间级提供的，因此，要求中间级有较高的电压放大倍数，一般放大倍数可达几千倍以上。

➢ 输出级。输出级与负载相连，以降低输出阻抗、提高带负载能力为目的，常采用射极输出器等电路，输入阻抗高，输出阻抗低，能提供较大的输出功率和带负载能力。

➢ 偏置电路。偏置电路为集成运放各级提供合适的偏置电流，使之具有合适的静态工作点，也可作为放大器的有源负载。

三、集成运算放大器的使用常识

集成运算放大器的内部电路相当复杂，作为使用者，只需把它看成一个具有一定功能的整体，了解它的外部特性和各个引线端子的用途。如图8-5所示为运算放大电路的外部接线图。

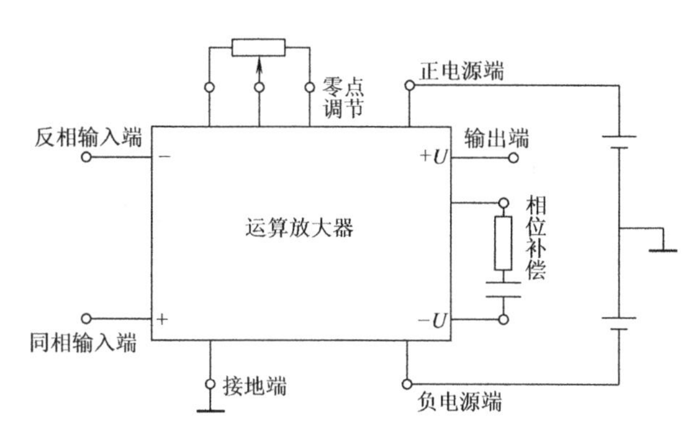

图 8-5　运算放大电路的外部接线图

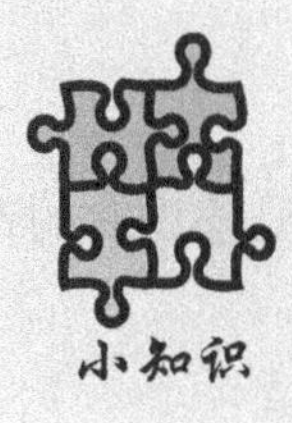

集成运放的外部引出端子不仅有反相输入端、同相输入端和输出端，还有连接正负电源的电源端子、失调调零端子、相位校正的相位补偿端子、公共接地端子及附加端子。实际工作中必须接入这些端子，集成运放才能正常工作。

1. 零点调整

将两输入端短路接地，利用外接调零电位器调整，使输出电压为 0。如无法调零，则可能是接线有误或有虚焊现象。目前，有些新型的集成运放已经无需调零。

2. 消振

集成运放的开环电压放大倍数很大，容易引起自激振荡，为此要在运放指定端子间外加消振电阻和电容，通过调节使振荡消失。

3. 电源反接保护

利用二极管的单向导电性可防止由于电源极性接反而造成的损坏。如图 8-6 所示，当电源极性接反时，两只二极管均不导通，相当于电源开路，从而保护了电源。

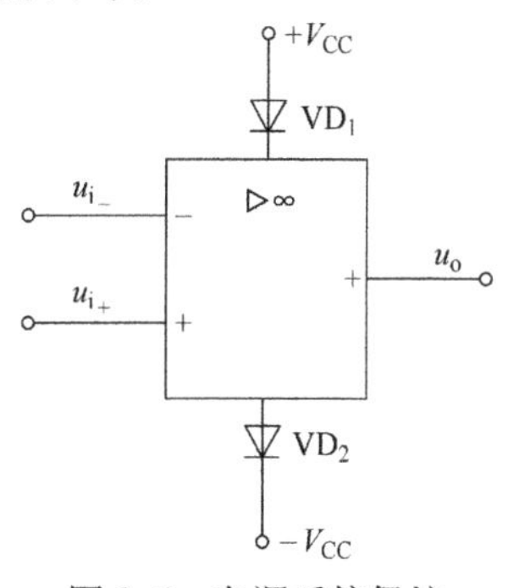

图 8-6　电源反接保护

4. 输入、输出保护

当输入信号超过额定值可能引起集成运放内部结构的损坏。常用的保护方法是利用二极管将输入信号幅度加以限制。如图 8-7 所示，R_1、R_2 是限流电阻，无论输入信号的正向或负向电压超过二极管的导通电压，VD_1、VD_2都将有一个导通，从而限制了输入信号的幅度。

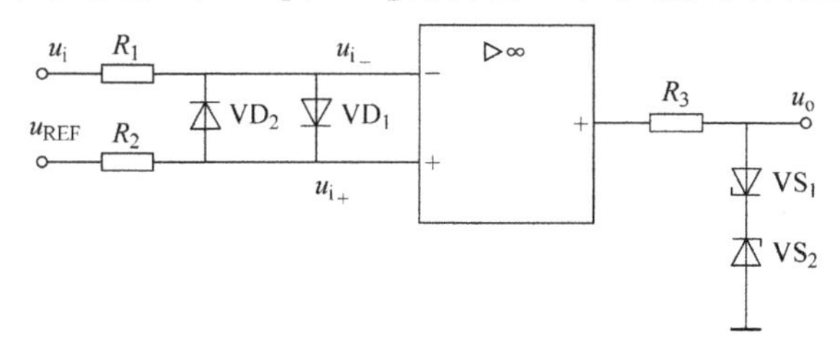

图 8-7　输入、输出保护

当集成运放的输出端接到外部过高的电压时，也会造成运放的损坏。可在输出端串接两只稳压管，如图8-7所示，将输出电压限制为稳压管工作电压，起到保护作用。

8.1.2　集成运算放大器的主要性能指标

集成运算放大器的性能指标是评价集成运算放大器性能优劣的主要标志，也是正确选择和使用的依据。因此，必须熟悉这些性能指标的含义和数值范围。

1. 开环电压放大倍数 A_{od}

A_{od}是指集成运放在开环状态（无外加反馈）下的空载电压放大倍数（差模输入）。它是决定运算精度的重要因素，其值越大越好，一般为60～140dB，高质量的集成运放可达170dB以上。

2. 差模输入电阻 r_{id}

r_{id}指集成运放在差模输入时的开环输入电阻。它反映了输入端向差分信号源索取电流的能力，其值越大越好，一般为几百千欧至几兆欧。

3. 开环输出电阻 r_o

r_o是指集成运放无外加反馈回路时的输出电阻。它反映了集成运放在小信号输出时的带负载能力，其值越小越好，一般为20～200Ω。

4. 共模抑制比 K_{CMR}

K_{CMR}是差模电压增益与共模电压增益之比。它用来综合衡量运放的放大、抗零漂和抗共模干扰的能力，其值越大越好，一般为60～130dB。

5. 输入失调电压 U_{io}

实际的集成运放，它的差动输入级很难做到完全对称，为了使输入电压为零时输出电压也为零，在输入端加的补偿电压叫做输入失调电压 U_{io}。它的大小反映了运放输入级电路的不对称程度，其值越小越好，一般为1～10mV。

6. 输入失调电流 I_{io}

I_{io}是指当输入信号为零时，集成运放的两个输入端基极静态电流之差。它反映了输入级两管输入电流的不对称情况，其值越小越好，一般为1nA～0.1μA。

7. 输入偏置电流 I_{ib}

I_{ib}是指集成运放输出电压为零时，两个输入端偏置电流的平均值，即 $I_{ib}=\frac{1}{2}(I_{ib1}+I_{ib2})$。其值越小越好，一般为10nA～10μA。

8. 最大输出电压 U_{op-p}

U_{op-p}是指集成运放在一定的电源电压下，最大不失真输出电压的峰－峰值。

8.1.3　集成运算放大器中的负反馈

反馈在电子电路中应用广泛，正反馈应用于各种振荡电路，产生各种波形的信号源；负反馈用来改善放大电路的性能。在实际放大电路中几乎都采取加负反馈的措施。

一、反馈的基本概念

从放大器的输出端把输出信号的一部分或全部按一定路径馈送到输入端的过程，称为反馈。用于实现反方向信号传输的电路称为反馈电路，图8-8所示为反馈放大器的框图。

输出信号 x_o 的部分或全部通过反馈电路F送到输入回路，在比较环节“⊗”与输入信

号 x_i 进行比较（信号叠加），产生放大电路的净输入信号 x'_i 进入放大器 A。

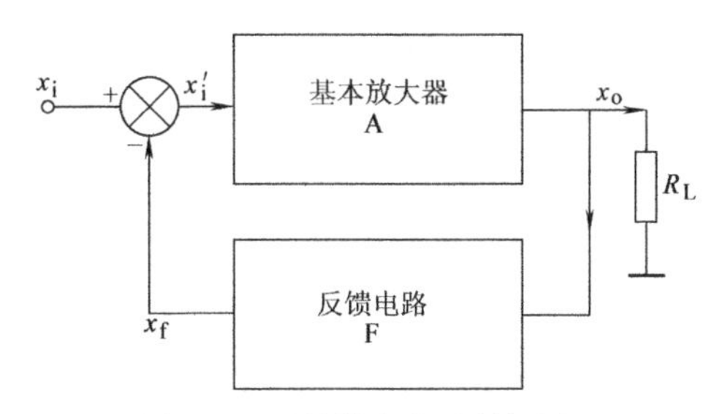

图 8-8　反馈放大电路的框图

由上图可确定如下基本关系式：

$$x'_i = x_i - x_f \tag{8-1}$$

$$A = \frac{x_o}{x'_i} \tag{8-2}$$

$$F = \frac{x_f}{x_o} \tag{8-3}$$

$$A_f = \frac{x_o}{x_i} \tag{8-4}$$

其中，A 表示开环放大倍数，F 表示反馈系数，A_f表示闭环放大倍数。

二、反馈的类型及判断

1. 反馈的类型

按反馈极性的不同分为正反馈和负反馈；按从输出回路取用信号的方式分为电压反馈和电流反馈；按输入电路的连接方式分为串联反馈和并联反馈。组合起来，负反馈有四种类型：电压串联负反馈、电压并联负反馈、电流串联负反馈和电流并联负反馈。

2. 反馈的判断

➢ 反馈支路

找到放大电路的输入回路和输出回路，确定电路的输入端、输出端和公共端。既在输入回路又在输出回路的支路即为反馈支路。

➢ 正反馈和负反馈

如果反馈信号使净输入信号增强，使放大电路的放大倍数得到提高，这样的反馈称为正反馈；如果反馈信号使净输入信号削弱，使放大倍数减小，称为负反馈。

判断正、负反馈可以采用瞬时极性法。即先假定反馈放大电路输入信号处于某一瞬时极性（“ + ”表示瞬时极性为正，电位升高；“ − ”表示瞬时极性为负，电位降低），然后推想各相关点电压瞬时极性的变化，最后判断反馈信号的瞬时极性，如果 x_f与 x_i的极性相同为正反馈，否则为负反馈。

➢ 电压反馈和电流反馈

反馈信号取自输出电压并与输出电压成正比的反馈称为电压反馈，如图 8-9a 所示；反馈信号取自输出电流并与输出电流成正比的反馈称为电流反馈，如图 8-9b 所示。

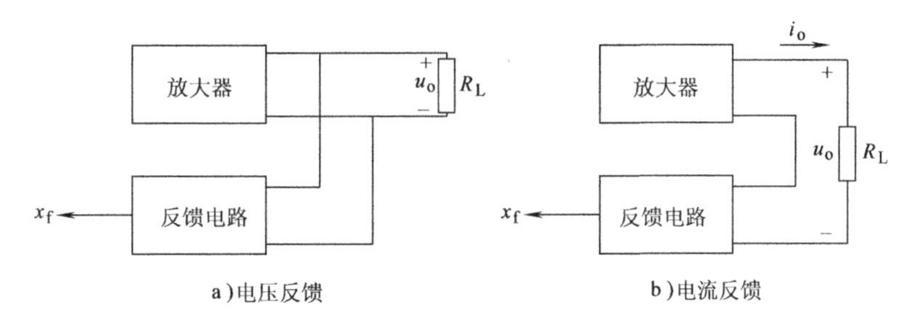

图 8-9　电压反馈和电流反馈

判断电压反馈和电流反馈可以先假设输出端短路，如果反馈信号不复存在，则为电压反馈；如果反馈仍然存在，则为电流短路。

小技巧

根据反馈信号在输出回路取样的节点来判断：如果反馈信号与输出信号取自输出端的同一个节点，即为电压反馈；如果反馈信号与输出信号取自输出端的不同节点，即为电流反馈。

➢ 串联反馈和并联反馈

如图8-10所示，如果输入信号 u_i 与反馈信号 u_f 在输入端串联，且以电压形式叠加（$u'_i = u_i - u_f$）则称为串联反馈；如果输入信号 i'_i 与反馈信号 i_f 在输入回路并联，且以电流形式叠加（$i'_i = i_i - i_f$）则称为并联反馈。

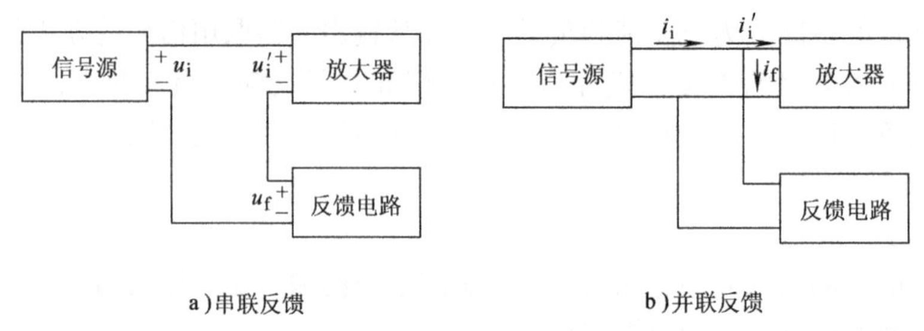

a）串联反馈　　b）并联反馈

图8-10　串联反馈和并联反馈

小技巧

根据反馈信号在输入回路引出的节点来判断。如果反馈信号与输入信号由输入端的同一个节点引出，即为并联反馈；如果反馈信号与输入信号由输入端的不同节点引出，即为串联反馈。

【例8-1】　判断图8-11所示电路的反馈类型。

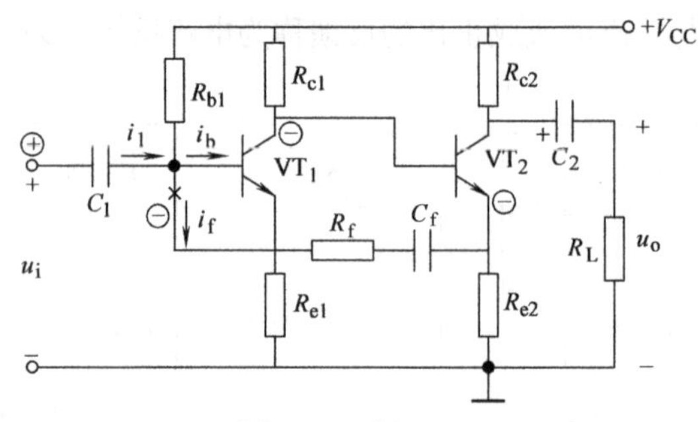

图8-11　例8-1

解：先假设输入端晶体管 VT_1 的基极加上“⊕”瞬时信号，则集电极输出信号为“⊖”信号（反相作用），经反馈电阻 R_f 引回到输入端为“⊖”，与原来输入端所加的“⊕”信号

相反，使净输入信号削弱，此电路为负反馈。

对于输入端，由于反馈信号与输入信号在同一个节点输入，则为并联反馈。

对于输出端，由于反馈信号与输出信号在不同节点输出，则为电流反馈。

所以，该电路的反馈类型为电流并联负反馈。

三、负反馈对放大电路性能的影响

1. 提高放大倍数的稳定性

一般而言，放大电路的放大倍数是不稳定的，例如，环境温度的变化、电源电压的波动、电路元器件参数和特性的变化都会引起放大倍数的变化，而引入负反馈后能大大提高放大倍数的稳定性。

由式（8-4）可知

$$A_f=\frac{x_o}{x_i}=\frac{x_o}{x'_i+x_f}=\frac{A}{1+AF} \tag{8-5}$$

当反馈深度很大，即 $AF \gg 1$ 时，有

$$A_f \approx \frac{1}{F} \tag{8-6}$$

可见，深度负反馈时的闭环放大倍数仅取决于反馈系数 F，而与开环放大倍数 A 无关。如果反馈网络仅由电阻元件构成，那么反馈系数 F 十分稳定，所以闭环放大倍数必然是稳定的。

2. 改善放大电路的频率特性

放大电路的频率特性是指当信号的频率过低或过高时，放大电路的放大倍数受到影响而降低的特性。这主要是由于放大电路中电容、电感这类电抗元件以及放大管结电容的存在，这些元器的性能参数会随工作频率的变化而变化。通常对放大倍数允许波动的范围有如下规定：以最大放大倍数为标准，放大倍数的波动不得超过最大放大倍数的 0.707$\left(\text{即}\frac{1}{\sqrt{2}}\right)$倍。

放大倍数允许波动范围内所对应的频率范围称为通频带，用 BW 表示，较低频率 f_L 与对应的较高频率 f_H 之间的频率范围，即为通频带。负反馈展宽放大电路的通频带如图 8-12 所示。

$$\mathrm{BW}=f_H-f_L \tag{8-7}$$

引入负反馈后，放大电路的放大倍数下降为 A_f，它在 $0.707A_f$ 时对应的低频为 $f'_L<f_L$，对应高频为 $f'_H<f_H$，使放大器的频率特性变得平坦，即通频带展宽，改善了放大电路的频率特性。

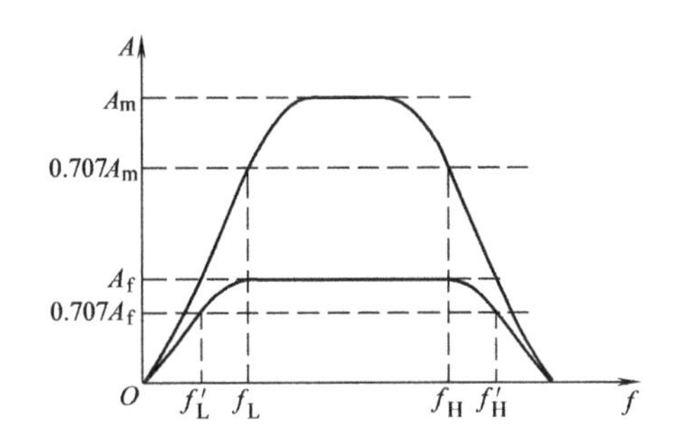

图 8-12　负反馈展宽放大电路的通频带

3. 减小放大电路的非线性失真

理想的、没有非线性失真的放大电路，其输出电压波形与输入信号波形应完全一样。但是，由于晶体管的非线性特性，当放大电路的静态工作点选择不当或输入信号幅值过大时，

会使输出信号产生非线性失真。

例如，如图8-13所示，一个正常的正弦波信号经放大后产生了非线性失真，正半周较大，负半周较小，由于负反馈信号与输出信号相同，经反馈电路将失真的信号送回到输入电路，与输入信号相减后，使净输入信号正半周变小，负半周变大，再经过放大器放大后，输出波形得到一定的改善。

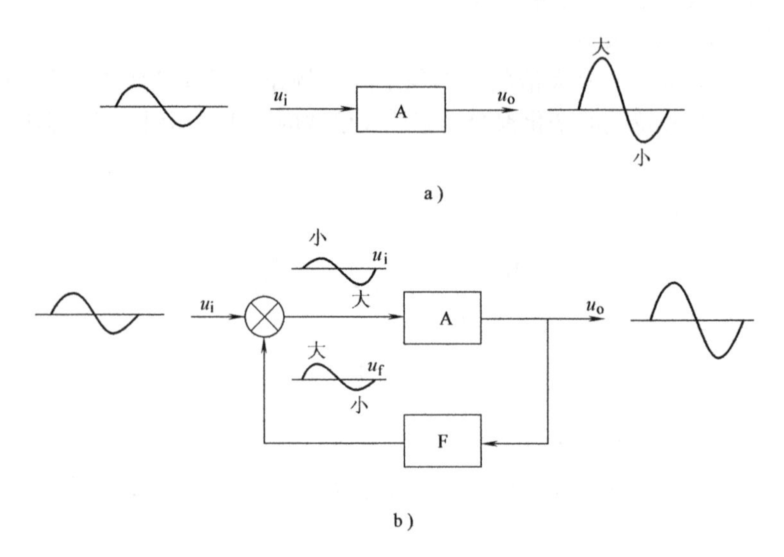

图8-13　负反馈减少非线性失真

同理，采用负反馈的方式可以抑制由载流子运动引起的晶体管、电阻及外界杂散电磁场和50Hz交流电源干扰所产生的噪声。但如果输入信号本身就有失真，引入负反馈也无济于事。

4. 改变放大电路的输入电阻

负反馈对放大电路输入、输出电阻的影响与放大电路的反馈类型有关。

对于串联负反馈，由于反馈网络和输入回路串联，总输入电阻为基本放大电路本身的输入电阻与反馈网络的等效电阻两部分串联相加，故可使放大电路的输入电阻增大。

对于并联负反馈，由于反馈网络和输入回路并联，总输入电阻为基本放大电路本身的输入电阻与反馈网络的等效电阻两部分并联，故可使放大电路的输入电阻减小。

5. 改变放大电路的输出电阻

对于电压负反馈，由于反馈信号正比于输出电压，反馈的作用是使输出电压趋于稳定，即放大电路的输出特性接近理想电压源，从而使输出电阻减小。

对于电流负反馈，由于反馈信号正比于输出电流，反馈的作用是使输出电流趋于稳定，即放大电路的输出特性接近理想电流源，从而使输出电阻增大。

实践环节

负反馈对放电电路性能的影响

如图 8-14 连接实验电路，验证负反馈对放大电路性能的影响。

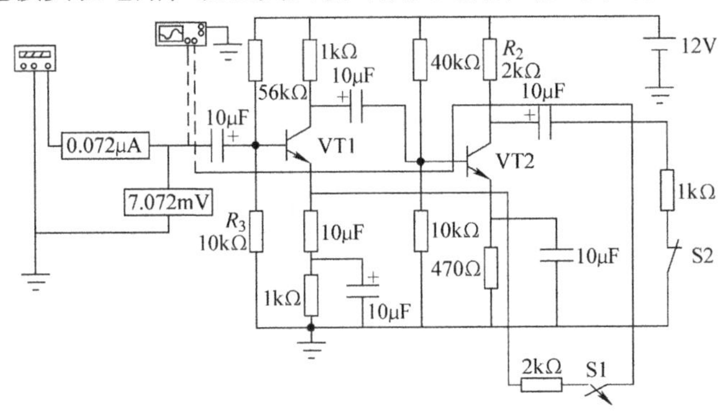

图 8-14　实验电路图

➢ 实验一：负反馈对放大倍数的影响

将开关 S1、S2 处于断开状态，测量没有反馈时的输入、输出电压，计算此时的放大倍数；再将开关 S1、S2 处于闭合状态，测量引入反馈时的输入、输出电压，计算此时的放大倍数。

➢ 实验二：负反馈对非线性失真的影响

将信号源设定为幅度 20mV、频率 10kHz 的正弦波。断开开关 S1，观察无负反馈时的输出波形；再将开关 S1 闭合，观察引入负反馈时的输出波形。

➢ 实验三：负反馈输入电阻的影响

断开开关 S1，测量输入电流和输入电压，计算无负反馈时的输入电阻；再将开关 S1 闭合，重新测量输入电流和输入电压，计算引入负反馈时的输入电阻。

8.1.4　理想集成运算放大器的特点

一、集成运放的理想条件

为了突出集成运算放大器的主要特点，简化分析过程，在应用集成运放时通常把它理想化。理想的集成运放具有以下特性：

➢ 开环电压放大倍数 $A_{od} = \infty$。

➢ 输入电阻 $r_{id} = \infty$。

➢ 输出电阻 $r_o = 0$。

➢ 共模抑制比 $K_{CMR} = \infty$。

➢ 输入失调电压 $U_{io} = 0$。

➢ 输入失调电流 $I_{io} = 0$。

➢ 频带宽度 $BW = \infty$。

二、集成运放的线性工作区

集成运算放大器可以工作在线性区，也可以工作在非线性区。如图8-15所示为集成运放的电压传输特性曲线，图中曲线的上升部分代表线性区，其斜率与开环放大倍数A_{od}相等。

工作在线性区的理想集成运放具有两个特点：“虚短”和“虚断”，分析如下：

1. 虚短

当集成运放工作在线性区时，有$u_o = A_{od}(u_+ - u_-)$，因为理想集成运放的开环电压放大倍数$A_{od}=\infty$，当输出u_o为有限值时，$(u_+ - u_-)\approx 0$，即

$$u_+ \approx u_- \tag{8-8}$$

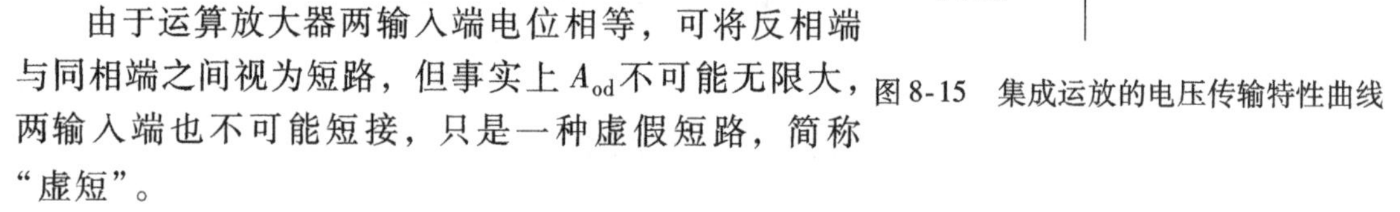

图8-15　集成运放的电压传输特性曲线

由于运算放大器两输入端电位相等，可将反相端与同相端之间视为短路，但事实上A_{od}不可能无限大，两输入端也不可能短接，只是一种虚假短路，简称“虚短”。

2. 虚断

因为理想集成运放的输入电阻$r_{id}=\infty$，相当于输入端没有电流流入集成运放，好像断开一样，即

$$i_+ = i_- = 0 \tag{8-9}$$

实际上r_{id}不可能无限大，i_i只能是近似为零，是虚假的断路，简称“虚断”。

“虚短”和“虚断”大大简化了集成运放的分析过程，由于实际运放的特性非常接近于理想特性，实际应用中可以运用这两个结论来解决问题。

三、集成运放的非线性工作区

当集成运放处于开环或电路引入正反馈时，通常工作在非线性区。如图8-15所示，曲线与X轴平行的左、右两段代表非线性区，与X轴的间距等于最大输出电压$\pm U_{opp}$。此时，构成集成运放的晶体管工作在饱和区或截止区，集成运放的输出达到了正、负最大值，即

$$当 u_+ > u_- 时，u_o = +U_{opp} \tag{8-10}$$

$$当 u_+ < u_- 时，u_o = -U_{opp} \tag{8-11}$$

由于理想集成运放的$r_{id}=\infty$，所以输入电流为零，即

$$i_+ = i_- = 0$$

综上所述，运放工作在不同的区域，其呈现的特点各不相同，因此，在分析集成运放应用时，应首先判断其工作区域，然后再进一步分析或计算具体电路。

8.2　集成运算放大器的线性应用

将集成运放接入适当的反馈电路可构成各种运算电路，主要有比例、加法、减法、积分、微分等。由于集成运放的开环增益很高，所以它构成的基本运算电路均为深度负反馈电路，且运放工作在线性区，应根据“虚短”和“虚断”的特点分析运算电路。

8.2.1　比例运算电路

比例运算电路包括反相比例运算电路和同相比例运算电路，它们是最基本的运算电路，也是组成其他各种运算电路的基础。

一、反相比例运算电路

如图 8-16 所示，输入电压 u_i 通过电阻 R_1 加到反相输入端，输出信号 u_o 通过反馈电阻 R_F 也送回到反相输入端。同相输入端通过电阻 R_2 接地，R_2 称为直流平衡电阻，其作用是使集成运放两输入端的对地直流电阻相等，从而避免运放输入偏置电流在两输入端之间产生附加的差模输入电压，取 $R_2=R_1//R_F$。由于输出电压 u_o 与输入电压 u_i 相位相反，因此，该电路也称为反相放大器。

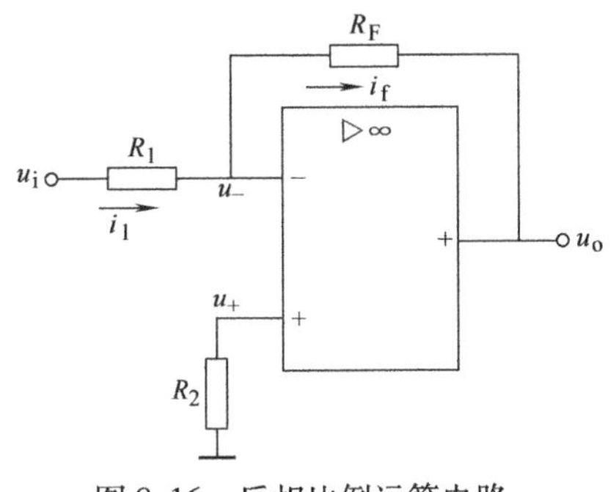

图 8-16　反相比例运算电路

由“虚断”概念可知，由于 $r_{id}=\infty$，$i_+=i_-=0$ 则 $i_1=i_f$。

由“虚短”概念可知，开环电压放大倍数 $A_{od}=\infty$，则 $u_+=u_-$，且由于同相端接地，即 $u_+=0$，所以 $u_-=0$。

而

$$i_1=\frac{u_i-u_-}{R_1}=\frac{u_i}{R_1}$$

$$i_f=\frac{u_--u_o}{R_F}=-\frac{u_o}{R_F}$$

故

$$\frac{u_i}{R_1}=-\frac{u_o}{R_F}$$

$$u_o=-\frac{R_F}{R_1}u_i \tag{8-12}$$

可见，输出电压 u_o 与 u_i 存在反相比例关系，比例系数为 $-\frac{R_F}{R_1}$，与集成运放的参数无关，式中负号表示 u_o 与 u_i 反相。若 $R_F=R_1$ 时，有

$$u_o=-u_i \tag{8-13}$$

此时电路称为反相器，即输出电压与输入电压在数值上相等且相位相反，反相器电气符号如图 8-17 所示。

反相比例运算电路中，虽然反相输入端不像同相输入端那样真正接地，但由于 $u_+=0$，而 $u_+=u_-$，所以反相输入端的电位近于零电位，称为“虚假接地”，简称“虚地”。

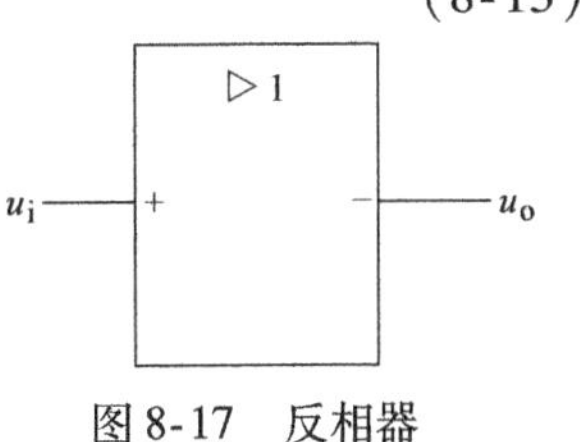

图 8-17　反相器

二、同相比例运算电路

如图 8-18 所示，输入电压 u_i 通过 R_2 加到同相输入端，输出电压 u_o 通过反馈电阻 R_f 送回到反相输入端，反相输入端通过 R_1 接地。电阻 R_2 为直流平衡电阻，取 $R_2=R_1//R_F$。由于输出电压 u_o 与输入电压 u_i 相位相同，因此，该电路也称为同相放大器。

利用“虚断”“虚短”的概念分析：

$$u_i = u_+ = u_-;\ i_+ = i_- = 0;\ i_1 = i_f$$

而

$$i_1 = \frac{0 - u_-}{R_1} = -\frac{u_i}{R_1}$$

$$i_f = \frac{u_- - u_o}{R_F} = \frac{u_i - u_o}{R_F}$$

故

$$-\frac{u_i}{R_1} = -\frac{u_i - u_o}{R_F}$$

$$u_o = \left(1 + \frac{R_F}{R_1}\right)u_i \tag{8-14}$$

可见，输出电压 u_o 与 u_i 存在同相比例关系，比例系数为 $\left(1 + \frac{R_F}{R_1}\right)$，与集成运放的参数无关，式中正号表示 u_o 与 u_i 同相。若 $R_F = 0$ 时，有

$$u_o = u_i \tag{8-15}$$

此时电路为电压跟随器，即输出电压始终等于输入电压且为同相关系，电压跟随器如图8-19所示。

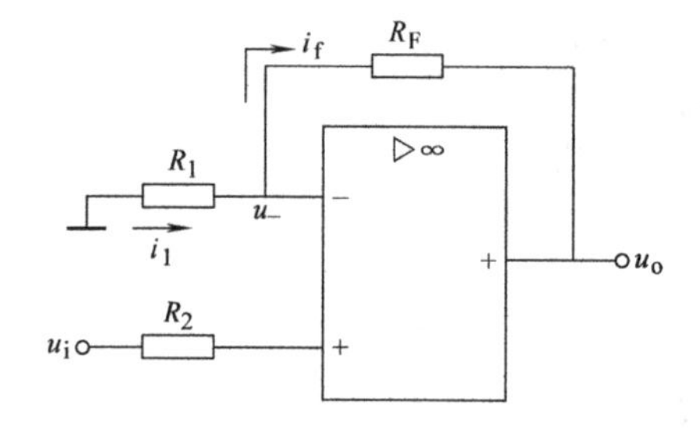

图8-18　同相比例运算电路

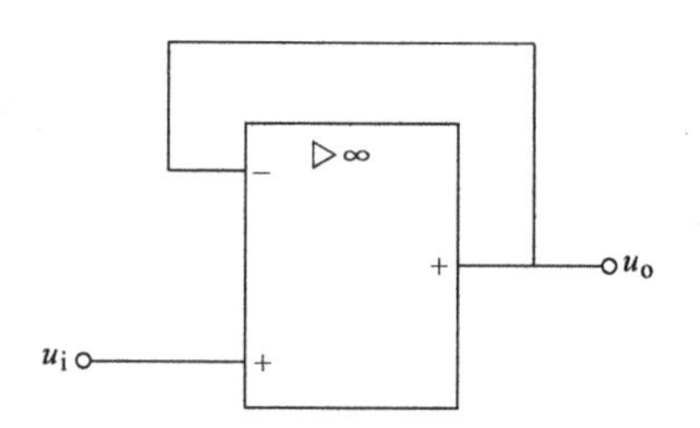

图8-19　电压跟随器

8.2.2　加法与减法运算电路

一、加法运算电路

加法运算电路是实现若干个输入信号求和功能的电路。两输入端的反相加法运算电路如图8-20所示，两个输入信号 u_{i1} 和 u_{i2} 分别通过电阻 R_1 和 R_2 加到运放的反相输入端，R_F 为反馈电阻，R_3 为直流平衡电阻，取 $R_3 = R_1 // R_2 // R_F$。

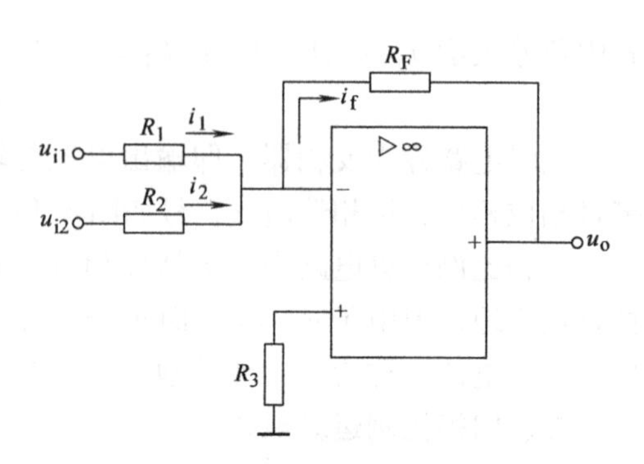

图8-20　加法运算电路

利用“虚断”“虚短”的概念分析：

$$i_f = i_1 + i_2;\ u_+ = u_- = 0$$

又因为

$$i_1 = \frac{u_{i1}}{R_1};\ i_2 = \frac{u_{i2}}{R_2};\ i_f = \frac{0 - u_o}{R_F} = -\frac{u_o}{R_F}$$

故

$$-\frac{u_o}{R_F}=\frac{u_{i1}}{R_1}+\frac{u_{i2}}{R_2}$$

整理得

$$u_o=-\frac{R_F}{R_1}(u_{i1}+u_{i2}) \tag{8-16}$$

当取 $R_1=R_2=R_F$ 时，则有

$$u_o=-(u_{i1}+u_{i2}) \tag{8-17}$$

可见，加法运算电路的输出电压与输入电压之和成正比关系。电路的稳定性与精度都取决于外接电阻的质量，与放大器本身无关。

二、减法运算电路

减法运算电路如图 8-21 所示，是实现若干个输入信号相减功能的电路。图中输入信号 u_{i1} 和 u_{i2} 分别加到反相输入端和同相输入端，这种形式的电路也称为差分运算电路。

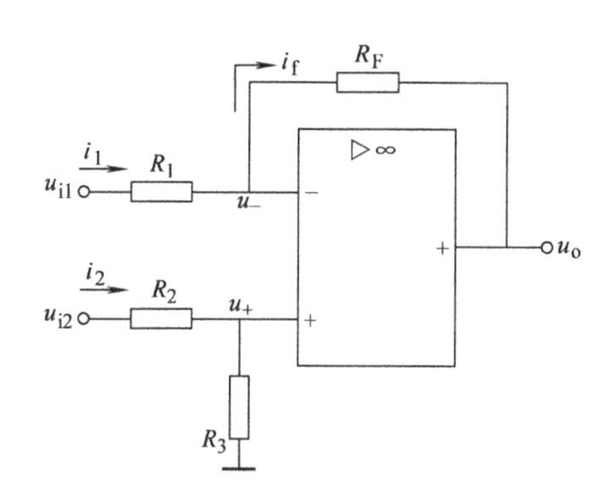

图 8-21　减法运算电路

利用“虚断”“虚短”的概念分析：

$$i_1=i_f;\ u_+=u_-$$

又因为

$$i_1=\frac{u_{i1}-u_-}{R_1};\ i_f=\frac{u_--u_o}{R_F}$$

故　$$u_-=-\frac{R_1}{R_1+R_F}(u_{i1}-u_o)$$

$$u_+=\frac{R_3}{R_3+R_2}u_{i2}$$

因为 $u_-=u_+$，所以

$$u_o=\left(1+\frac{R_F}{R_1}\right)\frac{R_3}{R_3+R_2}u_{i2}-\frac{R_F}{R_1}u_{i1} \tag{8-18}$$

若取 $R_1=R_2=R_3=R_F$ 时，则有

$$u_o=u_{i2}-u_{i1} \tag{8-19}$$

可见，电路实现了减法运算的功能，即输出电压等于两输入电压之差。

8.2.3　积分与微分运算电路

一、积分运算电路

积分运算电路如图 8-22 所示，与反相比例运算电路比较，用电容 C_F 代替 R_f 作为反馈元件。

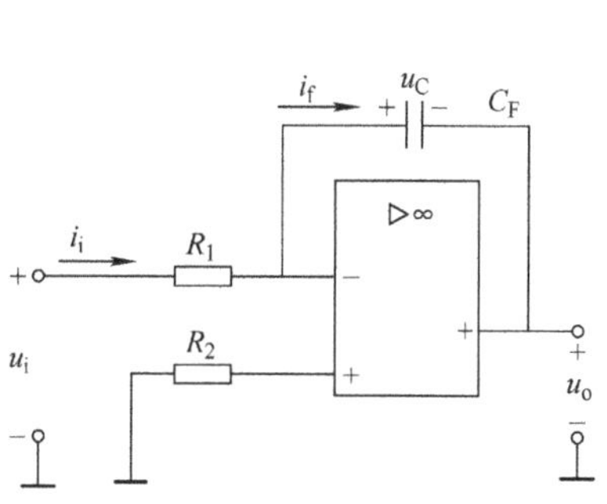

图 8-22　积分运算电路

由“虚断”的概念可知，$i_+=i_-=0$ 故有 $i_1=i_f$，

即　$$i_1=i_f=\frac{u_i}{R_1}$$

由“虚地”的概念可知，$u_o=-u_C$

对电容而言有　$$u_C=\frac{1}{C_F}\int i_f\mathrm{d}t$$

故
$$u_o = -\frac{1}{R_1 C_F}\int u_i \mathrm{d}t \tag{8-20}$$

可见，电路的输出电压与输入电压的积分成正比，负号表示二者反相。R_1C_F 为积分时间常数，其大小决定了积分作用的强弱，R_1C_F 越小积分作用越强，反之积分作用越弱。

二、微分运算电路

微分运算是积分运算的逆运算，只需将反相输入端的电阻和反馈电容调换位置，就成为微分运算电路，如图 8-23 所示。

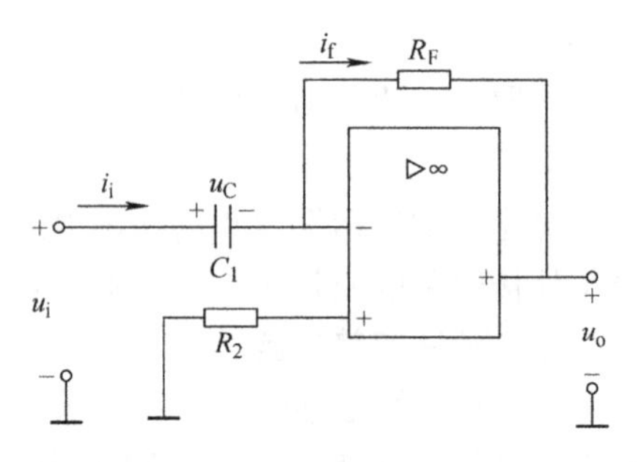

图 8-23 微分运算电路

由“虚断”的概念可知，$i_+ = i_- = 0$ 有 $i_1 = i_f$，

故 $i_1 = i_f = -\frac{u_o}{R_F}$

由“虚地”的概念可知，$u_- = u_+ = 0$，

对电容而言有 $i_c = C_1\frac{\mathrm{d}u_C}{\mathrm{d}t} = C_1\frac{\mathrm{d}u_i}{\mathrm{d}t}$

故
$$u_o = -R_F i_f = -R_F i_1 = -R_F C_1\frac{\mathrm{d}u_i}{\mathrm{d}t} \tag{8-21}$$

可见，电路的输出电压与输入电压的微分成正比，负号表示二者反相。R_FC_1 为微分时间常数，其大小决定了微分作用的强弱，R_FC_1 越小微分作用越弱，反之微分作用越强。

*8.3 振荡电路

振荡电路广泛应用于自动控制、无线电的广播和接收、计算机、测量仪器等电子设备中。本节讨论的正弦波振荡电路是一种不需加输入信号也能产生一定频率和一定幅度正弦信号的正反馈放大电路。

8.3.1 正弦波振荡电路的基本原理

一、自激振荡

自激振荡是指放大电路在没有外加输入信号的情况下，就能输出具有一定幅度和频率的正弦波信号的现象。能形成自激振荡的电路就称为振荡电路。如图 8-24 所示，当开关 S 接在位置 1 时，输入信号 u_i 经放大电路产生一个输出信号 u_o，u_o 经正反馈电路得到反馈信号 u_f，通过调整放大电路和反馈网络的参数，使 $u_f = u_i$。若在某一瞬间将开关 S 由 1 改接到 2，则电路的输出信号 u_o 仍可以保持不变，可见，振荡电路是一种无需外加信号就能将直流电能变为交流电能的能量变换电路。

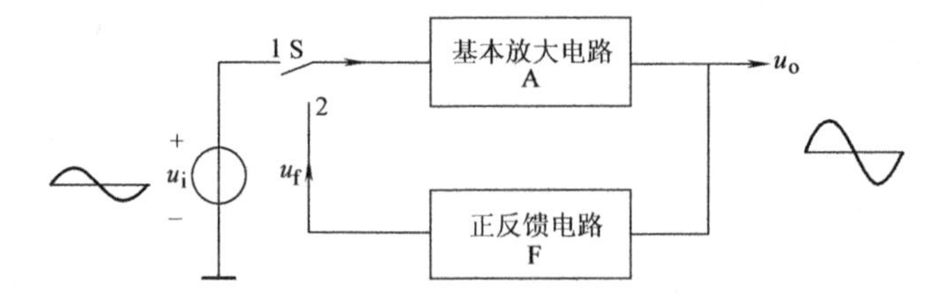

图 8-24 自激振荡电路

二、自激振荡产生条件

经上述分析可知，当 $u_f = u_i$ 时，电路能维持自激振荡，又因为

$$u_o = Au_i \qquad u_f = Fu_o$$

可得

$$AF = 1 \tag{8-22}$$

式中，A 为电压放大倍数，F 为反馈系数。

因此，产生自激振荡的条件可以归纳为以下两点：

➢ 振幅平衡条件　　$|AF| = 1$

它说明当振荡电路已经达到稳幅振荡时，反馈信号的幅值应等于原输入端的信号。

➢ 相位平衡条件

$$\varphi = 2n\pi \text{（}n\text{ 为整数）}$$

式中，φ 为反馈信号与输入信号的相位差，它说明反馈信号与输入信号必须同相位，即反馈网络引入的是正反馈，就自然满足自激振荡的相位平衡条件。

三、自激振荡建立的过程

在振荡建立的初期，必须使反馈信号大于原输入信号，即反馈信号必须一次比一次大，才能使振荡幅度逐渐增大，最后趋于稳定。通常振荡电路利用外界的微弱干扰（如刚接通电源时所带来的微弱干扰）作为最初的信号（包含各种频率成分），通过选频网络，使某一特定频率的信号满足起振条件。这个特定频率的信号经过放大、输出、反馈、再放大、再输出、再反馈……的循环过程，使输出信号从无到有、从小到大，逐渐增大，从而建立起振荡。

图 8-25 所示为变调谐放大器的振荡建立过程。当满足振荡平衡条件 $AF = 1$ 时，振幅就不再增加，而自动维持平衡。

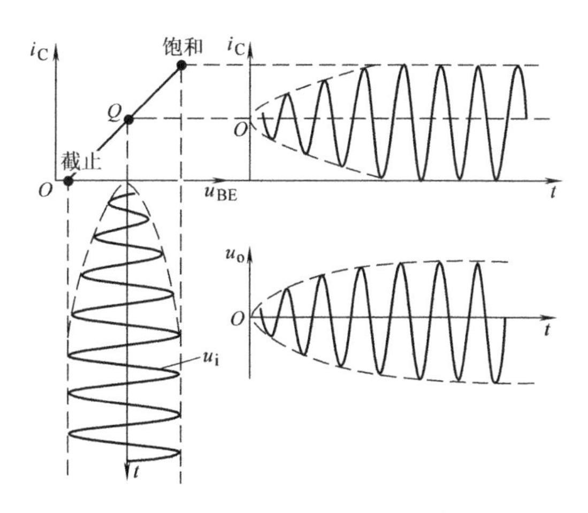

图 8-25　变调谐放大器振荡的建立

8.3.2　典型振荡电路

一、*LC* 正弦波振荡电路

LC 正弦波振荡电路是由电感 L 和电容 C 组成的选频振荡电路，它能产生一定频率的正弦波信号，可分为变压器耦合式振荡器和三点式振荡器两大类。

➢ 变压器耦合式振荡器：此类振荡器的特点是通过变压器把反馈信号送到放大器的输入端，以图 8-26 所示的共基极变压器耦合 *LC* 振荡电路为例进行简要介绍。

当接通电源后，在 *LC* 回路中产生了电磁振荡，振荡电压的一部分加到发射极与基极之间，形成输入信号电压，通过晶体管进行电压放大并反相，输出电压经反馈线圈 L_2 与 L 之间的互感耦合反馈到晶体管基射极之间，电路形成正反馈，满足振荡电路的相位平衡条件下。当选择的电压放大倍数满足了振幅平衡条件时，电路就能够振荡。

变压器耦合式 *LC* 振荡电路的振荡频率由下式决定

$$f_0 = \frac{1}{2\pi\sqrt{LC}} \tag{8-23}$$

这种振荡器的振荡频率一般在几十千赫到几兆赫之间，改变 C_2 的大小可以在较宽的范围内方便地调节振荡器输出信号的频率，波形较好，在收音机中广泛采用。

➢ 电感三点式振荡器：三点式振荡电路有电容三点式和电感三点式，它们在结构上的共同点是都从振荡回路中引出三个端点和晶体管三个极相连接。电感三点式振荡电路如图8-27所示。

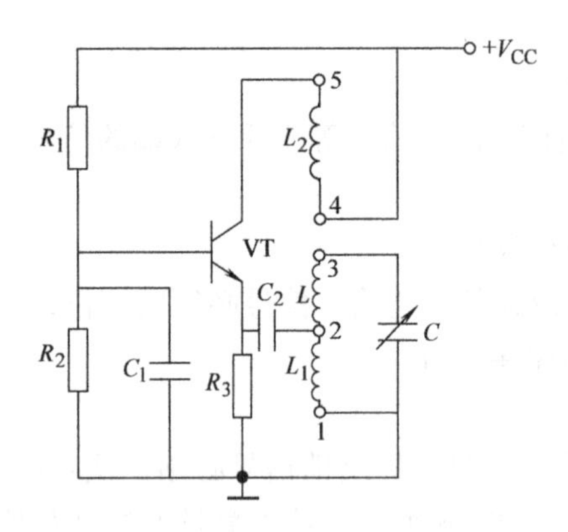

图 8-26　共基极变压器耦合 LC 振荡电路

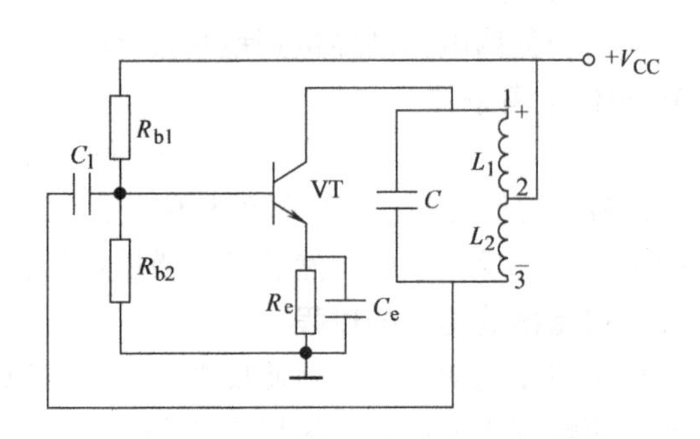

图 8-27　电感三点式振荡电路

当线圈 $L_1$1 端的瞬时极性为“+”时，3 端为“-”，而 2 端的电位低于 1 端、高于 3 端，即 u_f 与 u_o 反相，再经过倒相放大，即形成正反馈，满足振荡电路的相位平衡条件。因为反馈电压 u_f 从电感 L_2 两端取出，加到晶体管的输入端，可见，改变线圈抽头的位置可调节振荡器的输出幅度，L_2 越大，反馈越强，振荡输出越大；反之，L_2 越小，越不易起振。因此，只要适当地选取 L_2 和 L_1 的比值，满足振幅平衡条件，电路就能振荡。其振荡频率为

$$f=\frac{1}{2\pi\sqrt{LC}}=\frac{1}{2\pi\sqrt{(L_1+L_2+2M)C}} \tag{8-24}$$

其中，M 是 L_1 与 L_2 之间的互感系数。这种振荡器常用于对输出信号波形要求不高的场合。

二、石英晶体振荡电路

石英晶体振荡器的振荡频率范围较宽，可从数百千赫至数百兆赫，并且频率稳定度大大高于 LC 振荡电路，石英晶体振荡器的频率稳定度可达 $10^{-6}\sim10^{-11}$ 数量级，而 LC 振荡电路仅为 10^{-4} 数量级。

图 8-28 所示为石英晶体的电气符号和等效电路。

石英晶体振荡器有串联型和并联型两种形式。图 8-29 所示为串联型石英晶体振荡器。

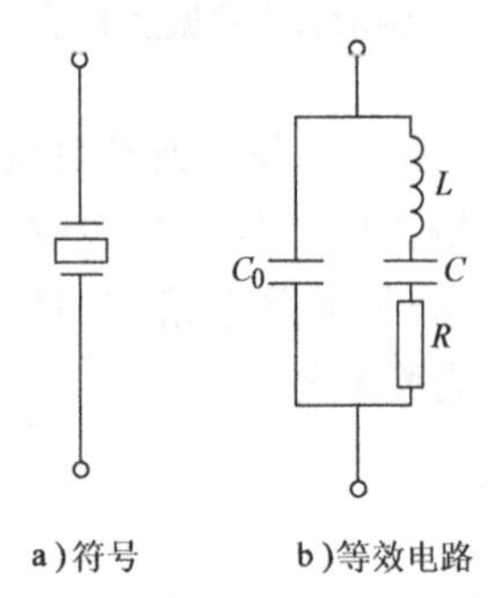

图 8-28　石英晶体的电气符号和等效电路

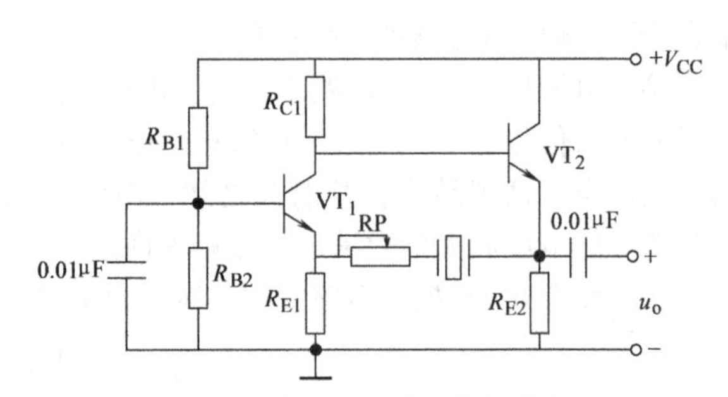

图 8-29　串联型石英晶体振荡器

当电路的振荡频率等于石英晶体的固有频率，即$f = f_S$，电路呈纯阻性，正反馈处于最强，满足自激振荡的条件，能产生振荡，振荡频率为

$$f_S = \frac{1}{2\pi\sqrt{LC}} \tag{8-25}$$

这种电路最大的优点是频率稳定度很高，适宜制作标准频率信号源，多用于对频率稳定性要求高的场合。

本章小结

1. 集成运算放大器是一种高放大倍数的多级直接耦合放大电路，其内部组成主要有：输入级、中间级、输出级和偏置电路。

2. 集成运放的工作区域有线性区和非线性区，工作在线性区的必要条件是集成运放引入深度负反馈。

3. 将实际集成运放看作理想器件，分析其线性区的输入与输出关系，要运用“虚短”和“虚断”两个重要结论。

4. 负反馈的概念是将输出信号的一部分回送输入端，使净输入信号减少的控制环节。

5. 反馈的类型有正反馈和负反馈；电压反馈和电流反馈；串联反馈和并联反馈。

6. 负反馈是改善放大电路性能的主要方法，它可以提高放大倍数的稳定性，减小非线性失真，展宽通频带，改变输入电阻、输出电阻。

7. 比例运算电路是集成运算放大器最基本的形式。它们的特点是闭环电压放大倍数均取决于电路参数，与集成运放本身的参数无关。

8. 集成运算放大器可以对输入信号进行加法、减法、积分、微分等运算。它们的特点是电路均为深度负反馈形式，且运放工作在线性区。

9. 正弦波振荡电路是一种不需外加输入信号也能产生一定频率和一定幅度正弦信号的正反馈放大电路。

10. 电路产生自激振荡必需同时满足相位平衡条件和振幅平衡条件。

第9章 数字电路基础

本章学习要点

◇ 了解数字电路的特点。
◇ 掌握数制的计数规则、表示方法及相互转换。
◇ 掌握基本逻辑门电路及由它们组成的复合逻辑门电路。

案例导入

数字电路是近代电子技术飞速发展的重要基础。随着数字集成工艺的日臻完善，数字电路与数字电子技术广泛应用于国民经济和人民生活的各个领域，如通信技术、计算机、自动控制、测量仪表、数字电视等，其中数字电子技术应用如图9-1所示。

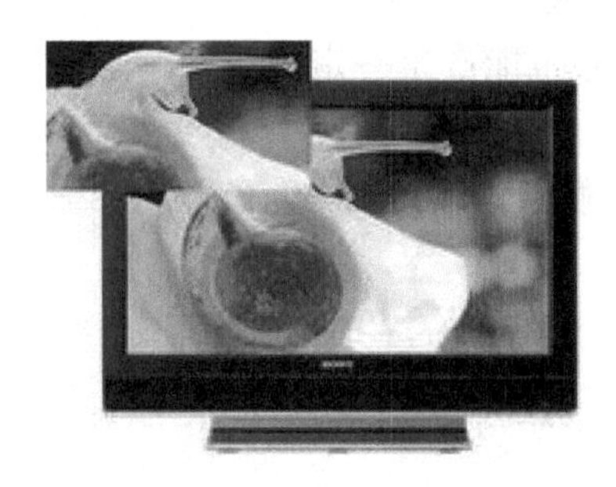

图9-1　数字电子技术应用

9.1　数字电路概述

随着信息时代的到来，“数字”这两个字正以越来越高的频率出现在各个领域，数字电视、数字通信、数字控制等，数字化已成为当今电子技术的发展潮流。数字电路是电子技术的核心，是计算机和数字通信的硬件基础。

9.1.1　数字信号及其特点

一、数字信号和数字电路

电子技术中研究和处理的电信号有两类：一类为模拟信号，一类为数字信号，如图 9-2 所示。模拟信号是指在数值上和时间上都连续变化的信号，如随声音、温度、压力等物理量作连续变化的电压或电流；数字信号是指在数值上或时间上不连续变化的信号，如高、低电平跳变的矩形脉冲信号。

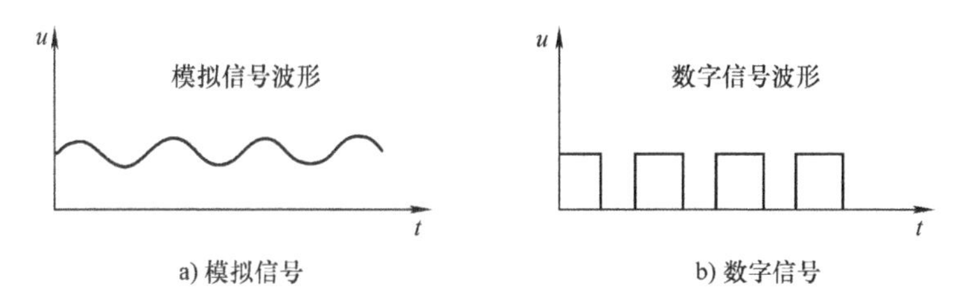

图 9-2　模拟信号和数字信号

这两类信号在处理方法上各不相同，可分为模拟电路和数字电路。模拟电路用来处理模拟信号，如交流和直流信号的放大电路；数字电路用来处理数字信号，如脉冲信号的产生、放大、传送、控制、记忆、计数等电路。由于数字电路的输出信号与输入信号之间存在一定的逻辑关系，因此，数字电路又称为逻辑电路。

数字电路的基本单元是逻辑门电路，如与门、或门、非门等门电路。数字电路的分析工具是逻辑代数，即按一定的逻辑关系进行运算的代数。数字电路在功能上着重强调电路输入与输出间的因果关系，往往将事物存在的两种对立状态抽象地表示为 0 和 1，称为逻辑 0 状态和逻辑 1 状态，它们并不表示数量的大小，而是表示两种对立的逻辑状态。

二、数字电路的特点

1. 实现简单，系统可靠

数字电路用两个相反的状态表示电路的工作情况，通常为逻辑 0 和逻辑 1。在环境干扰不大的情况下，电路的状态不会发生变化，所以抗干扰能力强，简单可靠，准确性高。

2. 同时具有算术运算和逻辑运算功能

数字电路是以二进制逻辑代数为数学基础，使用二进制数字信号，既能进行算术运算又能进行逻辑运算（与、或、非、判断、比较、处理等），因此适合运算、比较、存储、传输、控制、决策等应用。

3. 集成度高，功能实现容易

数字电路中的晶体管一般只工作在饱和与截止的状态，所以功耗低，体积小，电路易于集成。随着集成电路技术的高速发展，数字逻辑电路的集成度越来越高，集成电路块的发展也从元件级、器件级、部件级、板卡级上升到系统级。电路只需采用一些标准的集成电路块单元连接而成，功能更加强大。

三、数字电路的分类

1. 按集成度分类

数字电路可分为小规模（SSI，每片 100 个以内器件）、中规模（MSI，每片数百个器件）、大规模（LSI，每片数千个器件）和超大规模（VLSI，每片器件数目大于1万）数字集成电路。集成电路从应用的角度又可分为通用型和专用型两大类型。

2. 按所用器件制作工艺分类

数字电路可分为双极型（TTL型）和单极型（MOS型）两类。

3. 按照电路的结构和工作原理分类

数字电路可分为组合逻辑电路和时序逻辑电路两类。组合逻辑电路没有记忆功能，其输出信号只与当时的输入信号有关，而与电路以前的状态无关。时序逻辑电路具有记忆功能，其输出信号不仅和当时的输入信号有关，而且与电路以前的状态有关。

9.1.2　数制与码制

一、数制

数制就是计数的方法，它是进位计数制的简称。在表示数时，仅用一位数码往往不够用，必须用进位计数的方法组成多位数码。多位数码每一位的构成以及从低位到高位的进位规则称为进位计数制。

1. 十进制数

在日常生活生产中，人们习惯使用十进制数。十进制数以10为基数，有0、1、2、3、4、5、6、7、8、9十个数码。计数规则为“逢十进一，借一当十”。

任意一个十进制数都可以表示为各个数位上的数码与其对应的权的乘积之和，称权展开式。如：

$(5555)_{10}=5\times10^3+5\times10^2+5\times10^1+5\times10^0$

$(209.04)_{10}=2\times10^2+0\times10^1+9\times10^0+0\times10^{-1}+4\times10^{-2}$

其中，乘数10^3、10^2、10^1、10^0、10^{-1}等是根据每个数字在数中的位置得来的，称为该位的权值，即10^i，i是各数位的序号。

2. 二进制数

在数字电路和计算机中，只能识别“0”和“1”组成的数码，因此广泛采用二进制数。二进制数以2为基数，只用0和1两个数码按照一定规律排列来表示数制大小。计数规则为“逢二进一，借一当二”。各位的权值为2^i，如：

$(101.01)_2=1\times2^2+0\times2^1+1\times2^0+0\times2^{-1}+1\times2^{-2}$

采用二进制的优点是它只有0、1两个数码，在数字电路中利用一个具有两个稳定状态且能相互转换的开关器件就可以表示一位二进制数，运算规则简单，电路容易实现，且工作稳定可靠。

3. 八进制数

八进制数以8为基数，有0、1、2、3、4、5、6、7八个数码。其计数规则为“逢八进一，借一当八”。各位的权值为8^i，如：

$(105.07)_8=1\times8^2+0\times8^1+5\times8^0+0\times8^{-1}+7\times8^{-2}$

4. 十六进制数

十六进制数以16为基数，有0、1、2、3、4、5、6、7、8、9、A、B、C、D、E、F十六个数码。其计数规则为“逢十六进一，借一当十六”。各位的权值为16^i，如：

$(A8.E)_{16} = 10 \times 16^1 + 8 \times 16^0 + 15 \times 16^{-1}$

在计算机应用系统中，二进制主要用于机器内部的数据处理，八进制和十六进制主要用于书写程序，十进制主要用于运算最终结果的输出。

二、数制之间的转换

1. 二—十进制数的相互转换

➢ 二进制数转换为十进制数：将二进制数按权展开后相加，即得与其等值的十进制数。

【例 9-1】 将二进制数 11011 转换为十进制数。

解：$(11011)_2 = 1 \times 2^4 + 1 \times 2^3 + 0 \times 2^2 + 1 \times 2^1 + 1 \times 2^0 = (27)_{10}$

➢ 十进制数转换为二进制数：将十进制数的整数部分和小数部分分别进行转换。整数部分采用“除 2 取余”法，直到商为 0，将余数逆序排列；小数部分采用“乘 2 取整”法，直到积为 0 或达到要求，将积的整数顺序排列。

【例 9-2】 将十进制数 44.375 转换为二进制数。

解：整数部分 44 用“除 2 取余”法，小数部分 0.375 用“乘 2 取整”法。

除数	被除数	余数
2	44	
2	22	0
2	11	0
2	5	1
2	2	1
2	1	0
	0	1

（余数自下而上读取）

乘 2	整数
0.375 × 2	
0.750	0
0.750 × 2	
1.500	1
0.500 × 2	
1.000	1
0.000	

（整数自上而下读取）

结果为$(44.375)_{10} = (101100.011)_2$

八—十进制数、十六—十进制数的相互转换均采用与上面类似的方法，整数部分采用“除 8 取余”法和“除 16 取余”法；小数部分采用“乘 8 取整”法和“乘 16 取整”法。

2. 二—八进制数的相互转换

➢ 二进制数转换为八进制数：从小数点开始，分别向左、向右，将二进制数按每三位一组分组（不足三位的补 0），然后写出与每一组等值的八进制数。

【例 9-3】 将二进制数 $(01101111010.1011)_2$转换为八进制数。

解：二进制　001　101　111　010　.101　100

八进制　1　5　7　2　.　5　4

所以：$(01101111010.1011)_2=(1572.54)_8$

➢ 八进制数转换为二进制数：将每一位八进制数用等值的三位二进制数表示。

【例9-4】　将八进制数 $(37.42)_8$转换为二进制数。

解：八进制　3　7　.　4　2

二进制　011　111　.　100　010

所以：$(37.42)_8=(11111.10001)_2$

3. 二—十六进制数的相互转换

二进制数转换成十六进制数的方法和二进制数与八进制数的转换相似，从小数点开始分别向左、向右将二进制数按每四位一组分组（不足四位补0），然后写出与每一组等值的十六进制数。

【例9-5】　将二进制数 $(1101111010.1011)_2$转换为十六进制数。

解：二进制　0011　0111　1010　.　1011

十六进制　3　7　A　.　B

所以：$(1101111010.1011)_2=(37A.B)_{16}$

【例9-6】　将十六进制数 $(91.C)_{16}$转换为二进制数。

解：十六进制　9　1　.　C

二进制　1011　0001　.　1100

所以：$(91.C)_{16}=(10110001.11)_2$

几种常用数制之间的关系对照表见表9-1。

表9-1　常用数制之间的关系对照表

十进制数	二进制数	八进制数	十六进制数	十进制数	二进制数	八进制数	十六进制数
0	00000	0	0	11	01011	13	B
1	00001	1	1	12	01100	14	C
2	00010	2	2	13	01101	15	D
3	00011	3	3	14	01110	16	E
4	00100	4	4	15	01111	17	F
5	00101	5	5	16	10000	20	10
6	00110	6	6	17	10001	21	11
7	00111	7	7	18	10010	22	12
8	01000	10	8	19	10011	23	13
9	01001	11	9	20	10100	24	14
10	01010	12	A				

三、码制

由于数字系统是以二值数字逻辑为基础的，因此数字系统中的信息（如数值、文字、命令等）都是用一定位数的二进制码表示的，这个二进制码称为代码，代码遵守的各种规律称为码制。

二进制的编码方式有多种，常用的二—十进制码，简称 BCD 码（Binary - Coded - Decimal）是用二进制代码来表示十进制的 0 ~9 十个数。

由于十进制共有 10 个数码，至少要用 4 位二进制代码才能表示它，这样就有 16 种不同的组合形式，可以任意选择其中的 10 种来表示十进制的 0 ~9 十个数。所以 BCD 码是用四位二进制数表示一位十进制数的计数方法，其形式有多种，如 8421BCD 码、2421BCD 码、5421BCD 码、余 3 码等。

1. 8421BCD 码

8421BCD 码的每一位都有固定的权值，属于恒权码。从高位到低位的权值分别为 2^3 (8)、2^2 (4)、2^1 (2)、2^0 (1)，与四位二进制数的位权完全一致。不过 8421BCD 码中不允许出现 1010 ~1111 这六个代码，因为它们不能代表十个数码中的任何一个，所以这些代码称为伪码。

2. 2421BCD 码与 5421BCD 码

2421 BCD 码和 5421 BCD 码也属于恒权码，它们从高位到低位的权值分别为 2、4、2、1 和 5、4、2、1。在这两种 BCD 码中，有的十进制数码存在两种加权方法，例如，2421 BCD 码中的数码 6，既可以用 1100 表示，也可以用 0110 表示。5421 BCD 码中的数码 5，既可以用 1000 表示，也可以用 0101 表示，表 9-2 只列出了其中一种编码方案。

3. 余 3 码

由余 3 码组成的四位二进制数，正好比它所代表的十进制数多 3，故称为余 3 码。余 3 码的 0 和 9，1 和 8，2 和 7，3 和 6，4 和 5 互为反码。余 3 码各位无固定权值，属于无权码。

常用的二—十进制码见表 9-2。

表 9-2 常用的二—十进制码

十进制数	8421 码	5421 码	2421 码	余 3 码
0	0000	0000	0000	0011
1	0001	0001	0001	0100
2	0010	0010	0010	0101
3	0011	0011	0011	0110
4	0100	0100	0100	0111
5	0101	1000	1011	1000
6	0110	1001	1100	1001
7	0111	1010	1101	1010
8	1000	1011	1110	1011
9	1001	1100	1111	1100

9.2　基本逻辑门电路

数字电路的基本单元是各种开关电路。这些电路像门一样能按照给定的条件“开”或“关”，所以又称为“门”电路。门电路一般有多个输入端，一个输出端，能够实现一定的因果逻辑关系。基本的逻辑门电路有与门电路、或门电路和非门电路。

9.2.1　与门电路

一、与逻辑

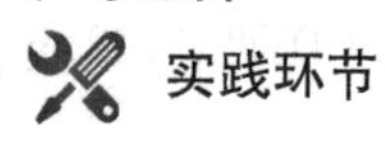

与逻辑电路仿真实验

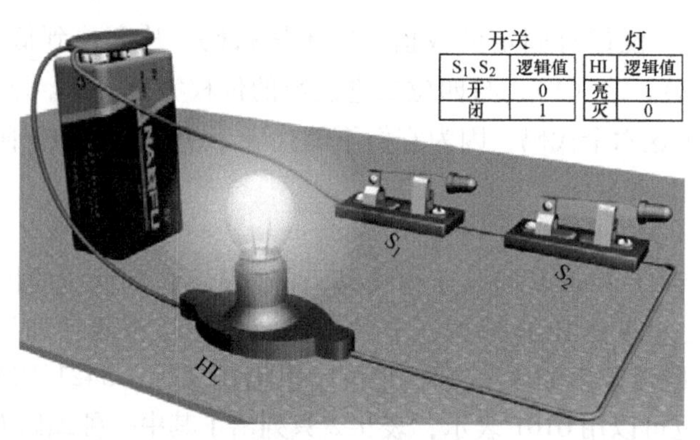

图9-3　实验电路

实验电路如图9-3所示，用两个开关 S_1、S_2 串联控制灯泡的亮、灭。只有当 S_1、S_2 都闭合时，灯泡才亮；若有一个开关不闭合，灯泡就不亮。

当决定某一事件的所有条件都具备时，这件事情才能发生，否则不发生，这样的因果关系，称为与逻辑关系。

二、与门电路

图9-4为二极管组成的与门电路，分析时把二极管看成理想二极管，即正向导通时的管压降为0V，表9-3列出了输出电位 V_L 和输入电位 V_A 和 V_B 的关系。

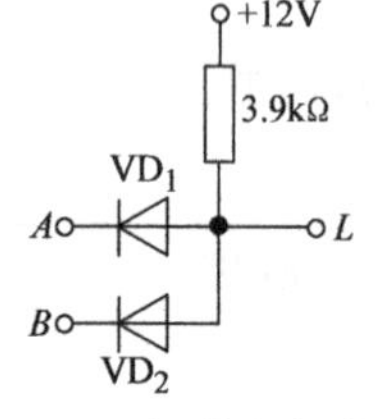

图9-4　二极管与门电路

表9-3　与门电路的输入与输出关系

V_A/V	V_B/V	VD_1	VD_2	V_L/V
0	0	导通	导通	0
0	4	优先导通	截止	0
4	0	截止	优先导通	0
4	4	导通	导通	4

由表9-3可知，只有当两个输入端都是高电平时，输出才是高电平，只要有一个输入端为低电平，输出就是低电平。

若用0表示低电平，用1表示高电平，则上述关系可以用表9-4表示。

表9-4　与门电路的真值表

输　入		输　出
A	B	L
0	0	0
0	1	0
1	0	0
1	1	1

这种表示门电路输入与输出逻辑关系的表格，称为真值表。从真值表中可以看出，只有A、B都是1时，输出L才为1，只要A或B中有一个是0，输出L就是0。

与门电路

❖ 逻辑表达式：$L=A \cdot B$或$L=AB$；读作L等于A与B。
❖ 逻辑关系："有0出0，全1出1"。
❖ 逻辑符号（图9-5）：
❖ 运算规则：$0 \cdot 0=0$，$0 \cdot 1=0$，$1 \cdot 0=0$，$1 \cdot 1=1$。

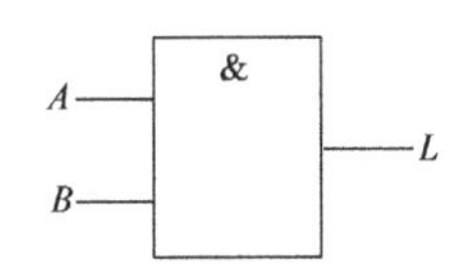

图9-5　与门电路逻辑符号

9.2.2　或门电路

一、或逻辑

实践环节

或逻辑电路仿真实验

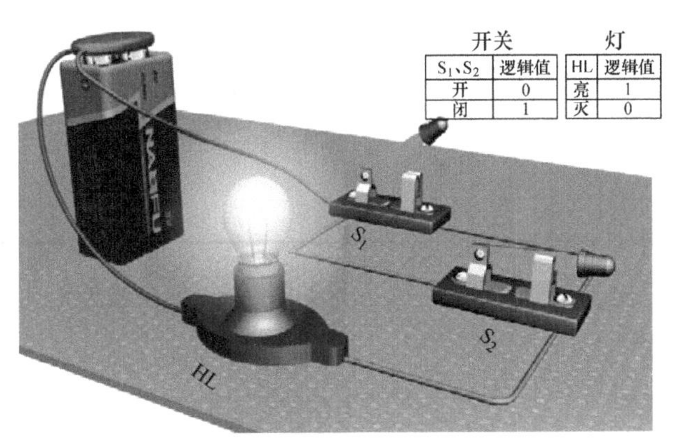

图9-6　实验电路

实验电路如图9-6所示，用两个开关S_1、S_2并联控制灯泡的亮、灭。只要其中任一开关闭合，灯泡就会亮；若两个开关都不闭合，灯泡就不会亮。

当决定某一事件的几个条件中，只要有一个条件具备，该事件就会发生，这种因果关系称为或逻辑关系。

二、或门电路

图9-7为二极管组成的或门电路。电路有两个输入端，一个输出端，分析时可把二极管看成理想二极管。表9-5列出了输出电位 V_L 和输入电位 V_A 和 V_B 的关系。

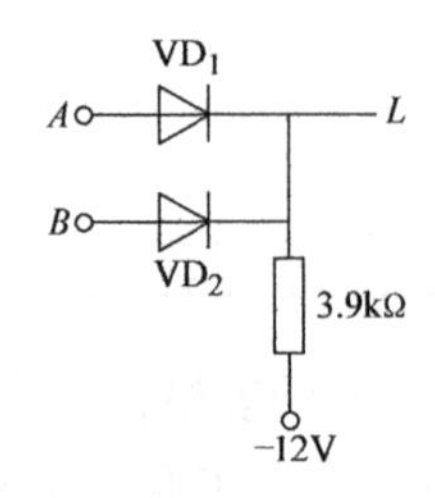

图9-7　二极管或门电路

表9-5　或门电路的输入与输出关系

V_A/V	V_B/V	VD_1	VD_2	V_L/V
0	0	导通	导通	0
0	4	截止	优先导通	4
4	0	优先导通	截止	4
4	4	导通	导通	4

由表9-5可知，只要有一个输入端为高电平，输出就是高电平，只有当输入端全为低电平时，输出才是低电平。

用0与1分别表示低电平与高电平，或门电路的真值表见表9-6。

表9-6　或门电路的真值表

输　入		输　出
A	*B*	*L*
0	0	0
0	1	1
1	0	1
1	1	1

从真值表中可以看出，只要 *A* 或 *B* 任一为1时，输出 *L* 就为1，只有 *A* 和 *B* 中全为0时，输出 *L* 才为0。

或门电路

- ❖ 逻辑表达式：$L=A+B$；读作 *L* 等于 *A* 或 *B*。
- ❖ 逻辑关系："有1出1，全0出0"。
- ❖ 逻辑符号（图9-8）：
- ❖ 运算规则：0+0=0，0+1=1，1+0=1，1+1=1。

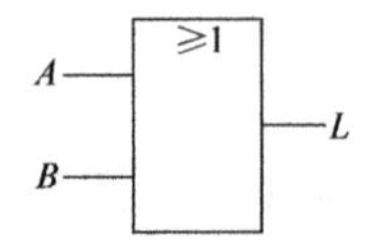

图9-8　或门电路逻辑符号

9.2.3　非门电路

一、非逻辑

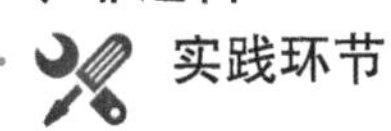
实践环节

非逻辑电路仿真实验

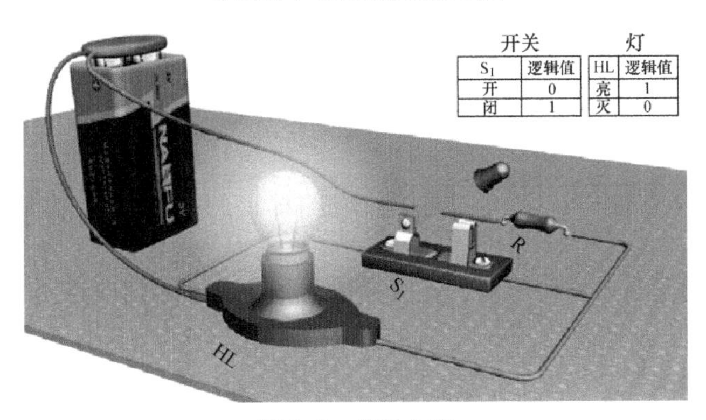

图9-9　实验电路

实验电路如图9-9所示，将开关 S_1 与灯泡L并联。当开关断开时，灯泡亮；而开关 S_1 闭合时灯反而不亮。

当条件不成立时，结果就会发生，条件成立时结果则不会发生，这种条件和结果之间的关系称为非逻辑关系。

二、非门电路

非门电路又名反相器。图9-10为晶体管组成的非门电路。若电路中的二极管导通时管压降为0.7V，当输入端 A 为0.3V（低电平）时，晶体管VT截止，二极管导通，输出 L 为3.2V（高电平）；当输入端 A 为3.2V（高电平）时，晶体管VT饱和，二极管截止，输出为0.3V（低电平）。非门电路输入与输出关系见表9-7。

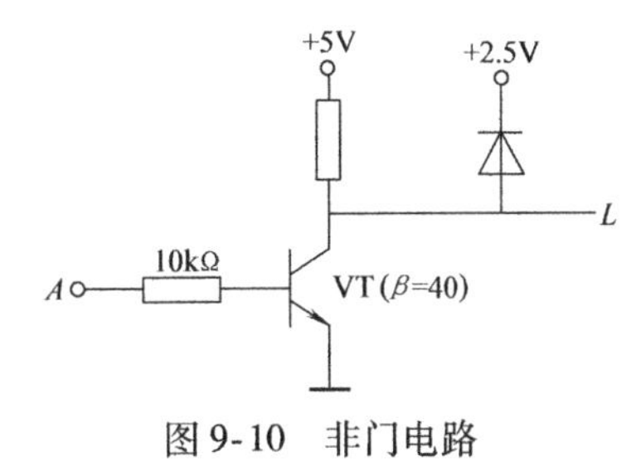

图9-10　非门电路

表9-7　非门电路的输入与输出关系

A	L
0.3V	3.2V
3.2V	0.3V

若用0与1分别表示低电平与高电平，非门电路的真值表见表9-8。

表9-8　非门电路的真值表

输入	输出
A	L
0	1
1	0

非门电路

- 逻辑表达式：$L=\overline{A}$；读作 L 等于 A 非。
- 逻辑关系："有0出1，有1出0"。
- 逻辑符号（图9-11）：
- 运算规则：$\overline{0}=1$，$\overline{1}=0$。

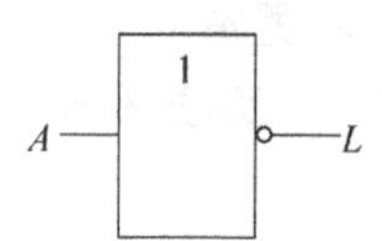

图9-11　非门电路逻辑符号

9.3　复合逻辑门电路

与门、或门和非门是基本门电路，在实用中常把这些基本门电路组合起来使用，称为复合逻辑门电路。

9.3.1　与非门

在与门后面接一个非门就构成与非门，其逻辑结构如图9-12所示。与非门的输入和输出逻辑关系见真值表9-9。

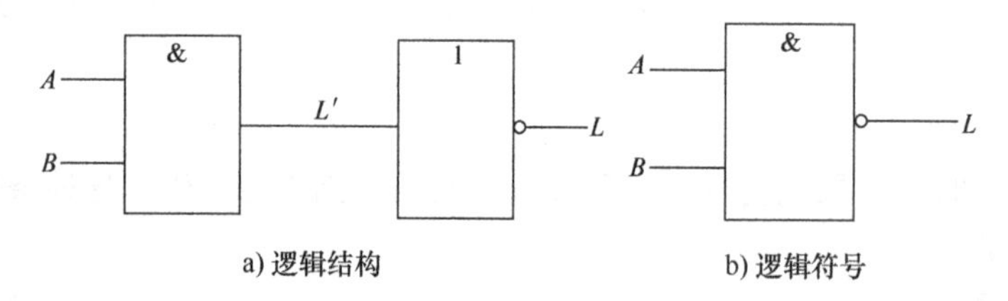

a) 逻辑结构　　b) 逻辑符号

图9-12　与非门

表9-9　与非门电路的真值表

A	B	$L=\overline{AB}$
0	0	1
0	1	1
1	0	1
1	1	0

从真值表可以看出，与非门的逻辑功能是："全1出0，有0出1"，其逻辑函数表达式为

$$L=\overline{AB} \tag{9-1}$$

9.3.2　或非门

在或门后面接一个非门就构成或非门，其逻辑结构如图9-13所示。或非门的输入和输出逻辑关系见真值表9-10。

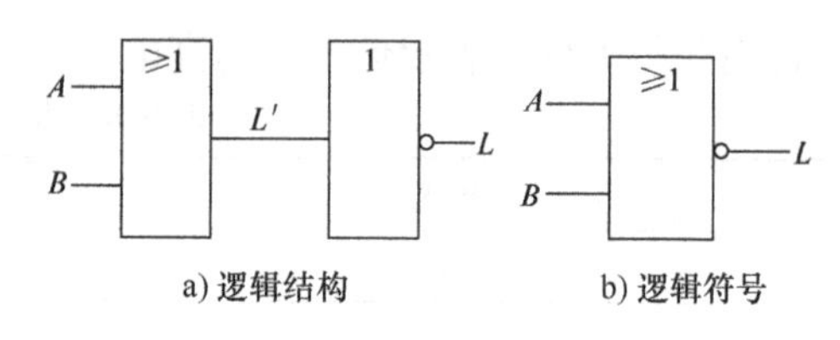

a) 逻辑结构　　b) 逻辑符号

图9-13　或非门

表9-10　或非门电路的真值表

A	B	$A+B$	$L=\overline{A+B}$
0	0	0	1
0	1	1	0
1	0	1	0
1	1	1	0

从真值表可以看出，或非门的逻辑功能是："全0出1，有1出0"，其逻辑函数表达式为

$$L=\overline{A+B} \tag{9-2}$$

9.3.3　与或非门

把两个（或两个以上）与门的输出端接到一个或门的各个输入端，便构成一个与或门；其后再接一个非门，就构成了与或非门，其逻辑结构如图9-14所示。它的逻辑关系是，输入端分组先与，然后各组再或，最后再非。真值表见表9-11。

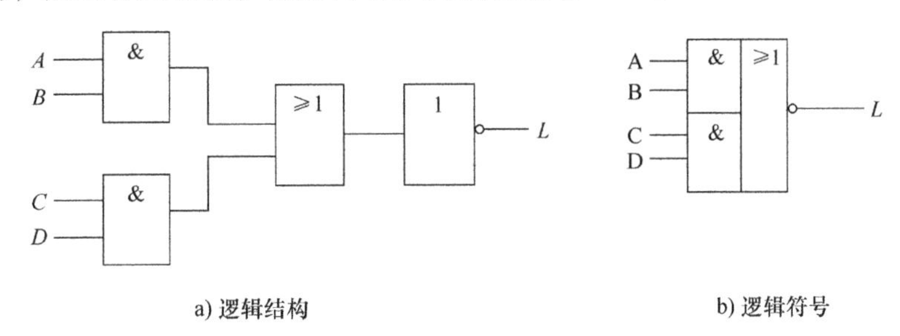

a) 逻辑结构　　b) 逻辑符号

图9-14　与或非门

表9-11　与或非门电路的真值表

A	B	C	D	L	A	B	C	D	L
0	0	0	0	1	1	0	0	0	1
0	0	0	1	1	1	0	0	1	1
0	0	1	0	1	1	0	1	0	1
0	0	1	1	0	1	0	1	1	0
0	1	0	0	1	1	1	0	0	1
0	1	0	1	1	1	1	0	1	1
0	1	1	0	1	1	1	1	0	1
0	1	1	1	0	1	1	1	1	0

与或非门的逻辑功能是：当输入端任何一组全为1时，输出即为0；只有各组输入都至少有一个为0时，输出才为1。其逻辑函数表达式为

$$L=\overline{AB+CD} \tag{9-3}$$

9.3.4　异或门

由两个非门、两个与门及一个或门按图9-15连接起来，便组成一个异或门，其逻辑符号如图9-15b所示。

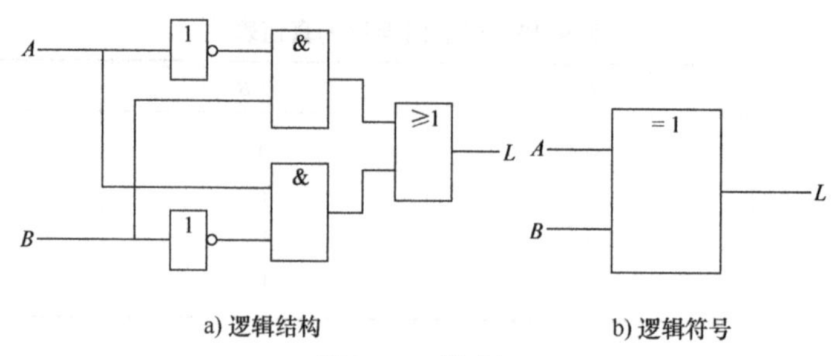

a) 逻辑结构　　b) 逻辑符号

图9-15　异或门

异或门电路的真值表见表9-12。

表9-12　异或门电路的真值表

输入		输出
A	B	L
0	0	0
0	1	1
1	0	1
1	1	0

由真值表可知，异或门电路的逻辑功能为：当A、B两个输入相异时（即$A=1$，$B=0$或$A=0$，$B=1$）输出L为1；当A、B两个输入相同时（即$A=B=0$或$A=B=1$），输出L为0。即“相异出1，相同出0”。

异或门的逻辑函数表达式为

$$L=A\overline{B}+\overline{A}B=A\oplus B \tag{9-4}$$

9.3.5　同或门

由两个非门、两个与门及一个或非门按图9-16a连接起来，便组成一个同或门，其逻辑符号如图9-16b所示。

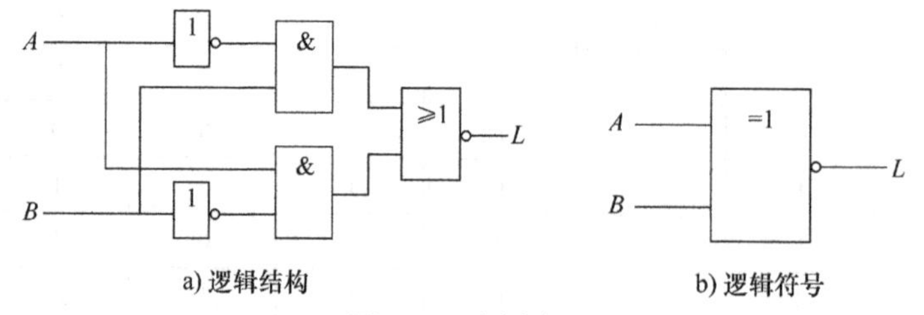

a) 逻辑结构　　b) 逻辑符号

图9-16　同或门

同或门电路的真值表见表9-13。

表9-13　同或门电路的真值表

输　　入		输　　出
A	B	L
0	0	1
0	1	0
1	0	0
1	1	1

由真值表可知，同或门电路的逻辑功能为：当A、B两个输入相异时（即$A=1$，$B=0$或$A=0$，$B=1$）输出L为0；当A、B两个输入相同时（即$A=B=0$或$A=B=1$），输出L为1。即“相异出0，相同出1”。

同或门的逻辑函数表达式为

$$L=A\odot B=AB+\overline{A}\,\overline{B}=\overline{A\oplus B} \tag{9-5}$$

可见，同或运算与异或运算互为非运算。

*9.4　集成逻辑门电路

9.4.1　TTL门电路

除上述几种简单复合逻辑门电路外，在数字技术领域，大量使用更为复杂的集成门电路，例如编码器、译码器、数据分配器等，常用的数字集成电路分为两大类：TTL门电路和CMOS门电路。

一、TTL与非门电路组成及工作原理

TTL门电路是晶体管—晶体管逻辑电路的缩写，图9-17所示为最常用的TTL“与非”门电路和图形符号。VT_1是多发射极晶体管，它的基极与每个发射极之间都有一个PN结，基极与集电极之间也有一个PN结。如果用二极管来代替这些PN结，不难看出晶体管VT_1和R_1实际上组成了“与”门电路，VT_2、R_2和R_3组成了“非”门电路，而VT_3、VT_4、VT_5和R_4、R_5组成了输出电路。下面我们主要介绍其工作原理。

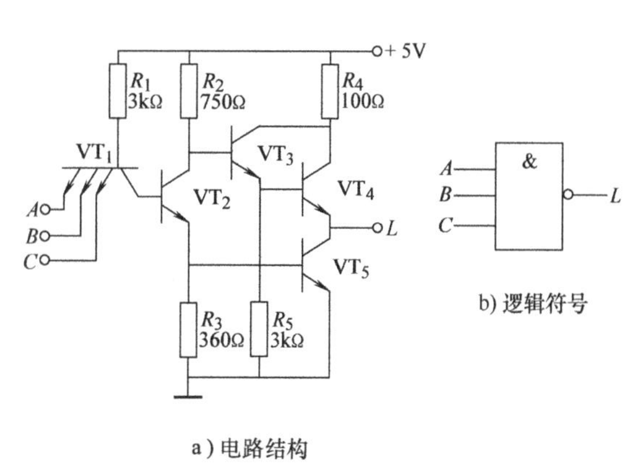

a) 电路结构　　b) 逻辑符号

图9-17　TTL与非门电路

当输入端全为高电平（约3.6V）时，+5V电源通过3kΩ电阻向VT_2提供基极电流，只要参数适当，VT_2、VT_5都处于饱和状态，$V_L=0.3V$，输出为低电平0。

当输入端有一个或几个为低电平（约0.3V）时，由PN结导通时正向压降为0.7V左右，所以此时VT_1管的基极电位被限制在1V，它不足以使VT_2和VT_5导通，故VT_2、VT_5都处于截止状态。由于VT_2管截止，它的集电极为高电位，这个高电位使VT_3管和VT_4管导通，此时输出端的电位为$V_L=5V-I_{B3}R_2-U_{BE3}-U_{BE4}$，由于$I_{B3}$很小，略去不计，于是$V_L=5V-0.7V-0.7V=3.6V$，输出为高电平1。

综上所述，TTL门电路实现了“全1出0，有0出1”与非逻辑功能。

二、TTL与非门的电压传输特性和主要参数

1. 电压传输特性

图9-18是通过实验测得的TTL与非门输出电压与输入电压的关系曲线——电压传输特性。

从图中可以看出，传输特性由几段折线组成。在AB段，由于输入电压较低（U_i <

0.7V)，输出电压为3.6V；在 BC 段，随着 U_i 逐渐升高，输出电压 U_o 开始线性下降；在 CD 段，当输入电压 U_i 升高到大于约1.4V时，输出电压迅速下降（$U_o \approx 0.3V$）；在 DE 段，尽管输入电压继续升高，但输出电压保持不变。

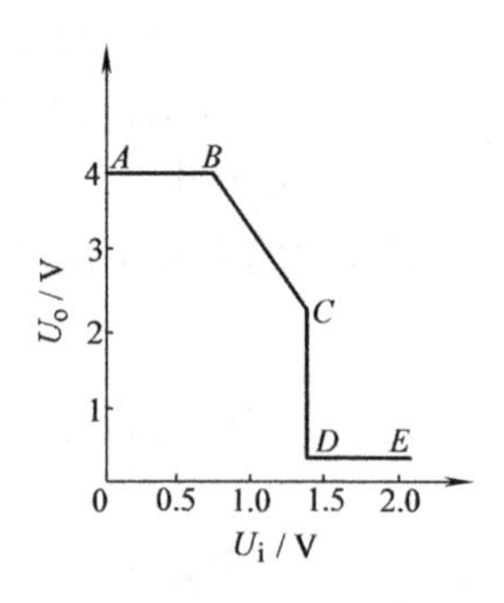

图9-18 TTL与非门电压传输特性

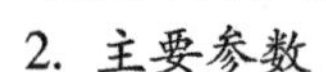

2. 主要参数

➢ 输出高电平 V_{OH}：输入为低电平时输出电压的值。典型值为3.6V。

➢ 输出低电平 V_{OL}：输入全部为高电平时输出电压的值。典型值为0.3V。

➢ 开门电平 V_{ON}：使输出电压达到规定的低电平时输入高电平的最小值。典型值为1.4V。

➢ 关门电平 V_{OFF}：使输出电压达到规定高电平的90%时，输入低电平的最大值。典型值为1V。

➢ 噪声容限 V_N：反映了电路的抗干扰能力，分为低电平噪声容限 V_{NL} 和高电平噪声容限 V_{NH}。

低电平噪声容限是指输入低电平 V_{iL} 时，在保证输出高电平不低于规定值90%的条件下，允许叠加在输入电平上的噪声（干扰）电压，即

$$V_{NL} = V_{OFF} - V_{iL}$$

高电平噪声容限是指输入为高电平 V_{iH} 时，在保证输出为低电平的条件下，允许叠加在输入电平上噪声（干扰）电压，即

$$V_{NH} = V_{iH} - V_{ON}$$

只要干扰信号的幅值在噪声容限的范围内，该与非门将保持输出为高电平（或低电平）。

➢ 扇出系数 N_O：输出端能驱动同类型门电路的数量。它表示了TTL“与非”门带负载的能力。典型值为 $N_O \geqslant 8$。

➢ 平均传输延迟时间 t_{pd}：在与非门输入端加上一个矩形波电压，输出波形也是一个矩形波，但输出波形与输入波形相比，有一定的时间延迟，如图9-19所示。其中 t_{rd} 称为导通延迟时间，t_{fd} 称为截止延迟时间。与非门的平均传输延迟时间定义为 $t_{pd} = \dfrac{t_{rd} + t_{fd}}{2}$

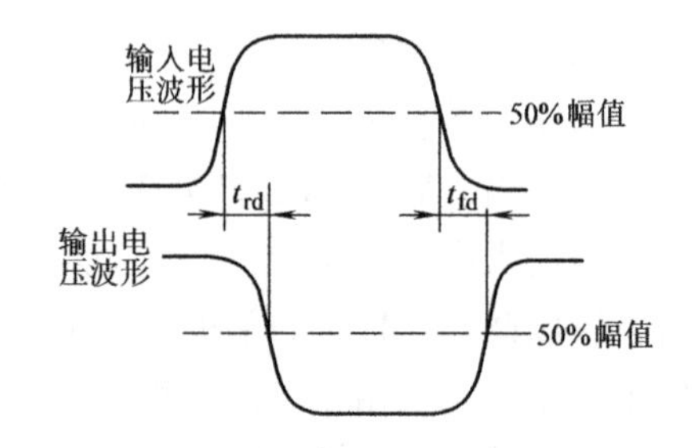

图9-19 存在延迟时间的输入输出电压波形

t_{pd} 是衡量电路工作速度的重要参数。通过它可以估算出经过几级串联的与非门后，输入信号被延迟了多长时间。

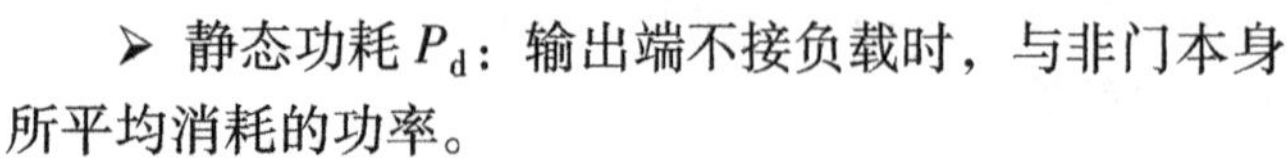

➢ 静态功耗 P_d：输出端不接负载时，与非门本身所平均消耗的功率。

对于不同档次的产品 t_{pd} 和 P_d 两个参数差异很大。一般都是希望两者越小越好，但两者往往是矛盾的，即速度快的功耗一般较大。

三、TTL集成逻辑门电路系列简介

➢ 74系列：TTL集成电路的早期产品，属中速TTL器件。

➢ 74L 系列：低功耗 TTL 系列，又称 LTTL 系列。

➢ 74H 系列：74 系列的改进型。在电路结构上，输出级采用了复合管结构，但电路的功耗比较大，目前已不再使用。

➢ 74S 系列：TTL 的高速肖基特系列，TTL 的晶体管、二极管采用肖基特结构能够极大地提高开关速度，所以该系列产品速度较高，但品种比 74LS 系列少。

➢ 74LS 系列：TTL 低功耗肖基特系列，是目前 TTL 数字集成电路中的主要应用产品系列。品种和生产厂家很多，价格低廉。图 9-20 为 TTL 集成与非门 74LS00 和 74LS20 的引脚排列图，其中 74LS00 内含四个 2 输入与非门，74LS20 内含两个 4 输入与非门。

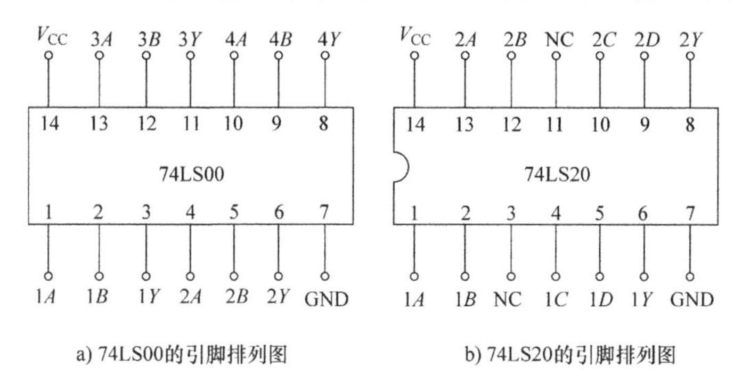

a) 74LS00的引脚排列图　　b) 74LS20的引脚排列图

图 9-20　TTL 集成与非门的引脚排列图

➢ 74AS 系列：先进肖特基系列，74AS 系列是 74S 系列的换代产品，其速度、功耗都有所改进。

➢ 74ALS 系列：74ALS 系列是 TTL 低功耗肖基特系列，是 74LS 系列的换代产品，其速度、功耗都有较大的改进，但价格、品种等方面还未赶上 74LS 系列。

国产 TTL 系列和国际 TTL 系列产品对照关系见表 9-14。

表 9-14　国内外 TTL 系列产品对照

名称	国产系列	国际对应系列
通用标准系列	CT1000（CT54/74）	54/74
高速系列	CT2000（CT54/74H）	54H/74H
肖基特系列	CT3000（CT54/74S）	54S/74S
低功耗肖基特系列	CT4000（CT54/74LS）	54LS/74LS

9.4.2　CMOS 门电路

CMOS 集成门电路是指互补对称金属 - 氧化物半导体集成电路。与 TTL 集成电路相比，CMOS 集成电路电压范围宽、集成度高，而且功耗低，缺点是工作速度较慢。

一、CMOS 非门电路

图 9-21 是 CMOS 非门电路，它是 CMOS 集成电路的基本单元。CMOS 非门电路由一只 PMOS 管 V_1 和一只 NMOS 管 V_2 构成。两管的漏极连在一起作为输出端，栅极连在一起作为输入端。PMOS 管的源极接电源 V_{DD}，NMOS 管的源极接地。

由于 V_1、V_2 都是增强型场效应晶体管，当栅源电压 $|u_{GS}|$ 大于开启电压 $|u_T|$ 时，MOS 管导通，否则 MOS 管截止。设 V_1 和 V_2 的开启电压 $U_{TN} = |U_{TP}| = 2V$，电源电压 $V_{DD} = 5V$。

当输入信号为低电平时，V_1管的栅—源电压 $U_{GS1}=0V$，因而V_1管截止，但此时V_2管的栅—源电压 $U_{GS2}=-5V$，所以V_2管导通，输出为高电平；当输入信号为高电平时，V_1管导通，V_2管截止，输出为低电平，实现了 $Y=\overline{A}$ 的逻辑非功能。

CMOS 非门是一种互补推拉输出结构，当它处于稳定状态时是处于一管导通，一管截止的状态，输出阻抗很小。V_1通常称为下拉管，V_2称为上拉管。各种复杂功能的 CMOS 门电路都是由这种基本单元组成的。

图 9-21　CMOS 非门电路

二、CMOS 与非门电路

CMOS 与非门电路如图 9-22 所示。它由两只并联的 P 沟道增强型 MOS 管和两只串联的 N 沟道增强型 MOS 管组成。A、B 当中有一个或全为低电平时，V_2、V_4 中有一个或全部截止，V_1、V_3 中有一个或全部导通，输出 Y 为高电平。只有当输入 A、B 全为高电平时，V_2 和 V_4 才会都导通，V_1 和 V_3 才会都截止，输出 Y 才会为低电平，从而实现 $Y=\overline{AB}$的逻辑功能。

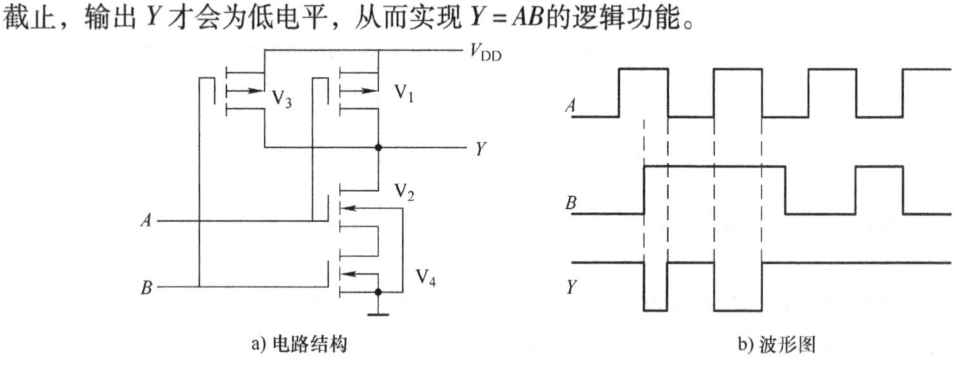

a) 电路结构　　b) 波形图

图 9-22　CMOS 与非门电路

三、CMOS 或非门电路

CMOS 或非门如图 9-23 所示。它由两只串联的 P 沟道增强型 MOS 管 V_1、V_3 和两只并联 N 沟道增强型 MOS 管 V_2、V_4 组成。当 A、B 中只要有一个高电平输入时，该输入端所对应的 NMOS 管导通、PMOS 管截止，所以输出低电平；当 A、B 全部输入低电平时，V_1、V_3 均导通，V_2、V_4 均截止，输出高电平，从而实现 $Y=\overline{A+B}$的逻辑功能。

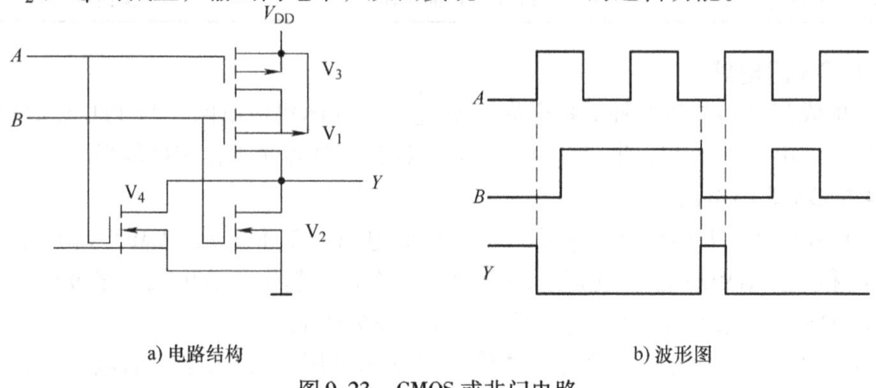

a) 电路结构　　b) 波形图

图 9-23　CMOS 或非门电路

四、CMOS集成逻辑门电路系列简介

1. 基本的CMOS——4000系列

这是早期的CMOS集成逻辑门产品，工作电源电压为3~18V，由于其功耗低、噪声容限大、扇出系数大等优点，从而得到了广泛的使用。缺点是工作速度比较低，平均传输延迟时间为几十纳秒，最高工作频率小于5MHz。

2. 高速的CMOS——HC系列

74HC CMOS系列是高速CMOS系列集成电路，具有74LS系列的工作速度和CMOS系列固有的低功耗及工作电源电压范围宽的特点。74HC是74LS同序号的翻版，型号最后几位数字相同，表示逻辑功能和引脚排列完全兼容。74HC系列工作电源电压范围为2~6V，平均传输延迟时间小于10ns，最高工作频率可达50MHz。

3. 与TTL兼容的高速CMOS——HCT系列

HCT系列的主要特点是与TTL器件电压兼容，它的电源电压范围为4.5~5.5V，输入电压参数为VIH（min）=2.6V，VIL（max）=0.8V，与TTL完全相同。该系列产品只要最后3位数字与74LS系列相同，则器件的逻辑功能、外形尺寸和引脚排列顺序也会完全相同，这样就为用CMOS产品代替TTL产品提供了方便。

4. 先进的CMOS——AC（ACT）系列

AC（ACT）系列的工作频率得到了继续提高，同时保持了CMOS超低功耗的特点。其中ACT系列与TTL器件电压兼容，电源电压范围为4.5~5.5V，AC（ACT）系列的逻辑功能和引脚排列顺序等都与同型号的HC（HCT）系列完全相同。

五、集成电路使用注意事项

➢ 电源电压要符合所用芯片规定的数值，电源极性不能颠倒。

➢ 电路的输入端电位不能过高或过低。

➢ 多余的输入端不能悬空，要根据电路的逻辑功能接地或者接电源。

➢ 除具有特殊输出结构的电路外，不允许把各种逻辑部件的输出端并联。输出端不允许与电源或地短路。

➢ 相同系列集成电路相互连接时，输出端所接负载不能超过规定的数目。

➢ 调试电路时，应先接通电路板电源，后接通信号源；调试结束时，应先切断信号源，后关断电源。不能在带电的情况下插拔电路板。

➢ 使用CMOS电路时应注意如下的安全措施：CMOS器件应存放在金属包装容器内；焊接时，一般电烙铁容量不大于20W，电烙铁要有良好的接地线，最好用电烙铁断电后的余热进行快速焊接。禁止在电路通电的情况下焊接。

本章小结

1. 数字电路的工作信号是在数值上和时间上不连续变化的数字信号。数字信号是以二值数字逻辑为基础的，即逻辑0和逻辑1。

2. 数字系统中常用二进制数来表示数据，在二进制位数较多时，常用八进制或十六进制简写。各种数制之间可以相互转换。

3. 常用的BCD码有8421码、2421码、5421码和余3码等，其中8421码应用最为广泛。

4. 逻辑电路反映的是输入状态和输出状态之间逻辑关系的电路。基本逻辑关系有三种：与、或、非逻辑关系；分别由基本逻辑门电路——与门、或门、非门电路来实现。

5. 在实际应用中把基本门电路组合起来使用，组成复合逻辑门电路，如与非门、或非门、与或非门、异或门等。

6. 数字集成电路从器件特点来分有 TTL 和 CMOS 两种，使用时应清楚外引线的功能和位置。

第10章　数字逻辑电路

本章学习要点

◇ 组合逻辑电路的分析与设计方法。

◇ 常用中规模组合逻辑电路的原理及应用。

◇ 触发器电路的分类、组成和逻辑功能。

◇ 寄存器的基本构成、逻辑功能和常见类型。

◇ 计数器的组成与工作原理。

案例导入

表决器是投票系统中的客户端，是一种代表投票或举手表决的表决装置。表决时，与会的有关人员只要按动各自表决器上“赞成”“反对”“弃权”的某一按钮，指示灯上即显示出表决结果。三人表决器的主体电路为译码器和组合逻辑电路，如图10-1所示。当3位裁判中有2位或2位以上同意时，判罚有效。

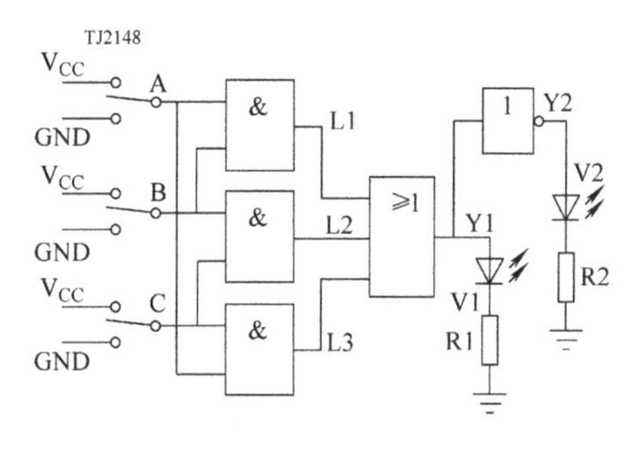

图10-1　三人表决器

数字逻辑电路根据逻辑功能的不同可分为两大类，一类叫做组合逻辑电路，另一类叫做时序逻辑电路。组合逻辑电路的特点是任何时刻电路的输出状态只取决于该时刻的输入状态，而与该时刻以前的电路状态无关，因此它没有存储和记忆功能，如编码器、译码器、数据选择器等。时序逻辑电路的特点是指任何时刻的输出不仅取决于该时刻输入信号的组合，而且与电路原有的状态有关，因此它具有存储和记忆功能，如触发器、寄存器、计数器等。

10.1　组合逻辑电路

组合逻辑电路是由各种门电路组成，可实现某种功能的复杂逻辑电路。它在逻辑功能上的特点是任意时刻的输出状态仅取决于该时刻的输入状态，而与之前的输入和电路当前状态都无关。每一个输出变量是全部或部分输入变量的函数，如图10-2所示。

$$L_1=f_1\ (A_1、A_2、\cdots、A_i)$$
$$L_2=f_2\ (A_1、A_2、\cdots、A_i)$$
……
$$L_j=f_j\ (A_1、A_2、\cdots、A_i)$$

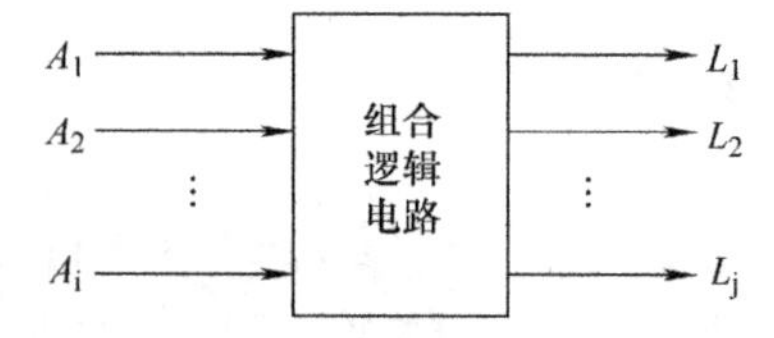

图10-2　组合逻辑电路框图

10.1.1　组合逻辑电路的分析与设计

一、组合逻辑电路的表示方法

组合逻辑电路表示方法很多，如逻辑函数式、真值表、逻辑电路图、波形图等，见表10-1。能灵活运用这些方法识读电路图，理解电路逻辑功能，是分析和设计组合逻辑电路的基础。

表10-1　组合逻辑电路的表示方法

方法	定义	优点	示例
逻辑函数式	用与、或、非等运算关系组合起来的逻辑代数式	形式简洁，书写方便，直接反映了变量间的运算关系，便于用逻辑图实现该函数	$Y=\overline{AB}$ $Y=\overline{A}+B+\overline{AB}$
真值表	表征逻辑事件输入和输出之间全部可能状态的表格	能够直观明了地反映变量取值与函数值的对应关系	$Y=A\overline{B}+\overline{A}B$ 真值表 A B Y 0 0 0 0 1 1 1 0 1 1 1 0
逻辑电路图	逻辑电路图是由许多逻辑图形符号构成，用来表示逻辑函数的方法	逻辑符号与数字电路器件有明显的对应关系，比较接近于工程实际	与非逻辑电路图 a、b → & → $\overline{ab}$；$\overline{a}$、c → & → $\overline{\overline{a}c}$；→ & → Y
波形图	波形图反映了逻辑变量的取值时间变化的规律，所以也叫做时序图	直观地表达输入变量与输出变量之间的逻辑关系	$Y=A+B$ 波形图 A B Y

二、逻辑函数及其化简

在实际电路中，逻辑函数可以用逻辑门来实现。一般来说，逻辑函数的表达式越简单越好，这样不仅所需元件少，而且可以提高电路运行的可靠性。运用逻辑代数中的一些基本运算定律，可以把一些复杂的逻辑函数式化简，为理解和设计逻辑电路带来方便。

1. 逻辑代数基本定律

➤ 变量与常量间的运算规则

$$A\cdot 0=0$$
$$A\cdot 1=A$$

$$A+0=1$$
$$A+1=1$$

➢ 同一变量的运算规则

$$A\cdot A=A$$
$$A+A=A$$
$$A\cdot\overline{A}=0$$
$$A+\overline{A}=1$$

➢ 与普通代数相似的运算规则

交换律

$$A\cdot B=B\cdot A$$
$$A+B=B+A$$

结合律

$$A\cdot(B\cdot C)=(A\cdot B)\cdot C$$
$$(A+B)+C=A+(B+C)$$

分配律

$$A\cdot(B+C)=A\cdot B+A\cdot C$$
$$A+B\cdot C=(A+B)\cdot(A+C)$$

➢ 特殊规则

还原律

$$\overline{\overline{A}}=A$$

反演律（摩根定律）

$$\overline{A\cdot B}=\overline{A}+\overline{B}$$
$$\overline{A+B}=\overline{A}\cdot\overline{B}$$

2. 逻辑函数式的化简

逻辑函数式的化简方法有公式法或卡诺图法，本书仅介绍公式法，即运用逻辑代数的基本定律和恒等式来化简逻辑函数式。化简的目的是使表达式为最简式，即所含项数最少，且每项所含变量最少。常用的最简表达式是与或表达式，如 $L=AB+B\overline{C}$。

➢ 并项法：利用 $A+\overline{A}=1$，将两项合并为一项，并消去一个变量。

例如：$AB+\overline{A}B=B$

$$\overline{A}\,\overline{B}C+\overline{A}\,\overline{B}\,\overline{C}=\overline{A}\,\overline{B}(C+\overline{C})=\overline{A}\,\overline{B}$$

➢ 吸收法：利用 $A+AB=A$，消去多余项。

例如：$\overline{A}B+\overline{A}BC(D+E)=\overline{A}B$

➢ 消去法：利用 $A+\overline{A}B=A+B$，消去多余因子。

例如：$AB+\overline{A}C+\overline{B}C=AB+C(\overline{A}+\overline{B})=AB+\overline{AB}\cdot C=AB+C$

➢ 配项法：利用 $A=A(B+\overline{B})$，将其配项，然后消去多余项。

例如：$AB+\overline{A}C+BC=AB+\overline{A}C+(A+\overline{A})BC$

$$=AB+ABC+\bar{A}BC+\bar{A}C$$

$$=AB+\bar{A}C$$

【例10-1】　求证：$\overline{A\bar{B}+\bar{A}B}=AB+\bar{A}\,\bar{B}$

证明：$\overline{A\bar{B}}\cdot\overline{\bar{A}B}=(\bar{A}+B)(A+\bar{B})$

$$=AB+\bar{A}\,\bar{B}$$

【例10-2】　化简函数 $L=AD+A\bar{D}+AB+\bar{A}C+BD$

解：$L=AD+A\bar{D}+AB+\bar{A}C+BD$

$$=A+AB+\bar{A}C+BD$$

$$=A+C+BD$$

三、组合逻辑电路的分析

对一般的组合逻辑电路，可用如下方法进行分析，分析流程如图10-3所示。

1）根据给定的逻辑电路图，逐级写出逻辑函数表达式。

2）用公式法化简逻辑函数表达式。

3）根据化简后的逻辑函数表达式列出真值表。

4）根据真值表判断电路完成的逻辑功能。

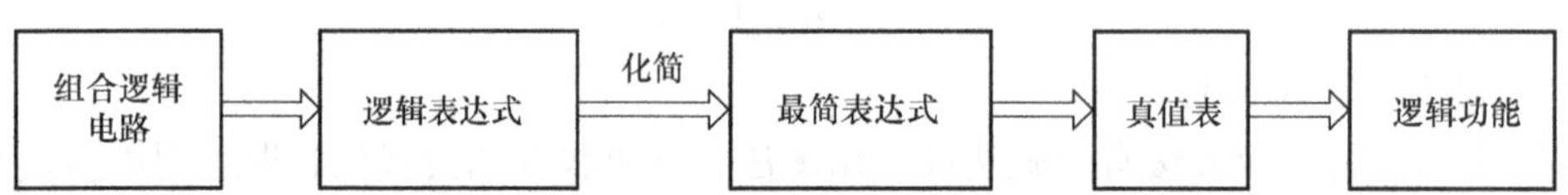

图10-3　组合逻辑电路的分析流程

【例10-3】　分析图10-4给定的组合逻辑电路，说明其逻辑功能。

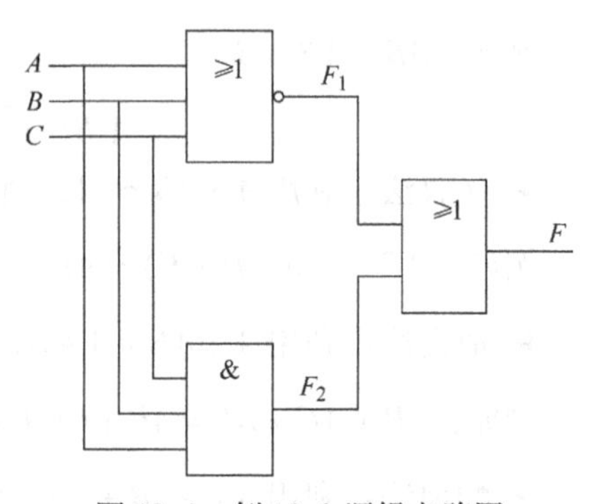

图10-4　例10-3逻辑电路图

解：1）逐级写出各逻辑门的函数表达式：

$$F_1=\overline{A+B+C}$$

$$F_2=ABC$$

$$F=F_1+F_2=\overline{A+B+C}+ABC$$

2）列出该逻辑函数的真值表（表10-2）：

3）根据真值表分析电路的逻辑功能：

表 10-2　例 10-3 真值表

A　B　C	F
0　0　0	1
0　0　1	0
0　1　0	0
0　1　1	0
1　0　0	0
1　0　1	0
1　1　0	0
1　1　1	1

当输入 A、B、C 取值都为 0 或都为 1 时，逻辑电路的输出 F 为 1；否则，输出 F 均为 0。即当输入一致时输出为 1，输入不一致时输出为 0。该电路具有检查输入信号是否一致的逻辑功能，一旦输出为 0，则表明输入不一致，通常称该电路为“不一致电路”。

提示

在几套设备同时工作的系统中，可采用“不一致电路”进行控制，一旦运行结果不一致，便由该电路发出报警信号，通知操作人员及时排除故障，确保系统的可靠性。

四、组合逻辑电路的设计

组合逻辑电路的设计就是根据所要求的逻辑问题，设计一个组合逻辑电路去满足提出的逻辑功能要求。一般可按照下列步骤进行，设计流程如图 10-5 所示。

➢ 根据实际问题的逻辑关系，列出相应的真值表。
➢ 由真值表写出逻辑函数的表达式。
➢ 化简逻辑函数式。
➢ 根据化简得到的最简表达式，画出逻辑电路图。

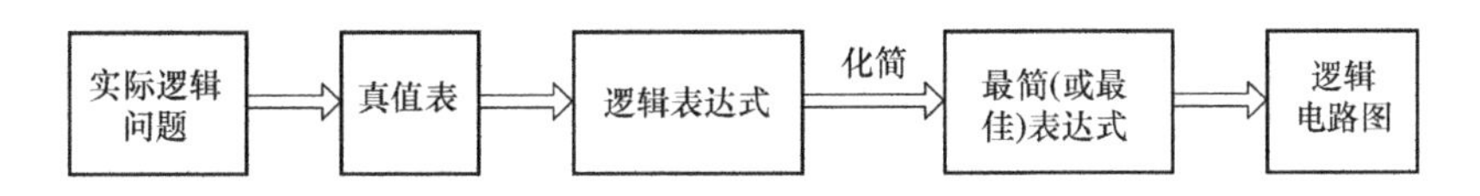

图 10-5　组合逻辑电路的设计流程

【例 10-4】　试设计一个甲、乙、丙三人“多数表决电路”。当表决某一提案时，必须有两人以上同意，该提案才能通过，否则该提案不通过。要求用与非门实现该逻辑功能。

解： 1）分析逻辑命题。设三人为 A、B、C，同意为 1，不同意为 0；表决为 Y，有 2 人或 2 人以上同意，表决通过，通过为 1，否决为 0。因此，ABC 为输入量，Y 为输出量。

2）列出真值表（表 10-3）。

表 10-3　例 10-4 真值表

输入			输出
A	B	C	Y
0	0	0	0
0	0	1	0
0	1	0	0
0	1	1	1
1	0	0	0
1	0	1	1
1	1	0	1
1	1	1	1

3）写出最小项表达式。

$$Y=\overline{A}BC+A\overline{B}C+ABC+ABC$$

4）化简逻辑表达式。

$$\begin{aligned}Y&=\overline{A}BC+ABC+A\overline{B}C+ABC+AB\overline{C}+ABC\\&=(A+\overline{A})BC+AC(B+\overline{B})+AB(C+\overline{C})\\&=AB+BC+AC\end{aligned}$$

5）画出相应电路图如图 10-6a 所示。若将上述与或表达式 $Y=AB+BC+AC$ 化为与非表达式，则 $Y=\overline{\overline{AB}\cdot\overline{BC}\cdot\overline{CA}}$，逻辑电路可用图 10-6b 表示。

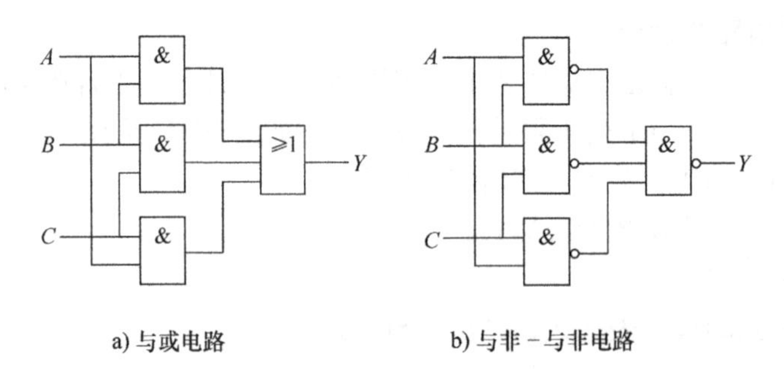

图 10-6　例 10-4 逻辑电路

10.1.2　加法器

计算机中经常要对二进制数进行算术运算，其加、减、乘、除四则运算都是分解成加法运算进行的，因此加法器是数字电路中的主要单元电路。加法器按功能可分为半加器和全加器两种类型。

一、半加器

实现两个一位二进制数相加，而不考虑低位进位的组合逻辑电路，称为半加器。

设半加器的被加数为 A，加数为 B，相加结果的和数为 S，向高一位的进位为 C，则半加器的真值表见表 10-4。

表 10-4　半加器真值表

输入		输出	
被加数 A	加数 B	和数 S	进位数 C
0	0	0	0
0	1	1	0
1	0	1	0
1	1	0	1

由真值表可写出半加器的逻辑表达式为

$$S=\overline{A}B+A\overline{B}=A\oplus B \tag{10-1}$$

$$C=AB \tag{10-2}$$

由逻辑表达式可画出半加器逻辑电路如图 10-7 所示，半加器的逻辑符号如图 10-8 所示。

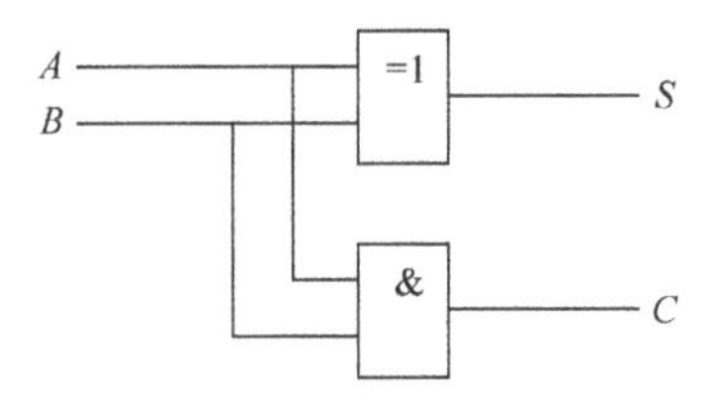

图 10-7　半加器逻辑电路图

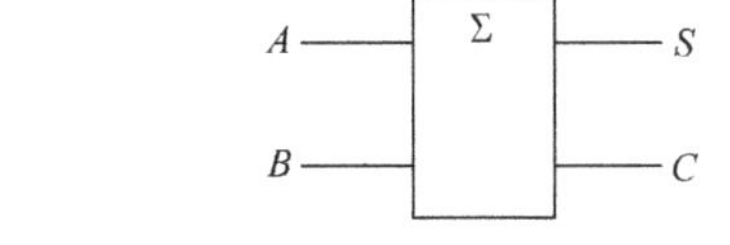

图 10-8　半加器逻辑符号

二、全加器

想一想

两个二进制数 $A=(\mathbf{1011})_2$，$B=(\mathbf{1110})_2$ 相加的运算过程：

	第3位	第2位	第1位	第0位	
	1	**0**	**1**	**1**	……A
	1	**1**	**1**	**0**	……B
+ **1**	**1**	**1**	**0**		……低位的进位
1	**1**	**0**	**0**	**1**	

除最低位外，任何相同位相加时，除该位的加数和被加数外，还须考虑来自相邻低位的进位。运算结果除本位的和以外，还要有向相邻高位的进位。

实现两个一位二进制数相加，并计入低位来的进位信号的组合逻辑电路，称为全加器。

设全加器的被加数为 A，加数为 B，低位进位信号为 C_I，相加结果的和数为 S，向高一位的进位为 C_o，则全加器的真值表见表 10-5。

表10-5　全加器真值表

输入			输出	
A	B	C_I	S	C_o
0	0	0	0	0
0	0	1	1	0
0	1	0	1	0
0	1	1	0	1
1	0	0	1	0
1	0	1	0	1
1	1	0	0	1
1	1	1	1	1

由真值表可写出全加器的逻辑表达式为

$$\begin{aligned} S &= \overline{A}\,\overline{B}C_I + \overline{A}B\,\overline{C_I} + A\,\overline{B}\,\overline{C_I} + ABC_I \\ &= A \oplus B \oplus C_I \end{aligned} \tag{10-3}$$

$$\begin{aligned} C_o &= \overline{A}BC_I + A\,\overline{B}C_I + AB\,\overline{C_I} + ABC_I \\ &= C_I(A \oplus B) + AB \end{aligned} \tag{10-4}$$

由逻辑表达式可画出全加器逻辑电路如图10-9所示。全加器的逻辑符号如图10-10所示。

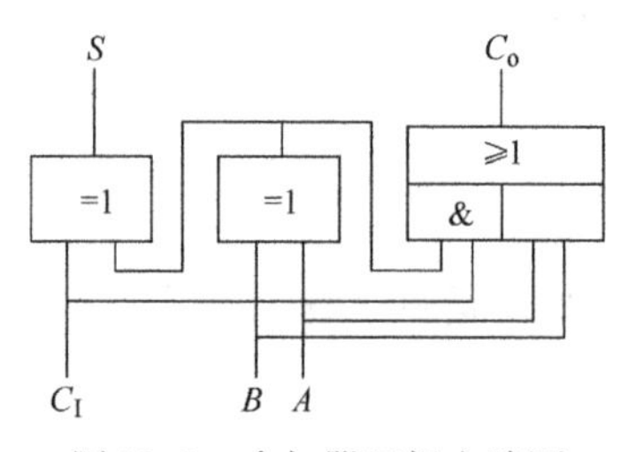

图10-9　全加器逻辑电路图

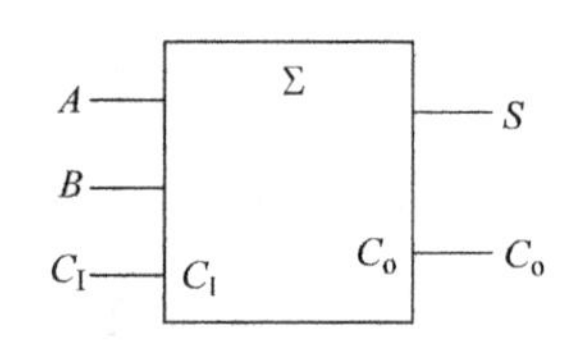

图10-10　全加器逻辑符号

三、加法器

实际的运算电路，通常需要实现多位二进制数的加法运算，可以采用多个全加器级联的方式实现。如图10-11所示为4位二进制数并行相加的加法器示意图。它由4个全加器组成，依次将低位的进位输出端接至高位的进位输入端，最低位全加器的进位端应接0。

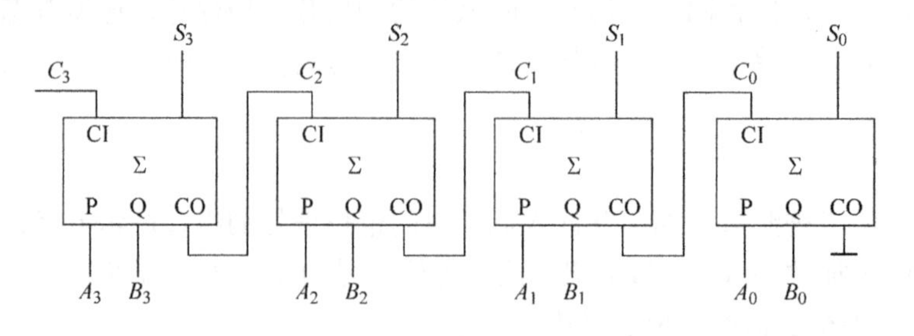

图10-11　4位二进制加法器示意图

若要进行两个 8 位二进制数的加法运算，可选用快速进位的集成加法器来实现，如 74HC2836。图 10-12 所示为 74HC2836 的引脚排列和逻辑符号，其电路连接如图 10-13 所示。

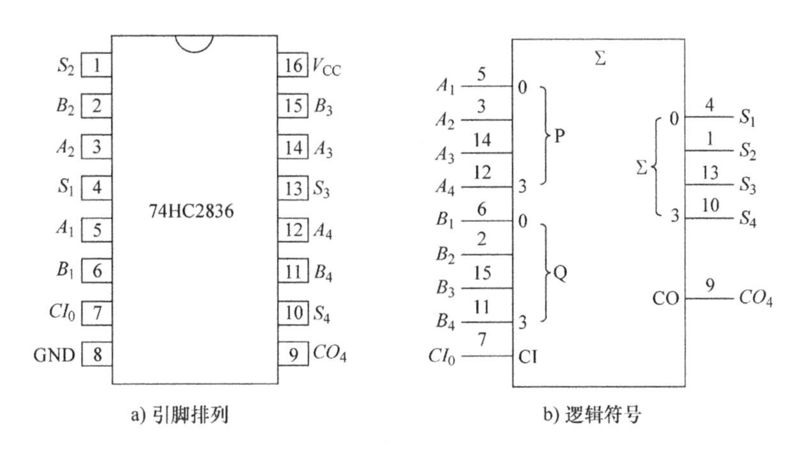

图 10-12　74HC2836 的引脚排列和逻辑符号

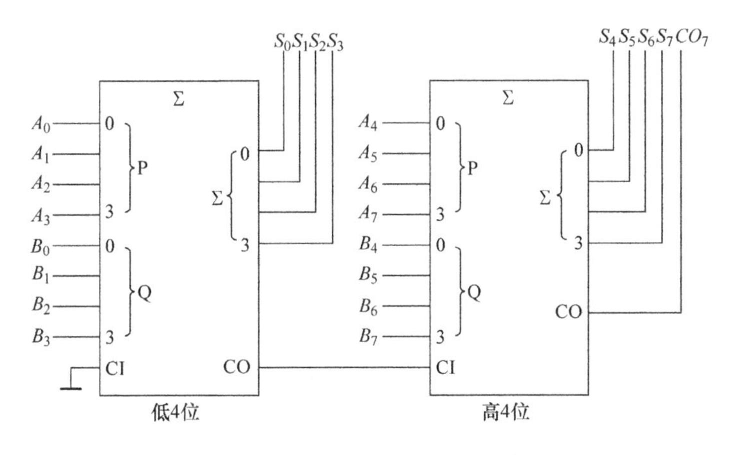

图 10-13　74HC2836 的电路连接图

10.1.3　数据选择器

一、基本概念

在多路数据传送过程中，能够根据需要将其中任意一路选出来的电路，叫做数据选择器，也称多路选择器或多路开关。图 10-14 所示为数据选择器原理框图。

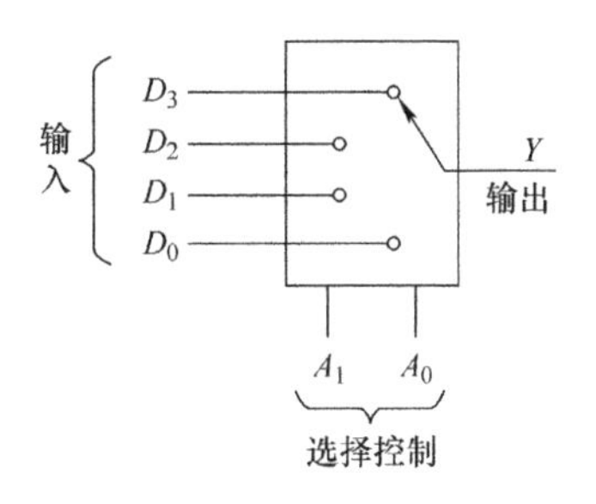

图 10-14　数据选择器原理框图

数据选择器的逻辑功能是在地址选择信号的控制下，从多路数据中选择一路数据作为输出信号。其工作原理相当于一个单刀多掷开关。数据选择器常用于计算机和数字通信系统，可将并行数据变为串行数据、实现组合逻辑函数、完成多输入单输出的数据传输等。

数据选择器有 2 选 1、4 选 1、8 选 1（型号为 74151、74LS151、74251、74LS151）和 16

选1（可以用两片74151连接起来构成）等多种类型。

二、典型电路芯片

1. 2选1数据选择器

图10-15是2选1数据选择集成电路74LS157的引脚排列图，表10-6是其功能表。

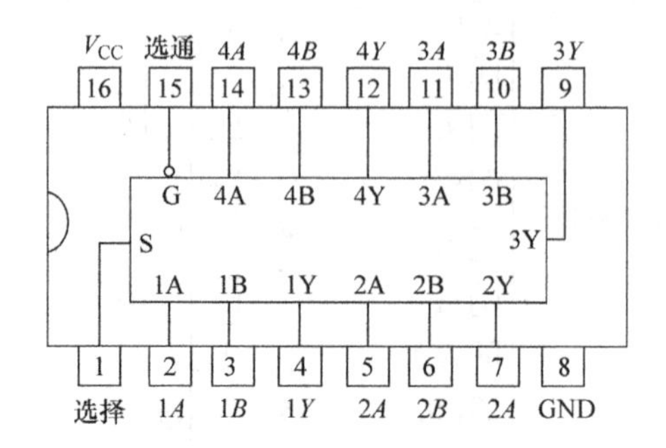

图10-15　74LS157的引脚排列图

表10-6　2选1数据选择器74LS157功能表

输入				输出 Y
G	S	A	B	
H	×	×	×	L
L	L	L	×	L
L	L	H	×	H
L	H	×	L	L
L	H	×	H	H

注：H—高电平；L—低电平；×—任意。

在功能表中，G是选通信号端，低电平有效。当此端为低电平信号输入时，表示该电路被选通；反之，当此端为高电平信号输入时，则该电路未被选通。S是选择信号端，用来选择任意一个输入信号的输出。在此电路中，因输入信号端只有A、B两个，所以选择端只要一个就够了。S为低电平时，表示A被选中，输出Y的状态与A相同；S为高电平时，表示B被选中，输出Y的状态与B相同。

2. 4选1数据选择器

图10-16是4选1数据选择集成电路74LS153的引脚排列图，表10-7是其功能表。

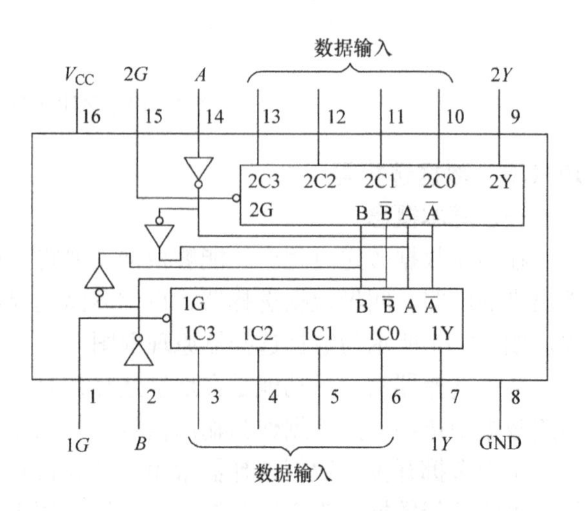

图10-16　74LS153的引脚排列图

表 10-7　4 选 1 数据选择器 74LS153 功能表

信号选择		输入				选通端	输出
B	*A*	C0	C1	C2	C3	*G*	*Y*
×	×	×	×	×	×	H	L
L	L	L	×	×	×	L	L
L	L	H	×	×	×	L	H
L	H	×	L	×	×	L	L
L	H	×	H	×	×	L	H
H	L	×	×	L	×	L	L
H	L	×	×	H	×	L	H
H	H	×	×	×	L	L	L
H	H	×	×	×	H	L	H

注：H—高电平；L—低电平；×—任意。

3. 8 选 1 数据选择器

图 10-17 是 8 选 1 数据选择集成电路 74151 的电路结构和引脚排列图，表 10-8 是其功能表。

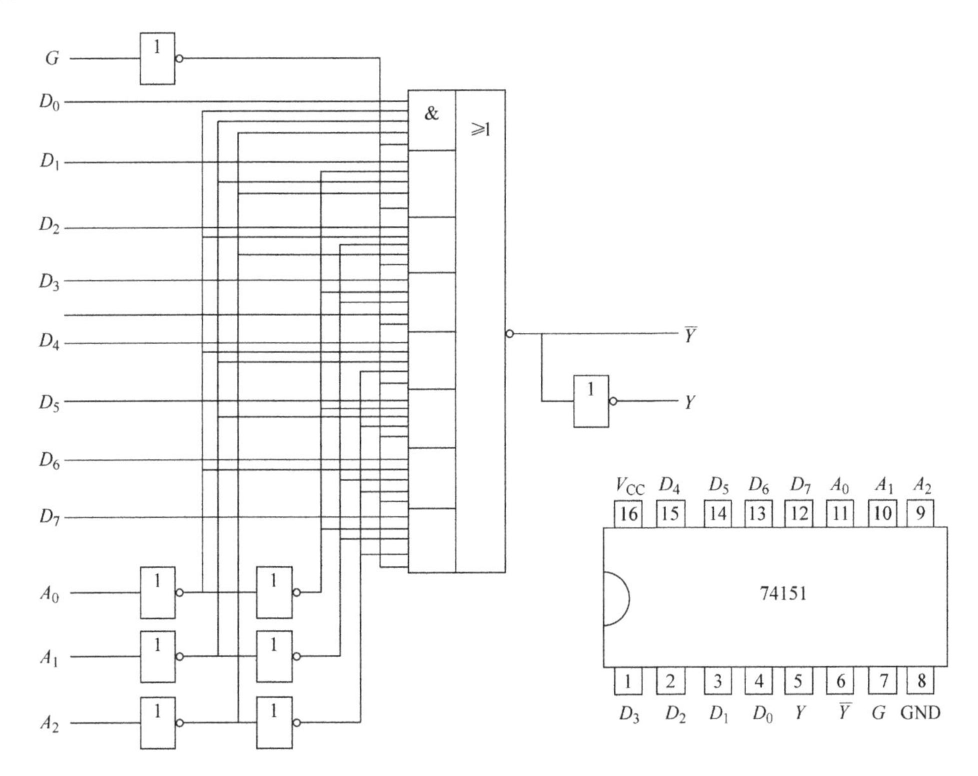

图 10-17　74151 的电路结构和引脚排列图

通过数据选择器的通道扩展，可实现用两块 74151 组成“16 选 1”数据选择器，如图 10-18 所示。

表10-8　8选1数据选择器74151功能表

输入				输出	
使能	地址选择			Y	$\overline{Y}$
G	A_2	A_1	A_0		
1	×	×	×	0	1
0	0	0	0	D_0	$\overline{D_0}$
0	0	0	1	D_1	$\overline{D_1}$
0	0	1	0	D_2	$\overline{D_2}$
0	0	1	1	D_3	$\overline{D_3}$
0	1	0	0	D_4	$\overline{D_4}$
0	1	0	1	D_5	$\overline{D_5}$
0	1	1	0	D_6	$\overline{D_6}$
0	1	1	1	D_7	$\overline{D_7}$

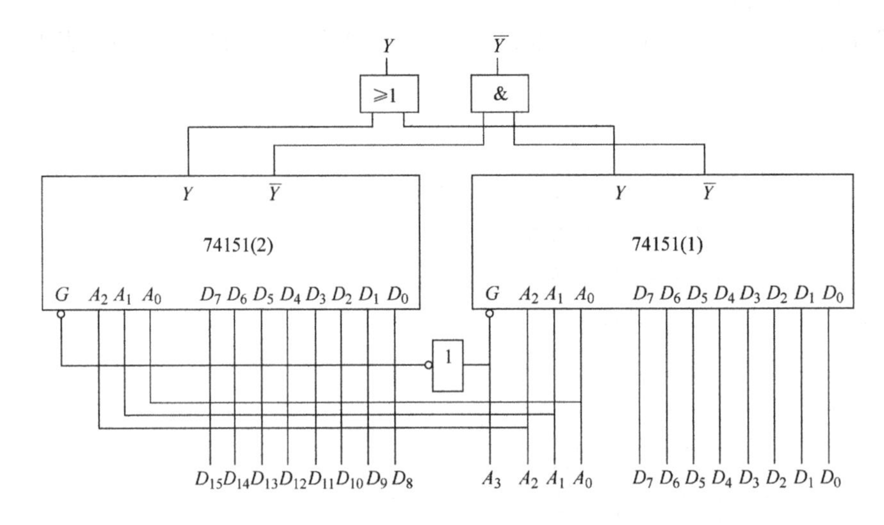

图10-18　74151组成“16选1”数据选择器

10.1.4　数值比较器

能够比较两组二进制数据大小的数字电路称为数值比较器。图10-19是一位数值比较器的逻辑电路图。

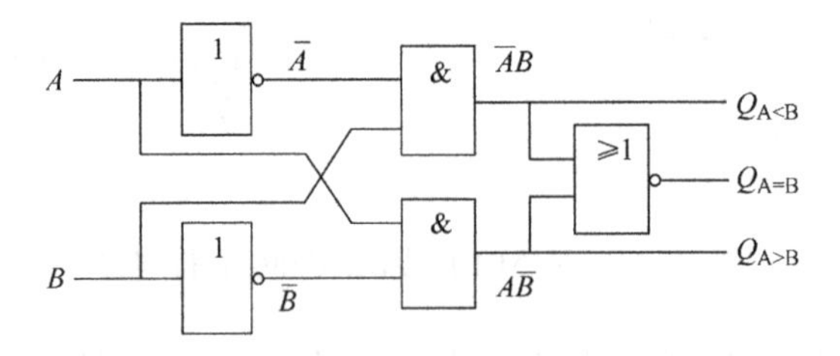

图10-19　一位数值比较器的逻辑电路图

输入端为 A、B，输出端有三个。当 $A<B$ 时，$Q_{A<B}=1$；当 $A>B$ 时，$Q_{A>B}=1$；当 $A=B$时，$Q_{A=B}=1$。它的真值表见表10-9。

表10-9　一位数值比较器真值表

输入		输出		
A	B	$Q_{A>B}$	$Q_{A=B}$	$Q_{A<B}$
0	0	0	1	0
0	1	0	0	1
1	0	1	0	0
1	1	0	1	0

由真值表可知：

$Q_{A>B}=A\overline{B}$

$Q_{A<B}=\overline{A}B$

$Q_{A=B}=\overline{A}\,\overline{B}+AB=A\odot B=\overline{A\oplus B}=\overline{A\overline{B}+\overline{A}B}$

对于多位数值的比较，可采用逐位比较法，即先比较高位，高位大即大，高位小即小；若高位相等，再比较低位，依此类推。在计算机的具体应用中，常采用多位集成数值比较器，如集成数值比较器74LS85，其引脚排列如图10-20所示。

当 $A_3A_2A_1A_0$ 和 $B_3B_2B_1B_0$ 两个数进行比较时：

➢ 如果 $A_3>B_3$，则可以肯定 $A>B$，这时输出 $Q_{A>B}=1$；若 $A_3<B_3$，则可以肯定 $A<B$，这时输出 $Q_{A<B}=1$。

➢ 如果 $A_3=B_3$时，再去比较次高位 A_2、B_2。若 $A_2>B_2$，则 $Q_{A>B}=1$；若 $A_2<B_2$，则 $Q_{A<B}=1$。

➢ 如果 $A_2=B_2$时，再继续比较 A_1、B_1。依此类推，直到所有的高位都相等时，才比较最低位。74LS85 功能表见表10-10。

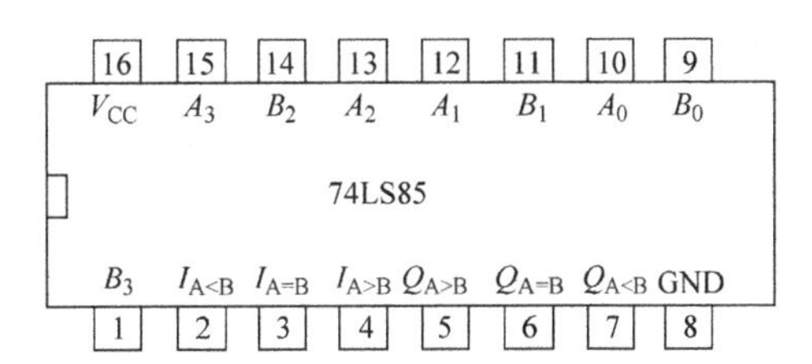

图10-20　74LS85引脚排列图

表10-10　74LS85 功能表

输　入							输出		
A_3B_3	A_2B_2	A_1B_1	A_0B_0	$I_{A>B}$	$I_{A=B}$	$I_{A<B}$	$Q_{A>B}$	$Q_{A=B}$	$Q_{A<B}$
$A_3>B_3$	×	×	×	×	×	×	1	0	0
$A_3<B_3$	×	×	×	×	×	×	0	0	1
$A_3=B_3$	$A_2>B_2$	×	×	×	×	×	1	0	0
$A_3=B_3$	$A_2<B_2$	×	×	×	×	×	0	0	1
$A_3=B_3$	$A_2=B_2$	$A_1>B_1$	×	×	×	×	1	0	0
$A_3=B_3$	$A_2=B_2$	$A_1<B_1$	×	×	×	×	0	0	1
$A_3=B_3$	$A_2=B_2$	$A_1=B_1$	$A_0>B_0$	×	×	×	1	0	0
$A_3=B_3$	$A_2=B_2$	$A_1=B_1$	$A_0<B_0$	×	×	×	0	0	1
$A_3=B_3$	$A_2=B_2$	$A_1=B_1$	$A_0=B_0$	1	0	0	1	0	0
$A_3=B_3$	$A_2=B_2$	$A_1=B_1$	$A_0=B_0$	0	1	0	0	1	0
$A_3=B_3$	$A_2=B_2$	$A_1=B_1$	$A_0=B_0$	0	0	1	0	0	1

若要扩展比较器位数时，可应用级联输入端做片间连接。例如将2块4位比较器扩展为

8位比较器，可以将2块芯片串联，即将低位芯片的输出端 $Q_{A>B}$，$Q_{A<B}$ 和 $Q_{A=B}$ 分别去接高位芯片级联输入端的 $I_{A>B}$，$I_{A<B}$ 和 $I_{A=B}$，如图10-21所示。这样，当高4位都相等时，就可由低4位来决定两比较数的大小。

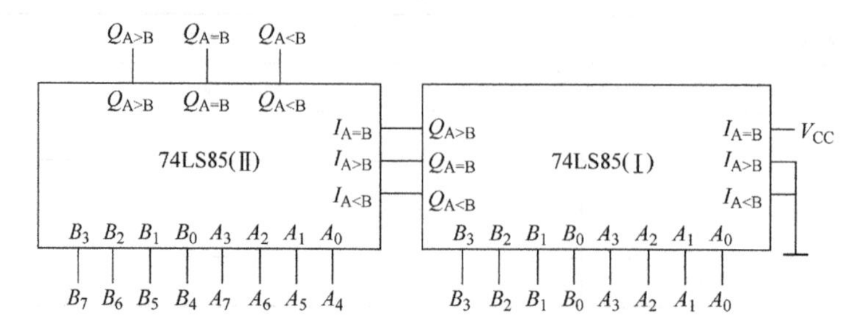

图10-21　2块4位比较器扩展为8位比较器

10.1.5　编码器

用二进制代码表示文字、符号或者数码等特定对象的过程，称为编码。实现编码的数字逻辑电路，称为编码器。一般而言，N 个不同的信号，至少需要 n 位二进制数编码，即 $2^n \geqslant N$。

编码器按照编码方式不同，一般可分为普通编码器和优先编码器；按输出代码不同，可分为二进制编码器和非二进制编码器。

一、二进制编码器

若编码器输入信号的个数 N 与输出变量的位数 n 满足 $2^n = N$，则称为二进制编码器。常见的二进制编码器有4线－2线编码器、8线－3线编码器和16线－4线编码器等。

1. 3位二进制编码器

图10-22所示为3位二进制编码器框图，它的输入是 $I_0 \sim I_7$ 8个高电平信号；输出是3位二进制代码 F_2、F_1、F_0。3位二进制编码器有8个输入端3个输出端，所以常称为8线－3线编码器，其真值表见表10-11。

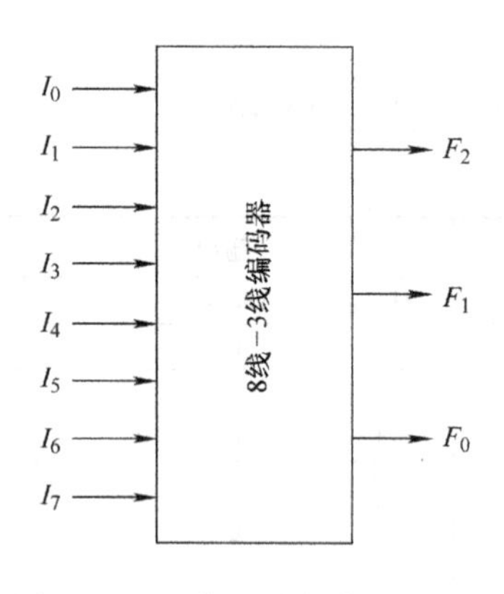

图10-22　3位二进制编码器框图

表10-11　3位二进制编码器真值表

输入								输出		
I_0	I_1	I_2	I_3	I_4	I_5	I_6	I_7	F_2	F_1	F_0
1	0	0	0	0	0	0	0	0	0	0
0	1	0	0	0	0	0	0	0	0	1
0	0	1	0	0	0	0	0	0	1	0
0	0	0	1	0	0	0	0	0	1	1
0	0	0	0	1	0	0	0	1	0	0
0	0	0	0	0	1	0	0	1	0	1
0	0	0	0	0	0	1	0	1	1	0
0	0	0	0	0	0	0	1	1	1	1

由真值表写出各输出的逻辑表达式为

$$F_2 = \overline{\overline{I_4}\,\overline{I_5}\,\overline{I_6}\,\overline{I_7}}$$

$$F_1 = \overline{\overline{I_2}\,\overline{I_3}\,\overline{I_6}\,\overline{I_7}}$$

$F_0 = \overline{\overline{I_1}\,\overline{I_3}\,\overline{I_5}\,\overline{I_7}}$

门电路组成的 3 位二进制编码电路如图 10-23 所示。

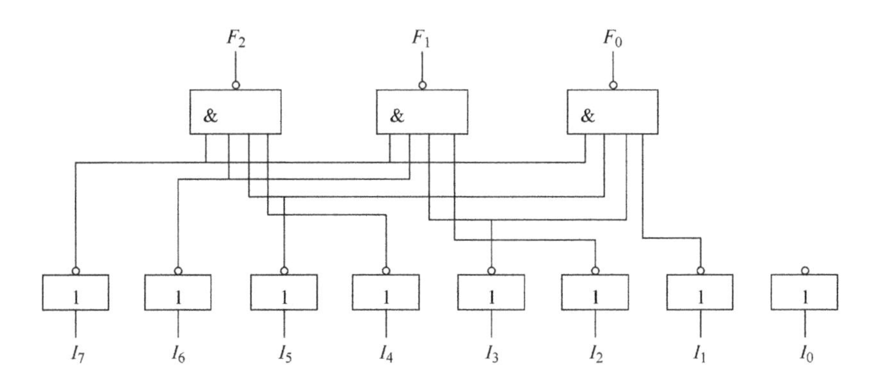

图 10-23　门电路组成的 3 位二进制编码电路

2. 3 位二进制优先编码器

优先编码器是将输入信号的优先顺序排队，当有 2 个或 2 个以上输入端信号同时有效时，编码器仅对其中一个优先等级最高的输入信号编码，从而避免输出编码出错。

提示

优先级别的高低由设计者根据输入信号的轻重缓急情况而定。

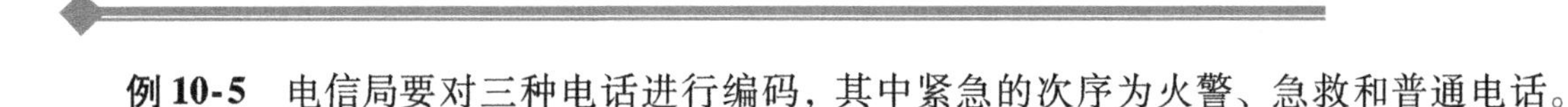

例 10-5　电信局要对三种电话进行编码，其中紧急的次序为火警、急救和普通电话。要求电话编码依次为 00、01、10。试设计电话编码控制电路。

解：设火警、急救和普通电话分别用 A_2、A_1、A_0 表示，且 1 表示有电话接入，0 表示没有电话，×为任意值。Y_1、Y_0 为输出编码。

1）依题意，列出真值表（表 10-12）。

2）由真值表写出逻辑表达式。

$Y_1 = \overline{A}_2\overline{A}_1A_0$

$Y_0 = \overline{A}_2A_1$

3）由逻辑表达式画出编码器逻辑电路图，如图 10-24 所示。

表 10-12　例 10-5 真值表

输入			输出	
A_2	A_1	A_0	Y_1	Y_0
1	×	×	0	0
0	1	×	0	1
0	0	1	1	0

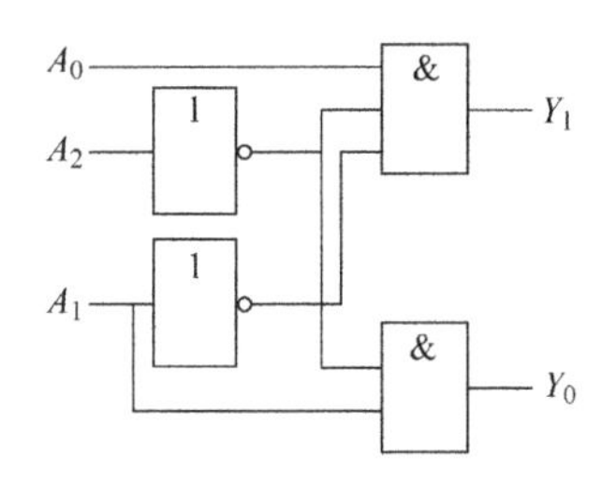

图 10-24　例 10-5 逻辑电路图

实例

集成优先编码器74LS148

集成优先编码器74LS148是一种常用的8线－3线优先编码器，其引脚排列如图10-25所示。其功能表见表10-13。

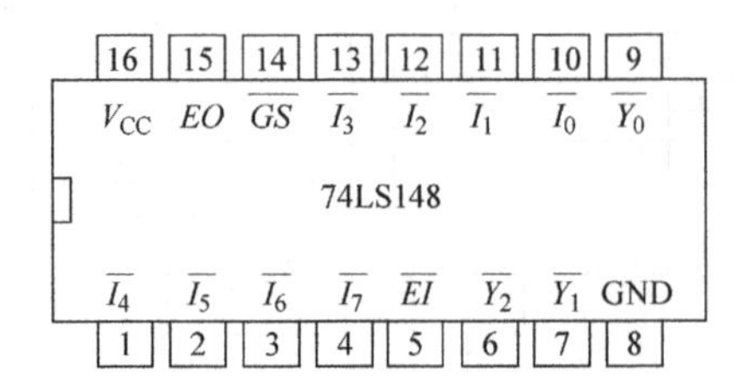

图10-25　74LS148引脚排列图

表10-13　74LS148功能表

输入									输出				
$\overline{EI}$	$\overline{I_7}$	$\overline{I_6}$	$\overline{I_5}$	$\overline{I_4}$	$\overline{I_3}$	$\overline{I_2}$	$\overline{I_1}$	$\overline{I_0}$	$\overline{Y_2}$	$\overline{Y_1}$	$\overline{Y_0}$	EO	$\overline{GS}$
1	×	×	×	×	×	×	×	×	1	1	1	1	1
0	1	1	1	1	1	1	1	1	1	1	1	0	1
0	0	×	×	×	×	×	×	×	0	0	0	1	0
0	1	0	×	×	×	×	×	×	0	0	1	1	0
0	1	1	0	×	×	×	×	×	0	1	0	1	0
0	1	1	1	0	×	×	×	×	0	1	1	1	0
0	1	1	1	1	0	×	×	×	1	0	0	1	0
0	1	1	1	1	1	0	×	×	1	0	1	1	0
0	1	1	1	1	1	1	0	×	1	1	0	1	0
0	1	1	1	1	1	1	1	0	1	1	1	1	0

分析74LS148的逻辑功能如下。

➢ 编码输入端：逻辑符号输入端 $\overline{I_0}$ ～ $\overline{I_7}$ 上面均有“－”号，这表示编码输入低电平有效，如图10-26所示。

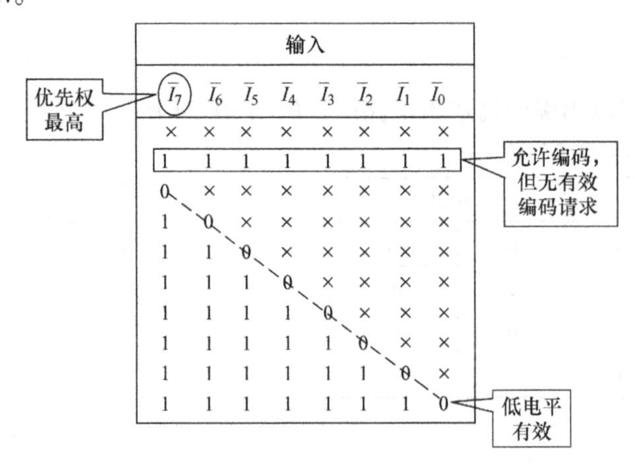

图10-26　编码输入端

➢ 编码输出端：逻辑符号输出端上面均有“－”号，这表示编码输出低电平有效，如图 10-27 所示。

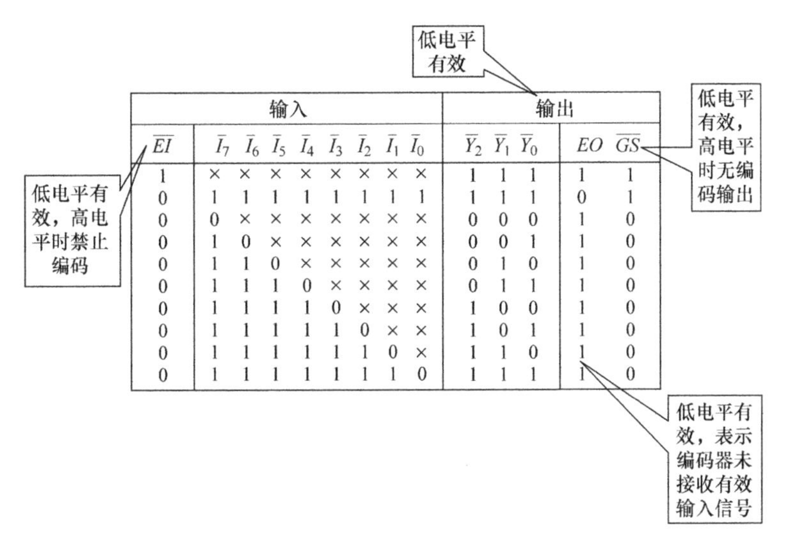

输入									输出				
$\overline{EI}$	$\overline{I_7}$	$\overline{I_6}$	$\overline{I_5}$	$\overline{I_4}$	$\overline{I_3}$	$\overline{I_2}$	$\overline{I_1}$	$\overline{I_0}$	$\overline{Y_2}$	$\overline{Y_1}$	$\overline{Y_0}$	EO	$\overline{GS}$
1	×	×	×	×	×	×	×	×	1	1	1	1	1
0	1	1	1	1	1	1	1	1	1	1	1	0	1
0	0	×	×	×	×	×	×	×	0	0	0	1	0
0	1	0	×	×	×	×	×	×	0	0	1	1	0
0	1	1	0	×	×	×	×	×	0	1	0	1	0
0	1	1	1	0	×	×	×	×	0	1	1	1	0
0	1	1	1	1	0	×	×	×	1	0	0	1	0
0	1	1	1	1	1	0	×	×	1	0	1	1	0
0	1	1	1	1	1	1	0	×	1	1	0	1	0
0	1	1	1	1	1	1	1	0	1	1	1	1	0

图 10-27　编码输出端

➢ 使能端：$\overline{EI}$—输入使能端，控制信号能否进入。

$\overline{GS}$—扩展功能输出端，表示编码器有编码输出。

EO—扩展功能输出端，无有效信号输入时输出低电平。

用 2 块 74LS148 优先编码器串行扩展，可成为 16 线－4 线优先编码器，如图 10-28 所示。

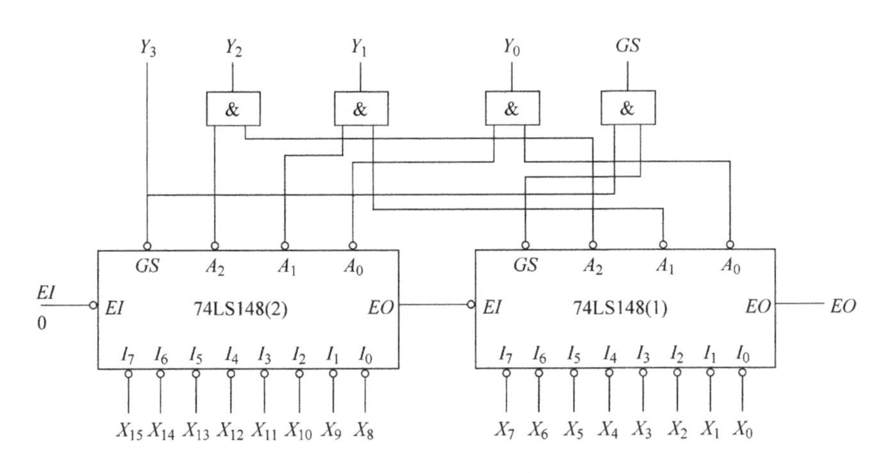

图 10-28　2 块 74LS148 扩展为 16 线－4 线优先编码器

二、二－十进制编码器

将十进制数 0、1、2、3、4、5、6、7、8、9 这 10 个信号编成二进制代码的电路，称为二－十进制编码器。8421BCD 码编码器是常见的一种二－十进制编码器。其逻辑电路如图 10-29 所示，8421BCD 码编码表见表 10-14。

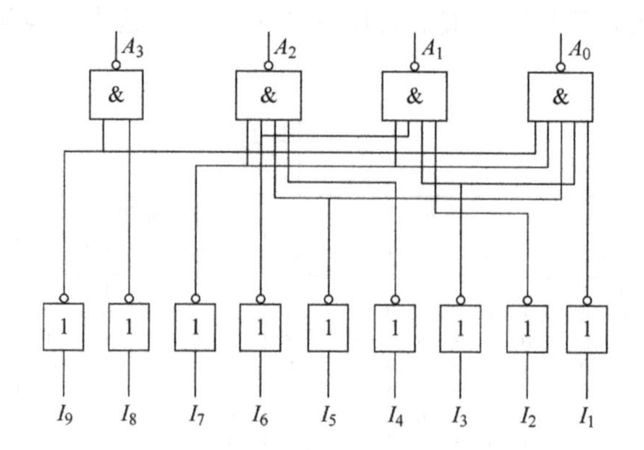

图10-29　8421BCD码编码器逻辑电路

表10-14　8421BCD码编码表

十进制数	二进制数			
	A_3	A_2	A_1	A_0
0(I_0)	0	0	0	0
1(I_1)	0	0	0	1
2(I_2)	0	0	1	0
3(I_3)	0	0	1	1
4(I_4)	0	1	0	0
5(I_5)	0	1	0	1
6(I_6)	0	1	1	0
7(I_7)	0	1	1	1
8(I_8)	1	0	0	0
9(I_9)	1	0	0	1

实例

集成二－十进制优先编码器74LS147

集成二－十进制优先编码器74LS147是一种常用的10线－4线优先编码器，其引脚排列如图10-30所示，功能表见表10-15。

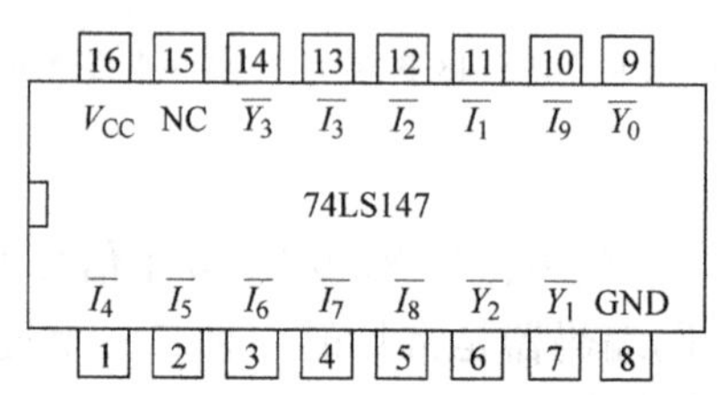

图10-30　74LS147引脚排列图

表 10-15　74LS147 功能表

输入									输出			
$\overline{I}_9$	$\overline{I}_8$	$\overline{I}_7$	$\overline{I}_6$	$\overline{I}_5$	$\overline{I}_4$	$\overline{I}_3$	$\overline{I}_2$	$\overline{I}_1$	$\overline{Y}_3$	$\overline{Y}_2$	$\overline{Y}_1$	$\overline{Y}_0$
0	×	×	×	×	×	×	×	×	0	1	1	0
1	0	×	×	×	×	×	×	×	0	1	1	1
1	1	0	×	×	×	×	×	×	1	0	0	0
1	1	1	0	×	×	×	×	×	1	0	0	1
1	1	1	1	0	×	×	×	×	1	0	1	0
1	1	1	1	1	0	×	×	×	1	0	1	1
1	1	1	1	1	1	0	×	×	1	1	0	0
1	1	1	1	1	1	1	0	×	1	1	0	1
1	1	1	1	1	1	1	1	0	1	1	1	0
1	1	1	1	1	1	1	1	1	1	1	1	1

在 74LS147 优先编码中，$\overline{I}_9$ 为最高优先级，其余输入的优先级依次为 $\overline{I}_8$ 、$\overline{I}_7$ 、$\overline{I}_6$ 、$\overline{I}_5$ 、$\overline{I}_4$ 、$\overline{I}_3$ 、$\overline{I}_2$ 、$\overline{I}_1$ ，均为低电平有效。

10.1.6　译码器

在数字电路中，各种信息、操作和指令等都采用二进制代码来表示。所谓译码，就是将给定的二值代码转换为相应的输出信号，用来驱动显示电路或控制其他部件工作，实现代码所规定的操作。具有这种功能的电路称为译码器。

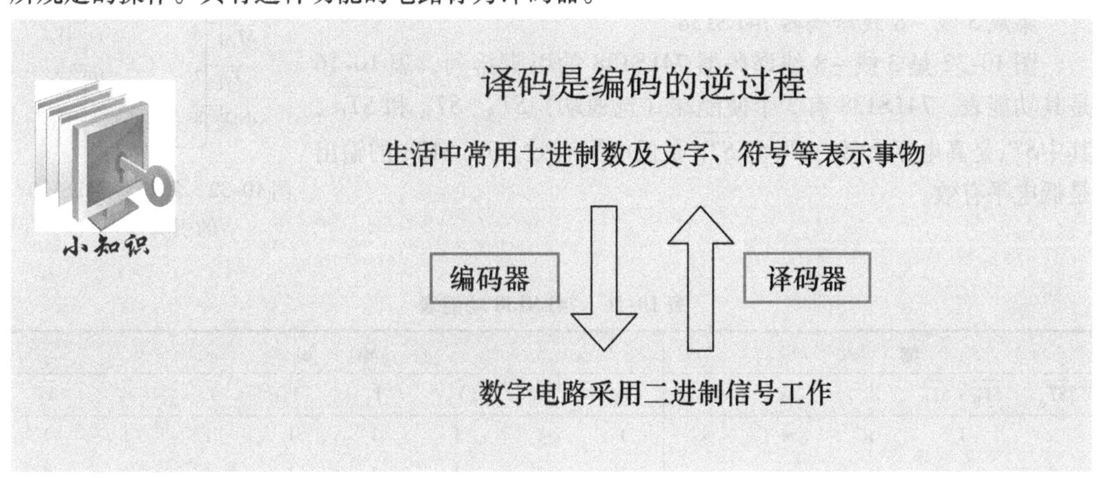

一、二进制译码器

将输入的二进制代码转换成对应的输出信号的组合逻辑电路，称为二进制译码器。图 10-31 是由与非门组成的 3 位二进制译码器的逻辑图。输入 3 位二进制代码共有八种状态，输出线共有 8 根，它们与输入的 3 位二进制代码一一对应。

由图 10-31 写出电路的逻辑表达式为

$$Y_0 = \overline{A}_2\,\overline{A}_1\,\overline{A}_0 \qquad Y_1 = \overline{A}_2\,\overline{A}_1\,A_0$$

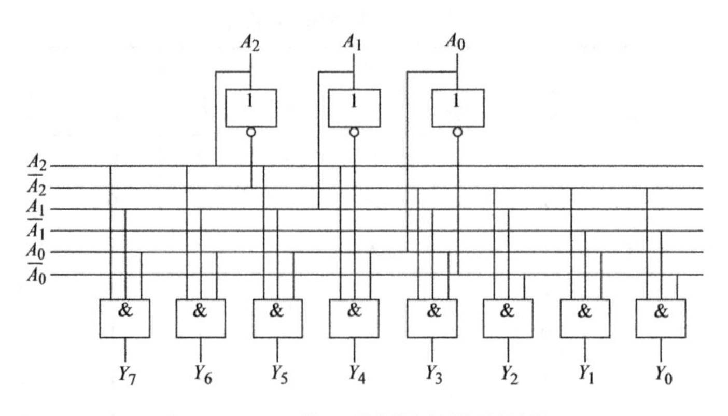

图 10-31　3 位二进制译码器逻辑图

$$Y_2 = \overline{A}_2 A_1 \overline{A}_0 \qquad Y_3 = \overline{A}_2 A_1 A_0$$
$$Y_4 = A_2 \overline{A}_1 \overline{A}_0 \qquad Y_5 = A_2 \overline{A}_1 A_0$$
$$Y_6 = A_2 A_1 \overline{A}_0 \qquad Y_7 = A_2 A_1 A_0$$

当 $A_2A_1A_0 = 000$ 时，$Y_0 = 1$，而 $Y_1 \sim Y_7$ 全为 0；当 $A_2A_1A_0 = 010$ 时，$Y_2 = 1$，而其余输出全为0；同样当 $A_2A_1A_0 = 111$ 时，$Y_7 = 1$，其他输出全为0。由此可见，对于译码器的任何一组输入代码，译码器都有一根输出线有信号输出。

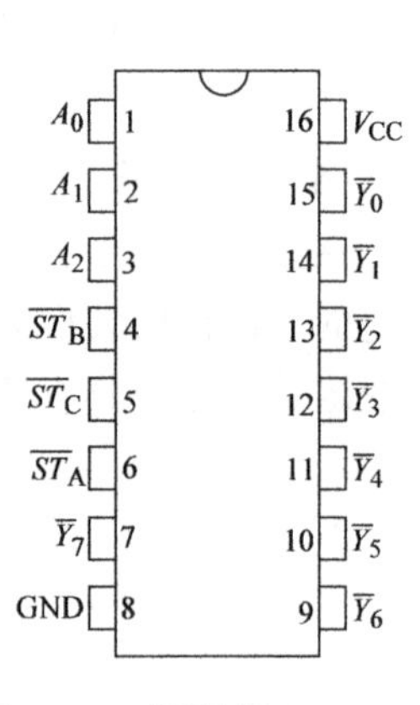

图 10-32　译码器 74LS138 的引脚排列

实例

集成 3 线 -8 线译码器 74LS138

图 10-32 是 3 线 -8 线译码器 74LS138 的引脚排列，表 10-16 是其功能表。74LS138 有 3 个使能端（选通端）$\overline{ST}_A$、$\overline{ST}_B$ 和 $\overline{ST}_C$，其中 $\overline{ST}_A$ 是高电平有效，$\overline{ST}_B$ 和 $\overline{ST}_C$ 是低电平有效。74LS138 的输出是低电平有效。

表 10-16　74LS138 功能表

输　入					输　出							
$\overline{ST}_A$	$\overline{ST}_B + \overline{ST}_C$	A_2	A_2	A_0	$\overline{Y}_0$	$\overline{Y}_1$	$\overline{Y}_2$	$\overline{Y}_3$	$\overline{Y}_4$	$\overline{Y}_5$	$\overline{Y}_6$	$\overline{Y}_7$
×	1	×	×	×	1	1	1	1	1	1	1	1
0	×	×	×	×	1	1	1	1	1	1	1	1
1	0	0	0	0	0	1	1	1	1	1	1	1
1	0	0	0	1	1	0	1	1	1	1	1	1
1	0	0	1	0	1	1	0	1	1	1	1	1
1	0	0	1	1	1	1	1	0	1	1	1	1
1	0	1	0	0	1	1	1	1	0	1	1	1
1	0	1	0	1	1	1	1	1	1	0	1	1
1	0	1	1	0	1	1	1	1	1	1	0	1
1	0	1	1	1	1	1	1	1	1	1	1	0

从功能表可以看出，当 $ST_A=1$ 且 $\overline{ST}_B=0$、$\overline{ST}_C=0$ 时，译码器被选通，否则译码器的所有输出端全为高电平。当译码器被选通时，译码输出信号与3位二进制代码一一对应。

在电路中设置使能端是为了扩展芯片的使用范围。比如可用2块CT74LS138构成4线－16线译码器，如图10-33所示。

4位二进制代码 $A_3A_2A_1A_0$ 共有16种状态，其中 $A_2A_1A_0$ 的8种状态与输出 $\overline{Y_0}$ ~ $\overline{Y_7}$ 一一对应，而 A_3 接在2块芯片的使能端起选通信号的作用。如当 $A_3A_2A_1A_0=0101$ 时，由于 $A_3=0$，芯片Ⅰ被选通，又由于 $A_2A_1A_0=101$，所以芯片Ⅰ的第6根输出线（$\overline{Y}_5$）输出为低电平；当 $A_3A_2A_1A_0=1101$ 时，由于 $A_3=1$，芯片Ⅱ被选通，此时芯片Ⅱ的第6根输出线（$\overline{Y}_{13}$）输出为低电平。

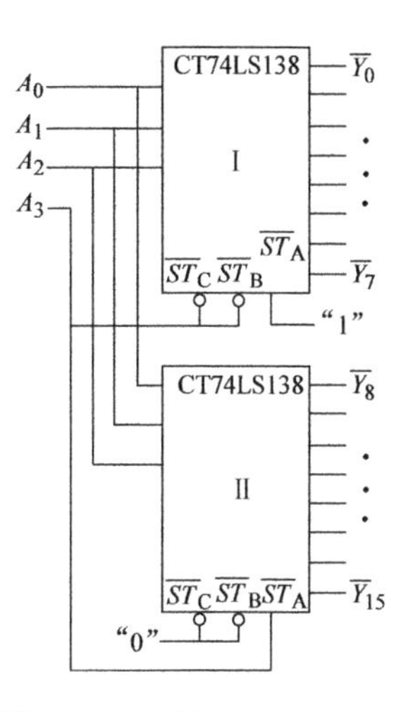

图10-33　2块CT74LS138组成的4线－16线译码器

二、二－十进制译码器

二－十进制译码器也称为BCD译码器。它将输入的每组4位二进制码翻译为对应的1位十进制数，有4个输入端，10个输出端，常称为4线－10线译码器。

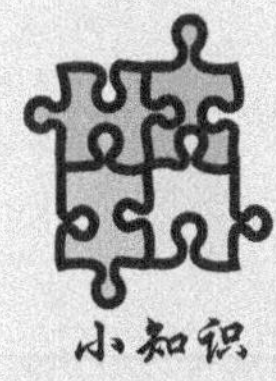

拒绝伪码功能

二进制的4位输入码可以构成16个状态，BCD译码器只用了其中的10个状态，故称部分译码器。另外6个状态组合称为伪码（无用状态），所以二－十进制译码器电路应具有拒绝伪码功能，即输入端出现伪码时，输出均呈无效电平。

8421BCD码译码器是最常用的BCD码译码器，图10-34是二－十进制译码器CT7442的逻辑图和引脚排列。输入端 $A_3A_2A_1A_0$ 按8421码输入，输出端 $\overline{Y}_0$ ~ $\overline{Y}_9$，按十进制数译出（低电平有效）。如输入 $A_3A_2A_1A_0=0101$ 时，$\overline{Y}_5=0$，而其他输出端全为1。若输入为伪码，如 $A_3A_2A_1A_0=1100$，译码器所有输出全为1，即CT7442译码器具有拒绝伪码的能力。其功能表见表10-17。

三、显示译码器

在数字系统及数字测量仪表中，常常需要把计数器输出的状态翻译为人们习惯的十进制数码的字形，直观地显示出来，这就需要与显示密切配合的译码器，称为显示译码器。

常用的数码显示器件有辉光数码管、荧光数码管、等离子体显示板、发光二极管、液晶显示器、投影显示器等。数码显示器按显示方式分有分段式、字形重叠式、点阵式等。其中，七段显示器应用最普遍。

图10-35为七段显示器结构，它是由七段独立的发光二极管组成的，通过这七段独立的发光二极管的不同点亮组合，显示0~9十个不同的数字。其中 Y_a ~ Y_g 为控制信号，高电平时，对应的LED点亮；低电平时，对应的LED熄灭。

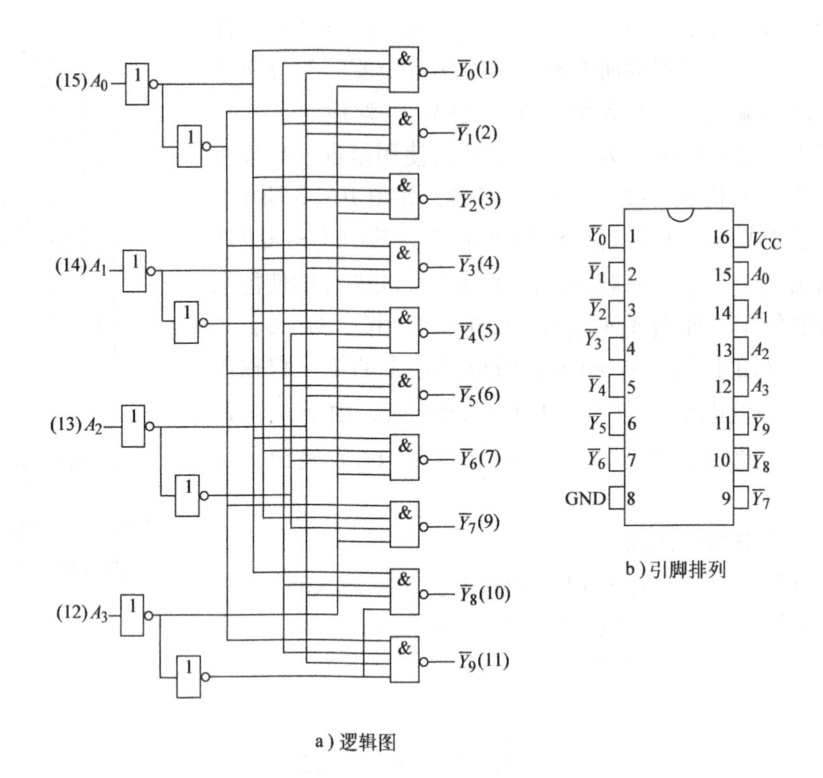

a）逻辑图　　b）引脚排列

图 10-34　二－十进制译码器 CT7442 的逻辑图和引脚排列

表 10-17　二－十进制译码器 CT7442 功能表

输入				输出									
A_3	A_2	A_1	A_0	$\overline{Y}_0$	$\overline{Y}_1$	$\overline{Y}_2$	$\overline{Y}_3$	$\overline{Y}_4$	$\overline{Y}_5$	$\overline{Y}_6$	$\overline{Y}_7$	$\overline{Y}_8$	$\overline{Y}_9$
0	0	0	0	0	1	1	1	1	1	1	1	1	1
0	0	0	1	1	0	1	1	1	1	1	1	1	1
0	0	1	0	1	1	0	1	1	1	1	1	1	1
0	0	1	1	1	1	1	0	1	1	1	1	1	1
0	1	0	0	1	1	1	1	0	1	1	1	1	1
0	1	0	1	1	1	1	1	1	0	1	1	1	1
0	1	1	0	1	1	1	1	1	1	0	1	1	1
0	1	1	1	1	1	1	1	1	1	1	0	1	1
1	0	0	0	1	1	1	1	1	1	1	1	0	1
1	0	0	1	1	1	1	1	1	1	1	1	1	0
1	0	1	0	1	1	1	1	1	1	1	1	1	1
1	0	1	1	1	1	1	1	1	1	1	1	1	1
1	1	0	0	1	1	1	1	1	1	1	1	1	1
1	1	0	1	1	1	1	1	1	1	1	1	1	1
1	1	1	0	1	1	1	1	1	1	1	1	1	1
1	1	1	1	1	1	1	1	1	1	1	1	1	1

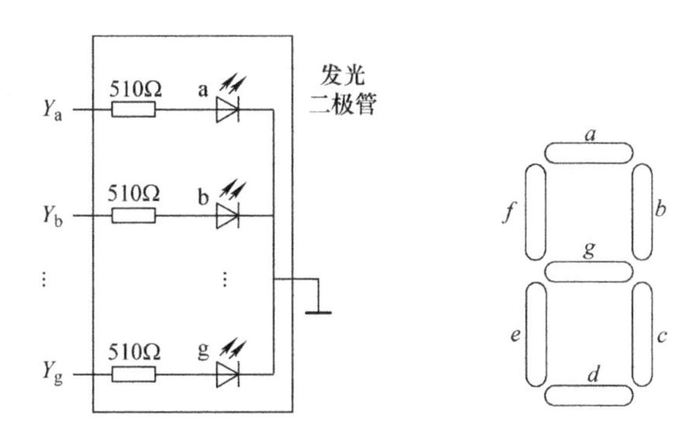

图 10-35　七段显示器结构

七段显示器中的发光二极管根据连接方式不同，分为共阴极与共阳极两种连接方式，如图 10-36 所示。

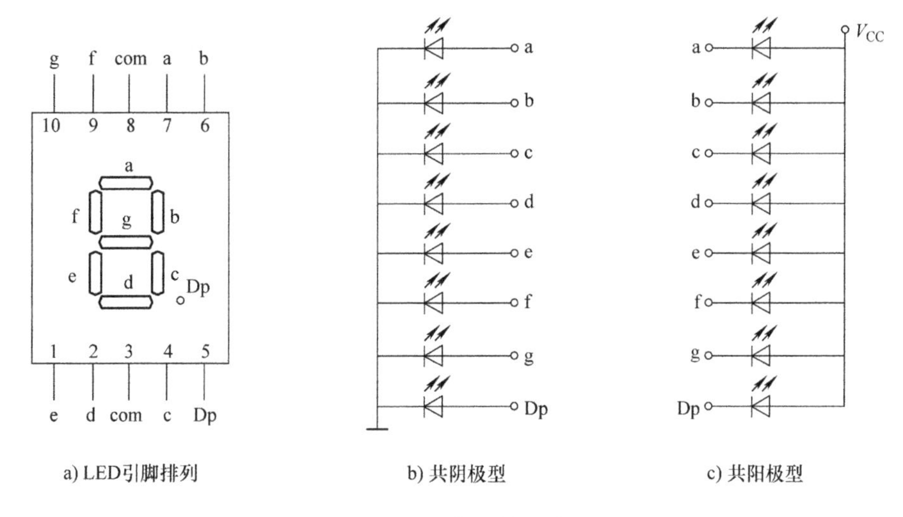

图 10-36　LED 数码管连接方式

图中，a ~ g 是数字形发光段，Dp 是小数点发光段。共阴极型中，各发光二极管的阴极相连通接低电平，a ~ Dp 各引脚中任一脚为高电平时相应的发光段点亮；共阳极型中，各发光二极管的阳极相连通接高电平，a ~ Dp 各引脚中任一脚为低电平时相应的发光段点亮。

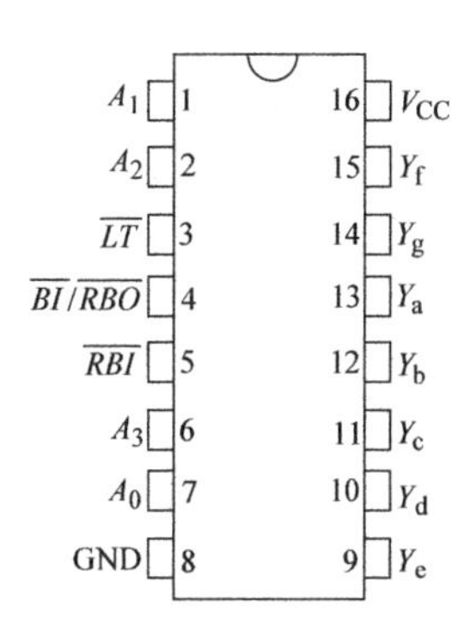

图 10-37　CT74248 的引脚排列

实例

集成七段显示译码器 CT74248

图 10-37 是七段显示译码器 CT74248 的引脚排列，表 10-18 是它的功能表。其中 A_0 ~ A_3 是四位二进制代码的输入端，Y_a ~ Y_g 是七段译码器输出端。其他控制端功能如下：

➢ 灯测试输入$\overline{LT}$。$\overline{LT}$又称灯测检查，用以检查显示器各字

表10-18　CT74248的功能表

十进制数或功能	输入						$\overline{BI}/\overline{RBO}$	输出							显示字形
	$\overline{LT}$	$\overline{RBI}$	A_3	A_2	A_1	A_0		Y_a	Y_b	Y_c	Y_d	Y_e	Y_f	Y_g	
0	1	1	0	0	0	0	1	1	1	1	1	1	1	0	0
1	1	×	0	0	0	1	1	0	1	1	0	0	0	0	1
2	1	×	0	0	1	0	1	1	1	0	1	1	0	1	2
3	1	×	0	0	1	1	1	1	1	1	1	0	0	1	3
4	1	×	0	1	0	0	1	0	1	1	0	0	1	1	4
5	1	×	0	1	0	1	1	1	0	1	1	0	1	1	5
6	1	×	0	1	1	0	1	1	0	1	1	1	1	1	6
7	1	×	0	1	1	1	1	1	1	1	0	0	0	0	7
8	1	×	1	0	0	0	1	1	1	1	1	1	1	1	8
9	1	×	1	0	0	1	1	1	1	1	1	0	1	1	9
10	1	×	1	0	1	0	1	0	0	0	1	1	0	1	⊏
11	1	×	1	0	1	1	1	0	0	1	1	0	0	1	⊐
12	1	×	1	1	0	0	1	0	1	0	0	0	1	1	⊔
13	1	×	1	1	0	1	1	1	0	0	1	0	1	1	Ɛ
14	1	×	1	1	1	0	1	0	0	0	1	1	1	1	ь
15	1	×	1	1	1	1	1	0	0	0	0	0	0	0	暗
灭灯	×	×	×	×	×	×	0	0	0	0	0	0	0	0	暗
灭零输出	1	0	0	0	0	0	0	0	0	0	0	0	0	0	暗
灯测试	0	×	×	×	×	×	1	1	1	1	1	1	1	1	8

段是否能正常点亮。当$\overline{LT}=0$时，无论$A_3A_2A_1A_0$处于何种状态，显示器应显示字形“8”。

➢ 灭零输入$\overline{RBI}$。灭零输入$\overline{RBI}$可以按照人们需要将显示器所显示的0予以熄灭，而在显示1～9时则不受影响。这个功能实际上是用来熄灭多位数字前后不必要的0。如用一个8位显示器显示十进制数50.8时，显示出的数字可能是00050.800，其中前面3个0和最后2个0是不需要的，$\overline{RBI}$的作用就是熄灭这5个0，以提高读数的清晰度。

当$\overline{RBI}=0$时（此时$\overline{LT}=1$），若输入$A_3A_2A_1A_0=0000$，则$Y_a \sim Y_g$的输出全为0，使显示器各段熄灭。一般情况下，多位显示时，由于小数点前最高位和小数点后最低位的0都是多余的，因此，通常将最高位和最低位显示译码器的$\overline{RBI}$端直接接地，当这些位置出现“0”时就将其熄灭。

➢ 灭零输出$\overline{RBO}$。在多位十进制数中，夹在多位数中间的0是不允许熄灭的，灭零输出$\overline{RBO}$就是为此而设置的。电路中灭零输出$\overline{RBO}$与灭灯输入$\overline{RBI}$是共用的。当本位数字是0，而且灭零输入$\overline{RBI}=0$（$\overline{LT}=1$）时，本位数字显示被熄灭，且灭零输出$\overline{RBO}=0$。若此时将本位的灭零输出$\overline{RBO}$接到邻位的灭零输入$\overline{RBI}$，则当邻位输入为0时，0显示也将予以熄灭。这样就保证了数字中间的零不会被熄灭。

➢ 灭灯输入$\overline{BI}$。灭灯输入$\overline{BI}$主要用于显示控制。若在BI端输入低电平信号，则不管其

他输入端状态如何，$Y_a \sim Y_g$ 均为低电平，全部字段均被熄灭。显示器正常工作情况下，$\overline{BI}$端不需外加任何信号。$\overline{BI}$与灭零输出$\overline{RBO}$共用一个端子，该端的状态（“0”或“1”）由$\overline{RBO}$决定。当外加信号使$\overline{BI}=0$时，译码器将退出译码工作状态。

图 10-38 是显示 8 位数字时（小数点固定在第三位）的灭零控制示意图。小数点前一位和后一位的显示译码器灭零输入$\overline{RBI}$始终接高电平，保证这两位即使是0 也会被显示出来。整数最高位显示译码器的灭零输入$\overline{RBI}$直接接地，当该位显示字符是 0 时，该 0 被熄灭，同时灭零输出端$\overline{RBO}$输出低电平至下一位的$\overline{RBI}$端。如下一位的显示字符是 0，则该 0 也将被熄灭。同样，小数点后的最低位灭零输入$\overline{RBI}$也直接接地，使该位显示 0 时被熄灭。

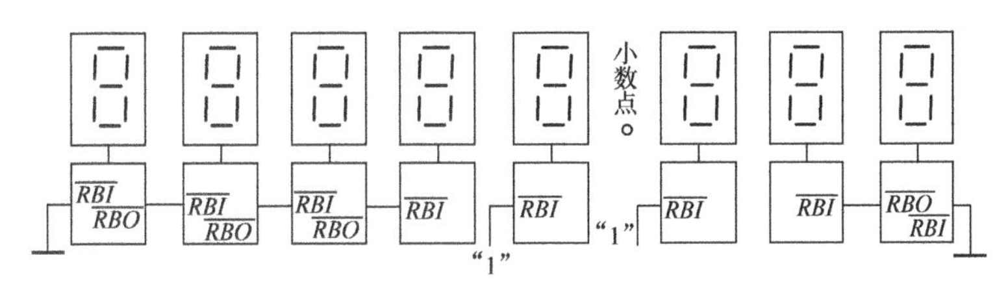

图 10-38　显示 8 位数字时的灭零控制示意图

当数字中间出现0 时，该0 是不会被熄灭的。如译码数字是0508.700，整数最高位的零被熄灭，其灭零输出$\overline{RBO}$输出低电平至下一位的灭零输入$\overline{RBI}$，但由于该位是 5 而不会被熄灭，且使灭零输出$\overline{RBO}$为高电平，这样就保证了 5 后面的 0 不被熄灭。同理，小数部分最后两个 0 将被熄灭。显示器最后的显示为 508.7。

10.2　时序逻辑电路

在数字系统中不仅要对数字信号进行运算，而且要将运算结果予以保存，这就需要具有记忆功能的逻辑电路——时序逻辑电路。时序逻辑电路在逻辑功能上的特点是任何时刻的输出不仅仅与当时的输入信号有关，还与电路原来的状态有关，即具有记忆、存储的功能。它一般由门电路和具有记忆功能的触发器组成。

触发器是具有记忆功能、能存储数字信息的一种基本时序电路。触发器具有两种相反的稳定状态，即 0 状态和 1 状态。当没有外界信号作用时，触发器能保持原来的状态不变。

在一定的外界信号作用下，触发器可以从一个稳态翻转为另一个稳态，而且当外界信号消失后，能将新建立的状态保持下来，此即为记忆功能。按逻辑功能不同，可分为 *RS* 触发器、*JK* 触发器、*D* 触发器等。

10.2.1　*RS* 触发器

一、基本 *RS* 触发器

基本 *RS* 触发器是最简单、最基本的触发器，通常由两个逻辑门电路交叉相连而成，如图 10-39 所示。

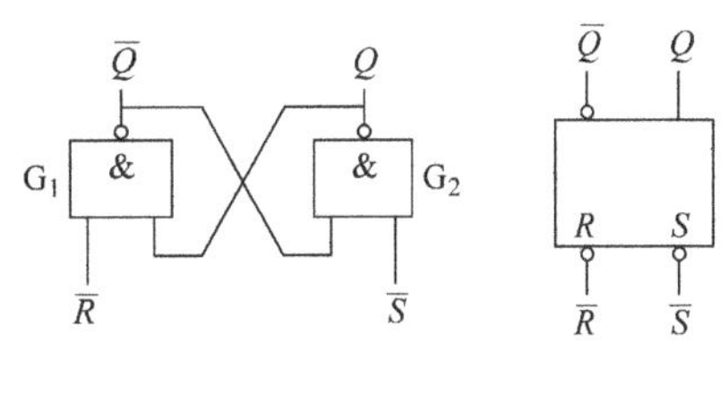

图 10-39　基本 *RS* 触发器

1. 电路组成

基本 *RS* 触发器由两个“与非”门输出、输入端交叉相连组成，$\overline{R}$、$\overline{S}$是两个输入端，Q、$\overline{Q}$是两个输出端。正常工作时输出端 Q 与 $\overline{Q}$ 的状态始终是互补的，即一个为低电平，另一个为高电平。规定 Q 端的状态为触发器状态。

2. 逻辑功能

➢ $\overline{R}=0$，$\overline{S}=1$，触发器为0态。

分析：$\overline{R}=0$，G_1的输出 $\overline{Q}=1$，G_2的两个输入端 $\overline{S}$、$\overline{Q}$ 全为1，则输出 $Q=0$。

可见，在输入端加 $\overline{R}=0$，$\overline{S}=1$ 信号后，触发器被置为0状态，即 $Q=0$，$\overline{Q}=1$，这就是触发器的置0或复位功能，$\overline{R}$ 端称为置0端或复位端。

➢ $\overline{R}=1$，$\overline{S}=0$，触发器为1态。

分析：$\overline{S}=0$，G_2的输出 $Q=1$，G_1的两个输入端均为1，所以 $\overline{Q}=0$。

可见，在输入端加 $\overline{R}=1$，$\overline{S}=0$ 信号后，触发器被置为1状态，即 $Q=1$，$\overline{Q}=0$，这就是触发器的置1或置位功能，$\overline{S}$ 端称为置1端或置位端。

➢ $\overline{R}=1$，$\overline{S}=1$，触发器保持原来状态不变。

① 触发器原为0态，G_1的一个输入端 $Q=0$，输出 $\overline{Q}=1$，G_2的两个输入端 $\overline{S}$、$\overline{Q}$ 均为1，输出 $Q=0$，保持原来状态不变。

② 触发器原为1态，G_1的一个输入端 $Q=1$，输出 $\overline{Q}=0$，G_2的两个输入端 $\overline{S}$、$\overline{Q}$ 均为0，输出 $Q=1$，也保持原来状态不变。

可见，当输入端全是高电平，即 $\overline{R}=1$，$\overline{S}=1$ 时，触发器的状态并不变化，这就是触发器的“保持”逻辑功能，也称为记忆功能。

➢ $\overline{R}=0$，$\overline{S}=0$，触发器状态不确定。

① 此时 $Q=1$，$\overline{Q}=1$，破坏了前述有关 Q 和 $\overline{Q}$ 互补的约定。

② 当 $\overline{R}$、$\overline{S}$ 的低电平触发信号消失后，触发器的状态可能是 $Q=0$，$\overline{Q}=1$；也可能是 $Q=1$，$\overline{Q}=1$，状态很难确定。所以 $\overline{R}$、$\overline{S}$ 同时为0的输入方式应禁止出现。

综上所述，基本RS触发器的逻辑功能归纳见表10-19，其工作波形如图10-40所示。

表10-19　基本RS触发器的逻辑功能

$\overline{R}$	$\overline{S}$	Q	逻辑功能
0	1	0	置0
1	0	1	置1
1	1	不变	保持
0	0	不确定	不确定

图10-40　基本RS触发器工作波形图

例10-6　与非门组成的基本RS触发器，设初始状态为0，已知输入 $\overline{R}$、$\overline{S}$ 的波形图（图10-41），画出两输出端的波形图。

解：由表10-16可知，当 $\overline{R}$、$\overline{S}$ 都为高电平时，触发器保持原状态不变；当 $\overline{S}$ 变低电平时，触发器翻转为1状态；当 R 变低电平时，触发器翻转为0状态；不允许 $\overline{R}$、$\overline{S}$ 同时为低电平。两输出端的波形如图10-41所示。

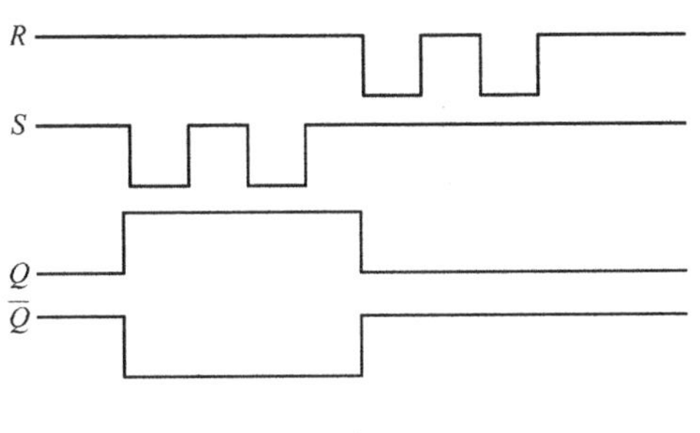

图 10-41　例 10-6 图

二、同步 RS 触发器

基本 RS 触发器的状态直接受 $\overline{R}$、$\overline{S}$ 两输入信号的控制，只要输入端出现置 0 或置 1 信号，触发器立即转入新的工作状态。但是在实际数字电路中，一个系统常包含多个触发器，希望各电路能够按一定的节拍，协调一致的工作。因此要求系统有一个控制信号（通常称为时钟脉冲 CP）来控制各触发器的翻转。由时钟脉冲控制的 RS 触发器称为同步 RS 触发器，又称时钟控制 RS 触发器，如图 10-42 所示。所谓同步就是指触发器状态的改变与时钟脉冲 CP 同步进行。

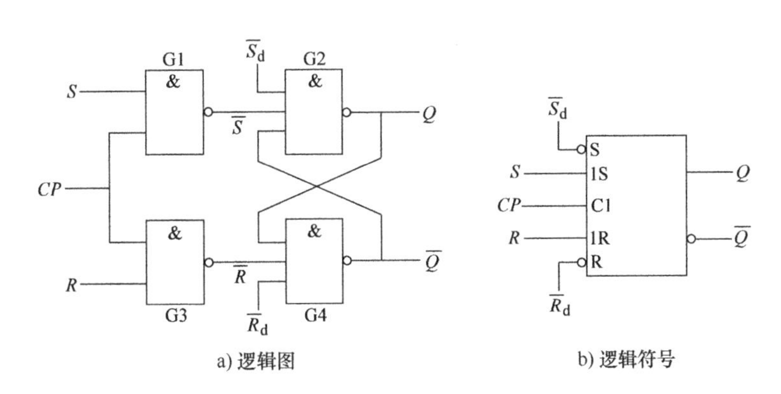

图 10-42　同步 RS 触发器

1. 电路组成

同步 RS 触发器由四个与非门组成，在由 G2、G4 组成的基本 RS 触发器的基础上增加 G1、G3、两个引导控制门。$\overline{R_d}$和$\overline{S_d}$分别为直接复位端和直接置位端，通过在$\overline{R_d}$端或$\overline{S_d}$端加低电平使触发器直接置 0 或置 1。R 和 S 为控制输入端，它们控制触发器的最终状态。

2. 逻辑功能

在时钟脉冲到来之前，$CP=0$，G1、G3 均被封锁，不论 RS 信号如何变化，$\overline{R}=1$，$\overline{S}=1$，由 G2、G4 组成的基本 RS 触发器状态保持不变。

当时钟脉冲作用时，$CP=1$，G1、G3 被打开，输出 $\overline{R}$ 与 $\overline{S}$ 的状态由 R 与 S 决定。

➢ $R=0$、$S=0$，“有 0 出 1”，这时与非门 G3 与 G1 的输出为$\overline{R}=1$、$\overline{S}=1$，基本 RS 触发器逻辑功能为保持，整个触发器保持原状态不变。

➢ $R=0$、$S=1$，“有0出1，全1出0”，与非门G3与G1的输出为$\overline{R}=1$、$\overline{S}=0$，基本*RS*触发器的逻辑功能为置1，整个触发器被置1。

➢ $R=1$、$S=0$，“全1出0，有0出1”，与非门G3与G1的输出为$\overline{R}=0$、$\overline{S}=1$，基本*RS*触发器的逻辑功能为置0，整个触发器被置0。

➢ $R=1$、$S=1$，“全1出0”，与非门G3与G1的输出为$\overline{R}=0$、$\overline{S}=0$，则$Q=1$、$\overline{Q}=1$，触发器处于不正常的工作状态。其后若*CP*脉冲消失，则$\overline{R}$恢复为1，$\overline{S}$恢复为1，基本*RS*触发器状态不定。所以触发器应避免$R=1$、$S=1$的情况同时出现。

综上所述，同步*RS*触发器的真值表见表10-20，其工作波形如图10-43所示。

表10-20　同步*RS*触发器的真值表

S^n	R^n	Q^{n+1}
0	1	0
1	0	1
1	1	不定
0	0	不变

三、同步触发器的空翻现象

图10-42所示的同步*RS*触发器，在$CP=1$期间，G1、G3门被打开，都能接收*R*、*S*信号，所以，如果在$CP=1$期间*R*、*S*发生多次变化，则触发器的状态也可能发生多次翻转。

在一个时钟脉冲周期中，触发器发生多次翻转，造成触发器动作混乱的现象叫做空翻，如图10-44所示。

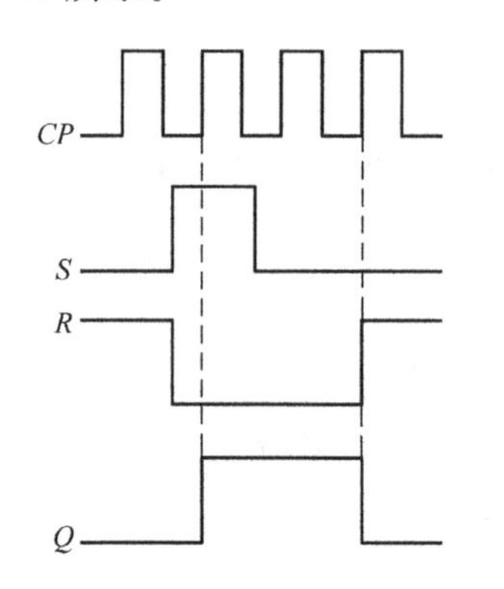

图10-43　同步*RS*触发器工作波形图

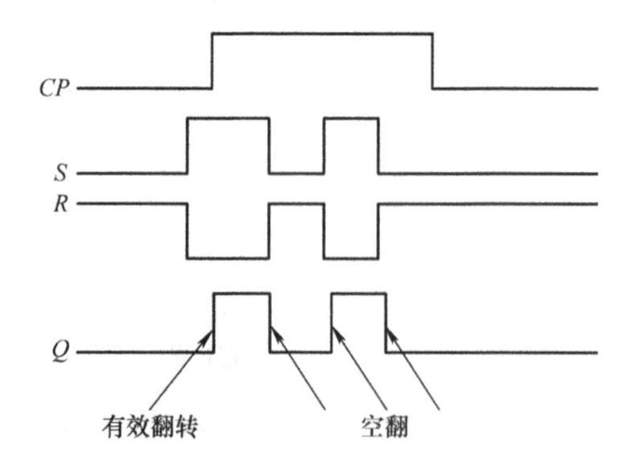

图10-44　同步*RS*触发器空翻

主从*RS*触发器是一种能有效防止空翻的触发器，其电路结构如图10-45所示。它由两级同步*RS*触发器串联组成。G1～G4组成从触发器，G5～G8组成主触发器。*CP*与*CP'*互补，使两个触发器工作在两个不同的工作区。

主从触发器的触发翻转分为两个过程：

➢ 当$CP=1$时，$CP'=0$，从触发器被封锁，保持原状态不变；主触发器工作，接收*R*和*S*端的输入信号。

➢ 当*CP*由1跃变到0时，即$CP=0$，$CP'=1$。主触发器被封锁，输入信号*R*、*S*不再影响主触发器的状态；从触发器工作，接收主触发器输出端的状态。

可见，主从触发器对每个输入的*CP*脉冲，只能翻转一次（*CP*下降沿翻转），在计数翻

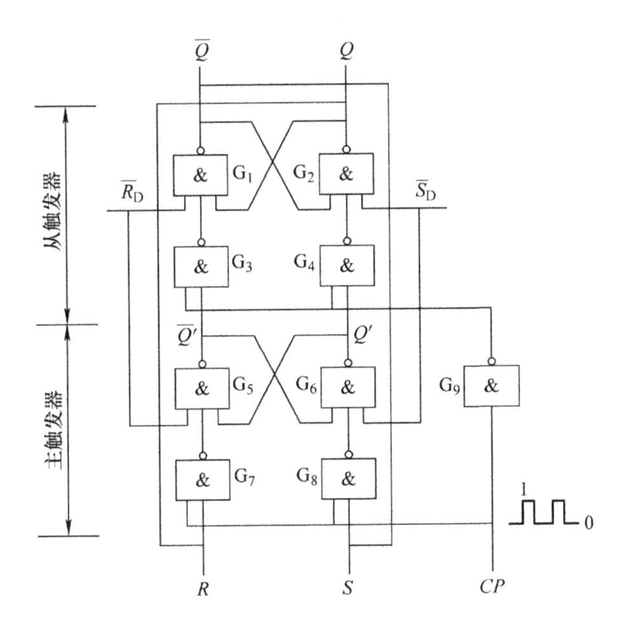

图 10-45　主从 *RS* 触发器逻辑电路图

转时与 *CP* 脉冲的宽度无关，从而避免了空翻现象。

10.2.2　*JK* 触发器

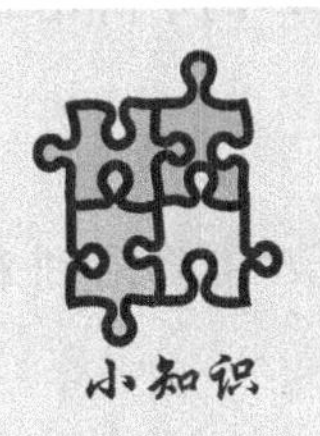

触发器的触发方式

➢ 电平触发方式。触发器的翻转在 *CP* 的高电平或低电平期间进行，称为电平触发方式，一般为高电平触发，上面介绍的同步 *RS* 触发器就是高电平触发。

➢ 边沿触发方式。触发器的翻转在 *CP* 的上升沿或 *CP* 的下降沿时刻进行，称为边沿触发。

➢ 主从触发。触发器内部有两个小触发器，一个叫主触发器，另一个叫从触发器。主触发器的翻转在 *CP* 的高电平期间进行。在 *CP* 的下降沿，从触发器的状态变为与主触发器一样，即从向主看齐。最终整个触发器的状态为从触发器的状态。因此，整个触发器的翻转在 *CP* 的下降沿进行。

常用的集成 *JK* 触发器的触发方式，有主从触发与下降沿触发等，如集成 *JK* 触发器 74112 为下降沿触发，7472、7473 为主从触发。不同触发方式的集成 *JK* 触发器的逻辑功能是相同的，逻辑功能取决于控制输入端，下面以下降沿触发为例说明：

1. 电路组成

图 10-46 为下降沿触发集成 *JK* 触发器。它由两个钟控 *RS* 触发器组成，输出 $\overline{Q}$ 反馈至主触发器的 $\overline{S}_D$ 端，输出 *Q* 反馈至主触发器的 $\overline{R}_D$ 端，并把原输入端重新命名为 *J* 端和 *K* 端。

逻辑符号图中，$\overline{R}_D$和$\overline{S}_D$是直接置 0 端和直接置 1 端，可用负脉冲对触发器直接置 0 或直接置 1。*J* 与 *K* 是控制输入端，触发器在 *CP* 下降沿时是否翻转由 *J* 与 *K* 控制。*CP* 端为 0

表示触发器采用下降沿触发，为1表示采用上升沿触发 CP 端的符号“ >”表示采用的是边沿触发。

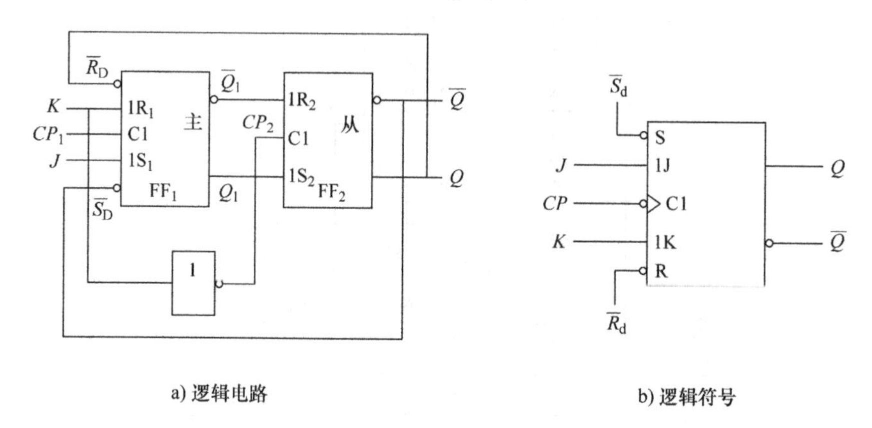

a) 逻辑电路　　b) 逻辑符号

图10-46　下降沿触发集成 JK 触发器

2. 逻辑功能

➢ $J=0$，$K=0$，$Q_{n+1}=Q_n$。

主触发器被封锁，CP 脉冲到来后，触发器状态不翻转，$Q_{n+1}=Q_n$，输出保持原态。

➢ $J=1$，$K=0$，$Q_{n+1}=1$。

主触发器处于 $Q_1=\mathbf{1}$，$\overline{Q}_1=\mathbf{0}$ 状态；从触发器被封锁，输出状态不变。CP 的下降沿到来后，将主触发器的 Q_1、$\overline{Q}_1$ 传送到从触发器，所以触发器状态为1态。

➢ $J=0$，$K=1$，$Q_{n+1}=0$。

主触发器处于 $Q_1=\mathbf{0}$，$\overline{Q}_1=\mathbf{1}$ 状态；从触发器被封锁，输出状态不变。CP 下降沿到来后，将主触发器的 Q_1、$\overline{Q}_1$ 传送到从触发器，从触发器被置0。

➢ $J=1$，$K=1$，$Q_{n+1}=\overline{Q}_n$。

当时钟脉冲到来时，$J=1$，$K=1$，使主触发器被置于与从触发器相反的状态。$CP=0$ 时，从触发器随主触发器变化。即当 CP 脉冲下降沿到来时，触发器状态发生翻转，有 $Q_{n+1}=\overline{Q}_n$，随着 CP 脉冲不断输入，触发器状态不断翻转，因而具有计数功能。

集成 JK 触发器的逻辑功能见表10-21。

表10-21　集成 JK 触发器逻辑功能表

J	K	Q_{n+1}	逻辑功能
0	0	Q_n	保持
0	1	0	置0
1	0	1	置1
1	1	$\overline{Q}_n$	计数

例10-7　下降沿触发的集成 JK 触发器的 J、K、CP 端的波形如图10-47所示。试画出其 Q 和 $\overline{Q}$ 的波形（已知触发器的初态为“0”）。

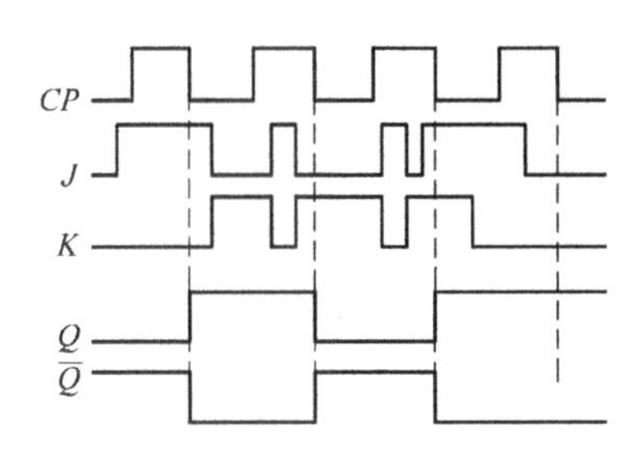

图 10-47　例 10-7 图

解：分析时注意每一个 CP 的下降沿。开始时 $Q=0$、$\overline{Q}=1$。第一个 CP 的下降沿时，$J=1$、$K=0$，触发器为置 1，即 $Q=1$、$\overline{Q}=0$；第二个 CP 的下降沿时，$J=0$、$K=1$，触发器为置 0，即 $Q=0$、$\overline{Q}=1$；第三个 CP 的下降沿时，$J=1$、$K=1$，触发器翻转，使 $Q=1$、$\overline{Q}=0$；第四个 CP 的下降沿时，$J=0$、$K=0$，触发器的逻辑功能是保持，保持 $Q=1$、$\overline{Q}=0$。分析结果如图 10-47 所示。

10.2.3　*D* 触发器

集成 D 触发器是无空翻触发器，常用的集成 D 触发器的触发方式是上升沿触发，如集成 D 触发器 7474 等。集成 D 触发器的符号如图 10-48 所示。图中 $\overline{R}_d$ 和 $\overline{S}_d$ 是直接置 0 端和直接置 1 端，可用负脉冲对触发器直接置 0 或直接置 1。D 是控制输入端，触发器在 CP 上升沿是否翻转由 D 控制。CP 端的符号“ > ”表示是上升沿触发。

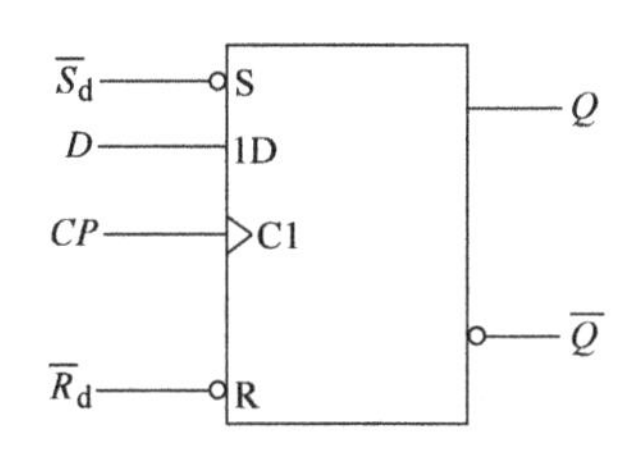

图 10-48　集成 *D* 触发器符号

D 触发器的逻辑功能有两种情况：

- $D=\mathbf{0}$，CP 上升沿到来后，$Q_{n+1}=\mathbf{0}$，触发器置 **0**。
- $D=\mathbf{1}$，CP 上升沿到来后，$Q_{n+1}=\mathbf{1}$，触发器置 **1**。

集成 D 触发器的逻辑功能见表 10-22。图 10-49 是它的工作波形图。

表 10-22　*D* 触发器逻辑功能表

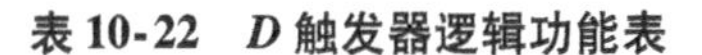

D	Q^{n+1}	逻辑功能
0	0	置 0
1	1	置 1

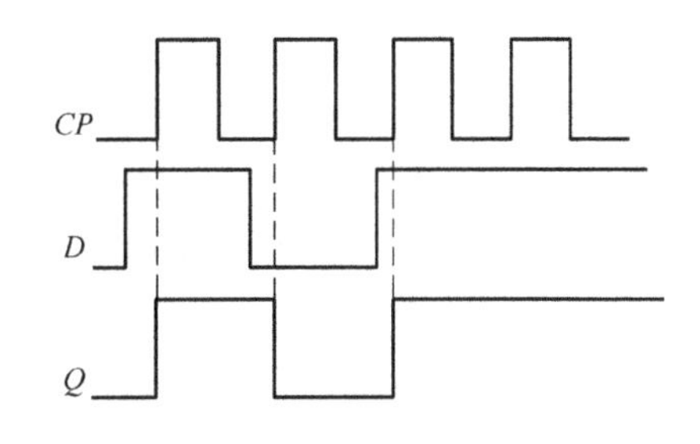

图 10-49　*D* 触发器工作波形图

10.2.4　寄存器

将二进制数码指令或数据暂时存储起来的操作称为寄存，具有寄存功能的电路叫做寄存器。寄存器由具有存储功能的触发器构成，它将需要处理的数码、数据和指令暂时寄存起来，以便随时调用。

寄存器存放数码的方式有并行和串行两种。并行方式是指数码从各对应输入端同时输入到寄存器中；串行方式是指数码从一个输入端逐位输入到寄存器中。

寄存器取出数码的方式也有并行和串行两种。并行方式是指存储数码从各对应输出端同时取出；串行方式是指存储数码从一个输出端逐位输出。

按功能不同，寄存器可分为数码寄存器和移位寄存器。

一、数码寄存器

仅具有接收、暂存和清除原有数码功能的寄存器，称为数码寄存器。一个触发器能存放1位二进制数码，如要存储 n 位二进制数码就需要 n 个触发器。图10-50所示为4个 D 触发器构成的4位数码寄存器。

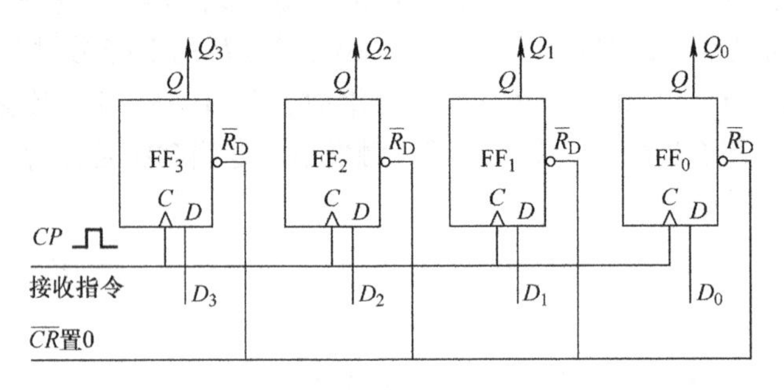

图10-50　4位数码寄存器

其中，4个触发器的时钟脉冲输入端连接在一起，作为接收数码的控制端；$D_0 \sim D_3$ 是寄存器的数码输入端。$Q_0 \sim Q_3$ 是寄存器的数据输出端；各触发器的复位端连接在一起，作为寄存器的总清零端$\overline{CR}$，低电平有效。

4位数码寄存器的工作过程：

➢ 清零：$\overline{CR}=0$ 时，寄存器输出 $Q_3Q_2Q_1Q_0=0000$。

➢ 接收数据：$\overline{CR}=1$，寄存数码送入 $D_3D_2D_1D_0$ 端，根据 D 触发器的逻辑功能，在 CP 下降沿，$D_3D_2D_1D_0$ 的值被同时存入触发器，即 $Q_3Q_2Q_1Q_0=D_3D_2D_1D_0$。

➢ 保存：$\overline{CR}=1$，$CP=0$，寄存器处于保持状态，从而完成接收并暂存数码的功能。

接收数码时，各位数码是同时输入；输出数码时，也是同时输出。因此，这种寄存器称为并行输入、并行输出数码寄存器。

二、移位寄存器

移位寄存器具有存储数码和数码移位两种功能。数码移位是指寄存器中所存数码在脉冲 CP 作用下可以依次左移或右移。

根据数码移动情况的不同，寄存器可分为单向移位寄存器和双向移位寄存器。

1. 单向移位寄存器

单向移位寄存器可分为左移寄存器和右移寄存器，现以4位左移寄存器为例进行分析。

➢ 电路组成。如图10-51所示，触发器 F_0 的 D 端接收存储数码，其他高位触发器的 D 端依次接低位的输出端 Q_n，所有触发器的复位端 R 接在一起作为寄存器的清零端，4个触发器的时钟 CP 接在一起作为移位脉冲输入端。

➢ 工作原理。现将数码 $D_3D_2D_1D_0$（如1010）从高位 D_3 至低位 D_0 依次串行送到串行

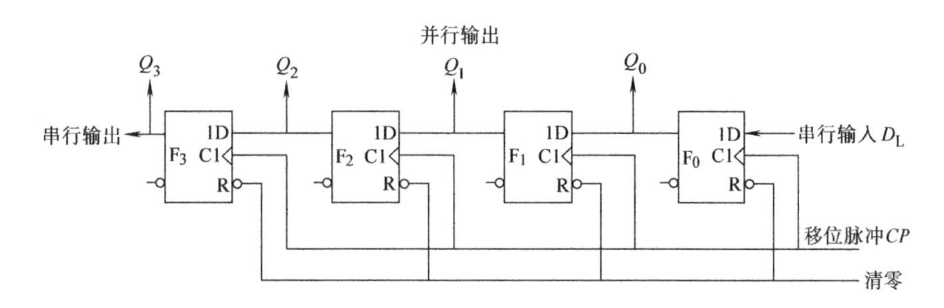

图 10-51　4 位左移寄存器

输入 D_L 端。第一个 CP 上升沿之后，$Q_0=D_3=1$，第二个 CP 上升沿之后，$Q_0=D_2=0$，$Q_1=D_3=1$。依次类推，可得 4 位左移寄存器的状态转换表见表 10-23。为进一步加深理解，可画出如图 10-52 所示的时序图（假设初始时所有触发器的 Q 端都为 0）。

表 10-23　4 位左移寄存器状态转换表

CP	Q_3	Q_2	Q_1	Q_0	D_L
初始	0	0	0	0	D_3　1
1	0	0	0	1	D_2　0
2	0	0	1	0	D_1　1
3	0	1	0	1	D_0　0
4	1	0	1	0	

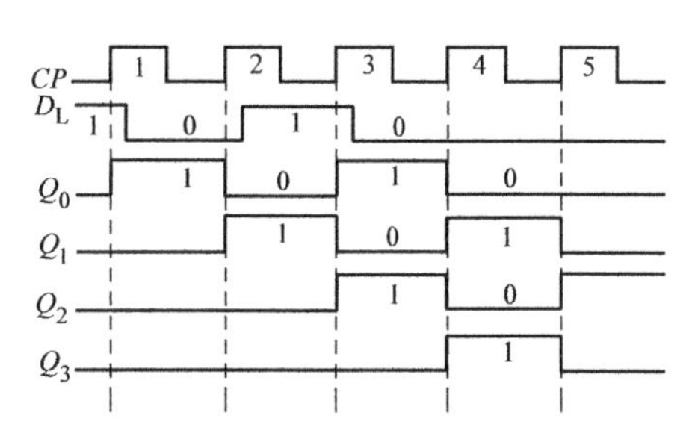

图 10-52　4 位左移寄存器时序图

显然，4 个 CP 脉冲以后，4 个数据全部存入寄存器，$Q_3Q_2Q_1Q_0=1010$，该电路采用的是串行输入方式。这时可以采用并行输出，也可以将 Q_3 端作为串行输出口输出数据，所以这个电路可以称为串入—串/并出单向移位寄存器。

除左移寄存器外，还有串入—串/并出单向右移寄存器，分析方法相同，这里不再叙述。

2. 双向移位寄存器

在计算机运算系统中，常需要一种把数据能够向左移又能向右移位的双向功能寄存器。具有双向移位功能的寄存器称为双向移位寄存器。

实例

集成电路 74LS194

74LS194 为 4 位双向移位寄存器，其引脚排列如图 10-53 所示。

图中 M_1、M_0 为工作方式控制端，M_1、M_0 的 4 种取值（00、01、10、11）决定了寄存器的不同功能：保持、右移、左移及并行输入、并行输出；$\overline{CR}$是复位端，低电平有效；D_{SR}是右移串行数据输入端；D_{SL}是左移串行数据输入端；$D_0\sim D_3$是并行数据输入端；$Q_0\sim Q_3$是并行数据输出端。74LSl94 逻辑功能分析如下。

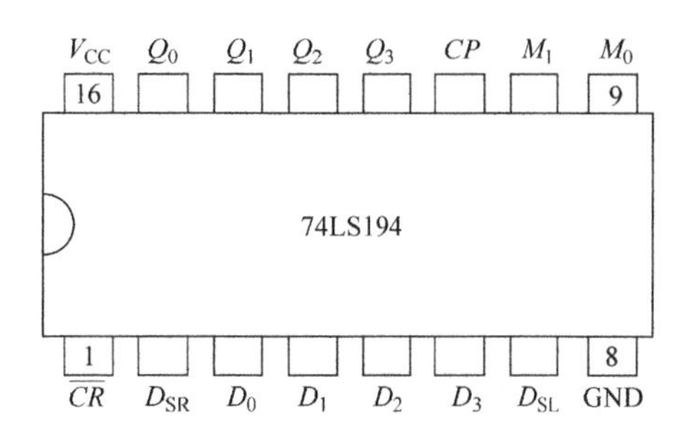

图 10-53　74LS194 引脚排列

$\overline{CR}=1$ 时：

1）$M_1M_0=00$，寄存器中的数据保持不变。

2）$M_1M_0=01$，右移，CP 上升沿，D_{SR}右移输入端的串行输入数据依次右移。

3）$M_1M_0=10$，左移，CP 上升沿，D_{SL}左移输入端的串行输入数据依次左移。

4）$M_1M_0=11$，寄存器处于并行输入工作方式，CP 上升沿，将并行输入的数据 $D_0\sim D_3$ 传送到寄存器的输出端。

集成电路74LS194的逻辑功能表见表10-24。

表10-24　74LS194的逻辑功能表

$\overline{CR}$	M_1	M_0	功　能
0	×	×	清　零
1	0	0	保　持
1	0	1	右　移
1	1	0	左　移
1	1	1	并行输入

3. 其他集成移位寄存器简介

CC4015为双4位移位寄存器（串入并出），其逻辑符号如图10-54所示。

SN74164为8位移位寄存器（串入并出），具有清零、移位（右移）、保持的功能。输入数据 D 是1、2端的信号相与运算的结果；$\overline{CR}=0$ 时，寄存器清零；$\overline{CR}=1$，CP 上升沿到来时，数据串行进入寄存器，同时右移1位。SN74164的逻辑符号如图10-55所示。

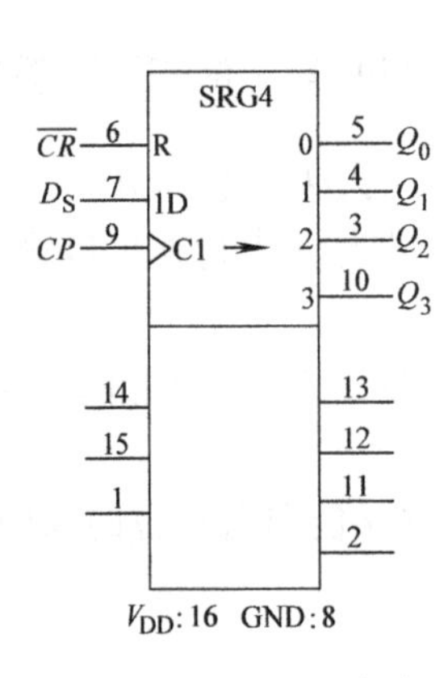

图10-54　CC4015的逻辑符号

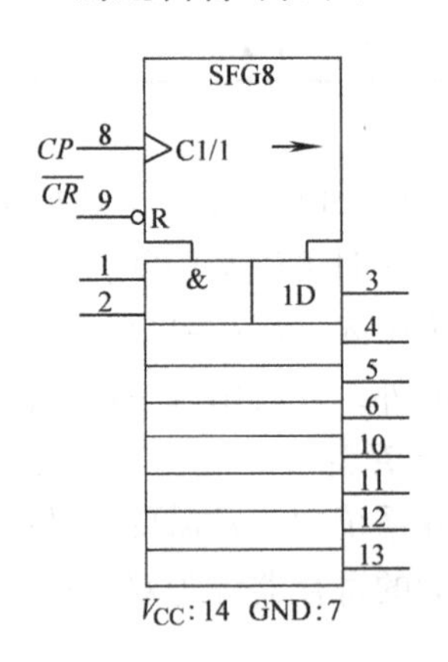

图10-55　SN74164的逻辑符号

10.2.5　计数器

计数器是典型的时序逻辑电路，它的基本功能是记忆输入脉冲的个数，还可以用于数字系统的分频、定时、延时、控制等。

计数器按计数容量可分为二进制、十进制、任意进制计数器；按各触发器的时钟控制时间可分为异步计数器和同步计数器；按计数过程中数是增加还是减少可分为加法、减法和可逆计数器。

一、二进制计数器

二进制计数器是计数器中最基本的电路，它是指计数容量为 2^n 的计数器，n 是指触发器的个数。二进制计数器包含两种类型，即异步二进制计数器和同步二进制计数器。

1. 异步二进制计数器

异步二进制计数器是指计数脉冲不是同时加到所有触发器的时钟输入端，各触发器状态的变换有先有后。

➢ 异步二进制加法计数器。如图10-56所示为*JK*触发器组成的异步二进制加法计数器的逻辑图。其中低位触发器的*Q*端接至高位触发器的*C*端。FF_0的*CP*是输入的计数脉冲，Q_0作为FF_1的*CP*，Q_1作为FF_2的*CP*，Q_2作为FF_3的*CP*。各级触发器$J=K=1$，在*CP*脉冲或低位输脉冲的下降沿触发翻转，$Q_{n+1}=\overline{Q}_n$。由于各级触发器所用的不是同一时钟脉冲，故称异步计数器。

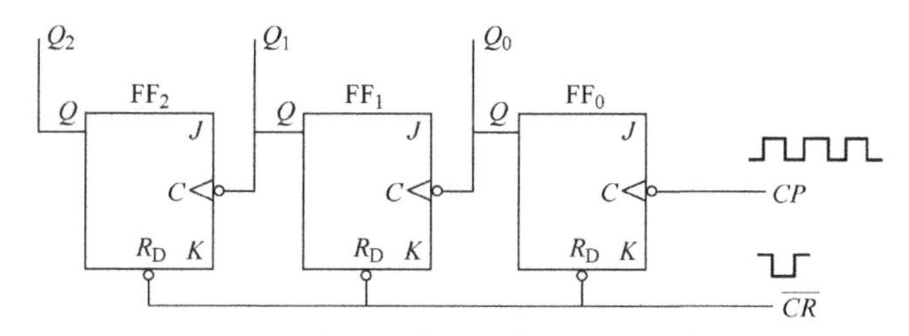

图10-56 异步二进制加法计数器

计数器工作前先清零，使$\overline{CR}=0$，则$Q_2Q_1Q_0=000$。

当第一个*CP*脉冲下降沿到来时，FF_0翻转，Q_0由0变为1。而Q_0的正跳变信号对触发器FF_1不起作用，FF_1、FF_2保持原态，计数器状态为001。

当第二个*CP*脉冲下降沿到来时，FF_0再次翻转，Q_0由1变为0。Q_0是负跳变信号，作用到FF_1的*C*端，使FF_1状态翻转，Q_1由0变为1。而FF_2仍保持原态不变，计数器状态为010。

按此规律，当第七个*CP*脉冲输入后，计数器的状态为111，再输入一个*CP*脉冲，计数器的状态又恢复为000。其状态转换表见表10-25，时序图如图10-57所示。

表10-25 异步二进制加法计数器状态转换表

输入*CP*脉冲序号	计数器状态		
	Q_2	Q_1	Q_0
0	0	0	0
1	0	0	1
2	0	1	0
3	0	1	1
4	1	0	0
5	1	0	1
6	1	1	0
7	1	1	1
8	0	0	0

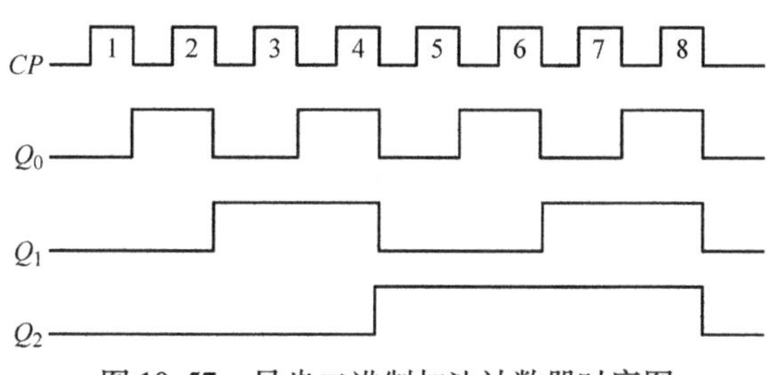

图10-57 异步二进制加法计数器时序图

提示

计数器递增计数，且从计数脉冲的输入到完成计数器状态的转换，各触发器的状态是由低位到高位，逐次翻转的，而不是随计数脉冲的输入，各触发器状态同时翻转，所以称为异步加法计数器。

➢ 异步二进制减法计数器。如图10-58所示为JK触发器组成的异步二进制减法计数器的逻辑图。其结构特点是低位触发器$\overline{Q}$端接至高位触发器的C端。当低位触发器的状态Q由0变为1时，而$\overline{Q}$由1变为0，即为负跳变脉冲，高一位触发器的C端接收到这个负跳变信号，发生翻转；当低位触发器的状态由1变为0时，高一位触发器将收到正跳变信号，其状态保持不变。

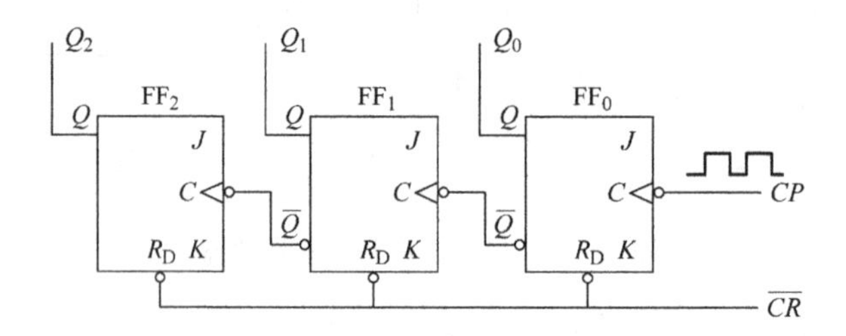

图10-58　异步二进制减法计数器

异步二进制减法计数器状态转换表见表10-26。

表10-26　异步二进制减法计数器状态转换表

输入CP脉冲序号	计数器状态		
	Q_2	Q_1	Q_0
0	0	0	0
1	1	1	1
2	1	1	0
3	1	0	1
4	1	0	0
5	0	1	1
6	0	1	0
7	0	0	1
8	0	0	0

提示

计数器递减计数，且各触发器状态不是同时翻转，所以称为异步二进制减法计数器。异步计数器的电路简单，由于各触发器状态的改变是逐行进行的，因此它的计数速度受到限制。

2. 同步二进制计数器

同步二进制计数器就是将输入计数脉冲同时加到各触发器的时钟输入端，使各触发器在

计数脉冲到来时能同时触发。

➢ 同步二进制加法计数器。如图 10-59 所示为一个同步二进制加法计数器，CP 是计数脉冲。表 10-27 所示为同步二进制加法计数器功能分析。

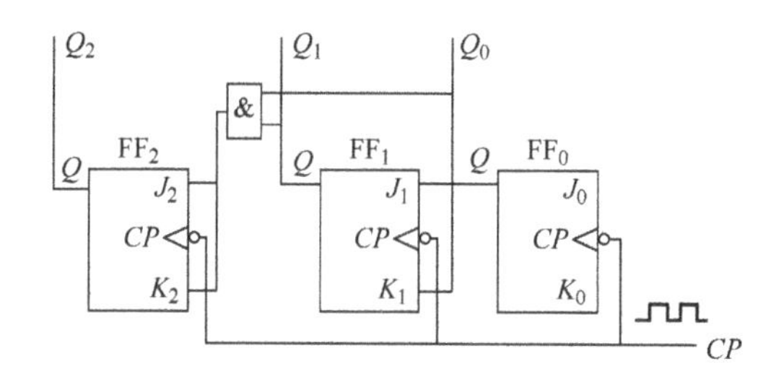

图 10-59　同步二进制加法计数器

表 10-27　同步二进制加法计数器功能分析

触发器序号	翻转条件	JK 端逻辑关系
FF_0	来一个计数脉冲就翻转一次	$J_0=K_0=1$
FF_1	$Q_0=1$	$J_1=K_1=Q_0$
FF_2	$Q_0=Q_1=1$	$J_2=K_2=Q_1Q_0$

计数器工作前先清零，设初始状态为 000。

当第一个 CP 脉冲到来后，FF_0 的状态由 0 变为 1。而 CP 到来前，Q_0、Q_1 均为 0，所以 CP 到来后，FF_1、FF_2 保持 0 态不变。计数器状态为 001。即 $J_1=K_1=Q_0=1$，$J_2=K_2=Q_1Q_0=0$。

当第二个 CP 脉冲到来后，FF_0 由 1 变为 0。FF_1 状态翻转，由 0 变为 1。而FF_2 仍保持 “0” 态不变。计数器状态为 010。同时且 $J_1=K_1=Q_0=0$，$J_2=K_2=Q_1Q_0=0$。

当第三个 CP 脉冲到来后，只有FF_0 的状态由 0 变为 1，FF_1、FF_2 保持原态不变。计数器状态为 011。同时 $J_1=K_1=Q_0=1$，$J_2=K_2=Q_1Q_0=1$。

当第四个计数脉冲到来后，三个触发器均翻转，计数状态为 100。

依此类推，在第七个 CP 脉冲到来后，计数状态变为 111，再送入一个 CP 脉冲，计数恢复为 000，见状态转换表 10-28。

表 10-28　同步二进制加法计数器状态转换表

输入 CP 脉冲序号	计数器状态		
	Q_2	Q_1	Q_0
0	0	0	0
1	0	0	1
2	0	1	0
3	0	1	1
4	1	0	0
5	1	0	1
6	1	1	0
7	1	1	1
8	0	0	0

提示

3 位二进制加法计数器也称为八进制加法计数器，该同步计数器各个触发器的状态转换与输入的计数脉冲 CP 同步，并且计数速度快。

➢ 同步二进制减法计数器。图 10-60 所示为同步二进制减法计数器，分析步骤与方法同加法计数器，可以得出电路的状态转换表见表10-29，时序图如图10-61所示。

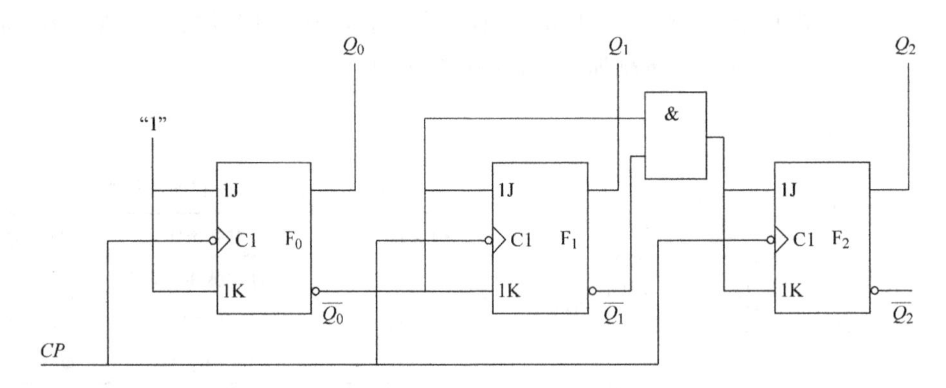

图10-60　同步二进制减法计数器

由状态转换表和时序图可看出，每输入一个 CP，计数状态就减1，8个计数脉冲 CP 后，电路完成一个循环，可知，该电路是同步3位二进制减法计数器。

表10-29　同步二进制减法计数器状态转换表

输入 CP 脉冲序号	计数器状态		
	Q_2	Q_1	Q_0
0	0	0	0
1	1	1	1
2	1	1	0
3	1	0	1
4	1	0	0
5	0	1	1
6	0	1	0
7	0	0	1
8	0	0	0

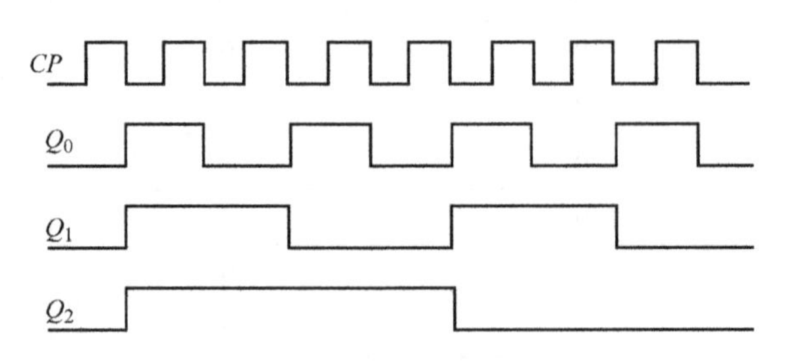

图10-61　同步二进制减法计数器时序图

二、十进制计数器

日常生活中人们使用的是十进制数，十进制计数器较二进制计数器更方便、更熟悉。因此常需要把二进制计数器转换为具有十进制计数功能的计数器。数字系统中也常用十进制计数器。十进制数计数器有10个状态，组成它需要4个触发器。4个触发器共有16种状态，应保留10个状态（称为有效状态，其余6个是无效状态）。十进制计数器是用BCD码来表示计数的状态。BCD码有多种，其中最常用的是8421BCD码。

图 10-62 所示为四个 JK 触发器组成的 8421BCD 码十进制加法计数器。其状态转换表见表 10-30，状态转换图如图 10-63 所示，时序图如图 10-64 所示。

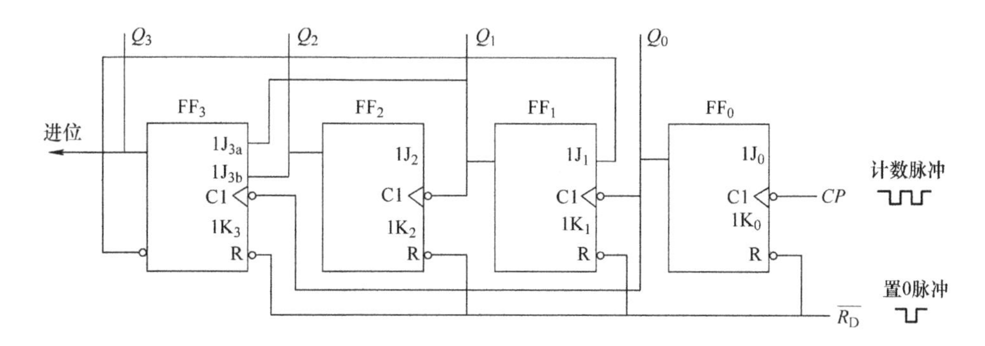

图 10-62　8421BCD 码十进制加法计数器

表 10-30　十进制减法计数器状态转换表

输入 CP 脉冲序号	计数器状态				
	Q_3	Q_2	Q_1	Q_0	0
0	0	0	0	0	1
1	0	0	0	1	2
2	0	0	1	0	3
3	0	0	1	1	4
4	0	1	0	0	5
5	0	1	0	1	6
6	0	1	1	0	7
7	0	1	1	1	8
8	1	0	0	0	9
9	1	0	0	1	不用
10	1	0	1	0	
11	1	0	1	1	
12	1	1	0	0	
13	1	1	0	1	
14	1	1	1	0	
15	1	1	1	1	
16	0	0	0	0	

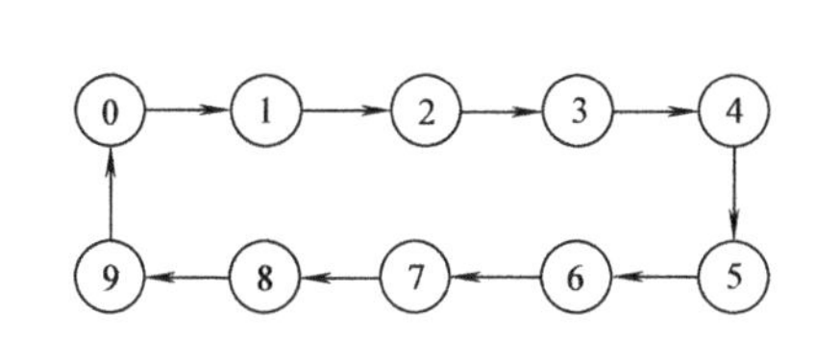

图 10-63　同步十进制加法计数器状态转换图

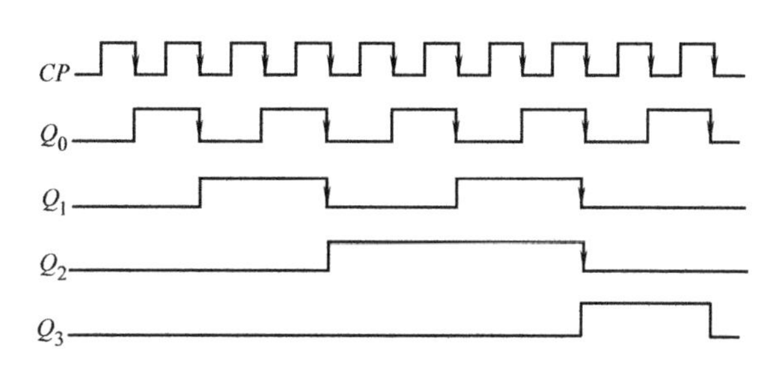

图 10-64　同步十进制加法计数器时序图

从状态图可看出它的有效状态转换符合8421码的规律，所以称为8421码十进制加法计数器。

三、集成计数器的简介

随着集成电路的发展，集成计数器得到广泛的应用，中规模集成计数器种类很多，可以方便地构成任意进制计数器，而且功能完善，可扩展性、通用性比较强。

实例

异步计数器CT74LS290

CT74LS290为异步二－五－十进制计数器，其引脚排列和逻辑符号如图10-65所示。

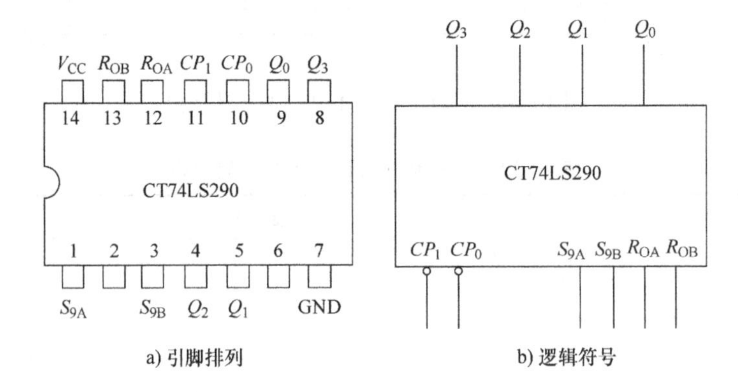

a) 引脚排列　　b) 逻辑符号

图10-65　CT74LS290异步计数器

这种电路功能很强，可灵活地组成各种进制计数器。在CT74LS290内部有4个触发器，第一个触发器有独立的时钟输入端CP_0（下降沿有效）和输出端Q_0，构成二进制计数器，其余三个触发器以五进制方式连接，其时钟输入端为CP_1（下降沿有效），输出端为Q_1，Q_2，Q_3。其逻辑功能见表10-31。

表10-31　CT74LS290逻辑功能表

输入					输出				功　能
R_{0A}	R_{0B}	S_{9A}	S_{9B}	CP	Q_3	Q_2	Q_1	Q_0	
1	1	0	×	×	0	0	0	0	清零
1	1	×	0	×	0	0	0	0	清零
×	×	1	1	×	1	0	0	1	置9
×	0	×	0	↓	0000～1001				计数
0	×	0	×	↓	0000～1001				计数
0	×	×	0	↓	0000～1001				计数
×	0	0	×	↓	0000～1001				计数

1. 直接置9功能

当异步置9端S_{9A}和S_{9B}均为高电平时，不管其他输入端的状态如何，计数器置9。

2. 清零功能

当 R_{OA}、R_{OB} 均为高电平，只要 S_{9A} 或 S_{9B} 中有一个为低电平时，计数器完成清零功能。

3. 计数功能

当 R_{OA}、R_{OB} 中有一个为低电平以及 S_{9A}、S_{9B} 中有一个为低电平，这两个条件同时满足时，即可以进行计数。图 10-66 是它的几种基本工作方式。

➢ 十进制计数。若将 Q_0 与 CP_1 相连，计数脉冲 CP 由 CP_0 输入，首先进行二进制计数，然后进行五进制计数，即组成标准的 8421 码十进制计数器，如图 10-66a 所示；若将 CP_0 和 Q_3 相连，计数脉冲由 CP_1 输入，首先进行五进制计数，然后进行二进制计数，即可构成 5421 码十进制计数器，如图 10-66b 所示。

➢ 五进制计数。若将计数脉冲 CP 由 CP_1 输入，Q_1、Q_2、Q_3 输出，即组成五进制计数器，如图 10-66d 所示。

➢ 二进制计数。若将计数脉冲 CP 由 CP_0 输入，Q_0 输出，即组成二进制计数器，如图 10-66c 所示。

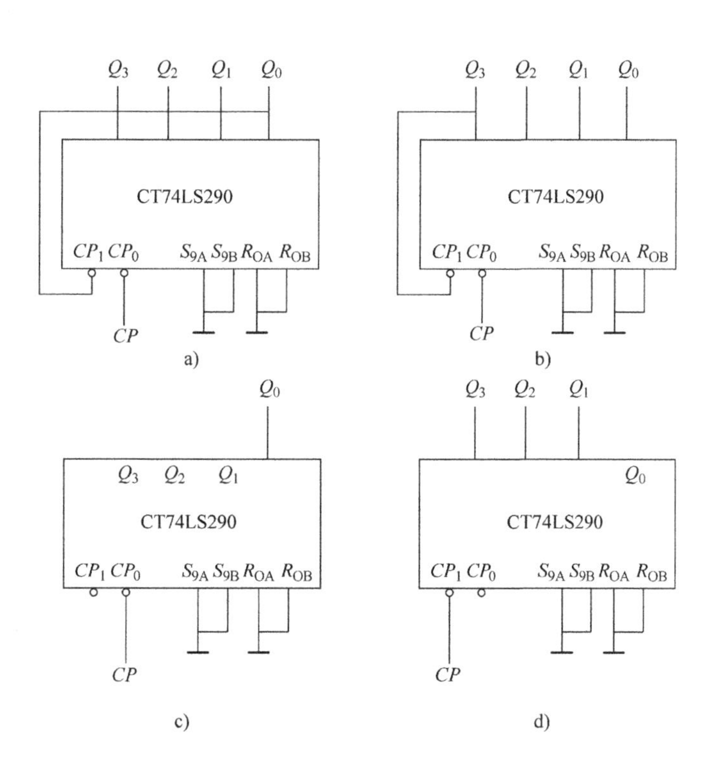

图 10-66　CT74LS290 的基本工作方式

a）十进制 8421 码　b）十进制 5421 码　c）二进制　d）五进制

*10.3 数字电路的应用

10.3.1 555定时器及其应用

555集成定时器（以下简称为555定时器）是一种模拟电路与数字电路相结合的中规模集成电路。在其外围配置少量的阻容元件就可以方便地构成矩形波的产生、变换和整形电路，在脉冲产生和变换等技术领域应用广泛。

一、555定时器电路简介

555集成电路开始出现时，通常作为定时器应用，所以称为555定时器或555时基电路。后来经过开发，它除了可用作定时控制外，还可以用于调光、调温、调速等多种控制，也可以组成用脉冲振荡、单稳、双稳和脉冲调制电路等。由于它工作可靠、使用方便、价格低廉，所以得到广泛的应用。

555集成电路型号有NE555、LM555、5G555等。555集成电路为8脚双列直插型封装，常见的引脚排列如图10-67所示。图中1脚是接地端GND、2脚是触发端$\overline{TR}$、3脚是输出端u_O、4脚是复位端$\overline{MR}$、5脚是控制端V_K、6脚是阈值端TH、7脚是放电端DIS、8脚是电源正极端V_{CC}。

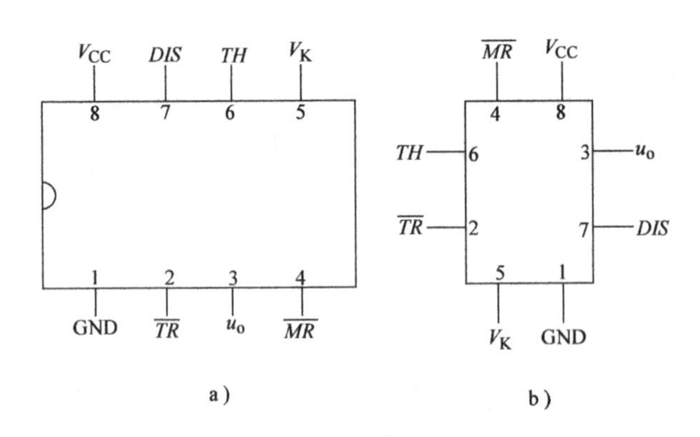

图10-67 555集成电路的引脚排列

表10-32 555定时器逻辑功能表

U_{TH}	$U_{\overline{TR}}$	$\overline{MR}$	u_O	放电管VT
×	×	0	0	导通
$>\frac{2}{3}V_{CC}$	$>\frac{1}{3}V_{CC}$	1	0	导通
$<\frac{2}{3}V_{CC}$	$>\frac{1}{3}V_{CC}$	1	保持	保持
×	$<\frac{1}{3}V_{CC}$	1	1	截止

逻辑功能表说明：

复位端$\overline{MR}=0$时，无论U_{TH}、$U_{\overline{TR}}$为何值，定时器输出为0，VT饱和导通。

当$\overline{MR}=1$时：若$U_{TH}>\frac{2}{3}V_{CC}$，$U_{\overline{TR}}>\frac{1}{3}V_{CC}$，则定时器输出为0，VT饱和导通。

若$U_{TH}<\frac{2}{3}V_{CC}$，$U_{\overline{TR}}>\frac{1}{3}V_{CC}$，则定时器和VT维持原态。

若$U_{\overline{TR}}<\frac{1}{3}V_{CC}$，则定时器输出为1，VT截止。

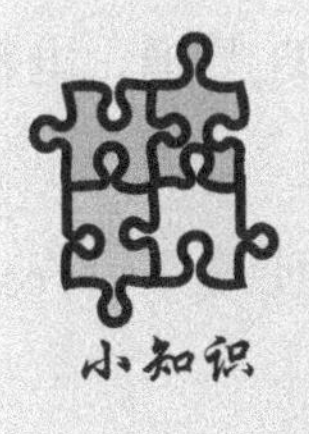

555定时器的特点

电源电压范围宽。TTL型的V_{CC}为4.5～18V；CMOS型的V_{CC}为3～18V。
输出电流大。最大输出电流达200mA，能直接驱动继电器等负载。
能提供与TTL、CMOS电路相兼容的逻辑电平。

二、555定时器组成矩形波发生器

1. 电路组成

用集成555定时器组成的矩形波发生器原理图如图10-68所示。其中R_A、R_B与C组成充、放电电路，555定时器的脚6与脚2连在一起接在R_B与C的连接点，放电端7与R_A和R_B的连接点相连，外加控制电位端5，通过0.01μF的电容接地。复位端4接V_{CC}，不清零。

2. 工作原理

矩形波发生器的工作波形如图10-69所示。在电路刚接通电源瞬间，电容尚未充电，电容两端电压为0。由于V_2小于比较器C_2的参考电压U_-，$S=1$，V_6小于比较器C_1的参考电压U_+，$R=0$，触发器被置“1”，输出u_o为“1”。由于$\overline{Q}=0$，VT_1截止，电源V_{CC}通过R_A、R_B向电容充电，电容电压u_C不断上升，到达$V_2=\frac{1}{3}V_{CC}$时，电路开始进入暂稳态工作状态。

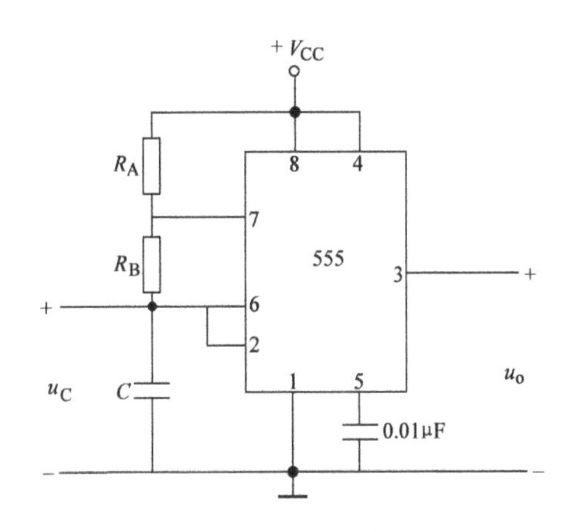

图10-68　555定时器组成的矩形波发生器

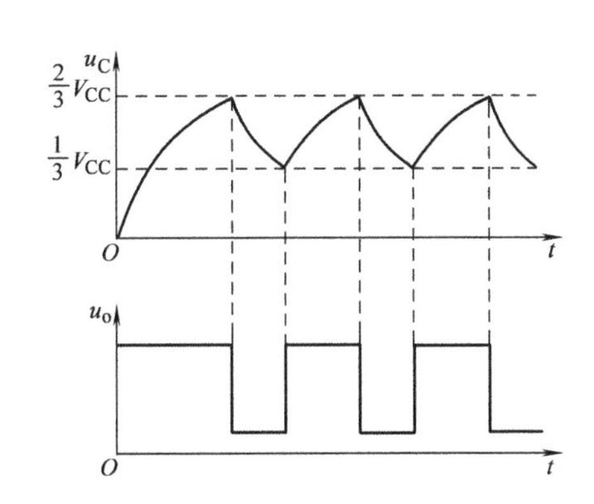

图10-69　矩形波发生器的工作波形

➢ 暂稳态Ⅰ阶段　随着电源 V_{CC}通过 R_A、R_B 不断充电，电容两端电压 u_c 不断升高。这个阶段 $V_2 > \frac{1}{3}V_{CC}$，$S=0$，$V_6 < \frac{2}{3}V_{CC}$，$R=0$，触发器保持原状态不变，输出 u_o 保持高电平不变。

➢ 第一次自动翻转　当电容电压上升到$\frac{2}{3}V_{CC}$时，$V_6 = \frac{2}{3}V_{CC}$，$R=1$，V_2 大于$\frac{1}{3}V_{CC}$，$S=0$，触发器被置0，输出 u_o 由高电平突变为低电平。这时 $Q=0$，$\overline{Q}=1$，VT_1 导通，电容 C 开始通过 R_B 对地放电。

➢ 暂稳态Ⅱ阶段　随着电容 C 的放电，电容两端电压 u_C 不断下降。这时 $V_2 > \frac{1}{3}V_{CC}$，$S=0$，$V_6 < \frac{2}{3}V_{CC}$，$R=0$，触发器保持原状态不变，输出 u_o 保持低电平不变。

➢ 第二次自动翻转　当电容电压下降到$\frac{1}{3}V_{CC}$时，$V_6 < \frac{2}{3}V_{CC}$，$R=0$，$V_2 = \frac{1}{3}V_{CC}$，$S=1$，触发器被置1，输出 u_o 由低电平突变为高电平。这时 $Q=1$，$\overline{Q}=0$，VT_1 截止，电容 C 停止放电，电源 V_{CC}又开始通过 R_A、R_B 向电容 C 充电，矩形波发生器又回到暂稳态Ⅰ阶段。此后，发生器就按上述四种情况周而复始地自动循环，从而周期性地输出矩形脉冲。

可以证明，矩形波的周期为

$$T = 0.7(R_A + 2R_B)C$$

10.3.2　A－D与D－A转换器简介

随着计算机等数字系统的广泛应用，模拟量和数字量的相互转换也变得十分重要。例如，用数字系统对生产过程进行控制。由于生产过程所处理的常常是反映温度、压力、位移等变化的模拟量，不能为数字系统所直接处理，需要先将模拟量转换为与之相应的数字量，经由数字系统进行处理；处理后的输出仍是数字量，需要再将它转换为与之相应的模拟量，去控制执行机构工作。

将数字信号转换为相应的模拟信号称为数－模（D－A）转换，实现D－A转换的电路称为数－模转换器。将模拟信号转换为相应的数字信号称为模－数（A－D）转换，能实现A－D转换的电路称为模－数转换器。这个控制过程可由图10-70所示。

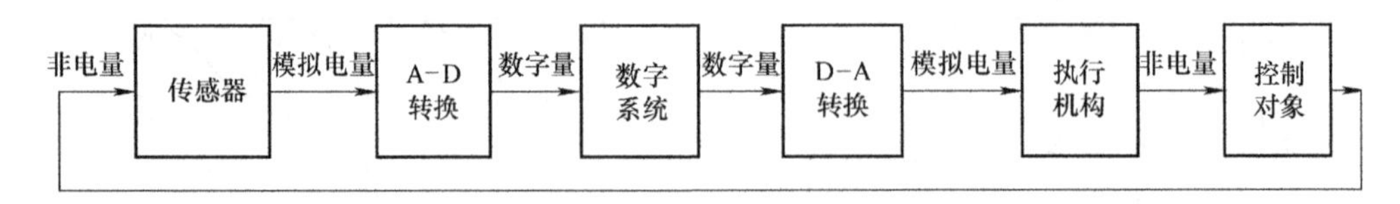

图10-70　数字控制系统

一、数－模转换器

数－模转换器的功能是实现将数字量转换为模拟量，转换的框图如图10-71所示。

工作原理是：输入的二进制数码存入寄存器，存入寄存器的二进制数，每一位控制着一个模拟开关。模拟开关只有两种可能的输出：或是接地或是经电阻接基准电压源，由寄存器

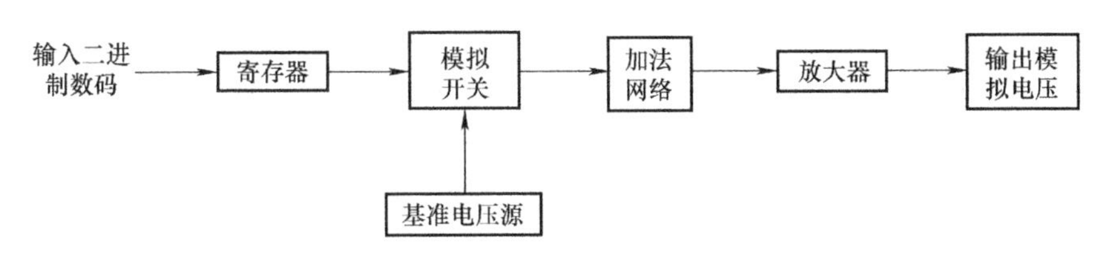

图 10-71　数 - 模转换器示意图

中的二进制数控制。模拟开关的输出送到加法网络，由于二进制数码的每一位都有一定的“权”，这个网络把每位数码变成它的加权电流，并把各位的权电流加起来得到总电流。总电流送入放大器，经放大器放大后得到与之对应的模拟电压。经过上述过程，就实现了数字量与模拟量的转换。

二、模 - 数转换器

模 - 数转换器的功能是实现模拟量转换为数字量，转换的框图如图 10-72 所示。

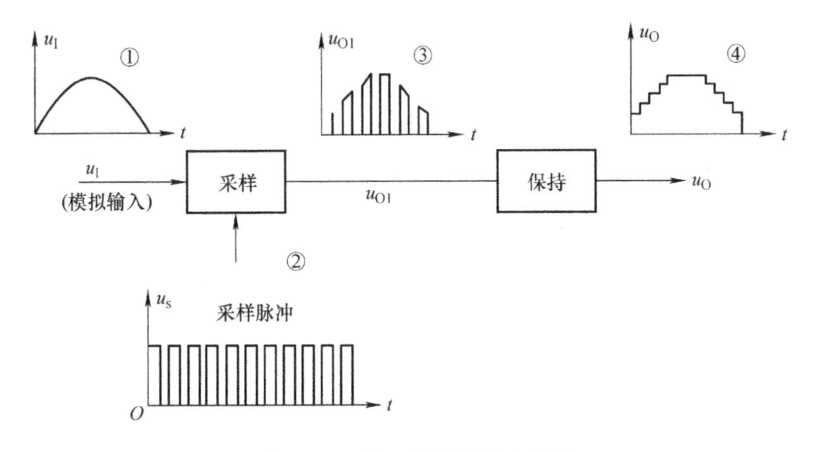

图 10-72　模 - 数转换器示意图

工作原理是：输入的模拟电压，经采样、保持、量化和编码四个过程的处理，转换成对应的二进制数码输出。采样就是利用模拟开关将连续变化的模拟量变成离散的数字量，如图 10-72 中波形③所示。由于经采样后形成的数字量宽度较窄，经过保持电路可将窄脉冲展宽，形成梯形波，如波形④所示。量化和编码就是将梯形波中某一阶梯电压值转换为相应的二进制数码。这个过程就实现了模 - 数转换。目前集成模 - 数转换器种类较多，有 8 位、10 位模 - 数转换器等。

本章小结

1. 组合逻辑电路由各种门电路组成，其特点是任意时刻的输出状态仅取决于该时刻的输入状态，而与之前的输入和电路当前状态都无关。

2. 组合逻辑电路的基本分析方法是：根据给定电路逐级写出输出函数式，并进行必要的化简和变换，然后列出真值表，确定电路的逻辑功能。

3. 组合逻辑电路的基本设计方法是：根据给定设计任务进行逻辑抽象，列出真值表，然后写出输出函数式并进行适当化简和变换，求出最简表达式，从而画出最简（或最佳）

逻辑电路。

4. 组合逻辑电路种类很多，常见的有加法器、编码器、译码器、数据选择器、数据分配器、数值比较器等。

5. 时序逻辑电路的特点是任何时刻的输出不仅仅与当时的输入信号有关，还与电路原来的状态有关。

6. 触发器是一种具有记忆功能而且在触发脉冲作用下会翻转状态的电路。触发器具有两种稳定状态：即0态和1态。

7. 触发器按照逻辑功能分有：*RS*型、*JK*型、*D*型等。

8. 寄存器是具有存储数码或信息功能的逻辑电路。

9. 计数器是对脉冲的个数进行计数，具有计数功能的电路。计数器有二进制和非二进制、异步和同步、加减可逆计数等类别，可以用分散的组合逻辑电路和集成触发器组成，也有现成的集成组件。

10. 数－模转换和模－数转换可将数字信号与模拟信号进行相互转换。

参考文献

[1] 罗枚．电工电子技术［M］．北京：北京师范大学出版社，2010.
[2] 程周．电工与电子技术［M］．北京：高等教育出版社，2001.
[3] 李良仁．电工与电子技术［M］．北京：电子工业出版社，2011.
[4] 吕爱华，余威明．电工电子技术［M］．北京：北京师范大学出版社，2008.
[5] 章喜才．电工电子技术及应用［M］．北京：机械工业出版社，2007.
[6] 徐咏冬．电工与电子技术［M］．北京：机械工业出版社，2008.
[7] 康华光．电子技术基础［M］.3版．北京：高等教育出版社，1992.
[8] 陈其纯．电子线路［M］．北京：高等教育出版社，2001.
[9] 薛涛．电工基础［M］．北京：高等教育出版社，2001.
[10] 朱晓萍．电路分析基础［M］．北京：电子工业出版社，2003.
[11] 程周．电机与电气控制［M］．北京：高等教育出版社，2003.
[12] 林平勇，高嵩．电工电子技术［M］．北京：高等教育出版社，2004.
[13] 杨颂华．数字电子技术基础［M］．西安：西安电子科技大学出版社，2002.
[14] 陈先容．电子技术基础实验［M］．北京：国防工业出版社，2008.
[15] 陈梓城，孙丽霞．电子技术基础［M］．北京：机械工业出版社，2001.